U0382188

本书出版受云南大学一流建设项目“中原与边疆互动视野下的中国史研究”项目资助。

基金项目：云南大学服务云南行动计划“生态文明建设的云南模式研究”（项目编号：KS161005）；第二批“云岭学者”培养项目“中国西南边疆发展环境监测及综合治理研究”（项目编号：201512018）。

传承与开拓

环境史史料研究与探索

Inheritance and Development

Research and Exploration
of Environmental History Materials

周琼 主编

中国社会科学出版社

图书在版编目（CIP）数据

传承与开拓：环境史史料研究与探索／周琼主编．—北京：中国社会科学出版社，2019.7（2022.6 重印）
ISBN 978－7－5203－4663－4

Ⅰ.①传…　Ⅱ.①周…　Ⅲ.①环境—史料—研究—西南地区—民国　Ⅳ.①X－092

中国版本图书馆 CIP 数据核字(2019)第 126110 号

出 版 人　赵剑英
责任编辑　宋燕鹏　冯正好
责任校对　石春梅
责任印制　李寡寡

出　　版　中国社会科学出版社
社　　址　北京鼓楼西大街甲 158 号
邮　　编　100720
网　　址　http://www.csspw.cn
发 行 部　010－84083685
门 市 部　010－84029450
经　　销　新华书店及其他书店

印　　刷　北京明恒达印务有限公司
装　　订　廊坊市广阳区广增装订厂
版　　次　2019 年 7 月第 1 版
印　　次　2022 年 6 月第 2 次印刷

开　　本　710×1000　1/16
印　　张　21.75
插　　页　2
字　　数　368 千字
定　　价　98.00 元

目　录

综 述

前　　言

史料是历史研究的基础，是历史学存在和发展的根本动力，亦是环境史研究及学科体系建立与发展的根基。环境史史料具有分散广、研究应用过程中学科跨度大的特殊性。目前，环境史史料整理与研究仍处于起步阶段，尚未形成系统完备的环境史史料体系，亟须学界同人进一步充分发掘、整理和利用。

云南大学历史与档案学院西南环境史研究所周琼教授承担的“民国西南地区环境史资料丛编”（编号：K3030284），因项目成果出版质量需要，于2018年5月11—12日举办“传承与开拓：民国时期西南环境史史料的整理与研究”学术研讨会，会议邀请了国内历史学、文献学、档案学、图书馆学、传播学、信息管理学、民族学等学界的40位专家学者重点围绕“环境史史料学理论与方法研究”“民国时期西南环境史史料的搜集、整理与研究”“西南环境史史料的多学科、多样化保护与利用”“西南环境史史料的出版和数字化研究”等重要议题探讨民国时期西南环境史史料开发、保护和利用的方法和价值。

此次会议，论文集收录23篇论文，论文作者多是博士及以上的专家独立所撰，对环境史史料整理和研究方法及理论形成有一定的创新性和影响力。具体来说：

第一，跨学科的互动和交流为环境史史料学研究提供指导。环境史史料整理与研究仍处于起步阶段，尚未形成系统完备的环境史史料体系，环境史史料体系汇编的理论和方法仍然处于探讨阶段。文集收录来自不同研究领域的参会专家对相关主题的学理性和个案研究成果，出版论文集能够为民国时期西南环境史史料的整理、研究、保护、利用和出版等提供有益的参考和建议，保证环境史资料丛编的出版质量。

第二，形成环境史史料体系有助于历史学多学科体系的建立和发展。

史料是历史研究的基础，是历史学存在和发展的根本动力，亦是环境史研究及学科体系建立与发展的根基。文集的出版将对开展民国时期西南环境史史料的整理与研究，奠定基础和前提，对推动环境史学科体系构建、深化区域环境保护实践研究，以及加强西南历史文化传承具有重要的学术价值和现实意义。

第三，开拓西南环境史研究的新领域。文集中关于开展民国时期西南环境史史料的整理与研究的理论方法探讨，能够挖掘西南区域独特、多样的环境资料，开拓以生态环境变迁、环境考古、环境疾病、环境灾害、高原河湖流域和环境政策等为研究特色的民族环境史、区域环境史和南亚、东南亚环境史，通过坚持理论、教学和科研相结合，助力环境史学科的建立和发展，同时为政府政策的规划与云南生态环境保护事业提供历史借鉴。

民国时期是西南社会经济和生态环境发生调整和变革的重要时期，这一时期的西南环境史史料载体、形式和内容呈现出新的特色，其体裁、类型、记录手段和传播方式也处于不断变化和发展的状态。限于诸多原因，民国时期西南环境史史料尚未得到系统搜集和整理，这不利于西南历史文化的传承与保护，亦直接影响西南环境史研究的科学水平和学术质量。开展民国时期西南环境史史料的整理与研究，不仅对推动环境史学科体系构建、深化区域环境保护实践研究以及加强西南历史文化传承具有重要的学术价值和现实意义，还有助于推动西南环境史研究与边疆民族环境史、南亚、东南亚环境史和全球环境史研究热点及前沿动态的联动融通。

理论探索与方法创新

以翠湖为例看诗文中的环境史史料

林超民*

说到史料，自然想到历史文献，历史著述、地方志书、考古文物、碑刻金石、档案资料、家族谱牒等。这些是研究历史最基本的资料，需要认真收集整理。在广泛收集史料和深入研究史料的基础上，可以编辑“史料目录”“史料丛刊”“史料编年”“史料考异”建立史料数据库。方国瑜先生为我们树立了很好的学习榜样。他以数十年的工夫，撰写了《云南史料目录概说》，主持编纂了《云南史料丛刊》。为研究云南历史、文化、社会、经济、政治、军事等奠定了基础。

在环境史研究中，有一种资料，不是历史文献，而是诗文，兹以昆明翠湖为例说明诗文在研究环境史中的不可忽视、不可替代的作用。

在云南昆明市政公所总务课编写的《昆明市志》中，在《河湖泉》一节中，对翠湖有简略的记录：

> 九龙池，即翠湖，一名菜海。在市中五华山右。水清冽，勘作饮料。现自来水公司之压水机即设于其旁，取供全市之饮用焉。有河曰：通城。穿城垣西流至小西门外西楼下，与老篆塘河会，流入昆池。
>
> 翠湖之滨有温泉一缕，迸自地隙，惟混于他水，颇难确定。昔有李姓者曾在翠湖东北岸，禹门寺巷住宅内凿池将此温泉引入沐浴。特温度颇低，入冬难供沐浴。现翠湖公园经理处复将此温泉寻出，拟砌池与冷水隔离，俾仍供沐浴之用。

---

* 林超民（1944—），男，云南腾冲人，云南大学教授、云南文史研究馆馆员，研究方向：中国民族史、云南地方史。

这段史料让我们知道翠湖的方位，翠湖的形成、翠湖的大小、翠湖的水质、翠湖的功用等。但是，比较简略、抽象，很难让我们一窥翠湖全貌。

如果我们从诗文中看翠湖的环境，就是另一种景象。

比如，秦逸的《晚登海心亭》：

绿波青浅碧云深，万里孤亭试一临。
水鸟忘机呼佛字，游鱼得所识禅心。
烟迷海气连城白，日落山光入座阴。
到此乾坤增别恨，阑干背倚欲沾襟。

让我们看到翠湖“绿波青浅碧云深”的美好环境。

又如李根源的《谒杨襄公祠在翠湖边》：

拜公翠湖祠，湖堤柳烟袅。
近水花成围，远山青未了。
如此好春光，嗟予病且老。

展示了翠湖近水鲜花盛开，可见远山苍翠的美好环境。

马标的《雪后过翠湖》：

寒林欲洗雪初晴，最喜翠湖堤上行。
戴月归来心念净，碧空无翳水盈盈。

昆明四季如春，冬天偶有降雪，大雪过后，天空一碧如洗，纤尘不染。

朱守训的《翠湖》：

翠湖佳景步逍遥，水绿千畦万柳条。
试汲小龙潭水饮，采莲歌度采莲桥。

翠湖“水绿千畦”，柳条翻飞，水质优良，可以直接饮用。

孙珮珊的《翠湖杂咏》：

平湖春水碧盈盈，一片斜阳两岸明。
红是莲花绿是柳，不堪处处子归啼。
水气苍茫雾气寒，石桥如带夕阳惨。
何当远采西山竹，持向莲湖作钓竿。
长堤芳草恋行人，燕语花娇媚晚春。
毕竟翠湖风景好，华山如黛柳如鬟。

翠湖花红柳绿，水汽苍茫，长堤芳草，燕语鹃鸣，“华山如黛柳如鬟”。

袁婉芝的《翠湖竹枝词》之一：

翠海新枝露气凉，一天明月一堤霜。
船从洗马河边过，两岸荷香又柳香。

民国时期，翠湖通过洗马河与滇池相连。在翠湖可乘船经洗马河到大观河再到滇池，“两岸荷香又柳香”。

袁婉芝的《翠湖竹枝词》之四：

小龙井水一肩挑，路入垂杨转画桥。
家在湖西风月好，半堆画轴半诗瓢。

住在翠湖西边的人家，一半在画中，一半在诗里。

张积厚的《翠湖竹枝词》八首中，第三首：

碧漪亭外放生池，杨柳牵风舞妙姿。
尽有游人知乐意，争来撒饵饵鱼饥。

翠湖碧漪亭有放生池，池畔杨柳飞舞，游人撒鱼饵，喂鱼为乐。

第五首：

四围春水碧于莎，芳草香荷点缀多。

爱煞天然一轴画，微风过处起微波。

春水碧，芳草香，天然一幅画图，美不胜收。

第七首：

垂钓临渊避市喧，品茶移坐绿杨村。
浣裳丽女还家早，沙路斜阳晒水痕。

翠湖可以垂钓、可以洗衣。环境清幽，没有城市的喧闹，安静地坐在绿杨树下品茶，别有一番情趣。

第八首：

为荡胸中万斛尘，闲来无事寄吟身。
湖山城市清如许，管理滇南第一春。

昆明是一座风光迤逦，空气清新的“湖山城市”。有“滇南第一春”的美誉。

翠湖的楹联也是环境史的重要资料。

陈荣昌题翠湖西门：

十里春风青豆角，
一湾秋水白茭芽。

翠湖边曾经是农家菜圃，所以有“菜海子”之名。这副对联，让人联想到民国时期，翠湖周围有菜地，种植豆角、茭白等蔬菜。

如于右任题翠湖海心亭对联：

秋水清无底，
奇石浪纹斜。

当时，翠湖的水质优良，清澈见底。与湖水可以直接饮用相印证。

散文也是研究环境史的重要史料。换言之，我们也可以在散文中找到环境史可靠而有用的资料。

方树梅的《翠湖小记》就是研究民国时期翠湖环境的重要资料。

文章一开始记述翠湖沿革：

滇会西北隅，有翠湖焉。周约三四里，北有平冈，东有螺山，东南有五华山，南为五华右腋，西则北高而南洼。元初置行省，始范入城内。

明代北冈建贡院，今之云南大学也。南畔建皇华馆，秋闱正副主试进省，未入闱时、及放榜后居之。西北有大生庵，东北有禹门寺，东南有海潮庵，南有轩辕宫，西南有金莲庵。西则北半部高，为沐氏历代别墅；南半部洼，为营兵蓄马所，所谓柳营洗马也。湖水由此出，后人呼为洗马河。四周沧桑屡变，今古迥异矣。

接着记述翠湖周边的环境：

湖为四周居民私有，此疆彼界，湖心大半种荷，其他较高之田有栽稻及蒲草者；湖心四面，春来绿柳盈堤，夏至红莲满地，草木丰茂，烟水苍茫，黄鹂白鹭与秧鸡、谷雀飞鸣于其际，而队队鸳鸯相栖于绿荷之下，泼泼锦鲤牣于白波之间，其野趣有非丹青家所能描写于万一。全湖四时翠色堪掬，此湖所由名。湖心出水者九，故又名九龙池。其四面较高地，居民多种菜，又名曰菜海。

《翠湖小记》还记述了翠湖的人文景观。例如："昆明善人倪士元、翰林倪琇，于湖心倡建莲花禅院""湖心旧无堤，游必买小舟，自莲华禅院建后，阮元自南而北，筑一堤，始得步行之。禅院当湖中，后人名曰湖心亭。南堤有桥曰采莲桥，北堤有桥曰燕子桥""清光绪中叶，总督仁和王文韶、巡抚贵阳谭钧培、粮储道陈灿倡建经正书院于湖北，有讲堂，有书楼、书舍二十四""陈荣昌任贵州学政时，以钱南园文章气节名天下，出廉俸，托解元施有奎购湖东南史姓地，建南园祠。每岁四月朔，南园生日，三迤人士祠祀之。平昔过祠下者多瞻仰之"。"昆明顾品珍任督军时，三迤士夫以安宁杨文襄一清出将入相为明名臣，而为张永划策，诛奸珰刘瑾，明社转危为安，厥功尤伟，倡建祠于湖西北隅。每岁十二月初六，文襄生日，三迤士夫祠祀，多有诗。抗日期间，祠为敌炸毁”。“会泽唐继尧又自湖东南筑堤达西北，东南中架铁桥一，西北中建石桥一，两地往来者甚便”。

方树梅还介绍了陈荣昌所拟翠湖八景：春树晓莺、秋窗夜月、精舍书声、酒楼灯影、柳营洗马、莲寺观鱼、绿柳息阴、翠湖听雨。

翠湖八景概括了翠湖的主要特点。为我们认识翠湖的生态环境，提供了形象、生动、具体的景观。

罗养儒的《翠湖之旧观》，则比较详细地记述了翠湖生态环境与人文环境的变迁。

翠湖曾有“荷花田”：

> 柳堤外即是湖沼，水不甚深，约尺许至三尺。中间一遍（片），概行种荷，咸称为荷花田。二月间，即见荷钱出水，四月底，即有花开，端午后，花即茂盛。花却有两种，无莲房结子者咸曰荷花，有莲房者则曰莲花，此滇人对于花之定名也。荷田约占湖面二分之一，在荷开盛时，诚是一莲花世界，斯而万水千山都无颜色。

还有其他水中作物：

> 湖中亦有菰、蒲、茭、苇，然不蕃于湖心，只萧森于湖滨水浅处，究亦不十分多也。因此，在四、五、六、七月间，翠湖上是锦明霞丽。

翠湖不仅有荷花、茭白、茨菰，还有稻田：

> 往昔，湖之南面，在接近洗马河一段之湖滨水浅处及皇华馆前面，复牵连到今之钱南园祠堂前，其一带水浅处，则是种满香稻，且年年收获极好，以湖滨土肥也。此栽种者，是一班栽种荷田之人以余力而种稻，喜其不纳田赋、不缴税课，可得到一种纯利也。其景象如此，故昔日朱筱园有句云：“七月西风翠湖上，藕花常伴稻花开。”

翠湖不仅有九龙池，还有珍珠泉：

由洗马河之淌水沟处向北上行约五百余步，另有一涌出泉水处，共名之为小龙潭。在往昔，此一龙潭水极有名，以清冽异于他泉也。潭不甚大，亦不甚深，潭面略具圆形，径约及丈五六尺，深处则只及二三尺。潭底泉水，如珠颗贯串而上，时人遂名此为珍珠泉。潭之周围原无遮栏，只有一小沟，弯曲而通到洗马河，故泉水旺时，以有输出处仍不至漫于地面。在光绪十六七年（1890—1891）间，有二三川人，以潭水清甜，遂结庐于潭畔，取潭水发豆芽，果然发出豆芽来肥嫩香甜，已而营业旺相，用水较多，惧泥浆流入潭内，乃购选石料而围绕之。于是，一般人竟舍小龙潭三字于不言，直呼其处为豆菜房。

民国时的小说家、散文家，凡到过昆明的几乎都有记述翠湖的文字，这些同样是研究翠湖与昆明生态环境的宝贵资料。

老舍在《滇行短记》中写道：

靛花巷的附近还有翠湖，湖没有北平的三海那么大，那么富丽，可是，据我看：比什刹海要好一些。湖中有荷蒲；岸上有竹树，颇清秀。最有特色的是猪耳菌，成片地开着花。此花叶厚，略似猪耳，在北平，我们管它叫做凤眼兰，状其花也；花瓣上有黑点，象眼珠。叶翠绿，厚而有光；花则粉中带蓝，无论在日光下，还是月光下，都明洁秀美。

云南大学与中法大学都在靛花巷左右，所以湖上总有不少青年男女，或读书，或散步，或划船。昆明很静，这里最静；月明之夕，到此，谁仿佛都不愿出声。

老舍特别强调翠湖的两大特点：秀美、清净。

汪增祺在《翠湖心影》中说，昆明是翠湖的眼睛。

昆明和翠湖分不开，很多城市都有湖。杭州西湖、济南大明湖、扬州瘦西湖。然而这些湖和城的关系都还不是那样密切。似乎把这些湖挪开，城市也还是城市。翠湖可不能挪开。没有翠湖，昆明就不成其为昆明了。翠湖在城里，而且几乎就挨着市中心。城中有湖，这在中国，在世界上，都是不多的。说某某湖是某某城的眼睛，这是一个俗得不能再俗的比喻了。然而说到翠湖，这个比喻还是躲不开。只能说：翠湖是昆明的眼睛。有什么办法呢，因为它非常贴切。

汪曾祺对翠湖的一段简洁、生动、具体的描写，展现了十分优美的生态环境：

> 翠湖这个名字起得好！湖不大，也不小，正合适。小了，不够一游；太大了，游起来怪累。湖的周围和湖中都有堤。堤边密密地栽着树。树都很高大。主要的是垂柳。"秋尽江南草未凋"，昆明的树好像到了冬天也还是绿的。尤其是雨季，翠湖的柳树真是绿得好像要滴下来。湖水极清。我的印象里翠湖似没有蚊子。夏天的夜晚，我们在湖中漫步或在堤边浅草中坐卧，好像都没有被蚊子咬过。湖水常年盈满。我在昆明住了七年，没有看见过翠湖干得见了底。偶尔接连下了几天大雨，湖水涨了，湖中的大路也被淹没，不能通过了。但这样的时候很少。翠湖的水不深。浅处没膝，深处也不过齐腰。因此没有人到这里来自杀。我们有一个广东籍的同学，因为失恋，曾投过翠湖。但是他下湖在水里走了一截，又爬上来了。因为他大概还不太想死，而且翠湖里也淹不死人。翠湖不种荷花，但是有许多水浮莲。肥厚碧绿的猪耳状的叶子，开着一望无际的粉紫色的蝶形的花，很热闹。我是在翠湖才认识这种水生植物的。我以后再也没看到过这样大片大片的水浮莲。湖中多红鱼，很大，都有一尺多长。这些鱼已经习惯于人声脚步，见人不惊，整天只是安安静静地、悠然地浮沉游动着。有时夜晚从湖中大路上过，会忽然拨剌一声，从湖心跃起一条极大的大鱼，吓你一跳。湖水、柳树、粉紫色的水浮莲、红鱼，共同组成一个印象：翠。

这样的例子还不少，限于篇幅，只能举几个例子说明。更多的资料有待于我们从诗文中找寻。

除了诗文，还有照片、图画、邮票、音像等都是有丰富的环境史史料。值得特别一提的是，民国三十八年云南省银行发行的五十元钞票，印有翠湖的图片，这也是十分珍贵的环境史史料。

从历史文献中的史料和诗文中的翠湖我们可以得知，翠湖的生态环境在元代将昆明定为云南省省会后，就不断地发生变化。但变化是缓慢的，十之七八保存自然生态环境。明代昆明建筑城墙，原来与滇池相连的翠湖被城墙隔开，成为昆明城的一个湖泊。人们不断在翠湖修筑堤坝、建筑道路，兴建楼台亭阁、寺庙祠堂，翠湖的自然景观与生态环境逐步发生变化。如果说，唐代拓东城建设到元代昆明城建设，翠湖还保留较多的自然生态环境；那么，从明代建城墙到民国时期，翠湖的自然生态环境不断发生变化，自然生态环境逐渐被人文环境所替代。明代以前翠湖十之七八出于天然，是“不自然中的大自然”，到民国时期，翠湖景观十之七八由人工造成，是“自然中的大不自然”。这个变化虽然很大，但基本保持了翠湖原有的生态环境，如九龙池的九个泉眼，与滇池相连的洗马河，洗马河北面的珍珠泉（小龙潭）。荷花池、稻田、菜地、池水连成一片。四周古柳高树、四时鲜花，具有城市湖泊风光，又有古朴田园风情。在城市湖泊中别具一格。

以翠湖的例子，我们可以看到，诗文在中国图书四部分类法中为“集部”，不在传统的“史部”，不属于“史料”，但我们依然可以将其作为史料加以运用。而且可以起到史料没有的特别作用：形象、生动、有趣。

不过，在运用诗文做环境史史料时一定要格外小心谨慎。

第一，要注意作者的身份地位、社会经历、思想情感，这些都会对他的诗文产生重大影响，都会对诗文反映的环境带来主观色彩而失去真实性。

第二，诗文有比喻、有夸张、有虚构、有情感，这些或多或少会影响其历史的真实性、可靠性。不能轻易把诗文的文字当作史料直接使用。

第三，一定要注意诗文的地域性，即诗文所描写的地点、不能出现空间错位混乱。

第四，必须注意诗文的时间性。只有确定诗文所表现环境的确切时间，才能对环境史的研究有所裨益。时间错乱，就会失去所有文字的真实性、可信性。

第五，对同一景观、同一环境，不同的作者、同一个作者在不同时候，都会有不同心情，写出来不同的情景。

诗文中有许多环境史的资料，是研究环境史的一大资料宝库，有待我们深入研究、认真分析、仔细考究、恰当运用。运用得当，将对环境史的研究产生巨大推动作用。

环境史研究的理论与方法亟待创新

杨庭硕* 耿中耀 彭 兵

一 前言

当下，尚在沿用的当代学科体系，并非古已有之，而仅仅是文艺复兴以来，经由西方各民族陆续建构而成，并随着殖民扩张而推广到整个世界的知识体系。立足于这样的认识，我们有必要清醒地意识到，当代的学科体系仅仅是人类凭借其文化建构起来的、绝不是亘古不变的求知范式。但要将这样的认识落实到环境史的研究，我们必将面临着始料不及的严峻挑战。因为，我们不得不承认，环境史的研究必然要涉及所有的学科，而现行学科体系划分得如此之细，其界限如此之相互交错。于是，交由不同学科展开的环境史研究，如何对话，如何交融，都将成为难以摆脱的魔咒。

来自历史的记忆、借鉴与参考，对人类社会而言，一直是一个永恒的话题，但不同的民族对自身历史的认识和资料汇总，事实上一直是各行其是。然而，环境史的研究却不可能以民族文化的分布为限，也不可能以历史的记忆为限。任何一项因人类而起的环境变迁，不仅会影响到当事的各民族，还会波及那些根本未曾接触过的其他民族。其间的问题还在于，此前对历史的关注，更多地聚焦于人与人的关系，而人与环境的关系，除了少数的一些民族学家有所涉猎以外，其他学科的学人往往都忽略不计了。这将意味着，要求做好跨文化研究的环境史，在获取和解读史料中，肯定会遭逢难以整合与交流的难题。

---

* 杨庭硕（1942—），男，苗族，贵州贵阳人，吉首大学历史与文化学院教授，研究方向：生态人类学、历史人类学。

当代的自然科学工作者，习惯于相信人类认知的无限，过分相信人类的知识具有改造世界的能力。所谓“知识就是力量”，就是此前大家都信以为真的信条。好在，恩格斯在《自然辩证法》中给这样的过分自信泼了一瓢冷水。① 从而，不少自然科学工作者也开始意识到，在世界的无限性和人类认识的有限性之间，存在着一条鸿沟之隔。在这样的反省中，某些研究者开始意识到环境问题的严峻性，并因此而引发了全球性对环境史的关注。尽管如此，人类在环境中到底扮演着什么角色，依然不得其解，而这个问题不能得到解决，有效的环境史研究也将无从谈起。

首先，我们得明白，既然研究环境史，那么“环境”就必然要表现为从“甲”到“乙”的转变。其次，我们还得进一步明辨，到底在什么样的范围内发生了这样的转变？可到了这一步，问题又来了。在现行的学科体系中，我们过分地相信实证的价值，总认为凡是能够检验的结论都能通过实验去加以证明。可是，环境史变迁的广度和时间延续的长度，却几乎是大得无边，而探讨任何一项环境变迁内容，又必然要明辨其时空场域。这就使得，在研究中不管是来自文献的记载，还是来自实验室的证明，都必然因此而具有挥之不去的片面性。事实上，我们是落入了以局部代替整体的陷阱中而无力自拔。

人类社会的构成极其复杂，环境要素的构成更是复杂多样。而当代的学科体系，在要求实证的同时往往在无意中是按照人类的想象，对自己的研究对象去加以自以为是的化界，以便在实验中呈现出一组明显的因果关系来。但这样的惯例，在面对环境史研究时，却必然要碰上始料不及的挑战。时下，代表性的研究成果都习惯于断言，环境的变迁既有人为因素，又有自然的因素。但若需要进一步加以澄清，那么问题又来了。自然因素非至一端，社会因素同样如此。在万般无奈的情况下，研究结论必然呈现为套用“加权分析”的办法，逐一认定各种因素在事件发生中的百分比比重。但拿到这样的研究结论后，将如何用于化解生态问题，却可以让一切人都感到莫衷一是，无从下手。这样的结果，当然有违环境史研究的初衷，同时也很难付诸实践应用。

迄今为止，可以明显感知的事实正好在于，环境史需要的是跨学科的整合分析，跨文化的研究思路，同样也需要明确界定每一项环境变迁的具

① ［德］F. 恩格斯：《自然辩证法》，战士出版社 1971 年版，第 250 页。

体时空场域，而研究的结论必然表现为澄清环境变迁的单一化主因。这四个方面的要求，研究者必须都得加以兼顾，作出通盘的考虑后，才能实现有效的环境史研究。

二 有关理论建设的思考

此前的环境史研究，研究者通常都习惯于凭借自己的学科专长去各行其是，研究的结论如何让其他人也得以分享，则只能听其自然。这只能说是一种万般无奈的选择，自然也就成了一种亟待创新应对的严峻形势。笔者和所在的研究小组，在20多年来的生态民族学研究经历中，有幸接触到不少来自不同专业的知名学者，在与他们的对话和交流中多少有些感悟，并不断将这样的感悟贯彻到具体的研究实践中，自认为小有收获。因而，不妨在此略加说明，但愿能引起学界同人的关注，并提出批评性的建议，以期得到逐步地完善。

（一）研究对象问题

在此之前，我们的地质学家和生物学家，对地球环境的变迁早就做过了成功的研究，他们已经做到从海陆变迁到生物的进化，都排出了一个令人信服的时间表，深远地影响到当代考古学和生态系统生态学的研究，并引起了不少民族学家的关注。摩尔根在论述文化进化的历程时就注意到了，东半球和西半球在农业和畜牧业分化上，呈现出明显的时间和空间差异。[①] 泰勒也将全世界动植物分布的差异与文化的差异作出过类别。[②] 如此一来，一提到环境史的研究，人们就不得不习惯性地认定，人类来到这个星球之前的地球环境变迁，也同样适应于当下的环境史研究。因而，在探究环境变迁的成因时，自然界的运行、生物的进化必然对当下的环境史研究，造成深远的影响。但这样一来，就导致了自然科学研究的成果与人文社会科学研究结论的“搅线”。从而，环境史研究到底是从自然科学的视角去开始，还是从人文社会科学的角度去探讨，自然就成了久议不决的难题了。如关于时下热门的全球气候，或者说当代地球环境开始进入了转

---

① ［美］H. 摩尔根：《古代社会（全三册）》，杨东莼、张栗原、冯汉骥译，商务印书馆1971版，第33—34页。

② ［英］E. 泰勒：《原始文化》，连树声译，上海文艺出版社1992年版，第9页。

暖期的相关研究成果，其间的对话和可信度评估也很自然地成了争论的对象。

不错，地球表面的无机物和能量运行有它自己的规律，其运行和聚合不会因为人类来到这个地球上有所改变，而且还将影响着未来的环境走势。这些都是毋庸置疑的根本性问题，但环境史的研究如何对待这样的命题，却往往会陷入我们挥之不去的思维定式框架内。

如何对待这样的争论，笔者认为需要严格地区分研究对象的时空场域差异。就地质史而言，其延续时间往往需要以十万年乃至千万年计，其涉及的空间领域，必然要牵动到整个地球表面。作为一个普通生物物种的人类而言，在有限的生命周期内面对时间跨度如此之大，空间范围如此之广的研究对象，即使是动用了当代最先进的科学技术，要精准地去把握变迁的细节、系统完整地搜集相关的资料，其实是办不到的。在这个问题上，我们得承认人类科学研究的有限性。事实上，地质学家们和生物学家们形成的上述结论，从一开始就是凭借有限的资料，去谈论无限的问题，谱写生物的进化靠的是偶然发现的化石，但发现这样的资料，本身就是局部的资料，说明不了全球性的变化。由此形成的结论，只能算是一个意向性的说明，具体到当代还活着的人类而言，到底意味着什么？对当代人类的发展，具有何种意义上的关联性？我们其实很难说清楚。自然科学家的有关结论，作为一种当代环境史研究的一个参比对象，其价值毋庸置疑，但若要求化解当代遭逢的生态问题，即活着的人能够在生活中直接感知的环境问题，恐怕很难直接帮上忙。

长期以来，人类关注历史，也致力于编纂历史。其目标仅止于，对活着的人提供来自历史的借鉴和参考。不言而喻，这样的借鉴和参考都是针对历史上发生过的事件，及其遗留影响去立论。对此，我们不得不承认，此前编纂历史仅是就人类的生活需要、所知和所感，去展开历史研究。今天，我们既然要研究环境史，当然也得遵循这一惯例。我们大可不必关注“罗马俱乐部”宣言的那些危言耸听的言论，也不必关注恐龙的灭绝对我们今天的实际生活会发生什么样的副作用。然而，历史上人类的活动所引发的中华大地上的环境变迁，如大象的“隐退”、黄河泥沙的沉淀等，却理所当然地要成为我们的研究对象。原因在于，这样的变迁不仅史料的记载可及，而且对当下中华民族的生活会发生重大的遗留影响。

举例说，在冀中平原打井时，哪怕两口井的位置不超过20米，但井水有的含硝，有的含盐，有的则是甘泉。这对当地的农业生产至关重要，因而不得不加以研究。唐代诗人笔下曾明确提及，在今天的广州附近，还可以直接目睹大象的出没，成群的鹦鹉换下的羽毛还能换钱。这两种动物的存在而发育起来的桄榔林，还能成为当地人的食物来源。① 但这一切，今天全变了，不仅是桄榔林、大象和鹦鹉不见踪影，与这三个物种伴生的众多其他物种，事实上早就已经被稻田置换了。由此引发的环境问题，对今天生活在当地的人来说，谁都不能置身事外。如果不加以研究，今天的生态建设将如何去做，我们就会失去方向。因而这样的环境变迁，才是社会科学环境史研究的对象。

有鉴于上述，今天的环境史研究，显然得作出一个明确的界定。其主要研究对象，理当聚焦于人类活动所引发的环境变迁。因为这样的环境变迁，比之于纯自然的环境变迁，其发生的时段在文献中可以找到证据，在田野调查中可以收集到资料，要展开符合历史研究传统的探讨也切实可行。而且这样的变迁，其后续影响并没有消失，因而对今天生活着的人类而言，无论是生产还是生活，都不得不接受这样的后续影响，并作出积极的应对。这样的问题研究清楚了，我们的生态建设才有了方向，建设办法才有了经验与教训。对我们今天的生活，也才可以发挥直接的效用。

就学理的基础积淀而言，这样的环境变迁虽说是由历史学展开，但生物学、地理学、考古学和民族学等众多学科已分别加以研究，并有雄厚的成果积淀。因而学科之间的理论成果如何取长补短，兼收并用，进行整合创新，尽管当代学人还存在着诸多困难。但鉴于基础雄厚，最终解决也不成问题，通过努力获取令人信服的环境史结论，实属可期可待。我们有什么理由拒绝这样的研究对象呢?

相比之下，人类社会及其文化难以做出明显影响和作用的纯自然环境演变，则应该交由地质史、生物进化史的学人去展开专门研究。这样的环境演变，其变化的速率极为缓慢，在人一生中根本无法直接感知其变化程度；其变迁的历程，却长得历史记载都难以涉足。加之地质史变迁所涉及的空间范围无比广阔，文献的记载、田野资料的搜集，根本无法做到资料

---

① （唐）周繇:《送杨环校书归广南》:“天南行李半波涛，滩树枝枝拂戏猱。初著蓝衫从远峤，乍辞云署泊轻艘。山村象踏桄榔叶，海外人收翡翠毛。名宦两成归旧隐，遍寻亲友兴何饶。”——《全唐诗》第十七部，上海古籍出版社 1986 年版，第六百三十五卷。

的系统占有。事实上，地质学家和生物学家研究这样的问题，其资料获取也要经过超长时段的历史岁月沉积，还要碰上好的机遇，才能获取可凭的化石资料。因而，若把这样的环境演变纳入环境史的研究中，无论是凭借历史资料的积累，还是凭借有限范围内的共时态资料收集，都难于取得可凭证据。环境史的研究一旦陷入了这样的资料占有困境，恐怕就很难自拔，最终就会使得不仅得出的结论很难直接发挥效用，甚至还可能干扰到地质史和生物进化史的探讨。将其在环境史的研究中搁置一下，本身就有益无害。

总之，若把环境史研究的对象扩大到质史研究的领域，是一种不划算的事情。因为当代人最关切的、最紧迫认知的，乃是相对短时期的、有限范围内的环境变迁，而这一切都关系到当前的生产和生活。环境史的研究做出这样的对象定位，不仅力所能及，而且是专长所在，更是服务对象的殷切期盼。

（二）人类在环境中的定位

众所周知，只有人类才有必要，而且有能力去研究历史，其他生物恐怕没有这样的禀性。因而人类在研究历史时，显然也就具有了明显的独特性和功利性，即他们是为了自己去研究历史。与此同时，他们通常还会将一切环境的变迁，都视为人类社会之外的客观存在。换句话说，在他们眼里，环境的变迁也就成了纯自然的问题了。这样的习惯性认识，肯定经不起民族学家的诘难。

马林诺夫斯基在研究文化的功能时，提出了有名的“需要理论”，可将他这一理论粗略地作如下划分：其一是作为人的生物性的需要；其二是作为人类的社会生活需要。① 其中满足人类生物需要的文化功能，就必须要和环境发生极其密切的关系；而满足社会需要的文化功能，则主要是在人与人之间发生关系。就这一意义上说，在地球生命体系中，人类肯定是一个独特的“怪物”，表现为人类在环境与社会之间，肯定得永远“骑墙”下去。这样一来，人类研究环境史不仅可能，而且必然当仁不让。但由此派生的学理纷扰，至今仍然久议不决。具体表现为：人类在环境史中，到底是第一性的存在，还是第二性的存在？是人类左右了环境，还是环境左

---

① ［英］B. 马林诺夫斯基：《科学的文化理论》，黄建波等译，中央民族大学出版社 1999 年版，第 90—118 页。

右了人类？或者是人类、社会和自然共同左右了环境的变迁？时至今日，还处在永无休止的争论之中。但对环境史研究而言，则必须做出一个明确的裁断，即人类不允许“骑墙”。否则的话，环境史的研究，同样会陷入没完没了的争执之中。

不错，人类是一种生物。同时，人类的生存离不开其他生物提供的物质和能量供给。但人类绝对不会像其他动物那样去生活，人类要仰仗社会和文化去过有别其他物种的生活。在这一问题上，我们别无选择，但却必须对人类在环境中的定位作出清晰的界定。因而研究环境史必须得承认，环境对于人类而言必须是一种中性的客观存在。但也不能否认，人类得仰仗这种中性存在的环境才能生存。然而，人类对环境的影响，又与其他一切生物物种都不同。人类的行为因受到他们所建构的文化规约，从而使得特定人群的存在与延续，对环境构成了不容忽视的持续影响。换句话说，人类要研究环境变迁，理当承认自己不可推卸的责任。这是因为“解铃还须系铃人”，人类既然有能力影响环境的变迁，反过来也有责任去消除由此带来的副作用。这将意味着，人类在环境中的定位，必将具有如下一些特征。这些特征在环境史理论建构中，都是不容忽视的关键所在。

首先，人类活动的目的性。人类与其他生物不同之处在于，人类是按照自己的意愿去完成活动的生物，其他物种则是一切凭借本能求生。如不同文化规约下的人群，如果选择要以稻米为主食，他就得开辟稻田。其结果就必然具有两重性，从人的立场而言，稻田开辟的越多，稻米的产量越高，人就会越满意。但人类的努力，总会在无意中改变生存的生态环境。鉴于水稻有其特定生物属性，人类只有能力去加以选择，却不能加以改变。而在水稻推广种植这一活动的背后，水稻总避免不了被推广到它难以生存的空间范围之内。

就我国的环境史而言，早年的水稻种植区，仅集中于南方地区。但到了今天，在新疆的沙漠中，黑龙江的寒温带湿地中，都种上了水稻。由此带来的生态副作用，短期内可能对相关的人群无害，但如果照这样的趋势发展下去，不仅是相关的人群，而是全人类都可能得因此而受累。时下西方的环境专家认定，大规模地种植水稻会需水量过大，而对全球的水环境平衡不利，但中国和日本的学者却据理力争，极力反驳。这种看似非常简单的生存目的的需求，似乎正好需要多一点辩证法。或者比喻性地说，人类的目的性是一柄双刃剑，“好”与“坏”总是密不可分。如果环境史的理论建设忽略了这一点，就有可能完全陷入悖论迭出的困境之中。

其次，人类活动的可积累性。这也需要多一点辩证法。在中国的西南喀斯特山区，早年曾经存在过众多的溶蚀湖，在为远古人类提供富饶的狩猎产品的同时，也是候鸟越冬的天堂。但西南各民族在受到外来的胁迫和干扰下，情况就大不一样了，他们将这样的溶蚀湖区改作他用，有的用于建构水田，有的用于旱地。在当时看来，排干这些溶蚀湖看起来似乎影响不大，相关人群还可以从中获得丰富的农产品收入。然而，如果听任这种利益的追求持续下去，那么后人就会面临前人留下的难以挽回的悲剧。随着数以千计的高原溶蚀湖被排干后，当前滇黔桂边区的石漠化灾变也就随之而降临。而今，为了应对和救治石漠化灾变，学界付出了巨大的代价，还无法缓解这一地区的重大环境问题。

可见，如何正确认识和评估人类生存方式对环境问题的可积累性，显然是环境史研究必须认真对待的重大问题。环境问题是大自然的报复？还是人类的咎由自取？从人类理性的思维看，都与人类活动的可积累性直接关联。但问题的难点反倒在于，如何确定人类活动“度”和“量”的控制极限？从结果来看，环境问题无论在当前表现得多么严重，其实与历史上的缓慢积累，以及无意识行为的积淀之间，恰好呈现为正相关关系。这样的积累一旦突破了环境所能够承受的极限，人类就得为此付出代价。可是，在我们的理论建设中，却不能将具体的问责落到实处。因为这是一个长期历史积淀的产物，能够问责的对象早已不在人世。但由此留下的后果，当代人必须面对，多大的代价也得承担下来。

再次，跨文化的评价问题。这同样涉及辩证法问题。人类学会驯化动物、驯化植物，对特定人群而言当然是好事。但驯化的结果，却会超出特定文化所能掌控的范围。古华夏居民成功地驯化了小米，并造就了我国先秦时代华夏居民的农耕辉煌。再由于小米这种作物的生物属性具有耐长途运输、耐储存等特点，随着秦汉已降的多民族大帝国的建构完成后，朝廷出于行政管理的方便而将小米作为税收粮种，推广种植到我国南方的炎热湿润地带，还进入了西南各少数民族的生活圈。但小米的生物属性却不会随之而改变。于是，在南方的水乡就不得不建构所谓的“垛田”，以此满足小米种植的需要。西南山区的少数民族，则以“刀耕火种”的方式种植小米。而今江南的“垛田”已成功申报为农业文化遗产，西南山区的“刀耕火种”却成了众矢之的。大家一致认定“刀耕火种”破坏了环境，并通过法令的方式去加以禁止。其中，仅有少数民族学家能够清晰意识到，其间存在着跨文化评估指标的价值相对性问题。

然而，最值得反省之处恰好在于，远古时代我国西南各民族，怎么能够获取远在数百公里之外的小米种子呢？怎能获取从事“刀耕火种”所必需的金属工具呢？又怎能发明通过“刀耕火种”的方式能够种出小米来呢？西南各少数民族肯定还有其他食物，但他们为何又要偏偏种植小米呢？这一系列疑问的背后，都与文化的价值相对论存在着内在的关联性。按照远古时代西南各民族的文化理性，他们大可不必种植小米，但从中央王朝的立场而言，种不出小米的地方那肯定是“不毛之地”，相关居民也肯定是“无用之人”。这将意味着，环境研究的理论建设，如果无法把文化的相对观纳入其中，那么不管形成什么样的结论，都会显得苍白无力。在当下的生态建设中，也必然会使人们变得无所适从。

最后，人类的能动性问题。地球上的其他生物，肯定无所谓的能动性可言。但文化规约下的人群，却具有无可争辩的能动性。人类可以做趋吉避凶的理性选择，也可以建构特定的知识体系，还能够借鉴异民族的知识和技术，从而能够更有效地改变环境的面貌。我国的西南山区，生态类型极其多样，而且在空间分布上，森林、灌丛、湿地等交错镶嵌，就是无法形成连片的草地。这对于规模性的畜牧发展而言极其不利。但我国西南的好几个氐羌民族，彝族、羌族、纳西族，却可以经过能动的努力，凭借知识和技术的积累，将原先的森林改造成可供牛、马、羊和猪放牧的草地，有的是疏树草地，有的是草甸草地，有的甚至是完全由人工建构的草地。在这样的选择背后，当地民族还建构起了一整套“农牧兼容”的传统生计方式，由此而引发的环境变迁，至今还在延续之中。但这样的能动选择，对生态系统的纯自然运行，对其他民族及其文化的存在与延续，足以造成的影响却非至一端。因为这样的环境改变后，最终都会影响到地表和地下水资源的运行，改变底层大气的湿度和温度，更明显地改变地表生态结构的内涵，从而波及更广大范围内的生态问题。对人类的能动性，将如何做出评价，是好坏参半？还是有得有失？或者是对自己有利，对他人有害？在对待这一研究问题时，都得高度审慎，最好是建构起具有包容性，具有普适性的理论创新。否则，同样很难满足环境史研究的需要。

综上所述，对环境史的研究而言，针对人类的定位是第一性，还是第二性，价值不大，意义也不大。但注意到人类行为和生产方式的辩证关系，却是环境史研究理论建设必须正面回答的问题。回答的核心内容必须承认，人类在环境史中具有独特的地位，同时也具有不可推卸的责任；但环境对人类而言，则是中性的存在。而环境史研究的终极指向，就是要明白人类的责任，即无论环境如何改变，责任都在人。环境问题的解决，不仅人类需要，其他物种也需要，但只有人类可以承担这一使命。最终，必须要意识到，环境史研究中的相关问题，绝对不允许无原则地归咎于自然。

（三）生态环境的属性问题

长期以来，在文化规约下的不同人群，总是习惯于区分人居环境与野生动物的栖息环境。比如，人们严格地把“城”与“郊”、“乡”与“野”等概念进行了区分。这样的习惯性思维模式，也就必然干扰到我们今天对环境史的研究。因而，环境史的研究必须明确地回答，与我们打交道的是纯粹的自然环境，还是人们干预过的“次生生态环境”？认真研读克罗斯比的《生态扩张主义》后，就不得不承认我们习惯于认定的“杂草”仅是农耕文化的产物，在其他类型文化中是不需要这样区分的。[①] 也就是说，我们当代所能观察到的农田（包括弃耕后的农田），其实早就打上了人类活动的烙印，它们早就不是纯粹意义上的自然生态系统了。但到了具体研究时，研究者却会在有意和无意中混淆了这两种不同概念，误以为我们是在与纯自然的生态环境打交道。

举例说，我们会习惯性地认定，商周时代大象广泛分布于黄河流域，那是因为气候温和，适宜这些喜温动物的生长，从而将人类活动的作用排除在研究的视野之外。同样的，当我们读到“敕勒川”的诗句时，都会神往于“风吹草低见牛羊”的美景，而当年的敕勒川今天已成为毛乌素沙地。我们同样会认为，这是全球气候变暖、降雨量稀少所致，与人类的活动无关。但在这样的上述例证中，却不具有兼容性。动脑筋的人都会质疑，当下中国范围内到底是气候升高了还是降低了、降雨量多了还是少了。在历史上，由于没有气温、湿度和降雨量的数据记载。我们不能说由此作出的判断是否有道理，但肯定要遭到别人的反驳。

具体到我国西南喀斯特山区而言，石漠化灾变到底是怎么酿成的？也

---

① ［美］艾尔费雷得·W. 克洛斯比：《生态扩张主义》，许友民、许学征译，辽宁教育出版社 2001 年版，第 157—177 页。

是同一性质的问题，到底是水土流失，土壤都流走了才出现石漠化，还是裸露的基岩早就存在于地表，仅因为历史上植物茂密而没有被人认真地观察和记录而已。目前的石漠化是水土流失的结果，还是植被消失的产物?其实，这些都是同一性质的事项。但之所以会发生类似的争论，其根本原因却在于，我们的潜意识在发挥着重大的影响力。我们在展开环境变迁的分析时，事先并没有界定分析的对象到底是纯天然的生态系统，还是人干扰过的“此生生态系统”。以至于环境变迁到底是天然的产物，还是人为的产物。相关结论都模糊不清，令人无所适从。

值得一提的是，这样的问题不仅出现在严肃的科学论著中，我们在现实生活中也会经常碰到，有时还会被弄得啼笑皆非。在贵州省的锦屏县从事“林粮间作”的调查时，以前的林业局局长乃至乡民，都明确地告诉我，在中林乡存在着一片茂密得不透风的原始森林。人们要想领略真正意义上的原始森林风貌，夏秋两季时人根本进不去，只能在冬天一面砍路，一面前行，才能进入该片原始森林区。但历经艰辛，真正去了这个地方发现，这里的树种极为单一，要么是连片的桑科植物，要么是规模生长的壳斗科乔木。失望之余就不得不思考，这是不是真正意义上的原始森林。因为，从该地所处的海拔高度和纬度来看，理当普遍存在的是常绿阔叶林树种，如樟科、木樨科、棕榈科的植物，但在这里都完全没有踪影。再对周边村寨展开调查后，乡民分明告诉我们，当地的苗族和侗族老乡培育构树是要获取纤维，以及牧放猪的饲料。大量种植壳斗科的植物，目的是要获取柴薪。最终的答案不言自明，这样的植物能连片地分布，显然就不是真正意义上的原始森林了。只不过种这些树的人因为各种社会原因离开了这里，留下的植物和动物正在经历“野化”的过程，以至于当代的人就会很自然地误认为是原始森林了。

在贵州省雷山县的雷公山国家级自然保护区，当下能够观察到的秃杉群落同样也被学术界定义为“野生”植物。但仔细观察这里的秃杉群落，要么是呈矩形分布，要么是呈倒扇形分布，但却不是沿高线分布。其分布范围与当地苗族执行“刀耕火种”的区域表现出极高的重合度。好在当地的乡民也清晰地记得，这些秃杉是他们实施“刀耕火种”后留下来的植物。① 但不管乡民怎么说，怎么做，当地的主管部门却一直认定为这些秃杉是野生植物。其间的原因仅在于，如果承认这些凸杉是人工林，那么自然保护区要保护的物种是什么？自然就会变得名存实亡了。这虽然不会影响到秃杉的生长，但事实却告诉我们，环境史的研究是要将它作为天然林对待，还是作为与当地苗族的生计相关的植物对待？在这里，我们却来不得半点马虎，必须做出明确的界定。

更令人啼笑皆非的是，我的老朋友杨明生，当年曾因为绿化金沙县平坝乡的荒山，而引起了有关部门的关注。《人民日报》《光明日报》等新闻媒体都连篇地对其先进事迹进行报道，胡锦涛同志还亲自接见过他。他也因其绿化工作所取得的成效，而被授予了“联合国地球奖”。我从他身上学到过很多，可惜他已经去世了。再次访问他的家乡时，公路已经修通，当地立了标识牌，当年他种下的人工林，今天反而成了天然林保护区。而在这批天然林中，柳杉却是真正意义上的“优势树种”。任何一个有生物学知识的学者都会知道，柳杉绝对不会天然分布于这里的森林中，因为它是来自美国外来的物种，而且是在近百年才引进到中国的树种。当地 80 岁以上的老人也都还清晰地记得，20 世纪 50 年代以前，这里的树种主要包括板栗树、白果树和核桃树等能够产生干果外卖的植物，而基本没有看到什么柳杉一类树种。仅仅是凭借乡民这样的记忆，其生态递变的过程就不难得到清晰地揭示。但如果把这里的森林认定为天然林，那就经不起事实的拷问了。

而今的问题在于类似的现象并不仅限于贵州，在全国范围内这样的失误总是反复重演。比如有的学者，一方面认定中国的楠木资源已经枯竭，一方面又明确提及在西南各少数民族的风水林和神林中，还零星分布着香楠和桢楠的活态植株。这就有点匪夷所思了。楠木既然被当地各族老乡认定为是神林，或者是风水林，那就肯定不是天然林，而肯定是经过人类干扰、定义过的文化产物。这样一来，说中国的楠木出现濒危状态，看来确实有点言过其实了；说这些地区分布的楠木是野生树，恐怕也不符合事实。进而还要说楠木这种珍稀物种，目前没有得到应有的保护，那更是无从谈起。当地老乡既然把它们称为神树，或风景树，难道不是在他们的保

① 罗康隆、吴声军：《民族文化在保护珍稀物种中的应用价值》，《广西民族大学学报》（哲学社会科学版）2013 年第 4 期。

护之下吗？

诚如上文所言，如果我们要把这种经由人类培育的森林定义为天然林，那就不应将它们纳入我们环境史研究的范围了，而只能由地质史家或者生物进化学家去讨论分析。若要将它们落到环境史研究的内容框架内，我们最好不要将它定义为天然林，或者野生树种。因为我们要探讨的内容恰好是，人类的活动如何影响到环境变迁，而不是自然力如何左右环境。如果按照这样的思路，去界定环境史的研究范围，那么我们不得不承认，在当今的中国大地上，真正意义上的纯天然生态系统至多不超过5%，其余的均是经由人类干扰过、利用过和改造过的次生生态系统。而这种被人类加工改造过带有人类文化烙印的环境，才是我们环境史研究的对象。具体而言，我们必须首先澄清当下的环境是如何演变过来的，更要进一步回答我们该如何去保护和利用他们。即前人做对了我们要坚持，前人做错了我们要吸取教训。这才是环境史研究亟待澄清的真理。推而广之，与此相关的诸多问题，都值得重新审视。

比如，青藏高原冰川的消退、云贵高原溶蚀湖的消失、金沙江流域的干热河谷灾变，此前形成的结论，包括退变主因的认定，都得接受新一轮的严格验证。因为就本质而言，我们面对的事实和环境史需要研究的对象，根本不是天然的生态系统，而是在历史上经由不同民族，使用不同方式加工改造的产物。这才是我们研究对象的基本属性。为此，环境史研究的理论建构，就某种意义上来说，可能需要从头做起，要立足于当代的需要和客观的实际，对已有的理论做到符合当代需要的创新利用。

（四）利用与维护的辩证法

立足于生态建设的需要，环境该如何保护，前人的经验教训该如何汲取，很自然地要成为环境史研究必须解决的重大问题。但其间的理论建设，却不容乐观。

当下，一提到环境保护，最具影响力和最容易被社会接受的看法和做法，就是把人迁走，让环境自我恢复。当代的人们总是习惯于这样想，也往往这样去做。但这样的结果，却经不起历史的考验。在事实面前，我们不得不从理性上去反思，此前的生态建设到底出了什么问题？不言自明的事实恰好在于，我们似乎少了一点辩证统一，多了一点轻率的误判。

实情很清楚，人类既然具有生物属性的一面，那么要利用自然资源谋取生存，应当是一种天经地义的事情。因而，人类与其他生物物种在生物属性上没有区别。但要对生态系统加以利用，又想生态系统自我运行、自我壮大，以满足子孙万代的需要，也就是我们今天唠叨的如何实现可持续发展问题。回到学理层面上，澄清利用与维护到底能不能兼容？这才是环境史研究必须正面回答，而且必须尽快达成共识的关键问题。答案无需远求，就在我们身边。如果人类一生下来就是环境的敌人，那么人类就不可能生存了百万年，并延续至今。换句话说，如果人类真的是环境的敌人，我们连自己都不存在了，更不要说环境史研究。因为结果太明白不过，要么是人类亡，要么是环境亡，要么是两个都亡。可是到了今天，人和环境依然处于并行延续状态，我们就没有理由认定人类是环境的"敌人"，只能把人类视为有责任维护生态健康的主体。

有鉴于此，我们不得不承认一个事实，人类与环境不仅可以和谐兼容，而且必须兼容。具体到利用与维护而言，也必须要做到相互兼容。至于如何去做到利用与维护的兼容，才是我们今天环境史研究需要澄清的重大理论问题。对环境史的研究而言，我们其实必须优先回答这样一个问题，利用与维护的和谐兼容，需要通过什么样的渠道去完成？此前的研究总是回避这样一个关键问题。而是把希望和对策放在文化之外，特别是在行政干预的框架内，通过法律的手段，去做出"救济式"的应对。这肯定是不行的。其间的理由，恐怕不在乎我们该怎么想，而在于我们如何清醒地认识人与环境的关系。在这样的关系中，是什么东西起到主导作用？答案也不需远求，同样在我们身边。那就是我们天天都在探讨的民族文化问题。要知道，地球的表面所存在的生态系统，类型丰富，样式更丰富，各民族的文化更是千姿百态。在文化与生态同时并存的背景下，如何去实现资源的利用与文化的兼容？这也是亟待化解的认识难题。为此，环境史的理论建设中，肯定不可能将文化排除在外，而必须将文化纳入理论框架之内。为此，来自历史的经验显然值得借鉴。

如果注意到，直到中华人民共和国成立以来，我国境内还有靠狩猎采集为生的好几个民族，因前研究者认定他们"过量"利用资源必定会导致环境崩溃。从而将他们的狩猎采集文化定义为"有罪"，并需要加以明令禁止。但问题在于，狩猎完全停止后，相关地区的生态环境并没有得到恢复，甚至变得更糟，盗猎的现象更其猖獗。如此去保护环境，其实不能称之为"理性"。其失误的根源就在于，将人与环境对立起来，并将利用与维护对立起来，而没有认识到两者之间具有和谐共荣的内在关联性。环境史的理论建构，肯定得将这样的内容包含在其中，以便给人类提出一个明晰的清单。具体包括自然资源该怎么用才不会引发灾变，对已经退变的生态系统该如何维护，才能加速生态系统的自我修复。我们坚信，理论建设到这一步是可以做好的。其间的要求仅止于，我们得眼睛向下，面对现实，以便更具体、更切实地去搜集活态的文化资料。以便回答靠采集为生的民族，为何不会把食物资源采得濒危灭绝？而我们今天去保护濒危物种，又何以会如此举步维艰？

在历史上，桄榔木（桄榔木是我国历史上的泛称，它包括众多同一类的植物，下文所提到的董棕仅是其中的一种）曾经是我国南方地区各少数民族普遍管护，并加以高效利用的粮食作物。广西龙州的壮族乡民，当下也还正在发展桄榔粉产业，但由于国内禁止砍伐桄榔木，他们得从越南进口砍伐后的桄榔树作原料，以此产出的桄榔粉销往全国各地。① 云南毗邻缅甸的边境地带，也有类似的桄榔粉企业。更让人费解的是，随着该类植物中的董棕，被认定为濒危保护野生植物以后，相关部门纷纷成立董棕林保护区，并制定保护条例，禁止乡民砍伐采食。如在云南省一个旧市卡房镇斗姆村成立的“棉花山董棕林保护区”，就明令规定乡民如果盗伐董棕，就得面临罚款和坐牢的处罚。但需要注意的是，在南洋诸国乃至南太平洋群岛，至今还以桄榔木为主食，他们没有法律保护，但桄榔树（包括董棕在内）却不会绝种。中国实施的董棕保护却越保护越濒危。这又将作何解释？

原来，我们忽略了桄榔类植物的生物属性。该类虽然长得高大，但也是一种单子叶植物。它不像真正意义上的乔木那样，可以持续生活数千年以上。桄榔树一旦长成熟，就会自然开花结实，并随即枯萎。这将意味着，要保护好这类植物在中国大地上避免濒临灭绝，光禁止利用显然解决不了问题。因为我们的法律不能禁止其开花结实，也禁止不了其自然枯萎，当然也不能帮它繁殖下一代。但如果换一个对策，让相关民族进行利用，通过文化这一纽带去实现人与桄榔木的和谐共生。那么，即使没有法令保护，桄榔树也可以生生不息，绝不会濒危灭绝。因为相关民族不但要砍桄榔树，他们还要种桄榔树，而且还要像对待小孩子一样去精心修剪管

---

① 赵乃蓉、秦红增、黄世杰：《从藏粮于山到养生食品：中越边境水口桄榔粉的生态智慧研究》，《科学与社会》2014 年第 4 期。

护。在利用中谈保护，在保护的原则下确保利用。有了这样的辩证法，人和环境就可以各得其所。桄榔树就可以和人类社会一样，子孙繁衍，永无止境。

综观时下明令出台的保护物种，绝大多数情况都与桄榔类植物相似。在历史上，它们都曾经是广泛利用过的对象，但随着文化的变迁，其后都退出了应用的领域。而不幸恰好就此而开始，这些物种最终都成了我们需要保护的濒危物种。遗憾之处在于，我们能够想得出来的保护对策，除了把人赶走之外，似乎找不到更好的办法。这才是我们环境史研究中需要回答的理论问题。我们得向世人讲清楚，为什么找不到更好的保护办法。与此同时，既不愿看历史的资料，也不愿意深入调查各民族文化，更不关注这些濒危物种所植根的生态系统到底是什么属性。这才是濒危物种越来越多的社会原因所在。如果注意到这些问题，又如何做到让相关濒危物种不要人类帮忙也可以生生不息?

（五）生态恢复问题

谈到当前的生态恢复问题，一种带普遍性的误判就在于，生态退变普遍存在，生态危机也离我们越来越近。因而，人类得节约资源、关爱自然，力争做到可持续的发展。对于我们所定义的“受损生态系统”而言，生态恢复的相关工作也就成了当前社会工程的重中之重，国家也随之而出台了“退耕还林”“退耕还湖”“退耕还草”的社会行动。而今，时间已过去了10年，但预期的生态恢复成效，却不敢说十分理想。于是，很自然地，环境史的研究也无法规避，而且必须正面回答，其间的问题何在?得凭借什么样的理论支持，去澄清其间的障碍?因为此前有关的理论回答，同样不关注民族文化，而是更多地关注环境的自我恢复能力为何会如此之差而慢?当然，这不是中国的问题，世界范围内也曾经碰到过类似的问题，走过很多的弯路后，也才从中取得了一定的经验，并最终提出了“适度干预原则”。[①] 其基本要点是说，对于那些已经受损的生态系统而言，要实现快速的恢复，不能完全凭借自然力，如果人类在其间作出有意识的、适度的、有效的和可控制的干预，甚至是从此前的观点看来具有破坏性的干扰，对生态的恢复反而有利。

---

① 罗康智：《保持与创新·以传统应对现代的黎平黄岗侗寨》，民族出版社2014年版，第242页。

举例说，美国政府早年禁止印第安部落进入黄石公园放牧的，其目的是要确保让黄石公园保留人类来到地球以前的“原始景观”，使它以本真的天然面貌呈现给世人。这样，它才可以称得上是真正意义上的自然遗产。但后来的结果，却令人匪夷所思。印第安人被赶出以后，黄石公园内的物种多样性反而下降，生态系统内的自我调节能力同样不如从前。近年来，有关部门作出了相反的决定，在适度干预原则的指引下，将印第安各部落请进来，并让他们放牧。出人意料的事实恰好在于，如此一来，反而收到了良好的成效。于是，适度干预理论在美国得以大行其道。美国西海岸的巨杉林维护、东海岸猛禽保护、大盆地的草原更新，都在适度干预理论的影响下付诸实践。有的地方是纵火焚烧，有的地方允许砍伐，有的地方是允许适度狩猎等，不一而足。但生态恢复的成果反而明显，因为这样的理论建构对我们而言，显然具有借鉴意义。但适度干预显然不配称为理论，称为经验与教训倒是当之无愧。因为称为理论，我们得回答这样的经验为什么会有效，其间的理论逻辑又是什么？这才是当代环境史理论建设需要突破的关键和瓶颈。

笔者的认识，却不想从纯粹的经验入手，而是希望认真地分析排比，生态系统退变前后，其间到底存在着什么样的根本性差异。这样的差异，又如何干扰了我们的生态恢复工程。在澄清这一问题时，还得有一个前提。那就是环境中无机要素的改变，与生态恢复的不理想存在着什么样的内在关联性。其间的依据在于，我们能够观察到的生态变迁速率，比无机环境的演变要快得多，所需时间要快得多，但波及的范围却要相对狭窄得多。金沙江河谷的干热河谷灾变，无论怎么严重都不会蔓延到高原台面上；喀斯特山区的石漠化灾变再严重，它绝不会变得没有任何生物存在。

总之，我们所定义的生态灾变，其实存在着一个度。这个度仅限于此前的生计方式受阻而言，不管灾变前，还是灾变后，它始终是以生态系统的方式呈现。而且，不管灾变前，还是灾变后的生态系统，早就在地球上存在过，并非今天才出现。其实质仅体现为，从一种我们喜欢的生态系统类型，改变成另外一种我们很不喜欢的生态系统而已。也就是说，我们的文化在其中绑架了我们的思维，我们谈论的“灾”，也仅是特定文化认定的“灾”，对其他文化而言，不一定会认定为“灾”。时下，我们最讨厌的是，森林变成了草地。但请不要忘记，对从事农牧兼营的彝族和羌族而言，反而乐见其成；但具体到生态恢复而言，却又是另外一回事。具体到特定的生态类型，以及特定的民族文化利用方式，从森林转换为草原，几乎是轻而易举的事情，但要从草原恢复为森林，却会变为可望而不可即。这恰好是当下大家认为生态恢复遇到了瓶颈的问题所在。

比如，高原河流改道后留下的旧河道，即使存在数百年，也无法恢复为草地，或者森林。对河流冲积扇留下的鹅卵石堆积，不少生态专家都抱怨，生态恢复极其困难。这当然是客观事实，但却并不是不能克服的永久性障碍。人类只需有意识地引种块根类的藤蔓植物，或者种植分裂能力强的小灌木，都可以收到理想的恢复成效。其间的原理仅在于，只要有植被覆盖，光滑的鹅卵石层，砂砾层表面的气温就可以降下来，湿度就可以增加，风速就可以降低，日照强度也可减弱。从而使得卵石层表面各种理化要素，就会发生根本性的改变，很多低等植物，如苔藓就可以在藤蔓植物的隐蔽下，获得正常生长的空间。而这些低等植物，得以覆盖裸露卵石层后，草本植物和灌木、乔木都可依次长出。换句话说，地质史上需要延续数万年的恢复过程，只要得到人类的有意识干预，完全可以在几年，最多10年间就能实现实质性的生态恢复。成功的关键在于，必须明辨引种植物的先后顺序，必须筛选引种植物的物种结构，并根据可能提供有效的实施手段，实质性的生态恢复就完全可以做到“天从人愿”。鉴于类似的生态恢复工作，要应对的仅仅是那些已经改变了的理化要素，而且认识这样的理化要素改变难度并不大，引种哪些物种也有章可循——按照地质史的演替规律，通过人工手段去付诸实施，就可以收到加快生态恢复的成效。

以此为例，石漠化灾变、干热河谷灾变、土地沙化等西南山区容易出现的生态灾变，都不难化解。此前单凭植树种草难以获得成功，其失误正好在于，未能把握住生态退变后关键理化要素的变迁，未能针对性地根据生态恢复的自然规律，去作出先后次序明确的引种工作。在这个问题上，资金、技术和人力的投入无关宏旨，如何正确地认识环境史提供给我们的经验和教训，将显得比资金、技术更值钱、更管用。这儿有两个相反的例证，值得做进一步的深思和探讨。

在黔东南侗族林农复合生态系统中，照例都要实施“火焚炼山”“林粮间作”，以及“堆土植杉”等操作手段。而滇黔桂喀斯特山区的石漠化灾变带，当地的彝族、布依族、壮族和苗族的生态恢复，其具体做法几乎是和黔东南侗族乡民的做法背道而驰。滇黔桂喀斯特山区的乡民关注的是，带块根类藤蔓植物的引种，更其关注蕨类植物和苔藓植物的引种。此外，他们引种时极少使用苗木，而是将正在萌发的乔木种子，藤蔓植物的种子，或者是带芽的块根，找到夹杂有土壤的溶蚀坑，直接塞进其荒草根部土洞中（人工凿出）即可。他们利用这样的办法，种植马桑、构树、葛藤、土三七等树种，可谓包种包活。

可见，上述两种做法恰好相反，但成效却相似。原因在于，两类生态系统退变后的理化要素各不相同。在石漠化灾变区，不利的制约要素集中表现为土层较薄和高温缺水。因而，一方面需要尽量避免翻挖土地，另一方面则要确保刚定植的苗木免遭阳光的暴晒。在黔东南的人工杉树营林地，不利的因素则在于，土层深厚黏重，土壤和大气中能够给杉树苗造成病害的微生物蔓延。因而，其技术要领就必须要提高土壤的通风透水能力，还得配种旱地农作物，以期疏松土壤，此外还得采用“火焚”的办法抑制病害的蔓延。

如此看来，生态恢复确实是环境史研究的重大问题，难就难在它不仅是生物学学科的问题，其他学科的辅助作用也得加以关照。但更麻烦的是，相关民族的习惯性思维方式，需要加以极大的调整。这是因为，生态退变前和退变后，在恢复思路上，资源利用方式上会表现得截然不同，不改变思路就不可能做到精准应对，生态恢复工作就会变得难上加难。但观念一经转变，劳力、资金、时间的投入，都可以得到极大地节约，成效也会变得十分理想。此前的生态恢复工作成效底，以及环境史的研究不能对此提出有建设性的对策。其间的偏颇仅在于，没有注意到跨学科理论的融会贯通，没有意识到思维方式需要转型。

以上的讨论，仅是举例而已，实际情况将更复杂，更多样。但这些问题，却是环境史研究具有决定意义的理论建设问题。这样的理论假设没有做好，甚至是没有这样的思想准备，环境史的研究就可能原地徘徊，无法获得新的突破。应当看到，这是一项艰巨的任务，但却是一项无从回避的任务，只要从事环境史研究，以上所列举到的各种现象和事实，以及由此而引发的反省和思路的转型，都得认真对待。这才是环境史研究需要致力于建构的理论和研究思路。

三　环境史的研究方法探讨

诚如上文分析的那样，环境史的研究具有一系列与其他学科研究不同的特殊目的和内容。这些特点可以归纳为具有跨文化性、跨学科性和跨生态性。同时还必须注意到文化与环境之间的关系，总是表现为两个不同体系之间的协同进化关系。再加上，从事历史研究必然要涉及所涉资料的时空场域归属问题，更要关注所获历史资料的完整性和可靠性。以至于对环境史研究而言，其研究方法也必然有自身的特点。不无遗憾之处恰好在于，此前的研究总是从特定学科出发，遵循着不同的研究思路和方法，去分别展开环境史的研究。由此形成的结论，很难经受得住历史的考验。这将意味着，环境史研究的方法亟待创新。然而，创新的历程又必然是一个艰苦探索的过程。这里仅就笔者多年来的工作经验，并结合同人的评判和建议，作了如下 6 个方面的归纳。希望与海内外同人分享，并借此吸收有关的批判与建议，以期完善环境史研究的方法体系。

（一）资料整合法

作为一项带有历史性质的研究领域，当然得借助有关历史文献的记载，但可靠资料的获取，却又是一项不容乐观的严峻挑战。原因在于历史文献的编纂者，并不具备当代意义上的生物学、生态学、地理学的素养，他们对涉及环境史研究的资料，虽然可以直接接触到，并领悟到其间的价值，但却无法按照生态学，或者民族学的思路去加以整理、组织和表达。更由于历代文献的编纂者，关注的重心是政治问题、社会问题，甚至是宗教信仰问题。最终就会使得在传承至今的各种历史文献中，对环境史研究具有重大价值的资料，通常都是以旁及的地位而得以记载和传承。以至于在文献记载中表现得极为分散和破碎，零星地散落在不同的著作及门类之中。此外，在该类资料中，残缺和讹误几乎俯拾即是，由此不免还给研究者带来诸多困难和挑战。

上述类似的问题，对考古资料的获取和研究而言，同样会遇到。考古学工作者，总是致力于物证材料的搜集与整理，并在资料收集的基础上，按照自己的认识和理解，去加以探讨和解读。如果考古学工作者，不具备生态学、民族学和地理学的素养，他们就不可能有意识地去搜集、更难以发现关系到环境史研究的可靠资料。即使相关资料被考古研究者发现，他们当中的多数人也不会对其进行完整的保存和系统的研究。以至于在考古研究报告中，涉及环境史研究的可靠资料，往往会被作为附属的内容加以呈现。那些环境史研究至关重要的物证，还会因各种原因，要么被搁置，要么被曲解。为此，在利用这类资料时，同样不可能获取系统的、完整的物证资料。

以上各种情况的客观存在，都必然导致环境史研究的资料搜集，必须克服资料的分散性、残缺性、隐含性等众多困难。即使获取了资料，如何通过缜密的考证，确认其资料价值，同样是资料搜集方法论中不可或缺的内容。

为了克服以上的各种客观困难，环境史研究的资料搜集方法，最好采用“资料整合法”。其基本含义是，将分散在不同类型、不同栏目和不同性质的文献资料和考古资料，与研究者所划定的资料搜集框架按具体的信息单元，从文献和考古报告中钩稽出来，然后再按照文化和环境协同进化理论的分析思路，去加以组装整合，使之形成有规律的便于检索比对的资料集合。经过该种方法整理和甄别后的相关资料，才能成为环境史研究的有效依据。关键之处在于，在实施这一研究方法的过程中，必然要求研究者必须具备跨学科知识的素养，因为能够把握不同学科研究思路和方法的衔接点，并能做到融会贯通才是这种研究方法行之有效的关键。

笔者所在的团队经过15年的积淀，始终致力于探讨秦汉及其以前的我国南方各族居民“火耕水耨”技术体系的历史复原工作。到了今天虽说距离下定论还有一段漫长的道路要走，但相关资料的把握大致可以称得上基本完备。其中，最值得强调之处，包括如下一些事实：

首先，涉及这一研究领域的文献资料，在历史文本中保存得极为分散。如在《史记》一书中的“汉武帝本纪”“平准书”“货志列传”等篇章中，都有相对完整的提及①，但在表述上却各有千秋，考订和比对工作极其艰难。其次，从汉至唐的漫长历史岁月中，历代学者的注释也极为丰富。但就总体而言，这些注释同样表现得支离破碎，相互之间还存在着讹误和抵触，依然难以作出可靠的甄别。再次，正史之外的私家著述，也会提及某些极为有用的资料。比如两汉三国和南北朝时期的私家著述，包括词赋、政论文、笔记小说乃至唐朝时代所编的类书，都有可能提及与“火耕水耨”有关的正面资料，或者旁及资料。最后，南北朝时期编纂的《搜神记》《述异记》，辞赋作品中的《吴都赋》《蜀都赋》，都有只言片语地涉及“火耕水耨”。此前的研究者往往将这样的资料，都理解为是汉族社会的资料，却很少注意到其中有不少内容，恰好与早期南方各民族的水稻

① （汉）司马迁：《史记·货殖列传》（卷一二九），中华书局1985年版，第3257页。

种植密切相关。遗漏这样的资料，对这一地区远古水稻耕作资料的研究，其实是一种重大的损失。

在今天的湖南、四川所从事过的考古发掘，及相关的发掘报告，还有更多的资料与“火耕水耨”关联，比如湖南城头山、马王堆、三星堆乃至船棺葬的考古报告都极有价值。类似资料，带普遍性的问题在于，组织这些考古发掘的研究者，在规划考古发掘时，因对“火耕水耨”的耕作技术所知甚少，而在考古发掘中，又仅仅关注稻谷标本的搜集，对于与稻谷相伴生的有用资料，则几乎是不加关注。如用火留下的遗迹，水陆交替留下的痕迹，耕作地段所处的具体地理区位及其无机背景等。这些资料的搜集，对澄清“火耕水耨”的技术要领都至关重要。但不幸之处恰好在于，在写成的考古调查报告中，这些内容都被遗漏了。参加过类似考古工作的日本考古学者安田喜宪和佐藤洋一郎，更多关注的是提供稻谷的碳化标本证据。幸运之处，他们也提供了众多植物遗存的实物资料搜集。他们都注意到，金缕梅科的枫树、桑科的构树的遗迹，往往与稻田耕作相并生，但其间存在着什么样的文化关联性，他们只能提出问题，却没有作出解答。佐藤洋一郎在分析河姆渡考古材料时也没有注意早期耕作区，是否存在着海水与淡水交替入浸的痕迹。然而，这些伴生的信息同样至关重要。

事实上，早期的水稻种植，既然被称为“火耕水耨”，那么用火就是普遍存在的事实，而历年交替用火之后，在土层中必然会存在着炭末夹层分布。对于这样的炭末，显然需要钻取泥芯，再切片检查，验证是否有交替用火的痕迹。而这样的工作，在上述考古实践中都被遗漏了。对海水入浸，河姆渡和良渚的考古同样没有做这样的取样工作。这应当是考古工作的遗憾。此外，火耕水耨必然要与“饭稻羹鱼”同时并存。《史记》中明确提及，多种水生的软体动物和昆虫乃至瓜果，也是“饭稻羹鱼”的副食品。在以上的考古中，也忽略了类似食物残渣的搜集整理工作。

事实很清楚，要澄清“火耕水耨”的技术体系，涉及的学科范围很广，以至于在资料收集中，仅凭历史文献资料说话远远不够，考古资料乃至自然地理和生物学的资料，都得纳入资料整合分析的框架内一并处理。同时，还必须注意到，跨学科的分析本身就得体现为学科之间的相互支持、相互推进、相互融通。这样一种协同创新的过程，如果环境史研究者不打通各个学科的界限，为不同学科的学者作出有建设意义的提醒。各学科之间，就无法实现有效的交流，具体的研究工作也无法得到推进。对环境史的资料搜集而言，闭门造车，等别人提供资料肯定是一项失误。环境史研究者需要主动出击，为不同的学科提供资料搜集整理的建议，甚至是作示范，才能确保其他学科的研究者，对环境史的研究提供确凿可凭的资料，也才能确保这一研究的方法创新。

多年的资料搜集工作，值得一提的经验在于，生物学的协同进化理论，具有无法替代的指导意义。这是因为水稻的生物属性不会轻易改变，稻田耕作区的自然地理演化有特定的规律，从中并不难复原历史上自然地理的基本面貌。只有将这两项不变的、或者可复原的研究成果作为参照，再去对比文献资料和考古资料，将分散的信息单元实现整合，那么环境史的研究也就可以做到水到渠成了。而其中最大的教训莫过于，如果忽略了不同学科学理之间的差异，忽略了不同学科所获资料的内在关联性，那么很多极为有用的资料都可能被遗漏，或者被曲解。

举例说，安田喜宪就曾经做过一个很有价值的实验，他将从越南同塔梅平原搜集到的野生稻植株，运到泰国曼谷的实验室，移种在花盆中作人工培养。结果，这些原先不接籽或者结籽很少的野生稻，在花盆中反而结出了大量的稻谷。① 这项实验的成果，多次被学界转引，但却很少有人将这一资料引入环境史的研究，以便探讨早年“火耕水耨”种稻的技术原理。其间的障碍在于，相关的研究者都没有注意到，“火耕水耨”的交替利用正好是利用了野生稻的这一生物属性，其实质是动用人力的手段给野生稻制造了生存的干扰，从而才刺激野生稻大量结实以确保物种的延续。明白了这一点，那么之所以要采用“火耕水耨”，之所以河姆渡的种稻要选定在海水和淡水可以交替入浸区段，就可以获得科学的解释；研究“火耕水耨”的资料搜集对象，也就可以得到拓展；技术原理的解读，也就可以从中找到合理的依据。

笔者所在的团队，正是基于这样的资料搜集办法，使此项研究的资料搜集工作实现了可持续积累。资料的获取和整理、甄别，也呈现为能够不断积累的态势。因而相信在不久的将来，可望对这一远古的文化生态事实获得令人满意的复原。在此，仅对预期的成果做一个预测，即《史记》所记载的“火耕水耨”，乃是一种游耕类型文化的成熟耕作范式。对这样的耕作，如果用固定农耕的文化类型去作出解读，肯定会在不经意中作出误

---

① 李国栋：《对稻作文化起源前沿的研究》，《原生态民族文化学刊》2015 年第 1 期。

判。事实上，为《史记》做注的不少学者，在这个问题上都失之偏颇。

（二）归类分析法

早期的民族学研究，已经注意到了在人类社会的发展历史进程中，曾经发生过5次重大的文化类型变迁。按先后次序分别被称为狩猎采集类型、游耕类型、游牧类型、固定农耕类型，直到进入近5个世纪以来，才逐步萌生第5个文化类型——工业类型文化。一段时期以来，学术界又将游耕类型文化称为“斯维顿类型文化”①。事实上，所谓游耕或者斯维顿耕作，同样存在问题。因为在这一类型文化中，几乎不存在“耕”的问题。在多数情况下，几乎不需要翻土也能种植作物，类似当代所称的“免耕法”。比如说，大家都熟悉的“刀耕火种”或者“火耕水耨”，在实践的操作中基本不需要翻耕土地。这一点，只有某些观察深入的民族学工作者才会有意识地作出提醒，有的民族连锄头都不用，仅凭一根木棍就可以完成播种，如基诺族。游牧类型文化与农耕类型的区别，则相对简单。因为他们的标志十分清楚，农耕是需要种植植物，而游牧则是饲养家畜。对此，摩尔根在《古代社会》一书中，早就做了清晰的界定。

具体到环境史研究而言，分属于不同类型文化的各民族，其文化的价值取向，必然存在着关键性的差异，而文化核心价值的差异，又会直接关系到生物资源的利用范式。这样的利用方式差异，又会影响到整个民族文化的建构。因而，在环境史的研究中，如何正确地搜集、甄别和解读所获的历史资料或者考古资料，首先就得澄清研究对象的文化类型归属。否则的话，即使搜集到了非常有价值的资料，也可能引发认识和解读上的舛误与偏颇。这样的分析方法失误，不仅对西南环境史的研究至关重要，即令是对古代汉族的文化生态研究也同样重要，这是因为汉民族也经历过了从游耕类型到固定农耕类型的文化变迁。先秦时代留下来的文献记载，事实上并不属于固定农耕类型文化，而是属于游耕类型文化。后世学者用农耕类型文化的思维方式和价值取向，去解读先秦时代的文献，肯定会造成严重失真。

举例说，在甲骨文形成的时代，也就是中国历史上的商代，当时的古华夏民族实行的是游耕生计，狩猎采集在其生活中一直具有重大意义。以至于在甲骨文单字中，对可供狩猎的植物和动物，在造字时就不会按照固

---

① 罗康隆：《斯维顿耕作方式的实存及其加之评估》，《贵州民族研究》2002年第2期。

定农耕类型的思维方式去定形甲骨文单字，而是就文化规约下的狩猎采集活动去造字。具体做法是将狩猎特种动物的工具和该动物或植物的类属字符合并起来，通过会意的手段创造特定的甲骨文单字。对“猪”这种动物，所造的甲骨文单字，都是通过象形的手段用简单的笔画描述“猪”的特征，从而造成了“豕”字。但如果要表达通过狩猎采集手段，获取了“豕”这种动物时，就得另造新字。即用捕获这种动物所用的“网”与“豕”这两个字符相合并，造成一个新的单字。而这一个单字，在后来的文字演化中，则转换成了汉字中通用的“署”字。然后，再用形声字的造字手段，造成了“猪”这个单字。从而使得将野生的“豕”和家养的“猪”，在文字上严格地区分开来。但这是后话，是汉人进入农耕时代后才引发的造字变化。因为这个时候，“猪”已经被驯化成为家养的动物，文字才会有所变动。

问题在于，东汉以后的学者在认识有关“猪”的汉文典籍时，都习惯于以《说文解字》为依据，去考订相关单字的本义。然而，《说文解字》编成的时代，古代汉民族已经进入了真正意义上的固定农耕时代，对“猪”这种野生动物的猎奇，在社会生活中已经处于边沿地位。《说文解字》的作者，实际上是从固定农耕的核心价值，去猜度更早的汉文单字本义。因而，从文化类型的归属上看，按照这样的思路去解读甲骨文，肯定于理不通。由此而出现的误读和误判，肯定会层出不穷。

除了纠缠于“豕”和“猪”两个字的区别以外，对“鹅”和“雁”、“麋”和“鹿”、“凫”和“鸭”本义的纠缠，也就因此而来。但研究环境史的时候，我们必须注意类似的研究结论，基本不靠谱。因为在狩猎民族的观念中，对动物的认识必然要受其核心价值的支配。而农耕类型的文化，由于核心价值不同，人们对动物的认识和理解，肯定会与甲骨文生成时代的认识和理解风马牛不相及。由此引发的生态变迁，也必然会南辕北辙。

笔者所在的团队，在此前做过了一些初步的研究后，开始注意到分析环境史史料时，需要严格区分其文化类型的归属。因而在近年来，处理有关茶叶的环境史资料时，就有了一定的思想准备，从而能够较为清晰地注意到，在西南各民族中，对茶叶的管护和利用与进入固定农耕的汉民族存在着本质性的区别。

秦汉以后的汉族文化，已经进入了固定农耕时代，随着帝国疆域的扩大，他们得以从南方少数民族手中认识到茶叶，并开始消费茶叶制品。在这一基础上，才形成了种茶、置茶和饮茶的一整套文化规范。但这样的规范并不适应于西南各民族，这就导致了不少学者对《茶经》一书的环境史资料价值，作出了始料不及的误判和误读。

举例说，《茶经》开篇第一句话就明确提及，茶树是“南方之嘉木”，其外形小则两三尺，高则数十尺，甚至有达到两人合抱的千年古树。[①] 后世的研究者，立足于农耕文化的视角，却认定两三尺的茶树乃是人工种植的茶树，而那些数十尺高的则是野生茶树。吴觉农是《茶经》研究的知名专家，正是以这样的视角和分析办法去解读《茶经》的原著。但却没有注意到，《茶经》一书在“茶之事”卷目中，转引汉代成书的《坤元录》时，就明确提及古代苗瑶民族在跳月游方节日的活动地点，周边就有高大的茶树连片分布。

众所周知，茶树是一种原生于亚热带常绿阔叶林生态系统中的小乔木，在其原生状态下，基本不可能呈现为连片的茶树分布，也不会长成合抱粗的巨大乔木。因为在纯自然的常绿阔叶林生态系统中，茶树的生存要与比它高大的乔木展开殊死的种间斗争。在这些高大的乔木没有因自然原因而死亡时，杂生在常绿阔叶林生态系统中的茶树，绝对没有机会长成“合抱粗”“数丈高”的高大植物，当然更不可能有连片的茶树林存在。对此，只需要借助今天的田野调查，真相并不难得到彻底的澄清。问题在于，有关专家并不具备民族学的素养，更没有注意到文化类型的差异，当然也不愿意做过细的田野调查工作。这才会导致对上述历史资料的误读。

当代的田野调查表明，就是在《茶经》提及的“巴峡”之间，以及“无射山”地区——我们常称的武陵山地区，现存的古茶树，包括那些有数百年乃至上千年的古茶树，其枝杆都保留有上千年前修剪树枝留下的刀斧痕迹。不言而喻的事实在于，从事古茶树修剪工作的人，除了汉族之外，更重要的是当地的南方各少数民族，修剪的目的是为了保持茶树的更新。也即是说，这些民族的先民，并不在于种茶树，而是要对自然长出的茶树实施不断地修剪，对茶树周边的其他物种，要实施有计划地间伐，为茶树腾出生长空间，最终才导致茶树在当地成了优势树种。这样的操作，当然不符合固定农耕的置茶方式。

① 吴觉农：《茶经述评》，中国农业出版社2005年版，第1页。

要知道，固定农耕的民族种茶，其目标单一，即是要获取茶叶，茶树的其他使用价值则几乎不屑一顾。在这种情况下，显然就不允许茶树周边有其他树种并存，而种植过程中，松土、除草、施肥等技术操作一样也不能少。经营的结果，这才称得上是真正意义上的茶园。在这种茶园中，百年乃至千年以上的古茶树根本不允许存在。但如果处在游耕类似文化中，则是另一番景象。人们仅是将已经自然长出的茶苗实施管护。而管护的规则，仅是将周边但凡与茶树形成竞争的植物淘汰，但并不是要斩草除根，仅是确保这些植物不对茶树生长构成威胁即可。与此同时，还要茶树本身进行修剪，利用茶树再生的潜力去不断萌发新枝，以便人们利用。这样的操作规程，才能保留长出百年乃至上千年的古茶树。

两者文化类型的核心价值不同，操作规程也随之而异。引发的生态后果和生态景观也截然不同。在固定农耕的茶园中，几乎看不到其他杂树，整片茶园低矮整齐，而在游耕类型的茶园中，古茶树比比皆是，并与其他物种伴生，具有鲜明的仿生特性。如果不具备游耕类型文化素养的有关认识，很容易将这里的生态景观误判为纯自然的野生自然景观。而这一点，恰好是环境史研究中至关重要的探讨内容。

《茶经》中又载，茶有5个异名，分别是：荼、荈、槚、蔎、茗。[①] 在《茶经》的这五个异名中，只有“茗”字可以从造字法中澄清其本义。因为这个字是按照汉字传统造字办法去造字的。其他名称，有的仅是借其字音，去翻译少数民族语词，有的则是根据少数民族的采茶用茶的传统去造字，如“茶”字。其余的荼、荈、槚、蔎则是分别用其字音，去翻译南方各少数民族中含义为“茶”的相关语词。其中，“荼”和“槚”用于音译出自古氐羌语的语词；“蔎”则是用于翻译出自古百越语的语词；“荈”和“荼”则是用于音译出自古苗瑶语的语词。

但需要注意的是，“茶”这个字在汉字中是唐代时才由官方命令新造的汉字。该字的读音出自古苗瑶语，其结构却是一个会意字。该字从草、从人、从木。“人”在“木”上，则是取意于西南各少数民族种植的是高树茶，人需要爬上树木采茶这一文化事实而来。因而，单就这6个字的字意而言，其实已经隐含了固定农耕和游耕两大不同文化类型的本质区别。对固定农耕而言，茶叶取自茶树的嫩叶，自因与“萌”同音；其他几个异

① 吴觉农：《茶经述评》，中国农业出版社2005年版，第1页。

名，其主要方面都是借其音。但却隐含着对茶叶属性的不同认知，如“蔎”是就其香味而言，“荼”是就其苦味而言，“荈”是就其修剪后的树形而言，“茶”则是就其游耕文化下的采茶传统而言。只要能够做出这样的归类判断，不同民族文化在茶叶的栽培和利用中，到底存在着什么样的本质差别，也就一目了然了。由此而引发的生态后果，也就可以做到明白如画的解释。

大体而言，游耕类型的文化实行“亦种亦收”“亦收亦用”，栽培植物和饲养动物复合进行，而栽培与养殖都具有鲜明的仿生特色。以至于这里不存在真正意义上的“耕”，也不存在根本意义上的“存储”。对栽培植物施加的人为操作，主要就是修剪和管护。而修剪的目的是要确保不轻易断送其性命，满足长时间的利用，更由于是实施仿生式种植，因而人工管护的植物和动物，与其生长的生态环境保持着密切的内在关联性。从事农事操作，同样不轻易断送伴生物种的性命，而仅仅是在使用时才加以特殊处理。以至于固定农耕所必须进行的施肥、除草、中耕、翻土，在游耕类型文化中都不具有独立的操作价值。如何确保不断变换季节使用，才是其核心价值所在。具体到茶树而言，不仅需要通过间伐管护，使茶树成为优势物种，同时还要对茶树实行修剪，进行矮化，目的是为了给山羊提供越冬饲料。至于产出的茶叶，提供给汉族地区的人使用，那仅是其附属收益而已。而且，这种附属收益与其需要，在管护中恰好可以合二为一。

与此相反的是，在固定农耕的茶园中，一切都要按照固定农耕的方式实施。既要对茶树强行实施矮化，以便人能够站在地上采茶，又要将与茶树构成种间斗争的物种一并清出，以此为茶树腾出生长的空间。当然，这样的茶园也就与其他的农田无异了。在这里，“仿生式”种植确实是被忽视了。因为，如果采用仿生种植，那么耕地的产权就难以界定，技术的操作就变得琐屑。但不言而喻的事实还在于，如果实行固定农耕的方式种植茶树，那么整个亚热带景观就会完全改性，成了单一物种的分布。茶树的整个生长过程，都完全操控在人类的耕作体系之中，自然状况下的茶树也就不存在了，生物多样性水平也就被人为压低了。更值得注意的是，由此而付出的劳力投入不是降低了，反而是提高了。至于茶叶的产量，却被人为地拔高。两相对比，经济的成效较高，但是其中的生态隐患反而加大了。而在固定农耕的文化类型中，这一点恰好是被忽略掉的。

以上的例证表明，即令是获取了同样历史文献资料、考古资料和田野调查资料，甚至是做到了有效的资料储备，但如果忽略了相关类型文化的差异，其文化生态的复原工作，必然会受到严重的干扰，必然要引发不胜枚举的误解、误读和误判，甚至是资料的真假都难以甄别。由此看来，研究环境史不借助民族学研究的成果和资料，先行确认其文化类型归属，那么资料的分析整理和复原工作，就很难执行。因此，明辨文化的类型差异，从不同类型的文化视角，去整理解读收集到的资料，理应是环境史研究中不可替代的独特研究办法。

（三）跨文化透视法

在历史上，跨民族的文化传播从来没有中断过，但由此引发的相关生态后果却可能极不相同。如果是当事民族经过缜密的分析和尝试，能够做到理性地吸取外来的文化要素，那么其生态后果就会呈现为正效应。反之，如果当事民族是在外来民族的胁迫或干预下，被动地接受了外来文化要素，或者说是在完全不知情的情况下接受了外来文化要素，那么由此导致的生态后果就会完全不同了。前一种情况通常发生在实力相当的两个民族之间，后一种情况发生在国家政策推动下的文化传播。对前一种情况需要总结经验，对后一种则需要吸取教训。但如何去总结经验和吸取教训，则不能单单立足于某一种民族文化去下结论，而必须把当事的各民族文化做系统的分析对比，真正做到换位思考，换位分析，正确的结论才可望得以澄清。贯彻这一研究方法，需要遵循的基本原则有如下三项：

其一，文化的传播仅止于特定文化要素，或者是文化要素集合实现了引入、吸收和消化，并通过文化重构，使相关民族文化再次形成新的整体。因而在实际的文化传播过程中，涉及的传播内容可大可小。有的仅是某个文化的细节，有的则可能是整套的技术操作，或者是相对完整的观念认识、制度建设等。为此，在采用这一研究方法时，非常必要在展开分析之前，就对传播的实际内涵，作出一个清晰的界定，到底传入了什么、涉及多大范围、当事双方如何看待这样的传播内容……如果没有这样的认识准备，就无法对传播的环境后果作出清晰的判断。

其二，文化传播的内容，在相关民族的文化结构中所处的位置互有差别，特别是表现为生态环境的关联性有远有近、有亲有疏。但引发的生态后果无一不与相关文化要素，在不同民族文化中的结构位置息息相关。因而，不先行澄清这样的结构关系，要展开换位思考，确认其环境后果，就很难避免误用和张冠李戴了。

其三，对相关民族文化所处的生态背景，特别是经由文化建构起来的次生环境，也就是民族学所称的民族生境，需要作出系统性的梳理和认识。这是因为人类的活动之所以会引发生态的正效应和负效应。关键取决于资源利用方式与所处自然生态系统的适应程度和适应水平。而这样的适应能力，无不具有生态系统的归属性，适应于一种生态系统的民族文化，对其他生态系统的适应能力肯定会降低，甚至完全失效。文化的传播到底是发挥了正效应还是负效应，恰好需要取决于相关生态系统的属性。与此同时，与各民族通过文化建构的生境，关系更为直接。这将意味着，要使用这一研究方法时，既要了解生态系统的属性，也要了解相关民族生境的文化属性。

对我国广大西南地区的生态变迁负效应，学术界早有系统的研究，并且获得了丰硕的研究成果。其中对作物引进、技术的传入，研究成果相对集中，但成果却见仁见智、互有短长，尤其是对小米、蚕豆、麦类和稻米这四大作物种植相关的生态后果，争议颇大。因而对此系统展开探讨大有必要。

此前的研究中，对“刀耕火种”的办法种植小米的研究最为集中，占据主流地位的观点，认定用“刀耕火种”的办法种植小米是西南各少数民族独立建构起来的生计方式。而建构这一资源利用范式，一则是因为它适应于所处地理环境的产物，另外是因为西南各少数民族的技术落后，因而被迫采用这一方式去种植小米。当然，这一判断值得商榷。但能够认定“刀耕火种”种植小米，并不会对所处环境产生较大的负效应，则大致贴近事实。

这一文化传播事项之所以值得探讨。其原因全在于对我国的西南地区而言，小米其实是一种外来作物。当代的生物学研究表明，这种作物原产于西北的干旱草原地带，很适合在偏碱性的土壤和干旱的气候环境中生长。我国先秦时代的典籍，也对这种作物进行过广泛的记载。凭借这些材料不难知道，直到隋唐时代时，小米仍然被作为主粮去加以管控和利用。不管是从历史的维度，还是从当代的种植技术都足以表明，这种作物的原产地并不在广大的西南地区，对西南各民族而言，它确实是一种外来作物。但面对这样的结论，必然又要提出一个全新的问题：在先秦时代，交通不便，相对封闭的大背景下，西南各民族何以能够获取小米，并能够驯化种植？这一点在此前的研究中恰好被忽略掉了。另一方面，实施“刀耕火种”必须有相应的工具匹配，砍伐树木和杂草的铁制道具，理应是实施“刀耕火种”的必备装备。但西南少数民族是经过什么途径获取铁制工具及其相关技术，并得到了广泛的推广利用？这一点也没有引起此前研究者的注意。因此，我们有理由说，把“刀耕火种”种植小米理解为是西南各少数民族的发明创造，很难反映历史的真相，需要做进一步的澄清。如果换一个视角，将小米及其相匹配的“刀耕火种”技术，都假定为从中原汉族地区传入，那么上述两大疑难，却可以得到更其令人信服的解答。

强大的汉族政权，之所以需要将小米推广种植到我国的南方和大西南，则事出有因。因为这种作物在交通不便的条件下，小米能够确保在运输过程中不至于霉变受损。朝廷以这种作物作为税收粮种，即利于运输、保管、储运，又利于支付和分享。结合古代的社会大背景，中原王朝致力于推广这种作物，对国家管理而言，合理合法。当然，要推动这样的跨文化传播，当然不是一蹴而就，它应该有一个漫长的历史过程。而历史典籍的相关记载，恰好能提供有力的证据。

战国后期，秦楚对峙之际，两国都交替在武陵山区，甚至是商落山区，设置过郡县。当时的秦国是以粟为主粮，而楚国则是以湿地作物为主粮（包括水稻和水生的块根植物）。在这样的背景下，秦朝的势力一旦统治武陵山区，都会别无选择地在该地推广小米种植。由于小米的生物属性所适应的环境不是潮湿的武陵山地区，但当地民族又要成功种植出小米，实施“刀耕火种”就在所难免了。否则，小米这种作物，根本不可能在黏重、而且酸性较强的土壤中顺利成长。至于秦国统一全国后，要将小米种子向西南腹地推广，同样是因为统一全国税收的需要。而西南各民族接受这种作物和技术后，如何去消化吸收，那就是中央王朝无力操控的事实了。各民族之间发展出不同的技术，那也是以后的事情了。

需要重点指出之处仅在于，西南各民族接受小米种植和“刀耕火种”技术，在当时的历史背景下，仅止于确保缴纳国税而已，并不会真正将这种作物作为唯一的主粮去加以种植。其间的理由也明白如画，因为西南少数民族，在此前就有自身的粮食作物，那就是块根类作物，当然也包括桄榔木和树蕨一类的多年生植物。这将意味着，西南各民族接受了小米，并不等于彻底接受汉族文化，他们事实上仅是部分地接受这一生计方式而已，他们的传统生计方式还在延续之中，而且有的还延续到了今天。就这一意义而言，汉族中央政权向西南推广这一作物和技术的意图及价值取向，并没有偏离汉文化的规范；少数民族接受这一作物和相关技术，也没有偏离自己的文化规范。因而，对待这一事实，如果仅从汉族或少数民族的观点来看，都不能看到历史的全貌。只有两者都兼顾，才能看到这样的文化传播，在其历史中到底发生了什么样的文化变迁和生态后果，也才能避免受文化偏见的干扰，而曲解了历史的真相。

事实很清楚，少数民族接受这种作物和技术，并不是因为它先进，也不是因为这种作物口感好、产量高，或者是更有利于生存。恰好相反，他们接受这种作物和技术，正是强权政治胁迫下的产物。当然这样的胁迫，肯定会对后世相关民族的观念和文化建构构成深远的影响，甚至延续到了今天。但这是后话，在他们接受这种作物和技术的远古时代，并没有考虑到这一点。当然，学者们对这种耕作技术的批判，并不能代表少数民族的意图，也不代表中央汉族王朝的初衷。因为这样的历史，在大家都无法清晰意识到后果的背景下发生了。从历史的角度看，后世学者诟病少数民族实施“刀耕火种”种植小米，本身就偏离了历史的真相。从文化逻辑来看，也站不住脚。但就其实际生态后果而言，同样有待商榷。对此，需要对相关技术的适应范围展开探讨，才能得出正确的结论。

现代学者认定，“刀耕火种”必然要毁林开荒，从而引发水土流失，因而是有害无益的耕作方式。也有观点认为，这种方式能够长期延续，完全由于此前地广人稀的前提存在，才能持续沿用到20世纪。还有部分学者认为，此前采用这种方式进行生产，即使再落后也无关大局，生态再破坏，由于缓冲的空间很大，环境也可以勉强支撑。但即令如此，这样去分析“刀耕火种”的生态后果，同样存在着商榷的余地。

事实上，靠人力实施“刀耕火种”，通常都不可能对茂密的原始森林开刀，因为光凭有限的砍刀，要清除成熟的高大乔木，可能性不大，成效也不高。当然，也是远古时代的西南各少数民族无法承受的生计负荷。但如果“刀耕火种”方法用于山脊区段的疏树草地生态系统，或者是草地生态系统，那么劳力投入可以极大减轻，效力也可以提高。更为重要的是，在山脊区段实施“刀耕火种”，可能引发的生态负作用，也会降低到最低限度。因为，在山脊区段乔木和灌木，乃至草本植物，通过刀砍火焚后，都不会断送其生命，它们还可以再生；对于引发水土流失和生物多样性降低，其风险并不如想象的那么大。有关这一点，当代的田野调查还可以获得确凿无误的佐证。

调查中发现，凡属实施过“刀耕火种”的山脊区段，那些被砍伐过数十次的乔木和灌木树墩，虽然留下了刀砍和火焚的痕迹，但仍然可以成活下来。这些被砍的乔木、灌木树林，都可以延续数十年到数百年以上。这都足以证明，在山脊区段实施“刀耕火种”，其生态负作用并不像此前的研究者所断言的那么大。对这样的问题，同样需要展开跨文化的思考和分析，断言砍树、焚烧必然导致森林的彻底毁灭，其实是汉文化作出的判断。相信这样的砍伐，草木还可以再生，则是西南各民族经验总结的知识。当地民族在这一基础上，认识到“刀耕火种”是一种可持续的生计方式，也是他们传统的观念和意识。而这样的传统观念和意识，对西南山区的疏树草地生态系统而言，其正确性毋庸置疑。

因而，通过这样的例证分析，我们不得不承认，在环境史的研究过程中，对来自不同学科的观点和结论，不能听信任何一方的一面之词，既需要将不同的观点加以分析，更需要在田野调查中加以实证，才能得出环境变迁史的正确结论来。而有关这样的结论，不仅民族学家有这样的主张，农史学家李根蟠和生物学家裴盛基也提出了相似的结论。

小麦和蚕豆及其相关配套技术，引入西南各民族文化中的时间相对较迟。蚕豆是西汉时代经营西南夷的派生产物，也是经由汉族王朝转手从波斯引进的作物。小麦则是在东汉以后，才引进西南的物种。这两个物种的引进，中央王朝的初衷稍有区别。引进蚕豆的目的，是要解决马匹的饲料问题；引进小麦和引进小米一样，是国家税赋主粮调整后的新需要。但这两种作物的生态后果却各不相同，蚕豆的引种没有引发重大的生态恶果，各少数民族对这种作物的接受，也表现得十分主动。其原因也与各少数民族的传统相关。这一地区的彝族、纳西族、羌族，还包括藏族，在历史上都是实施农牧兼营。农田与牧场要有规律的互换，作为越冬植物种植的蚕豆，恰好可以替代传统种植的圆根。因而接受这种作物，对传统文化不会构成冲击，改种蚕豆以后反而有更大利益，对土壤的配肥也可以发挥重大的作用。因为，蚕豆的饲料价值更大，也更利于储存，还更适于金沙江两岸的高海拔区段环境。其后的历史发展中，相关民族把蚕豆作为主粮去加以种植，其实是传统文化乐于接受这种植物而派生的后果。

小麦则不同，一方面，西南山区的气候，冬季相对温暖而干燥，对小麦以休眠状态越冬极为不利，以至于产出的小麦籽粒，蛋白质含量低、麸皮多。从而导致相关民族，对种子的加工难度更其复杂。另一方面，种植小麦需要相对肥沃的土壤，还需要追加施肥，而作牲畜的饲料种植，又不如蚕豆。这对于以饲养畜牧为主的各民族而言，肯定是不乐于接受的作物。

上述两种作物都与中央王朝的推动有关，但后果不一样。其间涉及作物的生物属性不同，面对的生态类型和传统文化背景也不相同，以此引发的生态后果也互有区别。面对这样的文化传播事实，无论单从哪一方的文化立场出发，都很难解释，同样是引种的作物，为何会出现泾渭分明的不同后果？只有从跨文化的视角出发，兼顾到双方的立场观点和文化逻辑的差异，才能对其后的历史过程，作出令人信服的结论和裁断。

在广大西南地区的河谷坝子，本身就有野生稻自然成活。但奇怪的是，秦汉时代留下来的典籍，根本没有提到西南地区有规模性种植水稻的痕迹。考古资料也是如此。而日本学者佐佐木高明却坚持认为，西南地区也是水稻的原产地，甚至是包括印度的阿萨姆帮和缅甸，都是稻作文化的原产地。① 这样的结论有待商榷。汉文典籍中将唐宋时西南各民族种植的水稻称为“秧稻”，还特别提及一旦稻米不成熟，就要靠狩猎来度过荒年。② 这样的记载，似乎可以说明，当时是用野生稻作为插秧的对象去种植，而野生稻的返祖现象是至今仍在延续中的生物属性，于是一旦稻米因返祖而不结籽，相关民族就得启用其传统游耕生计，去捕获猎物以满足食物来源之需。因而似乎可以认定，唐代时期西南百越各民族，仅是水稻种植萌芽状态的雏形，而不是成熟的规模化种植方式。至于，水稻在西南地区得到大规模的推广，并被其后确立为“主粮”，就文献所及而言，最有可能是宋代以后的事情。而且这些少数民族接受规模性水稻种植，同样与中央政权的税制调整直接关联。并且表现为，农业技术具有鲜明地从汉族地区引进的痕迹。当然，百越各民族接受这样的种植技术，同样与他们的传统文化相关，是一种能动的接受，而不是被胁迫的产物。这不仅因为，这里也是野生稻的原产地，同是还因为这里的民族在此前就已经驯化过野生稻。

上述历史事实，无论从传播的驱动力，接受后的成效，文化的调试，

---

① 佐佐木高明：《照叶树林文化之旅：自不丹、云南及日本》，刘愚山译，云南大学出版社1998年版，第49—50页。

② （元）脱脱等：《宋史》卷四九五《广源州蛮》，1977年版，第2306页。

还是最终引发的生态后果，都不允许一概而论，而必须做到互有区别地对待。但如何澄清这种区别的文化由来，单就某一个民族的文化说话，都可能偏离历史真相，只有综合比对相关民族文化在特定时空场域中的制衡过程，对各方的观点形态作出认真的比较，才可能得出符合历史真相的说明。由此不难看出，这一研究方法的必要性。因为这样的研究方法，不仅有利于克服跨文化分析的困扰，还有利于克服跨学科分析的困难，更有助于为历史文献资料的甄别和解读提供有力的支持。因而理应成为环境史研究的一种必备的研究方法去加以推广使用。

（四）田野验证法

环境史的研究就其内涵而言，与历史研究没有实质性的区别，都是要复原业已消失的社会文化事实，并从中吸取经验与教训。但环境史的资料占有与普通的历史研究有所不同。这是因为环境史的研究对象，不管是环境，还是民族文化，都具有超长时期的可延续性，哪怕是过了几百年，或者是上千年，它的影响还能为后人提供确凿可靠的物证。就这一意义而言，环境史的研究更接近于民族学的研究。谁都知道，民族文化不会因为政治事件的冲击而轻易改观，变得所有的证据都踪影全无。文化所影响到的生态环境也是如此，它还会留下更多的可凭证据，能够具有恢复历史上特定时期的生态面貌。事实上，与此相关的史学理论早就有所言及，法国的年鉴学派将历史的影响力区分为长时段、中时段和短时期就因此而来。①但对这样的长时段物证和资料提取，查阅文献帮助不大，在田野调查中获取可凭的资料却简洁易行，而且同样确凿可靠。对此，环境史的研究需要引起高度的关注，还要将田野调查纳入环境史的研究方法中去加以利用。

上文提到的“刀耕火种”问题，在当代的田野调查中就可以找到可凭的资料。现存古树，不管是茶树、楠木、杉树等具有重要经济价值的树种，还是种植过程中需要配种的樟科、木兰科、木樨科等树种的物种资料，不仅可以从乡民口中获得清晰的说明，还能从这些古树身上保留下来的沧桑岁月的印记中找到证据。笔者及演讲团队在贵州麻山地区调查时，多次攀登到喀斯特山区的山脊区段，与当地的苗族乡民一道仔细观看残留的树墩。这些树墩，从外观上看依然能够分枝、发芽和开花，似乎表现得

① ［法］雅克·勒戈夫：《史学研究的新问题、新方法、新对象：法国新史学发展趋势》，郝名玮译，社会科学文献出版社1988年版，第91页。

生机盎然，与其他地方所看到的类似树木相比，表面上似乎没什么区别。但如果仔细地观察，这些树木基部斑驳的砍伐伤痕，以及多次遭受火焚留下的炭粒，无一不是当年实施过“刀耕火种”的铁证。重要的是，当地的苗族乡民还能清晰回忆起，某些刀痕还是自己的父母，或者祖辈，砍伐留下的痕迹。尽管也有更早的砍伐和焚烧痕迹，他们都回忆不起来了，但留下这些遗迹，其先后顺序却清晰可变，甚至可以推测出是多少年前，实施了“刀耕火种”的结果。如果再辅予现代钻孔技术，结果还会让人大吃一惊，这些树墩有的已经活了千年以上的历史岁月。由此而提供的证据，比任何一项文献记载，都更为准确可靠。

再如每一次“刀耕火种”后，都会留下焚烧未烬的炭末。这样的炭末，经过流水的搬运，还会汇集到低洼处的山口，并逐年积淀起来，层层叠加，只需要开挖一个坡面，相关区段在历史上经历过多少次“刀耕火种”，每次的间隔有多长，都不难作出准确的推断。以此为例，说有关“刀耕火种”的历史资料，极为残缺完全符合事实，但由此而判定无法作出历史的定位和说明，却未必如此。因为，当代的田野调查取证，完全可以把看似不可能的研究使命，也能作出符合历史真相的说明。

在湖南湘西地区的田野调查中，我们还发现了两处田野调查的物证，内容涉及楠木的砍伐和利用问题。要知道湘西曾经是明清两代“皇木”采办的重要区段之一，对采办的后果，明清两代的文献都留下了可凭的记载。但在当时是如何采伐楠木，至今为止可以获取的资料却语焉不详，而要在当代的田野调查中取证，却易如反掌。我们的调查点有两个，一个位于保靖县白云山的楠木林，另一个是位于永顺县万坪镇的楠木林。现存的楠木活立木，两处都各有十多株，估计树龄都超过了500年以上。这些楠木即使是在200年前砍伐，也能够达到“皇木”采办的标准，但当时为何不以采伐？访问了当地的土家族乡民才知道其间的原委。

原来宫廷采办的皇木，一株楠木不下于十几吨，这样大的体积和重量，又要求必须整体完好地运抵首都北京，其间的困难程度可想而知。但更为关键的还是，如何将这样的庞然大物从深山老林里运到能够扎排的江河起运点？这一问题，此前的研究者都很少深究，却借此轻率断言，中国楠木之所以处于濒危状态，就是“皇木”采办导致的后果。然而，在乡民的指引下，以上的结论很快就不攻自破。从乡民的回忆中得知，为了搬运这些庞然大物，在楠木还没有砍伐前，各土司早就人工开辟了运河，以备机会成熟时外运。这两处的古楠木能够延续到了今天，则事出有因。原因在于，此前修筑的运河，由于处在喀斯特山区，石灰岩溶蚀作用导致地表运河与地下溶洞之间被打穿，运河中水泄入到了地下后，就没有运河搬运这些楠木。偏巧这段时间恰逢“改土归流”推行中，将永顺、保靖两土司都被罢废。土司罢废之后，就再也没有相关机构组织人力，去重建运河了。而一般的木商，又出不起高价再建。这才导致这些楠木至今还完好无损地存活着。这恰好可以为当年采办皇木的具体操作，提供确凿可靠的物证。

进一步的田野调查还可以注意到，除了成材的楠木外，还有一些处于荫蔽下树龄较短的待成材楠木。这将意味着，当年的“皇木”采办，绝非砍伐野生楠木，也不是对楠木林“剃光头”。真正采伐的楠木，是那些达到“皇木”采办标准的巨型楠木，等而下之的楠木还需要不断的管护修剪，等待成材。就这一意义而言，断言皇木采办耗尽了楠木资源，摧损了楠木着生的生态系统，显然与历史事实不相吻合。在这一点上，实地的田野调查发挥了重要的作用，此前的相关误判也就不攻自破了。

查阅历代典籍都不难注意到，“桄榔木”在广大的西南地区，其历史分布面极为辽阔。但综合比对历代有关桄榔木的记载后，却发现前人早就注意到了桄榔木有多重名称，不同名称所指代的对象，树形、生长样态都小有区别，有的称为面木、穰木、姑榔木，当然还有人称为董棕、铁木等等。光凭文献记载，不免让人质疑，它们到底是不是同一种树？若不是同一种树，其间的差别在哪里？进而需要追问，为何会导致这样的舛误和偏颇？这些问题，单凭文献记载都无法得以澄清。但凭借田野调查，同样可以迎刃而解。

在贵州麻山和广西都安调查时，不仅可以找到活态的桄榔木，还可以找到另一种与桄榔木外形极为相似的高大树木。当地的苗族和瑶族乡民，都明确地告诉我们，有一种特有的树不会开花，只要树上的露水滴到地上，都可以长出这种树来。他们都强调只要经过他们的移栽，都可以长成参天大树。贵州麻山地区的木引乡政府所在地，还将这种“怪树”培植为人行道树，而且明码标价500元一株，而且包种包活。问他们为何能有这样的把握，他们坦诚地告诉我们，关键在于不要种在深土中，需要挖很大的坑，并在坑下填满石块、瓦砾和动物枯骨，就能实现包种包活。调查结束后，凭借照片和标本，请教了生物学家才发现，原来这是树蕨，也就是娑罗树。目前在贵州和四川交界处的赤水河两岸，还专门设立娑罗树自然保护区。

凭借上述的田野调查报告，再与宋人编纂的《溪蛮丛笑》对比后发现，这种怪树就是朱辅所称的“牛榔木”①，也是宋代以前的典籍所称的面木、穰木，但它不是桄榔树，而是恐龙所处的地质时代遗留下来的高大蕨类植物。此前的环境史研究中，之所以将这两种植物混为一谈。其原因在于，人类可以从这两种树中提取面粉，由于功用上有相似性，后世的研究者未做过实地查勘，相关记载才会以讹传讹。如果不经过田野调查取证，这样的冤案显然无法得到澄清。

（五）时代逆推法

文化与生态的协同进化，是一个极其缓慢的历史进程，单凭个人有生之年的经历和观察，很难认定环境到底发生了什么样的实质性变化。与此同时，得以传承至今的文献典籍，对民族文化和环境的记载，又必然具有残缺性和非系统性。加上地理名、植物名和动物名的历史不断变迁，单凭某一种文献，或者单凭某一本书就匆忙论断，发生了什么样的环境变迁，其间的风险极大。特别是，流传至今的不少典籍、游记或文学作品，大多是根据传闻就下笔，真正做过历史考证的人并不多。这将意味着很多文献如果不做时间和空间的对此，就会很难发现其中存在着什么样的讹误。为此从事环境史的研究，单凭有限的记载就下结论，肯定会在无意中引发以讹传讹的严重后果。为此，时代逆推法，显然需要纳入规范的环境史研究中去加以备选待用。

所谓时代逆推法，即是要将发生在同一区域内的所有历代典籍记载，按照时间顺利排列成表，然后逐字逐句加以比对，忽略其相同，关注其微疏，那么环境变迁的基本趋势，就大体可以获得一个脉络。当然，在从事这种逆推对比时，有三点需要注意：其一，对近代的文献记载，必须赋予田野调查的佐证，确认其可靠性和准确性；其二，要认真地考订地名、人名、植物名、动物名、器物名的变迁线索；其三，必须借用历史沿革地理的研究成果，准确界定不同时期各行政单位的实际所辖范围。

举例说，在今天贵州的安顺至六盘水这一广大的范围内，从明代已降，有不少文献都对这一区域的生态环境和民族文化有一定的记载。如果

① （宋）朱辅：《溪蛮丛笑》，《四库全书（影印文渊阁）》，上海古籍出版社 1987 年版；符太浩：《溪蛮丛笑研究》，贵州人民出版社 2003 年版，第 333 页。

将涉及这一区域的文献按照时间顺序表列出来，从中就不难发现，这一区域的民族文化和生态背景，确实发生了天翻地覆的变化。相关的文献著作有好几十本，单是《镇宁县志》就有4种，《永宁州（县）志》也有3种。此外，《徐霞客游记》《黔记》《贵州通志》等，都有相关的记载。如果把这些资料编纂完毕后，如下两种变迁肯定是环境史研究中最紧要的命题。

就民族文化而言，相关典籍有时都不免会涉及一种配套的服饰文化事实，那就是“斗笠”“蓑衣”和“竹杖”的匹配。这样的成套匹配，到底意味着什么？今天的研究者很难破译其间的原委。有幸的是清人的著作中，作了如下简短的说明，竹杖用于驱蛇，斗笠和蓑衣用于防雨。值得注意的是，历代传抄的《百苗图》中，对这样的套装却出现了细微的差别，有的是竹杖消失了，有的是蓑衣消失了。类似的服装匹配，在云南金平花腰傣中还能找到类似的例证，在广西的田林、田东、巴马一带，也能够找到类似的痕迹。

而上述各地，通过历史文献的对比，发现此前都是非常茂密的亚热带丛林区。借助生态学的研究不难领悟，在这样的生态环境下，毒虫、毒蛇极多，人们对毒蛇的恐惧古已有之，但却很少关注到山蚂蟥对人的危害。以至于，不少后期的研究者误以为，天天披草衣是买不起衣服的贫穷表现；戴斗笠则是贵州气象特点“天无三日晴”所使然。然而，必须注意的是，“天无三日晴”遍及贵州各地，除了上述地区外，其他地区的民族并不天天都戴斗笠。云南地区，冬季少雨，更用不着天天戴斗笠、穿蓑衣。故而类似的解读，肯定都有缺陷。但结合对丛林生活的生态学解读，我们却不难从中发现。这样的套装除了防蛇以外，更重要的还在于防范山蚂蟥。这是因为在郁蔽的亚热带丛林中，林下极为湿热，树干上常常长满青苔。山蚂蟥不仅可以在水里生存，还会爬上树枝栖息。它们爬上树枝，还有一个目的，即等待吸血的机会。人如果从树下经过，山蚂蟥就会卷成一个肉团，从树枝跌落下来，落到人和牲畜的身上，等吸饱了血后，再卷成一个肉团，滚落到地上。但如果人们带上了经过桐油处理，表面光滑的斗笠，又披上蓑衣后，山蚂蟥虽然能够凭借人类散发的汗气跌落下来，但并不能黏附在人的肉体上，而是自然滚落到地上，不会对人造成伤害。

明白了上述的道理，只要历史文献中出现了不再穿蓑衣的相关记载，就能揭示当地的生态环境已经发生了巨大的变迁。亚热带丛林消失以后，人们出行时已不再恐惧树上山蚂蟥，因而不需要穿戴蓑衣。一旦连竹杖也不需要，那就表明人们也不用再恐惧毒蛇。

以此为例，通过文献记载排比后，体现出来的微疏就不难借以反映相应的生态系统，到底发生了什么样的变迁。到了今天，云南的花腰傣，虽然也要配备斗笠作为装饰，但这仅是一种文化的残留而已。因为他们穿越哀牢山区的丛林时，已经不需要防范山蚂蟥了。这将意味着，哀牢山区的丛林，比之于不久前的古代，其茂密程度大大降低了。广西西北部的壮族同胞，现在也不需要配备斗笠、竹杖和蓑衣了。但清初留下的满文《随军纪行译注》，却真实地记载了大藤峡和南盘江一带，山蚂蟥危及清军安全的确凿记载。① 由此看来，即令是从民族文化的事实出发，只要文献记载的时间序列不乱，经过史料的解读后，完全可以揭示，数百年间生态环境递变的轨迹。

就生态背景的实际记载而言，如下两点很值得注意。其一，“安龙大箐”这一地名。清代中期以前的记载，都致力于强调这里是一片原始丛林，官方驿路穿越这一地区时极其危险。其二，而今所称的“北盘江”，在明清典籍中则称为“温江”，并明确记载这里的瘴气极为严重，穿越这条江几乎是九死一生。但今天，北盘江两岸，安龙大箐的河谷两侧坡面，已经看不到亚热带丛林的影子了，绝大部分开辟成了甘蔗园，或者是玉米地。当前在这一地区从事石漠化救治的地理科学家们，正是依据当前所呈现的石漠化灾变景观，就轻率断言这一地区自古以来就是石漠化区，此前根本不可能有森林生态系统存在。除了质疑这样的结论外，作为环境史的研究，如果不对涉及这一地区历史性记载的史料进行排比和类推。这一地区的石漠化灾变，到底起于何时？因何而起？就很难得出可凭的结论来。

华南虎和金钱豹的绝迹，也需要做类似的探讨。1978 年，黔西北曾发生过一次重大的冰雹危害，在金沙县的冷寨河河谷，就找到了冰雹砸死的金钱豹遗体。20 世纪 90 年代，贵州省的供销合作社，还明确记录有收购到虎皮和虎骨的事实。当年的打虎英雄，个别人至今还健在。这些记忆可及的资料证明，直到 20 世纪中后期，这两种濒危动物在贵州境内还客观存在。如果按照文献记载的时间逆推，那么整个贵州省历代方志的“物产志”，完全可以佐证。因为这些方志中，都明确提到有虎、豹存在。明清

① （清）曾涛著，季永海译注：《随军纪行译注》，中央民族学院出版社 1987 年版，第 15 页。

两代的典籍中也记载，苗族吃牯藏的目的之一，就是防范虎患。只要对历代的典籍，按照时间的序列和空间的方位，汇编在图表中，那么这些珍稀动物的种群规模变迁，萎缩的轨迹，完全可以变得明白如画。

对于衣着纤维的原料，也可以按照类似方法去探讨。排比的结果不难揭示，西南各民族衣着原料变迁的轨迹，以及相关环境变迁的线索。研究结果表明，在历史上，西南地区各民族的衣着原料，几乎可以说得上的是多得不胜枚举。构树皮、葛藤、木棉、芭蕉、九层皮、火草等，都曾经是西南各民族常规的衣着原料。这样的原料，在当代尚存的苗族、瑶族的悬棺葬中，还可以找到物证。博物馆馆藏的各民族服装，如果经过纤维鉴定也可以提供物证。通过典籍的时序对比，进而还可以佐证棉、麻等纤维植物，在西南地区得以推广，其实是雍正王朝“改土归流”后推广棉、麻种植这一政策的后起事实。然而，西南地区气候过于潮湿，根本不利于普通棉花的种植，推广棉花种植会在无意中引发不应有的生态灾变，所产棉花的质量也极为低下。但棉花在西南地区的广泛种植，却延续到了 20 世纪 90 年代。其间的原因就在于，民国时期军阀混战，以及其后的抗日战争期间，我国北方的主要产棉区，不足以维持西南各民族的衣着需要。因而西南各民族才会在不利的环境下种植棉花，而且还有经济效益可图。与此相关的环境变迁，如果不通过文献资料的时间和空间排比，即很难揭示生态变迁的实情，更难以揭示造成生态变迁的社会文化原因。

（六）终端验证法

这是一种在多学科对话交流分析中，才有助于切中要害的研究方法。不同的学科，有其不同学理逻辑，也有其独特资料获取手段，结论的表述形式自然会大不一样。然而，生态系统则是一个极其复杂的有机体系，其间任何一个细节的变化，都足以引发其他不同部分的相应变迁，而最终的演化结果都会集中表现为地表的理化参数的改变。比如，贴近地表的气温和湿度大起大落，地表底层的风速和上层的风速趋于一致等。这些理化要素的变化，都是生态变迁的客观依据。若把这些依据定义为生态变迁的底线，那么只需要分析有关参数的变化趋势，相关生态系统的变迁细节，都可以做出贴近事实的分析。作出这样的分析后，来自自然科学家和社会科学工作者的结论，就可以在分析过程中做到相互印证，而不必在研究过程中逐项对比其差异。通过这样的终端验证，来自不同学科的研究成果，就可以在最终的结论上基本达成一致。如下几个例证可资参考。

苔藓是生态系统中普遍存在的低等植物，但这一类型的植物，惧怕干燥和强烈日照的环境。因而，不管是森林茂密程度降低，还是灌丛草地的上层植物的荫蔽程度降低，地下的苔藓层都会作出及时而明显的响应。我们只需查看苔藓的生长样态，就不难推知相关地区的生态结构发生了什么样的变迁。如在滇黔桂的喀斯特山区，只要发现苔藓萎缩，大致就可以推知数十年间是否有过规模性的林木砍伐。这样的方法，对于探讨民国年间的森林生态系统变迁，十分有效准确。

再如，耐旱植物的出现，则可以推知更长时段的森林生态系统变迁。目前，在红河河谷、北盘江河谷、都柳江河谷、金沙江河谷，都可以观察到仙人掌科和景天科植物的存在。而这些耐旱植物的出现，足以标志着贴近地表的相对湿度明显地降低，气温明显地升高。而这一点，正好是亚热带丛林受损后派生的现象。这是因为在真正的亚热带丛林中，这类植物是不可能存在的，必须等丛林消失后很长一段时间，由于动物的携带，或人类活动的干预，这类植物的种子或者有机体带才会进来，并形成此类耐旱植物的群落。如果这样的植物，生长十分旺盛，大致可以认定，当地的亚热带丛林已经消失了至少超过一两百年。

川西的大小凉山，冷杉林的消失显然是人为砍伐的后果。但砍伐后长出的植物，肯定不是冷杉，而是蔷薇科的多种蔓生植物。出现这样的演替，也是因为地表温度、湿度和地下水位的变化所使然，能够及时地发现这样的标示性植物，也能够准确地推测冷杉林消失的大致时限。

山涧河流水位的变迁和季节性波动，也具有同样的功用。大体而言，森林生态系统的萎缩，都必然会导致地下水储养能力的下降，因而从森林中流出的河流，水位就会大起大落，最高和最低水位线就会成为一个缺少植物稳定分布的空旷带，历年水位所及的范围也可以变得清晰可见。我们只需查看河流的最高水位线和最低水位线发生了什么变化，相关地区生态系统的退变，也可以做出准确的判断。

在这样的情况下，不管出自自然科学家的结论，还是出自社会科学家的结论，都可以实现对接，做到相互发明，相互补充，形成的结论也更具说服力。特别是那些高原湖泊的消失，河水的断流，河流中保留的基岩和泥石表面长出的青苔层，都可以作为沟通不同学科的学者研究的终端验证依据。

四 结论与讨论

通过以上分析，首先我们能够清晰地意识到，作为社会科学的环境史研究，关键是要澄清人类活动对环境所造成的影响及其后果。至于纯粹因自然原因而导致的环境变迁，应当留给地质学家和生物学家去从事专门的研究。因为这两项内容在时间和空间的跨度上各不相同，环境变迁的驱动力也各不相同，最好用不同的学科去加以研究。

其次，还必须注意，作为社会科学研究的环境史，由于重点考虑的是人为因素的影响。因而相关民族的文化应当成为分析和探讨的重要内容，不仅需要重点考虑文化与生态的协同演化这一关键原理，还需要关注跨文化传播所带来的冲击和文化转轨，往往是相关环境变迁的关键驱动力。其中，政策的变动影响将更为直接。与此同时，还必须坚持文化的整体观和环境变迁的整体观，尽可能避免用单一的资料，去论述文化与环境的变迁，需要密切关注文化自身的系统性和生态结构的系统性。

再次，由于所谓灾害必然是特定的民族文化定义的产物，相关民众的受害程度也会因文化而别。因而，灾害的发生理应纳入环境史研究的门类，去加以综合考虑，不能单凭文献提供资料的简单统计，就轻易地断言环境发生了剧变，就导致了灾害的频度加大，受害程度加剧等。

此外，还需要认真地考虑不同时代文献编纂者的立场、观点、思路的取向等不可忽视的社会要素。否则，难免会引发对环境史资料的误读和误判。相关研究者，如果能对研究对象的历史、文化和生态，都能形成一个全局性的了解，那么环境史的研究就会少走不少弯路，由此形成的结论也更其准确可靠。

有鉴于环境史学科理论建构和方法选择的艰巨性和紧迫性。笔者不敢妄自争大，仅希望对理论的建设和方法选择提供浅薄之见，就此求教于海内外同仁，以期共同完成这一研究使命。

文献与环境史研究

钞晓鸿 *

文献有不同的内涵、外延、分析手段与外在表现形式。为便于讨论，这里仅涉及历史上形成的书面材料。环境史也有不同名称，对其定义或解释则更有分歧，不过学界一般认为该学科是研究人类与其所处自然环境之间的互动关系。

自从人类出现以来，也就出现了人与环境的关系史，文字、成文材料的出现则是后来的事，不充分的文献也不足以支撑研究问题，即使现代社会也存在人迹未至却受到人类影响又反过来影响人类的重要地区或领域，文字材料并不涵盖所有历史时期，也不能支撑所有研究领域，诸此说明文献在整个环境史研究中存在不足或"盲区"。然而，人与环境的关系并非匀速变化。晚近以来，环境愈来愈受到人类的影响或干预，人类与环境的互动愈益密切，相应的记录逐渐丰富，环境史的内容随之丰富，与当代的关联性、延续性更加显著，研究的必要性与操作性也更强，丰富的文献材料成为晚近环境史研究的依据与基础，在某些方面甚至可以说是得天独厚。

对于人类社会、人类哪个自身、思想认识的记录、揭示与反映，其中包括自然对人类的制约与影响尤其是人类对自然的认识、改造与利用等，历史上所流传下来的书面材料也许是最丰富、最有效的载体。探究晚近以来自然环境及其变迁与原因，历史上所形成的书面材料尽管不是唯一的研究手段与依据，但却是最重要、最基本的研究路径与材料之一，应用范围最广。在现代仪器观测与视听媒体产生之前，史料在某些方面的特色或是

* 钞晓鸿（1968—），男，厦门大学人文学院副院长，历史系教授、博士生导师。研究方向：专门史，即明清社会经济史和中国环境史方向。

优越性，是其他研究手段、材料无法比拟的。如与树木年轮、沉积物元素分析、碳年代测定、冰川分析等相比，文献的时间尺度最短、内涵最丰富，具有分辨率高、系统性强、记载详细等明显优势或特点。因此，文献成为晚近以来环境史研究中涵盖面最广、信息最为丰富的材料之一，以此建立的环境要素序列的分辨率和准确性也更高。① 文献对于揭示人类与环境互动关系的特别之处还在于：文献是前人创作、记录下来的，历史上所形成的书面材料，也是人类选择一定材质对外在环境、人类社会以及人类自身的反映，其载体也是环境所赐或在此基础上加工而成，一定程度上反映了人们对环境的反应、感受、认知以及利用，实际是人类与自然环境互动关系的产物与见证。

中国文献典籍浩如烟海、内容丰富，可以揭示晚近环境史中不同时段、不同领域、不同层次的内容与问题，需要扎实地查找、整理、鉴别、利用。所有的文献都是人们在一定的社会与自然环境下完成的，存在着各种不足与局限性，其编撰意图与后人的研究取向亦有参差之处，因而对史料的鉴别与把握成为其利用的基本前提。以下笔者以自己较为熟悉的明清时期为例，具体说明使用文献研究环境史应注意的若干问题。

一 环境的异常变化

人类所处的环境多是逐渐变化的，短期内不易为人所觉察，人们对其所处环境也习以为常。异常现象或变化、极端气候事件、地质灾害等变化明显或剧烈，有些对日常生产生活产生显著影响以至威胁到人类生命，更易引起人们的关注与记录，留下的专题文献也比较丰富。这些文献记录常常成为今人考察历史上环境变化的重要视角与依据。

以灾害史为例，学界通常对历史上灾害的种类、发生频率、地域分布、各种比例等进行统计分析，借以揭示各类灾害的时空分布规律。就方法论与研究思路而言，无可非议。不过，在统计比较之前，对所用文献的

① 该文正式发表于《历史研究》2010 年第 1 期。此为未压缩稿。另，当年发表时的嘉靖《庆阳府志》，用的是 2001 年甘肃人民出版社整理本，此次该志各引文，还原为嘉靖三十六年增刻本的相应页码。参见张德二年《中国历史文献档案中的古环境记录》，《地球科学进展》1998 年第 3 期。

来龙去脉、编纂背景需要了解，掌握所用文献的收录原则、统计口径以及误差状况，不能找到即用、盲目从事。清代全国性的灾害，《清史稿》是利用率最高的史料之一，其中的《灾异志》属于二次专题文献，记载了清代的多种灾害与异常现象，篇幅不大，使用起来比较方便，直至今天，仍有不少论著将其作为清代灾害统计的基本依据，或以为可以起到事半功倍的效果，其实不然。

笔者曾在台北外双溪的故宫博物院查阅《清史稿·灾异志》的原始编纂档案，① 可知在今本《清史稿·灾异志》之前，至少存在"第一次稿""第二次底稿"以至"定稿"各版本，三者是依次关联的连续系列。文献编号030006一册封面的原始说明即称："此第一次稿太多，已删去大半"，已经删掉了一多半。如果文字删繁就简，或是内容剔除荒诞不经之事，当然是值得赞赏的，但经过笔者的查阅核对，发现其中包括对灾害内容的随意删除。如用第一次稿与今本《清史稿》（中华书局标点本，下同）的相应内容进行对照比较，仅从技术与态度而言，《清史稿·灾异志》的众多错乱遗漏也是不容原谅的。此以蝗灾为例，今本《清史稿》与第一次稿对咸丰六年的蝗灾记载都较多，但经比对，前者除月份之误外，又将望都、乐亭、武清、平谷、湖州、定海、武昌、钟祥、京山、德安、黄安等地的蝗灾记载勾销删除，仅一年之中就缺漏了10余州县，可见《清史稿·灾异志》仅在汇总删并方面就存在严重问题！甚至还造成连续多年无蝗灾假象，如同治一朝即付阙如。然而根据地方志及私人文集，仅同治元年，华北、江南等地就有蝗灾记录，《清史稿·穆宗本纪》同治元年八月还记载："诏顺直捕蝗"，可见《清史稿·灾异志》之疏漏。② 笔者认为，《清史稿·灾异志》这种大量遗漏疏误恐怕只能用编纂者的草率马虎、敷衍了事来解释；该文献或可作为灾害研究之参考，而绝不能作为系统分析的基本依据。③

---

① "史馆档"《清史稿·灾异志》，台北故宫博物院藏，文献编号：030001至030023。

② 以上分别见《清史稿》，北京：中华书局1976年标点本，第1512、1515页。（清）黎庶昌：《应诏陈言疏》称：同治元年春夏之际，"河北旱蝗间起"。见（清）盛康：《清朝经世文续编》卷13《治体》，光绪二十三年武进盛氏思补楼刻本，第53页a。同治《苏州府志》载："同治元年七月甲申，飞蝗自北至南，有雷声送去。"见同治《苏州府志》卷143《祥异》，《中国地方志集成·江苏府县志辑》，江苏古籍出版社1991年影印本，第10册，第648页。

③ 详细情况请参拙文《台湾故宫"史馆档"与〈清史稿·灾异志〉》，《清史研究》2003年第3期。

其他正史中的《五行志》或《灾异志》，也是学界统计某朝代全国性灾害的重要参考史料，由于其编纂档案不存，所以目前尚无法如《清史稿》一样进行比对分析，然而在有条件的情况下，亦可另辟蹊径。如明代若以地方志或《明实录》等来统计分析，其误差显然比《明史·五行志》要小得多。有人根据《明实录》统计明代蝗灾，除崇祯朝之外，计有137次，较之《明史·五行志》的60次蝗灾记录就多出一倍有余。① 由此看来，以《明史·五行志》《清史稿·灾异志》这样的史料进行统计，不管技术手段多么高明，其准确性可想而知。

二　环境的日常变化

环境的异常变化往往后果严重、变化剧烈，但人们更多的情况下是生活在日常变化、波动较小的环境之下，后一环境更值得探讨。学界以前常以替代性资料来研究历史上的气候及其变化，但由于史料的局限性与样本的有限性，也易引起争议。比如以寒冷事件来反映时段气温、气候及其变化，然而冬季寒冷并不意味着全年气温较常年偏低，气温偏低也不意味着一定干燥，冷、暖与干、湿并不构成完全的对应关系。鉴于此前学界更多地以温度变化来反映气候变化，对日常时期干湿状况的研究则相对较少，兹以后者为例进行说明。

清代曾留下了丰富的降水资料，在现代科学仪器观测之前，② 清代全国各地的雨雪奏报是非常典型的文献材料。此类奏报以月报为主，也有随时奏报或数月并报者，降水起始有时精确到时辰，地点范围以府县居多，信息来源多是省级以上官员亲历或是地方属员的汇报。除降水的描述性语言之外，还有具体的降水起讫时间、强度、渗透土壤深度或降雪厚度尺寸，后者即所谓的“雨雪分寸”。时间分辨率一般为府，少数为县。时间分辨率最高为每次降水过程。特别是后一指标，找出降水量在各地不同土壤及其降水前含水量（墒情）下的渗透参数，可以换算成现代的降水量数据。这些奏报至今仍保存在海峡两岸的清代档册之中，且数量庞大、涉及

① 闵宗殿：《〈明史·五行志·蝗蝻〉校补》，《中国农史》1998年第4期。

② 清代也有个别地点使用仪器观测气象并留下降水数据，参见竺可桢《前清北京之气象纪录》，《气象学报》1936年第2期。

区域广、系统性强、时间分辨率高。截至目前，只有个别学者用以重建乾隆以来黄河中下游的降水变化序列，时间分辨率可以精确到年、季。①

早在20世纪80年代，就有学者对雨雪分寸奏报做出初步评价："精确度不一定很高，但有一定的可靠性。"② 此后，笔者尚未见到对此档案进行逐一整理的具体甄别评估意见。对雨雪分寸奏报的详备评价尚待来日，为此需要阅读、鉴别大量的原始奏折。不过，笔者阅读若干此类档案时发现：其一，语言表述的笼统性与伸缩性，而且有时也受到当时官员与朝廷态度的影响。其二，同一地区同一次降水渗透深度，有的在不同官员的表述之间存在出入。

"深透沾足"曾是官员表述降水充沛的描述语言。何谓降水"深透沾足"？乾隆四十年（1775）九月二十五日，两淮盐政伊龄阿就辖区降雨情形奏称，扬州从九月"二十二日辰刻起，昼夜大雨如注，直至二十三日辰刻止，地土深透，约有三四寸，四野沾足"。③ 十月初八日，乾隆在"三四寸"之旁朱批，"三四寸，何得谓之深透沾足？"④ 当日上谕，要求江苏巡抚萨载、两江总督高晋据实详查复奏。上谕认为，"如果昼夜大雨如注，则其入土断不止三四寸。若仅止三四寸，又何得谓之深透沾足？恐所称昼夜大雨及深透之说，不免稍有粉饰，未必尽确。"⑤ 在未获悉上谕之前，十月十二日萨载上奏，仍称此前二十二、二十三等日，本地"得雨普遍沾足，地土滋润"。⑥ 然而十月十五日接悉上谕后，在十七日的奏折中则改称，"二十二、二十三两日，雨势绵密，沾被甚广"。此前的"沾足"没有了。奏折中还逐一奏报各府此两日的降水情形，以渗透深度尺寸作为具体数据，其中"江宁、常州、镇江三属内溧水、江阴、金坛等县，得雨一二

---

① 郑景云、郝志新、葛全胜：《黄河中下游地区过去300年降水变化》，《中国科学》D辑，2005年第8期。

② 张瑾瑢：《清代档案中的气象资料》，《历史档案》1982年第2期。

③ 两淮盐政伊龄阿奏折，乾隆四十年九月二十五日，中国第一历史档案馆藏，朱批奏折04－01－24－0066－064。

④ 两淮盐政伊龄阿奏折，乾隆四十年九月二十五日，朱批十月初八日，中国第一历史档案馆藏，录副奏折03－0596－064。

⑤ 《清实录·高宗纯皇帝实录》卷992，乾隆四十年十月壬午，中华书局1986年影印本，第13册，第253页。中国第一历史档案馆编：《乾隆朝上谕档》第8册，乾隆四十年十月初八日，中国档案出版社1998年版，第27页。

⑥ 江苏巡抚萨载奏折，乾隆四十年十月十二日，中国第一历史档案馆藏，朱批奏折04－01－01－0333－010。

寸，其余各县亦有三四寸不等”。① 可见此前的深透、沾足之说不实。再说高晋，他在接到上谕后的回奏中则说，“迨二十二三两日，雨水优渥，远近均沾”，而非深透沾足，正如朱批“究属未（深）透（沾）足”。高晋还具体说明，“其余江宁、苏州、常州、镇江等府属，亦据禀报各得雨四五寸不等”，② 此处的“四五寸”与上述萨载奏报的“一二寸”、充其量为“三四寸”是有明显区别的。

上述事例说明，随着史料的发掘与拓展，揭示出的环境史内容将更为丰富具体。然而找到此类文献，还需比对分析，明晰原委，找出异同，减少误差，然后才能据此进行研究分析。

三　生态系统的变化

以前中国的环境史研究论著，虽然文中不乏生态环境之类的词汇，但实际内容中却缺乏生态系统的事例与内容，考察若干环境要素居多，各要素之间的关联性并不突出甚至有些勉强。当然，生态方面的史料比较零散，前人认识也有限，必须经过对史料的大量发掘、综合研究，运用现代生态学知识，才能揭示当时的生态系统及其运行变化。另一方面，前人的一些认识出乎我们的意料之外，个别有识之士，已经揭示了当地的生态环境变化，并且还指出其中的自然与社会诱因，只是我们此前没有发现而已。

黄土高原属于生态敏感、脆弱地区，明代前中期有规模不小的屯垦与开发，16 世纪中期前后又是小冰期的寒冷期，势必对当地的生态造成影响。兹以庆阳府为例。嘉靖二十五年（1546）出任庆阳知府的李绅，③ 曾撰有一首诗，记载当地山水环境，是为《山水歌》，其中有：

水滨绝无鱼网集，山头但有农驱犊。
水性湍兮势滔滔，俄尔高岸为深谷。

---

① 江苏巡抚萨载奏折，乾隆四十年十月十七日，中国第一历史档案馆藏，朱批奏折 04－01－24－0066－071。

② 两江总督高晋奏折，乾隆四十年十月十六日，中国第一历史档案馆藏，朱批奏折 04－01－24－0066－070。

③ 参见嘉靖《庆阳府志》（卷 10）《官师》，嘉靖三十六年增修刻本，第 10 页 a。

山顶秃兮时濯濯，秋来拢上惟糜菽。①

记载了当地农业垦殖，山顶植被遭到破坏，成为濯濯童山，水流湍急，进一步加剧了土壤侵蚀，河流侵蚀严重程度可由“俄尔高岸为深谷”见其一斑。由于水源涵养区的植被变化，也改变了河流的水文特征，汛期的径流量与含沙量均急剧增大，极易引发灾害。如嘉靖二十八年（1549）七月大水，庆阳城“南关居民溺死者万余，夹河两岸仅数里许，死者亦万人。庐居货市，顷成沙碛。”不到10年，嘉靖三十七年（1558）七月，再次大雨引发洪水，房舍倾圮、城墙崩塌。② 这些环境要素的变化，必然引起生态系统的变化。

关于当地生态变化及其原因，笔者在嘉靖《庆阳府志》卷3《物产》中发现了一则典型材料，兹摘抄如下：

> 昔吾乡合抱参天之木，林麓连亘于五百里之外，虎豹獐鹿之属得以接迹于山薮。据去旧志才五十余年尔，而今椽檩不具，且出薪于六七百里之远。虽狐兔之鲜，亦无所栖矣。此又不可慨耶。嗟夫！岂尽皆天时？人事渐致哉。往之斧斤不时，已为无度，而野火不禁，使百年地力一旦成烬，此其濯濯之由也。……若去年丁巳之田鼠害稼，顷亩立尽，家鼠尽游，而猫且避之，似又不可不附见于此也。③

根据“去年丁巳”行文可知，该文当完成于嘉靖三十七年（1558），概述16世纪前半叶的环境与生态变化。大意是说，当地50余年之前，植被很好，森林覆盖率高，在近乎原始的广袤山林之中，各种动物栖息繁衍。然而半个多世纪之后，由于过度砍伐森林，毁林开荒，动物种群减少，无栖息之所，昔日青山，变成濯濯童山。由于食物链出现问题，原有的生态失衡了。并举例说，老鼠大量繁殖，田鼠毁坏庄稼、家鼠四处游窜，此乃生态失衡、天敌减少所致。作者认为，这些变化不能全部归因于自然界的自我演替即自然环境的变化，也是人为逐渐造成的后果。

因此，在中国环境史研究中，一方面需要加强其他学科知识的吸收与

---

① 嘉靖《庆阳府志》卷20《艺文二》，嘉靖三十六年增修刻本，第12页a。

② 嘉靖《庆阳府志》卷18《纪异》，嘉靖三十六年增修刻本，第20页a、21页b。

③ 嘉靖《庆阳府志》卷3《物产》，嘉靖三十六年增修刻本，第20页a—21页a。

利用，从相关现象及其变化中推断出生态系统的运行状况，找出各种环境要素及其变化的关联性。而在文献方面，对前人已经揭示、已经认识的环境与生态变迁，需要下大力气予以发掘和利用。

搜寻、查找、整理、利用史料正是经过系统训练的史学工作者特长所在，正是我们的用武之地。不过，尽管丰富的史料记录了环境史的若干层次内容，但绝不能不加鉴别地找到即用。这些历史上形成的书面材料，是由人完成的，其质量水平往往与作者的写作目的、编撰态度、认识水平、主观倾向存在密切关系。若欲深刻理解、充分把握文献的内容，则需了解文献内容以外的信息，如作者情况、写作背景、信息来源、文献性质、版本流传等。只有全面掌握、综合分析，才能防范其有意无意的偏差与错误。笔者并非忽视更新观念、转换视角的重要性。对于所有史料，不管其有无谬误，还要看是以什么样的角度来研究什么问题。例如清代乾隆年间以来，关中各渠道刻意编纂水利文献，对于关键内容各自给予特别解释，甚至出现蓄意篡改此前文献。后者在研究农田水利时当然应该特别注意，以减少、剔除其中的谬误之处；然而，若用以研究水资源紧缺、灌溉环境变化之下，不同利益群体的反应，则是特别典型的史料，这些“不实”的文献反而更好地反映了环境变化之下人们的行为方式与心态。①

环境史研究需要多学科的知识积累与学术素养，根据目前的学科分类与培养体制，恐怕还没有哪个学科、哪个人的知识可以完全满足整个环境史的研究需要。对于环境史研究从整体来说，需要多学科的协作攻关。对于各学科的个人来说，在积极吸取其他学科知识与学术积累的基础上，发挥本学科、本人所长是务实的做法与抉择，也就是说，既需要扬长避短，也需要取长补短。

---

① 拙文：《争夺水利 寻求证据：清至民国时期关中水利文献的传承与编造》，载刘翠溶主编《自然与人为互动：环境史研究的视角》，台北：联经出版事业股份有限公司2008年版，第283—332页。

民国文献搜集与整理的困境与出路

周　琼*

随着学术研究视角及范围的扩大、交叉、深化，民国文献的学术研究价值及现实运用价值渐凸显。20世纪50年代后，学界及相关部门就开始了对民国文献的搜集及整理。1980年后，民国文献资料的搜集、整理与出版工作取得了极大进展，成果丰富①，为各界了解民国社会与历史、政治与经济、文化与教育、思想与科技成就，以及从事相关的学术研究提供了信息来源及基础资料。随着全球化的日渐深入及学术研究的多元化发展，社会各界对民国文献的史料、文物、艺术、近代科技等价值的关注进一步加大，收藏部门及研究者也关注到民国文献材质泛黄变质、易脆老化及严重破损的情况，其保护开始受到重视，抢救性的整理及保护逐步进入国家文化、古籍整理相关部门、团队及学者的关注视野，民国文献的整理与保护迎来了春天。但普查结果让人震惊——大量民国文献已进入严重破碎损毁期，损毁情况触目惊心。民国文献的收藏、保护及整理、利用、研究工

---

* 周琼（1968—），云南大学西南环境史教授，云南大学特聘教授，历史档案学院环境史方向博士导师，主要从事环境史、灾害史、疾病史及生态文明建设研究。

① 如利用南京第二历史档案馆藏民国各级政府档案整理出版了《中华民国史档案资料汇编》《中华民国史档案资料丛刊》，据厦门大学图书馆藏“末次研究所情报资料”整理出版了《中华民国史史料外编：前日本末次研究所情报资料》，据辽宁省档案馆所藏档案整理出版了《满铁密档》，利用上海图书馆、复旦大学图书馆、华东师范大学图书馆馆藏图书整理出版了《民国丛书》，还有湖北所编辛亥革命史料，天津所编北洋军阀史料，西南各省所编西南军阀史料，广东所编孙中山及南方政府史料，东北所编“九一八”和伪满史料，上海所编汪伪史料及民族资本企业经济史料，重庆所编国共关系史料，包括以《国民政府公报》为代表的民国政府出版物，以《申报》《大公报》《益世报》为代表的民国报纸，以《东方杂志》《良友杂志》为代表的民国杂志等整理出版，都是极为重要的成果。此外，从20世纪五六十年代开始，台湾地区也影印出版了以《革命文献》《中华民国重要史料初编》为代表的大批民国文献。

作开始作为专项工程展开，以近年文化部、国家图书馆及出版社开展的民国文献系统化整理及保护工程的成效最为突出。民国文献资料的搜集、整理与出版成就以早期的文献电子化最为突出，但这些电子文献的阅读速度及覆盖范围较为有限，对正在加速散佚的民国海量文献来说，已有的整理工作远远不够，国内及流散海外的大量民国文献史料的保护及整理尚未全面铺开，尤其散存在边疆地区的民国文献的搜集及整理还是个无法触碰的禁区。更重要的是，因馆藏者及整理者的角度及利益差异等原因，使整理工作困难重重，长期处于停滞状态，不仅影响了文献的进一步保护及利用，也对其史料、文物、艺术及近代技术等价值发掘极为不利。本文就民国文献的整理困境及突围路径进行探索，认为在抢救及保护的基础上整理并利用好民国文献，尤其是抢救性整理及保护正处于碎化状态的濒危文献，是目前最为迫切的任务，整理者与文献馆藏者应采取良性合作、协商共赢的策略及措施。期待论文能助益于民国文献的整理与研究。

一　民国文献及其当代价值

民国文献又称近代史料，主要指中华民国时期（1912—1949）出版发行的各类图书、期刊、报纸、手稿、札记、日记、游记，以及档案、碑刻、谱牒、照片、电影、唱片、海报、传单、契约、票据等各种文化和信息的载体。民国是中国社会经历各种巨变及沧桑的特定历史时期，思想文化极为活跃，视野空前开阔，著述极为兴盛，近代出版业和新闻业的迅猛发展，使民国时期的出版印刷及发行，无论数量或种类都达到了前所未有的高度，短短三四十年时间就积累了类型繁多、形式多样的海量文献，珍藏于各地图书馆、党史馆、档案馆、博物馆及研究机构。

民国文献作为中国新旧交替历史及其信息的特殊载体，是反映社会各方面剧变的原始记录，馆藏数量及收藏地点极为丰富，遍及中国境内各省县图书馆或相关文化部门，藏量及种类超过了历代存世古籍的总和，反映了民国时期政治、经济、教育、外交、宗教、军事、慈善及救济、思想、艺术及其他文化的迅猛发展状况，其文物、历史文献及研究价值不在善本古籍之下。中国大陆档案馆、图书馆及文化机关，中国台湾“国史馆”、国民党党史馆及台湾各地图书馆、档案馆及军政机构的典藏部门，都是民国文献的主要收藏机构；境外也保存了类型不同的丰富文献，如美国国会图书馆、美国国家档案馆、英国伦敦大学亚非学院、大英图书馆、英国国家档案馆和其他大学图书馆，都藏有中国近代史的珍贵资料，大批民国名人函件、口述资料或是日记等保存在哥伦比亚大学图书馆，2500 多件胡汉民信函及文稿保存在哈佛大学燕京图书馆，中国共产党早期文件保存在日本、俄罗斯等国图书馆及档案馆。各地所藏的海量民国文献，具有典型的文献保存利用、学术研究、文物保存、艺术、近代科技研究及文化联通的价值及禀赋，是目前重点整理及保护的原因之一。其价值表现如下：

一是其文献保存价值，亦即史料价值。民国文献是中国近代历史的文字载体，有其独特的史料价值，是中国历史文献延续发展中的不可或缺的链环，在史料学上具有重要价值及地位。很多全国性或地方性的公开出版物、报刊、影音等文献，流传较广、影响较深，是研究民国历史的重要史料，受到学界的高度重视；很多遍布全国各地的地方性史志、档案、实物材料等文献，不同程度地记录、反映了近代地方政治、经济、军事和教育文化、医疗卫生、市政建设等方面的历史，是较珍贵的历史文化遗产，对当代地方文化的保存、传承及治理、决策具有重要的参证和资鉴作用；很多近代名人的年谱、日记、手札、信件、回忆录及著述，记叙了著者亲历的丰富立体的政治、经济、军事、外交、教育、社会和文化等活动，从另一侧面真实地保留了历史原貌，是厘清近代许多重大历史问题的关键性史料，有利于保存及还原历史，帮助后人重新认识一个全面、客观、真实的近代中国社会历史全貌。

与传统文献相比，民国文献的种类及材质载体都有了创新及拓展，除传统的纸质文字、绘画外，照片、纪录片、幻灯投影、电影、录音及各类实物资料，成为有别于传统文献、具有近代科技特色的新型史料，扩大了史料的类型及范围，使史料由固定僵化的文字图像向具体化、形象化、直观化迈进，史料类型及内容空前扩大，增大了中国近代学术研究的立体含量及内容架构。

二是学术研究价值。民国文献除传统的近代史学研究的资料价值备受重视外，还以内容及记事范围的广博宏富受到推重，在思想及言论方面突破了帝制专制时代的桎梏，意识形态及文化教育等领域呈现出了前所未有的解放及繁荣。加上近代印刷出版的蓬勃兴盛、近代科技及中国初步国际化的进程，开阔了国人的思维及视野，大部分学者的著述、思想家的思考、社会发展状况等记录，都能得到及时的出版，不仅促进了近代思想文化、科学技术的空前繁盛，也丰富、扩大了学术研究的范畴及范式，“新文化运动高举科学与民主的旗帜，扫荡了旧的话语体系，从而建立了新的话语模式，并最终确立了我国现代新学术的范式。”① 促发了学术研究路径、旨趣的重大转折，很多学术论著成为中国近现代学术史上第一批具有开创意义的奠基之作，“首开新史学、新哲学、伦理学、政治学、经济学、社会学、马克思主义哲学等等近代学术著作范例，不仅对我国近代新兴学科的创建具有重要的学术价值和参考价值，当今学界往往也将其视为第一手的参考资料”②。

民国文献的印刷及制作，无论是版本样式、出版发行，还是语言文字、字态语意，或印制款式、出版载体，甚至是内容及形式，都受到了外来文化的极大冲击及影响，带有了浓厚的西方文化及近代潮流的印迹，与中国传统的书籍印制相比，发生了巨大的转折及鲜明的差异，为近代版本学、史料学的发展及研究，开辟了极为广阔的思路③。

三是文物价值及近代科技价值。民国文献使用的材质、造纸技术、装订技艺等，都带有浓厚的民国时期社会发展水平及科技状况的特点，是保存近代社会全貌的特殊实物。由于大部分民国文献已经脆化损毁，使保护工作显得更为严峻及重要，其作为近代特殊文物的价值也受到了不同群体及部门的重视。如何保护好这些极为特别的文物，是现当代文物保护及修复中面临的难度极高、意义极大的任务。

民国时期，西方机械印刷排版技术传入中国，木刻、石刻、石印、铅印等中国传统的雕版印刷技术，与胶印、照相凹版、珂罗版等形式各异的外来印刷术并存，刷新了中国印刷技术发展及存在的历史。但这些近代出版业发展初期、带有浓厚时代特点的印刷技术，存在的时间却不长，在现代科技迅猛的促推下被新印刷科技取代。这些近代出版业初兴时期的印刷术后世应用较少，现在民国印刷技术多已失传，仅现存文献能反映出当时的印刷水平与多样化印刷形式，故很多研究者认为“有些民国文献的价值

① 薛其林：《民国时期学术的主要特色与成就》，《光明日报》2004年12月21日第8版。

② 王兆辉：《试论民国文献的价值与馆藏》，《公共图书馆》2010年第1期。

③ 阮素雯：《论民国文献的开发与利用》，《档案》2011年第3期。

不在珍善本古籍之下”。

民国文献的载体即印制纸张的材质、制作技术，也与中国传统造纸技艺有了极大差异。在近代机械化的造纸厂里，纸张制作的取材及生产工艺发生了根本变革，木材及非木材造纸原料交替使用，是民国纸张生产技艺的显著特点。但这种带有近代技术发展史特点的技艺，也被现代科技淘汰。民国文献本身就成为中国近代造纸技艺的最好实物及技术史文物资料。

四是浓厚的近代艺术价值。民国时期，西方机械印刷排版技术传入中国，石板印刷、铅活字凸印、泥版翻铸铅版印刷、纸型翻铸铅版印刷、照相铜锌版印刷、平版胶印、雕刻凹版印刷、照相凹版印刷、珂罗版印刷等多种多样的国外印刷术，与中国传统雕版印刷术并存，造就了民国文献印刷版本的多样性特点，其中不乏印刷考究、插图及色彩极为精美的印刷文献①，具有浓厚的民国风韵及近代艺术特点。部分文献所蕴含的既传统又开放的艺术及审美价值，在一定程度上甚至超越了其文献本身所具有的价值。

民国时期也是书籍装订从线装向现代装帧转变的关键时期，书籍有封面画亦始于此。鲁迅、闻一多、丰子恺、叶灵凤、陶元庆、司徒乔、李金发等一大批著名的学者、画家，均曾自制或应邀为书籍设计过颇有艺术气息及封格的封面，“我国书籍的封面画就是从民国开始，鲁迅、闻一多、丰子恺等近代著名学者、画家均曾为书籍的初版设计过封面。这些有历史纪念意义和艺术鉴赏价值的作品也仅见于稀有的民国绝版书上”②，使其充满了那个年代特有的既传统又开放的时代韵味，充满了独特的近代艺术色彩，赋予了民国文献独具魅力的艺术及审美价值。

五是外交层面的沟通链接作用及对民国文化话语圈形成的推进价值。民国文献遍及海内外，不仅国内学术圈，也是国内与港澳及台湾地区、与国际学术界及民间团体进行学术交流、构建共同学术话语圈的桥梁及基础，是中国大陆与海内外中华民族及中国文化界形成民国话语圈、认同感的纽带，是推进中国统一大业、推进中国学术影响圈形成及接受度的重要渠道，“作为近代中华文化重要载体的民国文献不仅展现出极强的生命力

① 郑春汛：《民国文献的价值与保护对策研究》，《图书馆理论与实践》2008年第4期。

② 阮素雯：《论民国文献的开发与利用》，《档案》2011年第3期。

和活力，同时也使得对民国文献的整理与开发具有特殊的政治意味，甚至充满着强烈的历史使命感。而正确利用民国文献的政治价值则更可以为两岸同胞谋福祉、创双赢”①。

二　民国文献搜集整理面临的困境

民国文献的特殊价值，是其整理及保护刻不容缓，各学术团队及机构纷纷进行不同形式的整理及保护。但各地民国文献的搜集整理面临着诸多困难，对文献资料的使用及研究、文献的信息化或数字化转化等工作造成了诸多困扰。

一是各馆藏单位以民国文献材质特殊需要保护等正当理由为挡箭牌，不允许整理者查阅及进行相关的整理工作。民国时期的造纸材料混杂，造纸工艺大多数采用机械磨木浆纸和酸性化学浆纸，所产纸张酸性高、保存期短、耐久性较差，普通报纸的保存寿命只有 50 年左右、图书为 100 年左右。各地藏馆的民国文献迄今已近百年，材质变黄，酸化严重，已失去机械强度而易破易碎，破损严重，无法翻阅。很多藏馆采取了特别的保护措施，有的甚至将文献束之高阁，不许查阅、整理及使用，使很多珍贵文献静默在书柜、书架上，耽搁了保护及整理的宝贵时机，也人为地延长了文献的整理出版时间，影响了相关研究的展开，阻碍了民国文献系统保护工作的开展。如不抓紧整理，很多文献有可能进一步脆化破碎，尤其当前空气污染日益严重，空气中有害化学物种增多，对文献的伤害进一步加重。

二是各藏馆的资源拥有及独占意识极为浓厚，以文献保护为由不对外开放查阅。很多藏馆出于文献的资源属性特点，为保护馆藏资源或想自己整理，就部分情况及类型，把全部民国文献列为保护对象，不对外开放，即便明知自身的整理及保护能力极为有限，或者说这种以“保护”为名，人为阻碍、拖延了其他部门的文献整理进程，使民国文献的整理保护及数字化转化工作长期停滞不前。

这类“保护”使很多专题的研究及整理工作无法展开，尤其对传统文

---

①　张丁、王兆辉：《浓墨重彩 沧桑厚重——民国文献的价值及馆藏现状》，《图书与情报》2011 年第 2 期。

献资料较少、必须依靠民国文献才能更好开展学术研究的边疆地区，影响更为巨大。如数量庞大的民国边疆垦务、农商统计、中国经济志、赈灾史料、教育公报、民国海军档案、蒙藏院及蒙藏委员会史料、铁路沿线经济调查报告、各省财政说明书等文献，对研究国家主权、边境、民族、军事以及农业、水利、经济等均有重要的现实意义①，但文献的封闭却使很多有学术及现实资鉴价值的研究工作无法开展。

三是民国文献保存者、管理者与搜集整理者的协调沟通方式、解决路径存在问题，阻滞了民国文献整理的速度及进度。如果说文献保存方处于保护及资源整理的考虑不对外开放情有可原的话，那很多整理者只想无偿阅读及借用馆藏资源整理，尤其在版权方面与馆藏部门的沟通及协商不够，则是文献整理陷于僵局的又一原因。双方都站在自己的角度，很少全面、客观地考虑文献保护及利用的切实可行路径。因此，民国文献保护与整理目标及保护措施不一致导致的意见不同、处理不当，使整理出版工作长期停滞不前。

这在高校图书馆的民国文献馆藏部门尤其突出。很多文章整理方没有足够经费支付给馆藏部门，甚至也不愿意涉及版权及其归属问题，当然也没有相应的经费支付给馆藏部门，而馆藏部门也缺少足够的经费去修复及改善保存文献的技术及条件。因此，整理方因无经费支持、版权归属不明确、缺乏必要的保护措施及技术等，使馆藏部门不敢轻易将易损文献外借使用及提供整理。这种因馆藏部门与整理团队、成员间因交流沟通不畅、无法协商而出现的僵局，延缓了民国文献的保护、整理及使用进程，也造成了保护与整理的新矛盾。

四是专业的整理人才及技术的欠缺，使整理工作不断后延。在民国文献开发利用方面，虽然再生性开发技术如缩微复制、电子化、加固、修复、再版影印等运用比较广泛，成就斐然。但并非全国各地的整理及保护技术都能具有并达到这样的水平，即便很多文献已采用缩微化和数字化等技术保存了文字资料，但在使用中也因机器老化及易致视力损伤等困扰，未能解决根本性问题。保护的目的主要是全方位保存及使用文献，而不仅仅是保留文字资料。文献本身的纸质、印刷、排版、装订以及书中的批注

---

① 刘建忠：《论民国文献的史料价值与保护利用》，《科技情报开发与经济》2012 年第 6 期。

等，都是文献保护必不可少的内容，都需要特殊的技术及专业的人才队伍，才能完成整理及保护的任务。但目前的整理者及使用者甚至是馆藏者，绝大部分都没有经过文献保护方法和技能培训，也缺乏保护的意识及必要的技术设备，这与文献的全方位保护、整理及数字化使用及研究目的，存在极大差距。

五是因保密或政治思想及立场、外交等原因，很多文献处于未解密状态，阻碍了文献整理的进程。文献的保密范围，一直没有明确界定，使相关文献长期处于封闭状态，使相关整理工作不能展开，也使专题文献的搜集整理及研究受到制约。最典型的是档案文献，目前大部分还没有解密，解密时间也遥遥无期，相关信息及内容极为敏感，不仅不能查阅、也不能公开使用，更遑论整理、出版，这是民国文献整理最为棘手、障碍最大的部分。

三　民国文献整理的突围之路

民国文献保护及整理的困境长期存在，随着时间的流逝，文献损毁的可能性因素日益增多，保护及整理将会更加艰难。因此，创造机会及条件，整理者及相关部门应积极调整思路及措施，寻找出路，完成文献的整理、保护及数字化工作，充分实现其社会及学术研究价值，则是目前的当务之急。

首先，制度及政策的支持至关重要。官方的制度及政策是中国最行之有效的解决途径，应建立民国文献的专业整理部门，创建一套团队、个人、研究者与政府管理机构的良好沟通机制。制定相关的规章制度，规范并约束管理者及整理者，尤其要制定文献管理者、使用者的权利和义务的系统规章制度，文化、学术部门及相关研究机构应积极向相关部门呼吁及沟通，制定并实施民国文献的管理、保护、整理及应用的相关政策及措施，早日打破民国文献整理及使用的僵局，在保护这些脆弱而短命的珍宝时，最大限度地发挥其使用、研究的功能。虽然很多使用者的一再呼吁几乎没有发挥太大作用，说明找错了部门及领导，应改变呼吁的路径并提出切实的思路及对策，才能发挥实际的作用。

完善相关的法律法规，尤其档案及文献保密法的实施刻不容缓。官方文件尤其档案资料的保密众所周知，但很多民国文献其实已过了30年甚至是50年的保密期限，但解密公开的期限依旧遥遥无期，限制、阻碍了文献的使用及整理。若能尽早制定或完善民国文献的保密期限、范围、种类及使用的法律法规，监督各部门尤其是文献管理及保存部门严格执法，促使那些制定了保密期限、密集程度的文献能在解密期限过后正常开放，以促进民国文献的保护、修复、整理及应用工作的常规展开。

其次，提高民国文献保护的思想意识，增强保护技术的专业性。既要提高民国文献整理团队、个人的整理保护思想、意识，也要提升管理者及使用者的保护意识及思想道德素养，更要培养文献保护的专业技术人才，普及文献保护的知识及使用方法。

如加大宣传范围及力度，从观念上普及民国文献保护的重要性，加深群众对民国文献价值及其保护意义的认识，提升专业技术人才的理论与实践素质，实现民国文献在保护中抢救、整理，在抢救、整理及使用中保护的目的及良性循环；古籍保护及文物技术保护的专业部门可举办民国文献保护及整理专业技能培训班，对培训学员颁发结业资格证书，馆藏部门对有专业培训证书者可以提供节约及整理服务；图书馆界可由国家行政部门和大型图书馆牵头，宣传民国文献的重要性，下达民国文献保护的通知与要求、民国文献的保护及整理列为图书馆评估达标的指标等，当民国文献的重要性像古籍一样深入每个普通馆员、借阅者、整理者的思想意识里及行动上时，展开进一步的保护及整理工作，就会顺利许多。

提高文献保护技术的专业性。目前已有很多馆藏部门进行了缩微拍摄，但拍摄也是个破坏的过程，拍摄文献时必须要将这些文献拆开，拍摄后却不可能再把文献重新复原，这是在合理保护旗号下对文献进行的大破坏。很多文献装订粗陋，书页内侧文字往往紧贴装订处，很多文字不易看清，扫描时稍一用力展开，书就能从中折断，故很多抢救性的保护措施事实上也是一种人为的破坏。对读者而言，缩微胶卷、数码图片与文本阅读有较大差异，不仅影响视力、减慢阅读速度，在阅读抄录时也有着诸多不便。影印出版是最符合人们的阅读习惯，也最能保存文献内容及原貌，但对底本要求较高，不是所有书刊都能满足影印条件①，对不符合影印条件的文献，应根据情况进行特殊处理。

---

① 郑春汛：《民国文献的价值与保护对策研究》，《图书馆理论与实践》2008年第4期。

规范民国文献的信息化、数字化的整理途径及方法，对民国文献的馆藏单位及整理者给予文献保护技术的培训、经费支持及补偿，给予民国文献以专项资金进行保护、修复、整理，如果一些专门、专业的整理及保护部门、团队有足够的经费支持，那民国文献的修复、整理工作就能常规化。同时，整理者可支付收藏者经费补偿，馆藏部门可收取保护费用、协商整理权限及署名权限等，在最大范畴内寻求双方的合作共赢、资源共享的途径及方法。

如若大量民国文献不乘着整理者及其团队本着进一步保护、利用动因的大好形势，在合作共赢的目标下尽快进行整理，而任由大量文献散存、闲置在书架上、柜子里，不仅会推迟、延长文献的整理时限，也会打击整理者的积极性和文献保护的预期愿望，错过最佳整理期，让很多原本可以保护、利用的文献过了保存期限后，发生脆化破损甚至碎片化。

再次，加强民国文献整理及保护的学术研究，积极推进数据库的建设及公众开放平台建设，促进民国文献整理工作的顺利推进，进而达到民国文献的保护和原貌再现。主要措施是加强民国文献及近代史的学术研究，以研究需求促进文献的保护及整理工作的推进。目前民国文献大多处于搜集整理及出版状态，很少对其进行研究及利用，这是民国史研究的遗憾。

在大数据建设时代，民国文献的数据库建设及公众开放平台建设并投入使用，不仅是数字化时代的大势所趋，也是文献整理及学术研究、社会各界实际运用的共同目标。在传统收藏、整理的基础上，尽快利用现代数字化文献整理技术手段，系统地收集、整理民国文献，建立民国文献全文特色数据库。全文数据库对原始文献不仅有较高的替代、复原作用，还能减少原始文献的使用频率，又能充分挖掘文献的信息内容，具有较高的检索效率，在保护和开发利用民国文献的学术、文化价值方面都能发挥较大作用①，也能达到保护、传承文献的目的，促进民国文献保护走向观念普及化、人才专业化、脱酸低廉化、修复技术化、影印多样化、全文数字化的良好状态，不仅是时代需要，更是民国文献保护及运用本身的使命。

最后，进行散佚民间的民国文献的搜集、购买，并进行相应的整理出

① 何建新：《馆藏民国文献的全文数据库的建设——以华南农业大学图书馆馆藏民国文献全文数据库为例》，《信息资源建设与管理》2014 年第 3 期。

版及数据库的建设。民国文献并非全部是由公共图书馆或档案馆、国家事业单位收藏，还有一大部分文献、学术价值不菲的文献散落在民间，具有随意性、家传性或家族集体性特点，在保存中因自然损耗、人为破坏、自然保存条件简陋等原因，文献的载体变得更为脆弱，急需加以抢救和保护。而很多散落在民间的民国文献，也正随着全球化的日益加深而丧失；或在房屋拆迁修复或文献搬迁中，很多民间收藏者限于认识局限，往往认为其没有价值，将其当废旧物品甚至垃圾抛弃。目前最急迫的措施，应该投入大量、专业的人力及经费去购买、搜集散落各地的民间民国文献，避免民国文献的进一步损毁，最大限度地保存文献，是目前最为急迫的任务。

结　语

在传承及复兴优秀文化、更好地融入并引领世界文化发展的社会背景下，回顾民国文献传承的百年历史、总结民国文献保护及整理经验，了解文献保护及整理利用现状，分析民国文献的保护、修复措施及文献利用的困境及解决路径，对相关文献的整理出版进行更广泛的研究，使这些文献能够广泛地运用于学术研究、能够更好地为社会现实服务。

随着大数据时代的来临，民国文献的搜集、整理及研究已突破了传统的收藏、保护为关键词的探讨阶段。数字化整理和专题资料的开发利用、大数据的建设，就成为最重要的工作及研究方向。当代社会信息化程度的提高，数字化整理技术日渐多样化和先进化，整理方式也日渐多元化，如缩微技术、数字扫描技术、数据库技术及先进的信息组织方法逐步应用到民国文献数字化整理工作中，并取得了一批具有代表性的研究成果，成为民国文献大数据（库）的重要内容。

在文献搜集整理中，突破部分因政策尤其保密规定、收藏者的资源保护意识、收藏部门个体的数字化整理行为、文献的保护修复等原因的现在，创造条件，打破民国文献的搜集及整理、研究的困局，解开专题史料整理及研究的瓶颈，实现困境中的突围，找到更合理、更妥善，同时也更能体现共赢共享的民国文献搜集及整理路径，充分完成相关搜集整理及数据化建设，是目前民国文献搜集整理及研究者、馆藏者面临的任务，也是个群策群力、需要政府力量介入及推进的传统文化保护传承的工程。

清水江流域公山管理与经营的生态价值

——以碑刻资料为中心的考察

严奇岩*

清水江文书的载体样态包括纸质和石质两类。纸质文书多数是针对私人山林及土地，俗称“私契”；石质文书（碑刻）一般针对集体山林及土地，俗称“公契”，故清水江流域林业碑刻常有“公山”“公产”等词。公山或称公众之山，即共有、公管之山，所有权归村寨、家族或款组织集体所有。公山资源包括山场土地和林木产品等，是家族、村寨或款组织集体繁衍的物质基础。从用途看，公山的类型包括风水山、用材林山、坟山等，是为“众山公业”。在此，专门探讨以寨有、族有或款有用材林公山的管理与经营。清水江文书是反映历史上苗族、侗族有关混农林生产与生活的载体，蕴含丰富的生态信息。学界对清水江文书的生态价值已有探讨，① 而尚未对碑刻所涉及的“公山”的生态内涵进行挖掘。尽管在私有制时代，集体公有的山林所占比重较小，但碑刻中所涉及的公山权属管理与股份经营等充满民间智慧，对于推进集体林权制度的改革和生态文明建设具有重要现实意义。因此，笔者在实地调查的基础上，以清水江流域有关林业权属碑为基础，探讨公山管理与经营的生态价值。

---

* 严奇岩（1971—）男，汉族，江西萍乡人，贵州师范大学历史与政治学院教授，博士，博士生导师，历史地理研究中心副主任，主要从事西南民族史和历史地理学的研究。电子邮箱：qiyan0818@163.com；电话：15185184212。本文系国家社科基金项目：近300年清水江流域林业碑刻的生态文化研究（13BZS070）。

① 相关研究成果有：罗康隆：《从清水江林地契约看林地利用与生态维护的关系》，《林业经济》2011年第2期；刘雁翎：《清水江文书中的苗族、侗族环境生态习惯法》，《贵州民族研究》2017年第5期；徐晓光：《清水江文书对生态文明制度建设的启示》，贵州大学学报（社会科学版）2016年第2期等。

一　清水江流域公山管理的生态价值

公山管理重点是明确山林权属。公山为村寨、家族或款组织集体所有，为明晰产权，家族或款组织勒石刊碑，明确公山所有权及管辖范围，公山权属按股划分所有权，同时，加强保护公山内水塘、林木等资源。

（一）明确公山所有权，管辖范围，做到四抵界线分明

公山土地所有权归集体所有。公山的管辖范围必须明确，否则易被人侵占。故碑刻中对各公山的“四至”记载较明确。台江县施洞镇八梗乾隆十三年（1748）《永远告白碑》记载八梗、夫堂两寨公山的范围，“东抵石硐口岩英堡为界，南抵□□□□姓杨家沟为界，西抵大冲新寨坉英堡山为界，北抵巴团塘猪主为界”①。天柱县石洞镇水洞村乾隆十九年《公山碑记》，记载冷水寨四姓所有四处公山的界址：“莲花山公山界址，以大步凹为界；长岭坡公山界址，上自团鱼坡大路，下至河中鸬鹚岩为界；圭老溪公山，上自高什佑各地方，下抵河，左抵平岭，右抵路为界；小圭脚公山，上抵路，下抵田，左抵溪，右抵九、十两甲私山为界。”② 锦屏县平秋镇嘉庆六年（1801）《计开章程碑》记载平秋款四大公山的名称及管辖范围③。锦屏县启蒙镇丁达村中寨嘉庆二十三年（1818）《永远碑记》载中寨公山范围“东至叩向界欧家山、欧家塘，南至叩朗界，西至地须，北至京映冲”④。锦屏县河口乡文斗寨道光二十八年（1848）《本寨后龙界碑》，刊载文斗姜姓四房公山的“四至”：“上始银矿坡，蜿蜒而来数十里，下抵冲相，左起路坎上，上登土地坳，由板研奢大路扯至里甲，过丢污榜、翻步笋、越中仰，以塘东、苗馁为界，右起大塘里山路，上登马道、登土地坳、过井凼兼乌冉尚、翻翁雾，亦越中仰，以婆洞为界”⑤。可见，清代文斗寨姜姓公山，左达今天的塘东、韶蔼村，右抵今启蒙镇与河口乡交界

---

① 安成祥：《黔东南碑刻研究丛书：石上历史》，贵州民族出版社2015年版，第204页。

② 参见政协天柱县第十三届委员会《清水江文书·天柱古碑刻考释》（中），贵州大学出版社2016年版，第416页；天柱县民族宗教事务委员会编：《天柱县民族志》（初稿），1990年，第46页。两书收载的碑文略有不同。

③ 锦屏县平秋镇志编纂委员会：《平秋镇志》，2011年12月印，第459—460页。

④ 王宗勋、杨秀廷：《锦屏林业碑文选辑》，锦屏地方志办公室，2005年内部印刷，第54页。

⑤ 吴大华、潘志成：《土地关系及其他事务文书》，贵州民族出版社2011年版，第240页。

处，周边数十里的地区都是文斗苗寨的山场。锦屏县启蒙镇者蒙村光绪三十年（1904）《永远流传碑》载明者蒙寨的公山范围："东抵古硬，直对孙姓后龙过盘，北抵白岩田，西抵大岩，南抵果座叩方为界，四至分明"①。天柱县社学乡秀楼民国十年（1921）《万古千秋碑》记载秀楼袁氏家族二处公山的范围：即盘乐公山，上登顶，下至河，而归禄半冲公山，上登顶，下至田。②

林地边界不明而导致的产权不清是山林被无序砍伐的重要原因。因清水江流域山地多、田地少，且林地与农田交错，故林地与农田疆界的确认十分重要。为防止以山田名义侵占公山地界，各村寨、家族或款组织有"田边地角"的习惯法规则，明确靠近林地的农田周围一定范围内的林地属于田主所有，"一定范围内"多为"一丈五"③。如锦屏启蒙镇者蒙村杨氏民国十七年《五房公山管理规约》规定，"公山内冲岭之田坎上只许修高乙丈五尺，乙丈五尺之外有杉木者系公山之木"④。

林业契约和今天的乡规民约仍坚持"一丈五"的习惯法规则。如台江县巫脚交苗族规定：如田与山交错，则此田上边占三丈，左、右、下三面各一丈五尺归田主，地界内草木归田主所有。在传统习惯所规定的"田边地角"的范围内的草、树为田主所有。⑤ 2007 年 1 月台江县排羊乡九摆村村规定，各农户的责任田上、下坎一丈五范围内的树木归田主使用支配。村内组与组的责任田的上、下坎以一丈五为限，界限内的林木由田主管理支配。⑥

总之，"田边地角"的习惯法规定，靠近林地的农田，一定范围内的林地属于田主所有。田主为给农作物提供良好的生长环境，一般会清除界

---

① 王宗勋、杨秀廷：《锦屏林业碑文选辑》，锦屏地方志办公室 2005 年内部印刷，第 69 页。

② 政协天柱县第十三届委员会：《清水江文书·天柱古碑刻考释》（中），贵州大学出版社 2016 年版，第 412 页。

③ "田边地角"的范围各地略有差异。2015 年 7 月，笔者调查黎平县茅贡乡腊洞村，其"田边地角"的范围是"三丈五"。

④ 锦屏县地方县志编纂委员会：《锦屏县志 1991—2009》（下册），方志出版社 2011 年版，第 1295 页。

⑤ 贵州省编辑组：《苗族社会历史调查》（一），贵州民族出版社 1986 年版，第 58 页。"田边地角"的相关调查也可参考徐晓光《原生的法：黔东南苗族侗族地区的法人类学调查》，中国政法大学出版社 2010 年版，第 202—215 页。

⑥ 2017 年 7 月笔者在台江县排羊乡九摆村调查时抄录。

限内的杂草，甚至砍掉界线内的树木，以防止老鼠或鸟兽危害庄稼，客观上，这已为林地形成防火隔离带，避免森林火灾的发生，因而有利于林木资源的保护。因此，“田边地角”有关林地与农田疆界的习惯规则，富有生态保护价值，体现当地民族的生态智慧。

（二）公山权属按股划分所有权

清水江流域家族或款组织的公山多形成于明代。如锦屏县启蒙镇者蒙村光绪三十年（1904）《永远流传碑》载“寨蒙众山公业由明永乐二年分定”①；天柱县社学乡秀楼民国十年（1921）《万古千秋碑》，记载袁氏家族开基始祖进雄公于明万历年间由小江迁到天柱，至第四代世居绣楼寨后形成两处公山，且“此公山先年各耕各得，多有妨害”②。

早期公山没有按股划分所有权，以致“多有妨害”。清代公山大多按股分派。如锦屏县启蒙镇者楼咸丰五年（1855）《四房分派碑》载：“迄今人心不齐，无人理管，故我众等商量，稻田、山场分四股，□同酌量宽窄，倾搭分派，四房各管。”③ 可见，咸同内乱时期，家族或村寨组织遭破坏，“无人理管”的状况易导致公山被私人侵占，这也是家族将公山分股管理的主要原因。

公山按股划分所有权后，为明晰产权，有若干管理细则值得注意：

一是公山股份的继承问题。天柱县高酿镇老海村光绪三十二年（1906）《永垂不朽碑》记载高酿镇老海村光绪时期12户龙姓的公山范围及股权划分，即“由寨边大路过穹琅坳杨杆盘，下坡至金井桥、上楠木坳，由小路以上至孔豆庵堂田以下各纫冲，跟水至门口硚头合界，其内总皆我拾贰家共地”④。龙姓的公山分为十二股，其中龙孔璞、永兴、孔照、孔清、永样、永吉、永求、永亨、永木、现珍和永信等11户各占一股，而木义、作本、登甲等3户合占一股。可见，木义、作本、登甲等为二层股，共同继承其父辈的一股。其中，对于外迁者股份继承问题，规定了一定期

---

① 王宗勋、杨秀廷：《锦屏林业碑文选辑》，锦屏地方志办公室2005年内部印刷，第69页。

② 政协天柱县第十三届委员会编：《清水江文书·天柱古碑刻考释》（中），贵州大学出版社2016年版，第412页。

③ 王宗勋、杨秀廷：《锦屏林业碑文选辑》，锦屏地方志办公室2005年内部印刷，第55—56页。

④ 政协天柱县第十三届委员会：《清水江文书·天柱古碑刻考释》（中），贵州大学出版社2016年版，第356页。

限。如锦屏县启蒙镇丁达村中寨嘉庆二十三年（1818）《永远碑记》① 对外迁者所有股份的规定以15年为限。即“日后如有异居者，限走十五年内皆有股份。若是异地居住，无论土主家户，拾伍年外，地方公山公土，阴阳毫无系分”②。而对于绝户者原有股份收归集体，如黎平县大稼乡邓蒙寨光绪二十年（1894）《永远善碑》，记载邓蒙苗寨姜姓祖先“拨寨”公山，“倘有等户辞世无后者，这股俱无，不拘分点房室，轮占股数，生死轮回”③。

二是为防止公山私有化，公山或公山各股土地不得买卖，否则收回股份。如台江县施洞镇八梗乾隆十三年（1748）《永远告白碑》载两族公议，公山“永远不许卖出”，也不许出卖阴地④。锦屏县平秋镇嘉庆六年（1801）《计开章程碑》，记载四姓人协议后刊碑强调公山“不准瓜分、买卖、己私经理。”⑤ 锦屏县启蒙镇者楼咸丰五年（1855）《四房分派碑》规定“自分之后，各房各业□惜不许发卖，亦不许借故生端”⑥。湖南省通道县播阳镇上湘村咸丰六年（1856）《后龙封禁碑》强调公山公地“不许卖，也不许买”⑦。锦屏县平略镇甘乌民国十年（1921）《公议条规碑》规定“凡地方公山，其有股之户不许谁人卖出。如有暗卖，其买主不得管业”，明确公山股份不准出卖，否则收回山林股权。

三是对公山的林木产品所有权的规定。公山土地所有权严禁买卖外，林木资源允许买卖，但不管是栽手还是山主都不许私自交易，必须是栽手和山主共同协商出卖。如天柱县石洞镇水洞村乾隆十九年（1754）《永守规条碑》，强调“议四处公产，我冷水九、十甲四姓老户准其开拓栽种，不与提出私卖，倘有依势妄卖者，公同禀官追究”⑧。锦屏河口乡锦宗村乾

① 王宗勋、杨秀廷：《锦屏林业碑文选辑》，锦屏地方志办公室2005年内部印刷，第54页。

② 同上。

③ 2017年11月17日研究生郭茂平、朱玉哲等实地考察，抄录碑文，采访黎平县大稼乡高稼村吴显烈等村民。

④ 安成祥：《黔东南碑刻研究丛书：石上历史》，贵州民族出版社2015年版，第204页。

⑤ 锦屏县平秋镇志编纂委员会：《平秋镇志》，2011年12月内部印刷，第459—460页。

⑥ 王宗勋、杨秀廷：《锦屏林业碑文选辑》，锦屏地方志办公室，2005年内部印刷，第55—56页。

⑦ 湖南省通道县侗族自治县县志编纂委员会：《通道县志》，民族出版社1999年版，第960页。

⑧ 政协天柱县第十三届委员会：《清水江文书·天柱古碑刻考释》（中），贵州大学出版社2016年版，第414页。

隆五十一年（1786）《万古不朽碑》，强调公山树木“日后长大，不论私伐，务要邀至地主同卖，不追照依，无得增减。”① 黎平县大稼乡邓蒙寨光绪二十年（1894）《永远善碑》规定“杉木若蓄养长大成材，阖众发卖”，且以发毒誓方式严禁买卖公山杉木：“我等上下一方本祖杉木，倘有此等人偷卖、偷买者，明闻，众齐集加罚，抄没其家，天神鉴察之，人子孙绝灭已矣”。② 邓蒙寨民国二十七年（1938）《永谨严碑》在光绪《永远善碑》基础上再次重申“后永不许佃主将栽木出卖”，如违，将买卖的木材充公③。锦屏县启蒙镇者蒙村民国十七年《五房公山管理规约》规定“公山杉木不准那人私卖，势必五房主事人一齐临场，如行可也。”④

前引的锦屏县甘乌民国十年（1921）《公议条规碑》规定，“其有栽手蒿修成林，土栽商议出售”，“谁人砍伐木植下河，根头不得瞒昧冲江。日后察出，公罚”⑤。“根头”为当地方言，指木材的根数。栽手在砍伐木材出售时，必须与土主商议，不得私自隐瞒出售的木材数量。

如果出现私卖或盗砍木材的违规行为，除追还木材外，还要处以罚款、甚至抄家的处罚。如天柱县社学乡秀楼民国十年（1921）《万古千秋碑》规定“公山木植勿得盗砍盗卖，违者除追还原木外，公罚钱一十二千文”⑥。黎平县大稼乡邓蒙寨光绪二十年（1894）《永远善碑》记载拨寨为邓蒙寨祖公祖业，因“人心不古，盗卖祖山为大”，光绪年间出现盗卖公山杉木的案例，被全族公罚银一十二两。同时，“阖寨老幼公同酌会，歃血定盟”，重申祖训，并勒石刊碑，强调今后“倘有此等人偷卖、偷买者，

---

① 锦屏县地方志编委会：《锦屏县志（1991—2009）》（下册），方志出版社2011年版，第1512页。

② 2017年11月17日研究生郭茂平、朱玉哲等实地考察，抄录碑文，并采访黎平县大稼乡高稼村吴显烈等村民。

③ 碑位于黎平大稼乡邓蒙寨后山坳古驿道山旁，碑宽50cm，高111.5cm，厚7.5cm。2017年4月和11月17日笔者和研究生郭茂平、朱玉哲等实地考察，抄录碑文，采访黎平县大稼乡高稼村吴显烈和邓蒙寨姜先华等村民。

④ 锦屏县地方县志编纂委员会编：《锦屏县志1991—2009》（下册），方志出版社2011年版，第1295页。

⑤ 碑位于甘乌寨头石板古道旁，碑宽64cm，高100cm，厚7cm，额题“公议条规”。另参见锦屏县志地方志编委会《锦屏县志（1991—2009）》（下册），方志出版社2011年版，第1522页。不过，文字略有出入，碑文经实地核对。

⑥ 政协天柱县第十三届委员会：《清水江文书·天柱古碑刻考释》（中），贵州大学出版社2016年版，第412页。

明闻，众齐集加罚，抄没其家”①。榕江朗洞镇宰岑村光绪十八年（1892）《千三碑记》记载杨光文、杨廷士等纠聚洋洞两寨暗自盗卖千三款岑稿、岑耨公山的杉木，被千三款发现后，杨光文、杨廷士被迫退回卖出的木材及赃款。②

严禁栽手或有股之土主私自出售木材，防止一方隐瞒林木销售收益，影响双方林木分成，从而保障公山造林的稳定发展，维护公山的生产秩序。

清水江流域林木采伐方式分皆伐和间伐两种。皆伐又名“倒山砍”，指一次性砍伐，不管林木大小，一次砍完，便于清理山场，更新还林。这种砍伐方式历史上很常见。间伐又称“挑砍”，指在一块山林中挑选适合需要的树木砍伐，因这种方式对其他林木破坏较大，故民间较少采用。

清水江流域杉树有三种栽种方法：一是野生杉苗；二是萌芽再生苗，即杉树砍伐后的树桩（本地人称为“蔸”），即“发蔸木”；三是“实生苗”。林木资源是可再生的，栽手用“皆伐”方式砍伐木材出卖后，发蔸之木的所有权归属问题也必须明确。天柱县石洞镇水洞村乾隆十九年（1754）《永守规条碑》，规定“四处公产，不论九、十甲四姓老户以及外人佃耕栽修者，惟准畜（蓄）砍一次，后发蔸之木仍归本庵抽收，以作香灯之资”③。可见，栽手只能用皆伐方式砍伐一次，以后发蔸之木仍为土主所有。平略镇甘乌村民国十年（1921）《公议条规碑》载，“木植长大，砍伐下河，出山关山。其有脚木不得再争”④，即栽手一次性把木材全部砍伐出山后，土主随即“关山”，封禁山林，栽手不得再去混争林木，其矮小树木或萌芽再生木（即“脚木”）长大成林后归土主所有。碑刻中明确规定山林按股经营中栽手一次性砍伐树木后，萌芽再生苗成长起的林木归土主所有。为防止萌芽再生苗引起纠纷，甘乌村《公议条规碑》强调“我山

---

① 2017年11月17日研究生郭茂平、朱玉哲等实地考察，抄录碑文，并采访黎平县大稼乡高稼村吴显烈等村民。

② 贵州省榕江县地方志编纂委员会：《榕江县志》，贵州人民出版社1999年版，第919页。

③ 政协天柱县第十三届委员会：《清水江文书·天柱古碑刻考释》（中），贵州大学出版社2016年版，第414页

④ 锦屏县志地方志编委会：《锦屏县志（1991—2009）》（下册），方志出版社2011年版，第1522页。

老挽一概灭除，日后不准任何人强认"①。

山林权属类碑刻成为林权纠纷解决的物质外化。由于山林权属纠纷的发生，经常引起重大毁林案件，山林权属纠纷成为影响林业生产的不安定因素。故明确公山所有权及管辖范围，特别是对公山按股划分所有权，有利于维护林业经营权的稳定，对于山林的培育与保护至关重要。山林权属问题既是所有权的问题，也是护林问题。

（三）加强对公山内水塘、林木资源的保护

公山的资源包括土地、水塘、林木及其副产品等，为保护公山公共资源，各村寨、家族或款组织制定规约，并刊碑勒石。水塘与人类生活息息相关。水塘在乡村的水系统、水生态和水文化中，起着十分重要的作用。清水江流域各村寨，都分布大大小小的水塘，有些作为家族或村寨公有，承担社会公益性质，发挥一定的经济功能、生态功能和社会功能。

锦屏新化乡密寨咸丰四年（1854）《永远碑记》记载密寨所有田土山林的范围界线。碑文明确规定村口大塘不准耕种禾苗，只能作为蓄水、养鱼、灌溉之用，即"以府碑为界，门口大塘一口，只许酿水、池鱼、润泽，不准耕种禾苗"②，这是从生产、生活等方面明确村寨水塘的地位和功能，因而契约中强调要保护水塘，严禁挪作他用。从生态层面来看，水塘属于人工湿地的一种。如果说，湿地是"地球之肾"，那么农村星罗棋布的水塘，便是一个个"肾细胞"。细胞遭到破坏，势必影响肾功能的正常发挥。水塘平时可以收集雨水，起到蓄水、防洪滞洪的作用，到了旱季，水塘可起到供水灌溉的作用。另外，从经济层面讲，水塘可以放养鱼鸭和种植莲藕、茭白等，是农村养殖的场地；而从消防方面来讲，清水江各地苗族、侗族传统建筑以木结构的吊脚楼为特色，防火为第一要务。故水塘又是村寨重要的消防水源。

从风水角度看，"山管人丁水管财"，水是财源和吉利的象征。在传统村寨风水布局中，水塘对村寨环境的美化以及在生产、生活中起重要作

---

① 碑位于甘乌寨头石板古道旁，碑宽64cm，高100cm，厚7cm，额题"公议条规"。另参见锦屏县志地方志编委会《锦屏县志（1991—2009）》（下册），方志出版社2011年版，第1522页。不过文字略有出入，碑文经实地核对。

② 黔东南州文物局：《历史的见证：第三次全国文物普查黔东南重要新发现》，贵州民族出版社2010年版，第81页。

用。因此，公山内的水塘事关村寨或家族利益，故在碑刻中家族对公山内的水塘特别着重保护。锦屏瑶光乾隆七年（1742）《根本为后碑》记载，翁牯山以及20多口荒塘为苗光（今瑶光）、苗吼（今裕和）两寨的后龙命脉，“虽无田园蘧舍，实在二寨命脉所润，生灵攸系，历经数代不敢开垦”。但中林司官舟寨吴秀卿等具禀请示开垦，官府派人实地查勘，“明确委系生民等后龙，关系两寨生命”。开泰县知县方时宝裁决，“嗣后翁山大小荒塘俱听尔两寨人民就管，毋许外来奸徒越界佔垦，如有籍垦滋事之人，许该人民等扭禀赴县”①。乾隆七年（1742）《根本为后碑》强调翁牯山及20多口大小荒塘，严禁开垦成田，体现了苗光、裕和两寨保护后龙山及荒塘生态环境的努力。几十年后，翁牯山纷争又起。乾隆五十五年（1790）《地界合同碑》② 记载，裕和、苗光两寨“因翁牯山塘界扯未清”又发生纠纷，在寨老等人的调解下，双方达成协议：“以翁牯大塘为界：大塘以上山塘苗吼管业，大塘以下山塘苗光管业，但两寨只许照规管业，永不许进葬、开垦”；另外，强调山塘为两寨共有，“诚恐日后阻塞水道，有碍田粮，是以凭中议定苗吼之人不得藉故阻塞以及开掘放水，以旱害粮田。若公同养鱼，必至冬季方可放水养；春、夏、秋三季需水之际，不许强开”。

锦屏河口乡瑶光村，从乾隆七年（1742）《根本为后碑》，到乾隆五十五年（1790）《地界合同碑》，两次纷争明确了两寨翁牯山及山塘的权属，强调两寨共管的翁牯大塘只可蓄水灌溉，不可开垦成田。可见，苗光、苗吼两寨为保护后龙翁牯公山及水塘的努力持续半个世纪。

此外，为加强对公山林木资源的保护，各家族或款组织以族规或款规等形式制定系列奖惩措施，严禁盗砍、放火、放牧等破坏林木资源的行为。如甘乌民国十年（1921）《公议条规碑》载，“我等地方全赖杉、茶营生，不准纵火毁坏山林。察出，公罚；不准乱砍杉木。如不系自栽之山，

---

① 立于瑶光后寨倒插枫树旁边另一古枫树下，碑高140cm，宽70cm，厚8cm。碑文为近年瑶光人抄录乾隆时期的契约而新立。与乾隆55年《苗光、苗吼后龙山所共分地界合同》碑并立。

② 立于瑶光后寨倒插枫树旁边另一古枫树下，碑高140cm，宽70cm，厚8cm。碑文为近年瑶光人抄录乾隆时期的契约而新立。与乾隆7年《根本为后》契约碑并立。原碑文“需木之济际，不许强开”，有误。今参考河口乡瑶光村民委员会编《瑶光志》，2010年内部印刷，第267页。

盗砍零（林）木者，公罚”。[①] 天柱县社学乡秀楼民国十年（1921）《万古千秋碑》，规定：“公山子杉勿得乱放牛马践食，违者，一春之木每株赔钱八十文，二春之木每株赔钱一百六十文，余皆例此照算，除赔偿外，相体公罚不贷”；“公山柴薪勿得图便乱砍，违者禀官究治；公山木植勿得盗砍盗卖，违者除追还原木外，公罚钱一十二千文。有人亲见盗偷来报能质证者，公出偿（赏）钱三千二百文，决不食言；公山木植森林务须保护，勿得野火焚烧，违者除相体赔还外，公罚钱三千二百文”。[②]

二　清水江流域公山经营的生态价值

清水江木材商品贸易的发展，推动了公山所有权与经营权的分离。各村寨、家族或款组织实行公山合股经营，并按“股”进行收益分成。与“私山”比较，“公山”经营体现一定的地域特色。

（一）实行公山合股经营

“公山”为集体所有，林木栽植宜合股经营，即所谓“公地宜集股栽种也”[③]。各地公山鼓励合作入股造林，同时，为保障栽手和山主的权益，防止纠纷，强调租客租佃山林必须签有合同。如天柱县社学乡秀楼民国十年（1921）《万古千秋碑》，规定：“众山先年何人私买子杉留禁，众山十年八年，均要众人合同，方可停正，否则亦概归众人”。[④] 前引锦屏县平略镇甘乌民国十年（1921）《公议条规碑》也载“有开山栽木，务必先立佃字合同，然后准开。如无佃字，栽手无分”。

清水江流域山多田少，粮食难以自给。故很大部分粮食依赖于山上，于是出现“林粮间作”现象。由于杉木生产周期长，成材要18年以上，

---

① 碑位于甘乌寨头石板古道旁，碑宽64cm，高100cm，厚7cm，额题“公议条规”。另参见锦屏县志地方志编委会《锦屏县志（1991—2009）（下册）》，方志出版社2011年版，第1522页。不过文字略有出入，碑文经实地核对。

② 政协天柱县第十三届委员会：《清水江文书·天柱古碑刻考释》（中），贵州大学出版社2016年版，第412页。

③ 光绪三十二年《三营劝造林告示》，参见锦屏县志地方志编委会《锦屏县志（1991—2009）》（下册），方志出版社2011年版，第1559页。

④ 政协天柱县第十三届委员会：《清水江文书·天柱古碑刻考释》（中），贵州大学出版社2016年版，第412页。

栽手租山种粟载杉，刚开始的3—5年实行林间套种农作物。在套种过程中，部分林农可能将主要精力用于“种粟”，而大意于“载杉”，山主为确保山场收益，在出佃山场时便想方设法限定林木的成林时间，促使林农能如期将苗木抚育成林。故山主出佃山场时往往会增设一些附加条款。天柱县社学乡秀楼民国十年（1921）《万古千秋碑》，在规定“开栽子杉，栽主一半，众人一半”的同时，强调“栽主□连修理七年，方可停正，否则亦作充公”①。这里众人（山主）在集体出佃山场时要求栽手（栽主）至少承包经营七年，否则没收充公。这些措施防止租客租佃二、三年垦荒种杂粮后又放弃山林经营，从而保障公山能蓄养成林。

与土地资源不同的是，林木是可再生资源，杉树栽植的树苗包括插条、萌芽再生苗和实生苗，因而公山造林后萌芽再生的“发兜之木”的权属问题必须明确。为此，天柱县石洞镇水洞村乾隆十九年（1754）《永守规条碑》规定，“四处公产，不论九、十甲四姓老户以及外人佃耕栽修者，惟准畜（蓄）砍一次，后发兜之木仍归本庵抽收，以作香灯之资，若有仗势藉栽图霸者，公同禀官追究”②。碑文规定植树造林后只准蓄砍一次，砍完树后的“发兜之木”，即萌芽再生苗所有权归土主。

（二）公山按“股”进行收益分成

清水江木材贸易，推动人工营林的发展；无地的农民因而向山林所有者租佃山林种粟载杉，从而形成山主（土主）和栽手（林农）合股经营山林的现象。山主和栽手对林木的分成比例，学界基本认为山主占三股、栽手占二股的情况居多。如朱荫贵认为地主占三股，栽手占二股的情况较多；③ 梁聪也认为山主与栽手股份的比例以主三佃二的情况居多，主佃平分次之，少部分是主二佃三；④ 罗洪洋、赵大华等认为地主占三股，栽手占二股的情况居多，此外，也有二股均分的。⑤

---

① 政协天柱县第十三届委员会：《清水江文书·天柱古碑刻考释》（中），贵州大学出版社2016年版，第412页。

② 同上书，第414页。

③ 朱荫贵：《试论清水江文书中的“股”》，《中国经济史研究》2015年第1期。

④ 梁聪著：《清代清水江下游村寨社会的契约规范与秩序——以文斗苗寨契约文书为中心的研究》，人民出版社2008年版，第61页。

⑤ 罗洪洋、赵大华：《西部民族地区经济法制研究之——贵州锦屏苗、侗林业契约之佃契初探》，《贵州工业大学学报》2003年第2期。

学者也注意到分成比例的前后差异。如杨有庚认为栽手（林农）和山主的分成比例，由乾隆时期的“主佃平分”为主过渡到道光时期的“主六佃四”为主；[①] 相原佳之与杨有庚观点一致，认为1820年以前土主和栽手均分的比例居多，而1820年之后绝大多数是三比二分成。[②] 程泽时认为，乾隆时期的山主和栽手的分成比例是二比三，到嘉庆年间大多是一比一，嘉庆后期到同治年间，山主和栽手的分成比例都是三比二。[③] 而张强认为土股低、栽股高的情况少见，主要集中在乾嘉时期。[④] 王宗勋指出，在清嘉庆以前，主佃双方的分成比例一般都是主佃两下均分；嘉庆之后，主佃的分成比例则基本上变为主三佃二或其他分成比例，而且这样的比例差异一直维持到民国后期。[⑤] 有人进一步指出，导致这种分成差异不同的原因是栽杉种粟。即到嘉庆后，“林粮间作”的综合经营方式得到充分发展。山主多占的一股实际也是对山主没有得到额外收获的补偿，这种综合经营形成的分成差异基本一直维持到了民国年间。[⑥]

清水江文书中所见林木分成比例，可谓仁者见仁、智者见者。总的看来，清水江文书中的分成契约多为私契，即多涉及山主私有山林的分成。其分成比例一般情况是山主多、栽手少，即山主占三股、栽手占二股的情况居多。

其实，佃山契的分成比例受两因素的影响。

一是山场所处的地理位置。一般而言，地处江河附近方便木材运输的山场，山主分成比例较高，栽手分成较低；若山场远离江河，木材运输不便，栽手付出的管理成本和木材外运成本较高，栽手分成的比例自然较高，山主分成比例则较低。如梁聪指出，锦屏县加池寨的分成中，主三佃

---

① 杨有庚：《清代清水江林区苗族山林租佃关系》，贵州省民族事务委员会、贵州省民族研究所《贵州“六山六水”民族调查资料选编（苗族卷）》，贵州民族出版社2008年版，第207页。

② 唐立、杨有赓、武内房司：《贵州苗族林业契约文书汇编（1736—1950）》（第三卷），2003年，第577—578页。

③ 程泽时：《清水江文书之法意初探》，中国政法大学出版社2011年版，第70页。

④ 张强：《清代民国时期黔东南“林农兼作”研究——以“清水江文书”为中心》，博士学位论文，河北大学，2016年，第153页。

⑤ 王宗勋：《清代清水江中下游林区的土地契约关系》，《原生态民族文化学刊》2009年第3期。

⑥ 覃丹妮：《清水江流域人工营林业中契约的分成研究》，硕士学位论文，吉首大学，2016年，第29页。

七的山场一般离河边很远的地方。① 王宗勋认为离河边较远的山场，山林买卖并不频繁，兼并现象并不严重，两极分化不明显，分成比例与好河边相反，即主四佃六。② 新中国成立前，锦屏县偶里乡农民向山主租山造林，林木按比例分成，一般地处河坎上的为栽手三成、山主七成，距河边两华里左右的按对半分成，较远的按倒四六或倒三七分成。③

二是山主与栽手的亲疏关系。已有的研究指出，清水江地区购买山林的先后顺序为：兄弟→房族→外村旁系亲属→本村其他人→外村其他人→外县或外省移民。山林租佃的先后顺序也大致如此。佃山载杉的栽手包括族人、客亲、移民与合伙群体。由于清水江流域人工林业的兴起和发展与该地区传统宗族及固有的社会组织紧密相连。④ 一般而言，族人及客亲在山主招佃栽杉时享有优先权，其享有的分成比例也较高，而外地移民分成比例较低。如梁聪认为主佃双方分成中，主四佃一的情况发生在栽手是外地人急于佃山解决口粮问题。⑤

公山和私山在林木分成中有一定差异。林业碑刻多为公契，是针对公山的管理与经营。林业碑刻所涉及的公山山林分成比例恰好倒过来，即土主少、栽主多。碑刻中所见分成，栽主分成比例最高的是主一佃九。如锦屏河口乡锦宗村立有乾隆五十一年（1786）《万古不朽碑》，为潘、范两姓有关寨有的山林分成契约："将自乌租、乌迫、乌架溪以上一带公众之地，前后所栽木植，无论大小俱系十股均分。众寨人等地主占一股以存，公众栽手得九股。"⑥ 栽主分成比例较少的是主四佃六。如前引甘乌民国十年（1921）《公议条规碑》为"栽杉成林，四六均分，土主占四股，栽手占六股"。

山林分成比例常见的是主佃均分。如锦屏县河口乡文斗寨道光二十八年（1848）《本寨后龙界碑》，规定："凡界内木植，各栽各得，起房造屋，

---

① 梁聪：《清代清水江下游村寨社会的契约规范与秩序——以文斗苗寨契约文书为中心的研究》，人民出版社2008年版，第61页。

② 王宗勋：《从锦屏契约文书看清代清水江中下游地区的族群关系》，《原生态民族文化学刊》2009年第1期。

③ 锦屏县偶里乡人民政府：《锦屏县偶里乡志》，锦屏县偶里乡人民政府，2002年内部印刷，第104页。

④ 罗康隆：《侗族传统人工营林业的社会组织运行分析》，《贵州民族研究》2001年第2期。

⑤ 梁聪：《清代清水江下游村寨社会的契约规范与秩序——以文斗苗寨契约文书为中心的研究》，人民出版社2008年版，第62页。

⑥ 锦屏县地方志编委会：《锦屏县志（1991—2009）》（下册），方志出版社2011年版，第1512页。

不取；斫伐下河者，二股均分，四房占一股，栽手占一股”；[①] 天柱县社学乡秀楼民国十年（1921）《万古千秋碑》载：“开栽子杉，栽主一半，众人一半。”[②] 此外，还有主一佃二的。如锦屏县平略镇南堆光绪九年（1883）《永远遵照碑》记载官方有关山场纠纷的判决：“南堆人为栽主，木占三股之二，平略人为土主，木占三股之一。”[③]

从公山的分成比例看，有主一佃九、主四佃六、主佃均分和主一佃二等形式，栽手所占比例最少的为五成，最多的达九成，说明公山分成比例为土主少、栽主多，这是与私山分成比例的最大区别。

碑刻体现出公山造林中栽手分成比例较高，其原因也与上文提到影响分成比例的两大因素相关。首先，公山的地理位置较偏僻，远离江河，木材运输不便。清水江流域为苗族、侗族地区，早期地广人稀，山林广布，山林资源没有得到有效开发，故至明代初期绝大部分山林仍属村寨集体所有。清代随着林业的商业开发，通过买卖、典当或转让等方式，山林开始转变为私人所有。公有林到私有林的转化，最先是由自然村落相互间由近及远、由近水到远水（远离河流）竞相标占原始山林，其中又以氏族分支加以划分，再分到各户占有。如锦屏县清代前期，凡溪河两岸、村寨附近等交通便利的山林基本被私人占有。只有那些偏僻地区、交通不便、土质或地势不好的山林仍保留为公山[④]。因此，公山和私山在地理位置方面有一定差异。公山由于地理位置偏僻，在林木分成比例中，栽手分成较高。其次，从山主与栽手的亲疏关系看，对公山而言，山主即为宗族或款组织集体，栽手多为宗亲成员或本村寨人员。一般而言，在公山内谁栽种的树木即归谁所有，用于自身建房，正如文斗寨道光二十八年（1848）《本寨后龙界碑》，所载“凡界内木植，各栽各得，起房造屋，不取”；但若是将所栽树木砍伐出售，则栽种者和村寨按股共同分成。既然公山为村寨或家族的集体林，栽手本身也属于家族或集体成员，故体现出的公山分成比例是土主低、

---

① 吴大华、潘志成：《土地关系及其他事务文书》，贵州民族出版社2011年版，第240页。

② 政协天柱县第十三届委员会：《清水江文书·天柱古碑刻考释》（中），贵州大学出版社2016年版，第412页。

③ 立于平略镇南堆村脚田坎上，额题“永远遵照”，碑由三块青石板组成，中间一块稍宽，两边的稍窄。均180cm，宽106cm，厚8cm，上有碑帽，两侧有夹杆。该碑文为官府裁决书，全文5000多字，今平略镇南堆村支书李才海先生藏有光绪九年官府判决书的复印件。

④ 锦屏县林业志编纂委员会：《锦屏县林业志》，贵州人民出版社2002年版，第76页。

栽手高，这与私契的分成有明显区别。村寨、宗族或款组织，为鼓励在公山造林，往往给栽手较高的分成比例，一定程度上也是一种内部福利。

综上所述，山林权属碑中对合股经营的规定，明确了山主（土主）和栽手（林农）的责权，盘活了资金、劳动力和土地资源，有利于合理地配置资源，从而使得清水江流域林业在数百年间都能较为持续和稳定的发展。造林后明确林木收益分成比例有利于调动各方植树造林的积极性，特别是栽手所占股份比重大有利于吸引更多的人力和资本开发公山，促进公山林业的发展。

结　语

清水江文书作为混农林地区苗族、侗族等各民族生产、生活的历史记录，蕴含丰富的生态文化，对当前民族地区生态文明建设有重要参考价值。

笔者通过田野调查，收集到清水江流域 100 多通林业碑刻，这些林业碑刻常出现“公山”“公产”等词。公山或称公众之山，即共有、公管之山，包括山场土地和林木产品等，是家族、村寨或款组织集体繁衍的物质基础。清水江流域林业碑刻所涉及的山林多为公山，为家族、村寨或款组织集体所有。

尽管在私有制时代，集体公有的山林所占比重较小，但碑刻中所涉及的公山管理与经营，充满民间智慧，有利于林区可持续发展，对生态环境起到重要的保护作用，对今天推进集体林权制度的改革和生态文明建设具有重要借鉴作用。

在公山的管理方面，对公山权属规定，明确公山所有权和公山管辖范围，做到四抵界线分明，避免不必要的纠纷，有利于林区的稳定发展；公山按股划分土地所有权和林木所有权，公山土地所有权严禁买卖，林木产品也严禁私卖。此外，加强对公山内水塘、土地、林木资源的保护，促进林业的可持续发展。

在公山的经营方面，为鼓励造林，公山所有权与经营权分离，实行合股经营及林木收益分成，有利于吸收更多的资本、劳动和技术等，从而盘活土地资源，发挥公有山林的经济效益、生态效益和社会效益。

材料、取径与呈现
——关于环境史史料的几个问题

徐　波*

环境史在材料的搜集、使用上，有其独具的特点；由于晚近时期社会递嬗同自然环境日益剧烈的互动与碰撞，环境史研究在取材的路向上，在利用史料以追问环境变迁背后的技术驱动、制度安排乃至价值理性等人类因素之类的问题上，也颇有一些值得深究之处。而作为一个较新的史学分支，迄今关于环境史史料的专门研究甚少，仅有不多的几篇论文对国内外环境史史料问题作了讨论①，学术上有很多待开拓空间。以下拟就环境史材料的搜集、取径及呈现（史料的运用）等问题做一些探讨。

一　竭泽而渔，穷搜极检：基本材料的搜集

材料是史学研究的基础。与史学的其他分支一样，环境史研究也需要以竭泽而渔的气概占有材料，穷搜极检，以奠定深入分析辨识的基石。而与其他史学分支有所不同，环境史并不是纯然的社会史研究，在相当程度

---

* 徐波（1955—），男，汉族，云南昭通人，昆明学院教授。主要从事中国现代史及中国西部环境史研究。本文系为云南省哲学社会科学创新团队建设项目“云南社会/边疆及生态环境研究”（2015）的阶段性成果。

① 梅雪芹的《环境史学与环境问题》（人民出版社2004年版），涉及了西方环境史的资料及研究方法的一些问题（如其中讨论了“《尘暴》的资料运用于环境史研究方法”、马克思关于英国环境问题的经典文献《英国工人阶级的状况》等）。迄今对中国环境史史料问题展开研究的有以下论文：陈全黎：《中国环境史研究的史料问题——以〈大象的退却〉为中心》，《史学理论研究》2016年第3期；贾珺：《试论从环境史的视角诠释高技术战争——研究价值与史料特点》，《学术研究》2007年第8期；吴寰：《中国环境史文献的分类问题初探》，《保山学院学报》2014年第6期。

上其本质上是人地关系史研究。因此除了传统史料学的涉猎范围之外，还要关注于自然环境的各种材料。这就使得环境史的材料范围和搜求难度、工作量大大增加。

（一）传统史料学所列各类材料

中国作为史学大国，尤以传统史料为史学得以生发展开的基础。传统史料汗牛充栋，目前仍然是史学入门的必由津梁。如梁启超把史料分为两种十二类：第一种是文字记录以外的史料，包括：现存的实迹，传述的口碑，遗下的古物，下分五类：现存之实迹及口碑、实迹之部分存留者、已淹没之史迹其全部意外发现者、原物之保存或再现者、实物之模型及图影。第二种是文字记录的史料，下分七类：旧史、关系史迹之文件、史部以外之群籍、类书及古逸书辑本、古逸书及古文件之再现、金石及其他镂文、外国人著述。① 又如（荣孟源先生分为书报、文件、实物、口碑四类，书报分为历史记录、历史著作、文献汇编、史部以外的群籍，文件分为政府文件、团体文件和私人文件，实物分为生产工具、生活资料、武器和刑具、货币、度量衡器、印信、建筑、墓葬和古迹、模型和雕塑、照相和绘画、语言和文字、碑刻和砖瓦、纪念物，口碑分为回忆录、群众传说、调查记和文艺作品。②）类似的分类方法尚有很多。

具体到西部环境史研究领域，西北方面如史念海在《黄土高原森林与草原的变迁》③，熟稔地使用了大量先秦以来的传统史料；青年学者赵珍《清代西北生态变迁研究》④ 也参考或使用了很多的传统史料，包括地方志（90 种）、官书政书档案碑刻之类（63 种）、私人笔记游记文集（37 种）。类似著作还有很多。西南方面如方国瑜曾著《滇池水域的变迁》一文⑤，看似举重若轻，实系以深厚的学养和史料功底为基础。《中国西南历史地理考释》（上、下）即其研究西南历史地理的名著⑥，其内容除政治、经济、文化以外，也从多方面涉及天人关系。20 世纪 80 年代后，许多著作

① 梁启超：《中国历史研究法》，华东师范大学出版社 1995 年版，第 52—80 页。
② 荣孟源：《史料和历史科学》，人民出版社 1987 年版，第 65—70 页。
③ 史念海：《黄土高原森林与草原的变迁》，陕西人民出版社 1985 年版。
④ 赵珍：《清代西北生态变迁研究》，人民出版社 2005 年版。
⑤ 方国瑜：《滇池水域的变迁》，《方国瑜文集》（三），云南教育出版社 1994 年版。
⑥ 方国瑜：《中国西南历史地理考释》（上、下），中华书局 1987 年版。

涉及西南生态环境史，也主要基于传统史料。如于希贤《滇池地区历史地理》①、蓝勇《历史时期西南经济开发与生态变迁》②、周琼《清代云南瘴气与生态环境研究》③、杨伟兵《云南高原的土地利用与生态变迁（1659—1920）》④、马国君《清代至民国云贵高原的人类活动与生态环境变迁》⑤ 等。其中如杨伟兵书中，即使用或参考正史政典奏稿谕旨档案及史料汇编类约 40 种、文集诗略笔记行纪杂史类约 50 种、方志之类约 100 种、年谱契据碑刻民族史传类约 20 种、专务考工类约 10 种等。

不难看出，直至今天传统史料是环境史研究的重要基础。当然，由于现代化数字化手段的普及，今天研究者使用传统史料，其检索、存储、收藏、使用等的方便程度和效率，与改革开放初期的 20 世纪 80 年代有了天渊之别。

（二）关注人地关系相关材料

环境史本质上是人地关系史，这是与传统史学研究不同之处，环境问题本质上是社会问题，因此关注与人地关系相关的各种材料也成为题内应有之义。

1. 涉及大地景观、土地利用/覆盖的变迁的材料。譬如湿地、草地、森林、河流、沙漠、山地等的原初状况、变迁递嬗；微观—中观—宏观意义上的区域景观状况及其变嬗；又如人地互动，人类在其中的作用，表现为自然景观，到经过人力作用发生相应改变的次生景观，再到完全“人化”的景观，如工厂、车站、灯塔、码头、海港、市镇、城市、交通线（铁路公路）……此外，涉及与人类共同生存于大地之上的各种动植物，它们自身也随着大地景观、生态环境的变迁而经历或漫长、或短暂、或剧烈、或温和的变迁。文焕然先生的研究，深入地分析和展示了这种变迁。⑥

2. 反映人口变迁的材料。人口是人地关系之主动和活跃因素，研究环境史口史料和相关研究也就必然要成为一种重要关切。如梁方仲的名著

---

① 于希贤：《滇池地区历史地理》云南人民出版社 1981 年版。

② 蓝勇：《历史时期西南经济开发与生态变迁》，云南教育出版社 1992 年版。

③ 周琼：《清代云南瘴气与生态环境研究》，中国社会科学出版社 2007 年版。

④ 杨伟兵：《云南高原的土地利用与生态变迁（1659—1920）》，上海人民出版社 2008 年版。

⑤ 马国君：《清代至民国云贵高原的人类活动与生态环境变迁》，贵阳：贵州大学出版社 2012 年版。

⑥ 文焕然等著，文榕生选编整理：《中国历史时期植物与动物变迁研究》，重庆出版社 2006 年版。

《中国历代户口、田地田赋统计》①，另如葛剑雄主编《中国移民史》（一—六卷）②、苍茗《云南边地移民史》③、陆韧《变迁与交融：明代云南汉族移民研究》④ 等，均可以作为基本的参考和继续深入的指引。同时还需注意，作为生产力、生产方式的载体，不同人群（农业人群、牧业/渔业人群、农牧混合人群、养殖人群、林业人群、矿业人群）代表着不同生计方式和相应的天人关系，其对于生态环境所发生的作用也大不相同。这也可作为一个新的议题，加以开拓。

3. 各种生计方式中，农业、工业/手工业、城市化是改变大地景观、土地利用/覆盖的主要形式和动力。包括农业技术递嬗（如农业生产工具/技术、水利、作物品种），工业技术递嬗（如工业革命），现代化导致的各种社会变迁（如从传统农业——石油化农业，包括机械、化肥、农药、生物技术、大棚、地膜等的广泛使用等，又如“消费主义”导致的高度资源压力、生态环境压力），等等。

就中国而言，直至改革开放时代之前，人类对于大地景观、生态环境影响或改变最重要的形式一直是农业开垦。因此，研究农业观念、农业制度政策、农业技术、水利利用、土地利用/覆盖等，研究农业、农民、农村、农场，必然成为生态环境史研究的一个重心。其中仅举一例，如引进作物，即是数百年间影响中国西部山地土地利用/覆盖和大地景观的重要因素，从而也成为学术界长期关注的问题，先后问世了大量相关研究成果。⑤

---

① 梁方仲：《中国历代户口、田地田赋统计》，中华书局 2008 年版。

② 葛剑雄主编：《中国移民史》（一—六卷），福建人民出版社 1997 年版。

③ 苍茗：《云南边地移民史》，民族出版社 2004 年版。

④ 陆韧：《变迁与交融：明代云南汉族移民研究》，云南教育出版社 2001 年版。

⑤ 何炳棣：《美洲作物的引进传播及其对中国粮食生产的影响》（一、二、三），《世界农业》1979 年第 4、5、6 期；郭松义：《玉米、番薯在中国传播的一些问题》，中国社会科学院历史研究室编：《清史论丛》第七辑，中华书局 1986 年版，第 80—114 页；李中清：《清代中国西南的粮食生产》，《史学集刊》2010 年第 4 期；郑维宽：《清代玉米和番薯在广西传播问题新探》，《广西民族大学学报》2009 年第 6 期；杨庭硕：《论外来物种引入之生态后果与初衷的背离——以“改土归流”后贵州麻山地区生态退变史为例》，《云南师范大学学报》2001 年第 1 期；梁四宝、王云爱：《玉米在山西的传播引种及其经济作用》，《中国农史》2004 年第 1 期；张祥稳，惠富平：《清代中晚期山地广种玉米之动因》《史学月刊》2007 年第 10 期；张祥稳、惠富平：《清代中晚期山地种植玉米引发的水土流失及其遏止措施》，《中国农史》2006 年第 3 期；郑南：《美洲原产作物的传入及其对中国社会影响问题的研究》，博士论文，浙江大学，2009 年；蓝勇：《明清美洲农作物引进对亚热带山地结构性贫困形成的影响》，《中国农史》2001 年第 4 期等。

4. 人类制度设计、政治军事经济等组织形式变迁以及所谓路线方针政策的影响。这一领域大有拓展的空间。以现当代为例，如城乡二元制度、户籍制度、逆城市化道路、重工业化道路等发展路径等，它们对于中国生态环境有什么影响？对这些问题进行探讨非常必要，[1] 其所涉及的每一个方面都可以作为博士论文选题，深入进去。

二 别具只眼，旁借他山：学科的交叉与采借

与环境史史料相关的另外一个问题，是环境史的学术路向问题。路向不同、取径不同，眼界也就不同，挖掘的范围、取材的指向和采择的宽厚度等也就不同。不同时代有不同潮流，也就有不同的学术。因应时代潮流的学术，即陈寅恪所谓“预流”，否则即是“不入流”。更新的路向和取径，更高更宽的观察势位，意味着更新更多的材料进入研究者的视野。就此而言，学科的交叉、整合，学科间的相互借鉴学习——对于作为史学一支的环境史而言——尤其是向自然科学、向社会科学的学习采借，就成为一件必不可少的工作。

以下略举一些事例。

（一）自然科学

在地质学，生态学、气候学、物候学等学科上，杰出者如竺可桢的历史气候学、物候学研究，文焕然的历史植物/动物变迁史研究等。[2] 广义上，这些研究也成为生态环境史的一部分。

（二）历史地理学

历史地理学如谭其骧、史念海、于希贤、兰勇、陆韧、王建革、杨伟兵、杨煜达的研究，他们的研究广义上也可列入生态环境史，同时他们的工作又都是以历史地理学为基础展开的。

（三）民族学人类学

民族学、人类学成果也不少，如尹绍亭教授1991年出版《一个充满

---

① 对上述问题的初步研究，参见徐波《近400年来中国西部社会变迁与生态环境》，中国社会科学出版社2014年版。

② 竺可桢：《物候学》，科普出版社1963年版；竺可桢：《中国近五千年来气候变迁的初步研究》，《中国科学》1973年第2期；文焕然等著，文榕生选编整理：《中国历史时期植物与动物变迁研究》，重庆出版社2016年版。

争议的文化生态体系》，此后又相继出版了一批专著和《基诺族刀耕火种的民族生态学研究》等十几篇论文，颇有新见，同时还在民族文化生态村建设、博物馆建设、物质文化研究与保护等几个领域都取得创造性的成果①；又如杨庭硕先后出版《人类的根基》②《民族、文化与生境》③ 等，也颇有见地。

（四）灾害学/灾害史

全国的如中国人民大学戴逸团队、夏明方等，成果颇多。云南灾害史研究也渐成气候，近 30 年来有秦剑、解明恩、刘瑜等著《云南气象灾害总论》④、杨煜达《清代云南季风气候与天气灾害研究》⑤、李新喜《清代云南救灾机制刍探》⑥、姚佳琳《清嘉道时期云南灾荒研究》⑦ 等一批成果问世，另有大量论文发表。⑧

（五）经济学

经济学有深度也有思辨的魅力，很值得引起环境史研究者注意。真正的经济学大家都不是搞数字游戏的书虫，而是针砭时弊犹如醍醐灌顶般淋漓尽致的手术刀，甚至也是引领政策的指南针。如杨小凯的《百年中国经济史笔记》⑨，从经济学视角剖析近现代中国的发展，精彩透彻。改革以来，经济学成为独树一帜的显学，一批经济学家在中国改革大船前头鼓荡风潮，并不是没有道理的。另如经济学家张五常以其“现代合约”和“县域竞争”理论，解释改革开放以来中国经济超高速发展的内在原因，极具启发性。问题在于中国最为严重的生态环境问题恰恰也是在这一时期趋于极致的。显然借助经济学工具进一步深入，以探求隐藏在税收分成制“合约”背后的社会密码，当有助于进一步揭示当代中国经济飞跃背后的社会

① 尹绍亭教授的具体成果，详后文。
② 杨庭硕：《人类的根基》，云南大学出版社 2004 年版。
③ 杨庭硕：《民族、文化与生境》，贵州人民出版社 1992 年版。
④ 秦剑、解明恩、刘瑜等：《云南气象灾害总论》，气象出版社 2000 年版。
⑤ 杨煜达：《清代云南季风气候与天气灾害研究》，复旦大学出版社 2006 年版。
⑥ 李新喜：《清代云南救灾机制刍探》，硕士学位论文，云南大学，2011 年。
⑦ 姚佳琳：《清嘉道时期云南灾荒研究》，硕士学位论文，云南大学，2015 年。
⑧ 聂选华：《近三十年来云南自然灾害史研究述评》，《文山学院学报》2017 年第 4 期。
⑨ 杨小凯：《百年中国经济史笔记》，http：//vdisk. weibo. com/s/z7lq334ptLFRl，2018 年 5 月 7 日。

公平代价、生态环境成本。①

（六）政治学

中国社会的运行是一个权力驱动的机制，改革之后则在强政府之外，增加了另一个强大力量即资本市场。因此，政策或制度安排很大程度上影响甚至决定生产，进而在极大程度上影响甚至决定人地关系。不了解中国政治机制，也就不可能了解中国的生态环境演变。若干研究如卢恩来《破除既得利益集团的策略选择》②，剖析了既得利益集团与社会大众的博弈及其与权力的沆瀣、对于权力的操弄和对于社会利益的危害。就环境问题而论，由于公民社会的缺乏发育，这种博弈力量的不对称性是显而易见的，大众的生态环境利益的被蔑视、被损害，也成为博弈的必然结果。③

（七）社会学

与政治学一样，社会学通过解剖个案和典型以认识社会的方法，对于认识分析社会非常有用。如费孝通关于“差序社会”“中华民族多元一体格局”及“民族走廊”的理论，郑杭生著名的社会学“四论”（社会运行论、社会转型论、社会学本土论、社会互构论），都产生了重要影响。此外，李培林、李强、马戎等为代表的当代社会学中坚力量，都推出了富有影响力的学术成果。吸收经济学家关于强势政府、半统制经济及社会学家关于原子化社会的研究成果，观察当代中国社会结构的严重问题，可看到，一个孱弱社会同强势政府/强横资本的非对称博弈，导致严重的社会失衡，也导致人地关系的失衡：“强势政府和半统制半市场经济，对应着一个孱弱社会，进而必然对应着一个被蔑视和践踏的大自然。”④

三　肇开新天，空所依傍：环境史料的运用与呈现

这里所谓“呈现”，指的是史料的运用，即通过一定形式（文字图表等符号体系）以呈现自己对问题的探索。占有材料本身不是目的，而是为

---

① 徐波：《近400年来中国西部社会变迁与生态环境》，中国社会科学出版社2014年版，第498—502页。

② 卢恩来：《破除既得利益集团的策略选择》，《文化纵横》2014年第2期。

③ 徐波：《近400年来中国西部社会变迁与生态环境》，中国社会科学出版社2014年版，第510—513页。

④ 同上书，第510—511页。

了借此认识对象的原貌、全貌，把握问题核心和症结，在既有研究和知识体系之外开出学术新天。① 原因很清楚，学术研究重在有所创获。易言之，占有材料目的是为了推进研究，在既有知识体系之外有所发明，所谓“而尤在能开拓学术之区宇，补前修所未逮，故其著作可以转移一时之风气，而示来者以轨则也”②。

而这需要学识、见识、胆识——仅仅充分占有材料，不见得能做出过人的研究。学识可以使人充分使用材料，得出正确自洽的结论。见识可以使人别具慧眼，以人人都有的材料，做出别人做不出的研究。胆识则不仅在于空所依傍，见人所未见，更在于敢为天下先，言人所不能言。

依靠充分的材料，进行深入的研究，进而得出正确自洽的结论，似乎简单，实则不易，往往需要优渥深厚的学识学养。

如文焕然先生在《历史时期宁夏的森林变迁》③ 一文中针对成说指出：“现今宁夏的森林覆盖率仅 2.2%（全国平均水平为 12.7%），居于全国各省（自治区、市）之下游；加之天然林与灌丛数量少，又分布在高山峻岭之间，更给人以濯濯童山之感。难道这些可以完全归罪于大自然的‘造化’吗?”④ 文焕然认为并非如此。他以充分的材料——包括历史文献和考古材料，对“森林草原区的森林概况”“干草原和半荒漠草原的森林概况”“历史时期前期的森林变迁”和“中华人民共和国成立后的林业概况”进行了研究。他指出：宁夏虽然是个特殊少林的地区，“但宁夏自古以来并非如此。不仅南部森林、草原镶嵌布列广大地区，而且北部山地、沙荒地也分布着大面积的天然森林、灌丛、草原植被。”⑤

难能可贵的是，他的论文对中华人民共和国时期宁夏森林植被从“恢复”到“再遭破坏”的状况进行了讨论，以宁夏的实例对“生态环境成分

---

① 有了史料，尚需考订辨识以去伪存真。对此，前辈学者已有精彩的论述，这里不拟赘述。如陈垣先生在《通鉴胡注表微》的考证篇中，即比较集中地讲了考证的具体方法，包括一、理证：即用常理判断某些史料的真伪。二、书证：即用当时的文件如诏令、法律等作为证据。三、物证：即“以新出土之金石证史，所谓物证也”。四、实地考察等。

② 陈寅恪：《王静安先生遗书序》，陈寅恪著，陈美延编：《金明馆丛稿二编》，生活·读书·新知三联书店 2001 年版，第 219 页。

③ 文焕然：《历史时期宁夏的森林变迁》，文焕然等著，文榕生选编整理：《中国历史时期植物与动物变迁研究》，重庆出版社 2006 年版，第 54—79 页。按原稿题目为《宁夏并非自古即童山濯濯》。

④ 同上书，第 54 页。

⑤ 同上书，第 77 页。

的相互依存”的问题及“人类的生存与发展”同“开发利用自然界”的关系问题，进行了切实的思考。在“结论”中，他提出了自己的看法，如“充分研究并顺应植被演替规律”“发展、合理利用与保护不可偏废”“统筹兼顾，因地制宜”“植被多样，优势互补”等①。可以看到，文章看似平淡，但是这些看法中潜藏了对一直以来主流话语中那些甚嚣尘上的激进主义思潮——诸如“人定胜天”“战天斗地”“与天奋斗”“与地奋斗”“与人奋斗”“一天等于二十年”之类的反思和超越。

有见识，别具慧眼，是说学术研究还需要有相当的学术敏感性，需要独立思考，发人之所未发，见人之所未见——易言之，在别人没有看到的地方看到，在别人没有发现的时候发现，以人人都可以有的材料，做出高人一筹的研究来。

大约在20世纪90年代中期，有数十名院士曾经联合署名公开发表过一篇文章，主旨是提倡做高质量的研究、写高质量的文章，反对粗制滥造、学术泡沫。《新华文摘》曾经转载这篇文章。其中有几句话，令人印象深刻，大致是说：像《Nature（自然）》《Science（科学）》这样的顶级学术杂志发表的论文，即使不能说1篇顶1万篇，但说1篇顶100百篇是没有问题的。院士们之所以这样说，原因就在于这样的文章，一是具有基础性，影响大、影响深；二是具有原创性、开拓性。这样说，不是要求论文都要1篇顶100篇、1万篇，而是强调论文应该有新意、有突破。

举一个环境史的例子。这样的例子其实不少，如王建革教授从农学生发而出的一系列论著，将生态环境史、农业史与历史地理相结合，对内蒙古、华北、江南地区的历史生态与社会形态的关系做出一系列研究。其代表作《传统社会末期华北的生态与社会》《水乡生态与江南社会（9—20世纪）》②，描述环境与人文的关系，在选题视角上都有出人意料的创意。

就西南生态环境史的研究而言，尹绍亭教授的生态人类学研究颇有突破性。他的相关著作如《一个充满争议的文化生态体系》《人与森林——

---

① 文焕然：《历史时期宁夏的森林变迁》，文焕然等著，文榕生选编整理：《中国历史时期植物与动物变迁研究》，重庆出版社2006年版，第77—78页。按原稿题目为《宁夏并非自古即童山濯濯》。

② 王建革：《传统社会末期华北的生态与社会》，生活·读书·新知三联书店2009年版；王建革：《水乡生态与江南社会（9—20世纪）》北京大学出版社2013年版。

生态人类学视野中的刀耕火种》等[①]，均来自扎实的田野调查，同时运用文化适应的观点和人类生态系统的方法进行研究，成为我国生态人类学领域重要成果。他主编或合作主编的《民族生态——从金沙江到红河》《生态与历史——人类学的视角》《人类学生态环境史研究》等论文集[②]，围绕云南少数民族文化和环境的变迁及其相互影响，并尝试推动生态学、植物学、历史学、地理学等学科的跨学科合作，也有不少新的开拓。

再以西部生态环境史为例。中国西部空间广阔、情况复杂，各地社会与生态环境的互动可谓千差万别，其间有没有一种具普遍性、规律性的内在趋向？研究者经过长期思考，提出“同质化变迁说”，试图为清至当代中国西部社会与环境变迁这一庞大研究对象构建一个有机的、整体性解释的理论体系。可以看到，由外力启动政治同质化（政治秩序重构），继而驱动社会生活及经济同质化（变多元经济而农业化、工业化、内地化），进而驱动大地景观同质化（自然景观变为农业、工业、城市等人化景观），最终导致生态环境剧变。这样的一个同质化变迁的过程，数百年间在从清代至当代的西部广大地区（包括了西南及西北的大多数地区）持续地上演着，至今未止。在这里，同质化变迁既是结论，同时也是关于这一复杂历史过程的分析框架或解释体系。[③]

胆识除了强调见识——治史能力，如史学、史才和史识，还强调一种献身精神、英雄主义。胆识不仅在于空所依傍，见人所未见，更在于敢于敢为天下先，言人所不能言。

举一个环境史以外的例子。南开大学刘泽华被选为历史系主任后，在国内主持率先开设了“文化大革命”史、人权史、国民党史，讲正面抗日，进行双语教学，还开设了计算机与史学研究等课。这其中若干东西明显是敏感的。他说：“当时有些人忠告我不要找麻烦，我说当系主任连开

---

① 尹绍亭：《一个充满争议的文化生态体系》，云南人民出版社1991年版；尹绍亭：《人与森林——生态人类学视野中的刀耕火种》，云南教育出版社2000年版。

② ［日］古川久雄、尹绍亭主编：《民族生态——从金沙江到红河》，云南教育出版社2003年版；［日］秋道智弥、尹绍亭主编：《生态与历史——人类学的视角》，云南大学出版社2007年版；尹绍亭主编：《人类学生态环境史研究》，中国社会科学出版社2006年版。

③ 徐波：《近400年来中国西部社会变迁与生态环境》，中国社会科学出版社2014年版，第35—38、514—515页。

课的权力都没有，那就不如下台求清静。"① 在学术上，刘泽华是中国思想史研究的大家，以他为中心形成了所谓"刘泽华学派""王权主义反思学派"。刘泽华的一个重要学术贡献，是他在黎澍反思"文化大革命"而写的谈"现代封建主义"的文章（1977）启发下，形成了"王权支配社会的观点"。② 这个见解极为精彩，对于理解分析中国传统文化、传统政治，直至现当代中国文化、中国政治可谓透彻而犀利③。

再以环境保护而论。在西方强调"生态优先"不仅合法，而且代表着一种"政治正确"，著名的"绿党"即影响巨大。④ 而在中国则不然，甚至有一段时期强调生态环境乃是犯忌的，甚至要冒政治风险。对此状况，曾为国家环境官员兼为著名环境专家的曲格平有很好的说明："当一个人患了重病，自己没有觉察，反而讥笑其他患病的人，这是很可悲的。对我国环境污染和破坏的认识，也有着类似的情形。20 世纪 60 年代末、70 年代初，在我们颇有些自负地评论西方世界环境公害是'不治之症'的时候，环境污染和破坏正在我国急剧地发展和蔓延着，但我们并无觉察，即或有点觉察，也认为是微不足道的，与西方的公害是完全不同的。因为，按照当时极左路线的理论，社会主义制度是不可能产生污染的，谁要说有污染、有公害，谁就是'给社会主义抹黑'。在只准颂扬、不准批评的气候下，环境清洁优美的颂歌，吹得人们醺醺欲醉。在闭关锁国的状态下，自然也可使人心安理得。"⑤

直至今日，当环境保护与经济利益、与权力政绩相冲突时，环境保护往往败下阵来。探讨环境问题背后幕景的深部，往往触动社会和体制的某种敏感之处。中国社会的运行是一个政治驱动的机制，改革之后则固化为

① 陈菁霞：《刘泽华：我是个一直有压力的人》，《中华读书报》2018 年 3 月 4 日 07 版。

② 同上。

③ 除论文近百篇以外，刘泽华著有《先秦政治思想史》《中国传统政治思想反思》，主编并与他人合著有九卷本《中国政治思想通史》《中国传统政治思维》《中国古政治思想史》《士人与社会》（第一卷、第二卷）《专制权力与中国社会》《中国古代史》（上、下册）。

④ 绿党是提出保护环境的非政府组织发展而来的政党，其提出"生态优先"、非暴力、基层民主、反核原则等政治主张，积极参政议政，开展环境保护活动，对全球的环境保护运动具有积极的推动作用。世界上最早的绿党是 1972 年成立的新西兰价值党。绿党在 20 世纪后半期开始在欧洲扩散，最著名的就是德国绿党。引自 360 百科"绿党"，https://baike.so.com/doc/6100222-6313332.html，2018 年 5 月 7 日。

⑤ 曲格平：《中国环境问题及对策》，中国环境科学出版社 1989 年版，第 90 页。

一个双强一弱的结构/机制：强政府—强市场（资本）—弱社会。因此，不了解中国政治机制，不了解中国社会结构，也就不可能懂得中国的生态环境演变。同样，探讨生态环境问题，也绕不开社会结构、制度设计。在这种情况下，根究环境问题的社会根源，需要研究者的胆识和担当。

譬如，如何评估当代前期30年间社会变迁的环境影响？重新定义“农业社会主义”，或许可以对这种影响从制度设计上予以一种新的解释①。迄今学术界关于“农业社会主义”的论文极多，仅中国学术期刊网（CNKI）所收录已近1.8万篇，基本上系指20世纪50年代的“农业社会主义改造”而言。而如果从广义上来定义和审视“农业社会主义”，对这一社会运动及其生态效应则当有新的认识。可以说，从宏观上看，农业社会主义本质上是属于民粹主义的一种理论思潮和实践运动，其表现形式是试图以传统的大同理想、平均主义去否定和超越资本主义、商品经济。因此，新中国前期近30年间以政治力量驱动、以人民公社制（包括此前的高级合作社等）为基本组织形态的持续的农村社会改造和建设运动，总体上实即这样一场农业社会主义运动。这种制度设计通过对亿万“农民的权利和以地权为中心的农民的财产权”② 的剥夺，驱动了数十年农民与国家、农村与城市的长期博弈，造成了长期的、负面的生态效应。③

列宁曾经将俄国的民粹派称作“旧时农民社会主义”“小市民社会主义”“农奴社会主义”和“反动的社会主义”。④ 中共理论家胡绳晚年反思极左主义时，认为毛泽东本人“曾染上过民粹主义色彩”⑤，认为从1953年以后，毛泽东就有了民粹主义思想。⑥ 胡绳的论文触及了某种敏感，从而激起轩然大波，引起了极大反弹和争论，遭到发表于《真理的追求》

---

① 徐波：《近400年来中国西部社会变迁与生态环境》，中国社会科学出版社2014年版，第414页，注①。

② 雷颐：《建国前后的“农业社会主义”风波》，《社会科学论坛》2009年第4期。

③ 关于对“农业社会主义”的重新定义及对其影响的分析，参见徐波《近400年来中国西部社会变迁与生态环境》，中国社会科学出版社2014年版，第414—424页。

④ 转引自王小强《农业社会主义批判》，《农业经济问题》1980年第2期。

⑤ 胡绳：《社会主义和资本主义的关系：世纪之交的回顾和前瞻》，《中共党史研究》1998年第6期。

⑥ 胡绳：《毛泽东的新民主主义论再评价》，分别发表于《中国社会科学》1999年第3期和《中共党史研究》1999年第3期，6月11日《光明日报》摘要发表。

《中流》《中共党史研究》等刊物一批论文的密集批驳抨击,① 而同时也得到《中国社会科学》等刊载的许多论文的力挺。② 相关争论的风波,一直持续到后来很久。回头再看上述关于“农业社会主义”的重新定义,所指涉的不是一时一事一人,而是对于当代前30年社会运动的整体评估和重新解读,其挑战性当亦约略可知。

在研究论著中,利用经济学、政治学和社会学的分析框架,对当代中国生态环境问题的体质性根源进行追寻,溯及某种敏感,对研究者的担当也是一种考验。③

譬如,直面当代环境问题,研究者认为,“要理解中国式市场竞争的生态效应,需要进一步理解中国式市场经济的特殊路径,以及支撑这一路径的特殊的体制架构。显而易见,面对数十年来生态环境问题的空前爆发,一个数十亿人的超大社会既难以遏止于事前,也难以追论于事后,内中必有其体制的根源。”④ 事实上,改革以来中国式市场经济的最大特征是公司型地方政府间的空前竞争,政府由此而成为最大的资本家和利益集

---

① 沙健孙:《坚持科学的评价毛泽东和毛泽东思想》,《真理的追求》1999年第3期;沙健孙:《一个至关重要的全局性的问题》,《中流》1999年第4期;黄如桐:《社会主义革命的成就岂容否定》,《中流》1999年第4期;范麻:《能够这样论证吗?》,《中流》1999年第4期;黄如桐:《最光辉的胜利之一——50年代我国资本主义工商业的社会主义改造》,《真理的追求》1999年第4期;黄如桐:《关于〈毛泽东的新民主主义论再评价〉若干问题的讨论》,《中共党史研究》1999年第6期;沙健孙:《马克思主义,还是庸俗生产力论?——评胡绳教授对毛主席的批判》,《中流》1999年第12期;彭建莆:《不能泛化〈新民主主义论〉中的某些具体论断——与胡绳同志商榷》,《中共党史研究》2000年第3期。

② 何秋耕:《清澈与幽深交融——读胡绳〈毛泽东的新民主主义论再评价〉》,《中国社会科学》1999年第5期;温璋平:《岂能如此曲解?》,《中国社会科学》1999年第5期;何诚:《读·毛泽东的新民主主义论再评价》,《中共党史研究》1999年第6期;王也扬:《也评毛泽东的“一张白纸”说》,《中共党史研究》1999年第6期;胡岩:《民粹主义和社会主义》,《当代世界社会主义问题》1999年第2期;林蕴晖:《论中国国情与马克思主义中国化——兼评“一穷二白”好画最新最美的图画》,《中共党史研究》2001年第1期;林庭芳:《应当尊重胡绳教授的原意》,《中共党史研究》2001年第1期等。

③ 以笔者的国家社科基金项目“近400年来西部地区社会变迁与生态环境”为例,还在研究刚开始的2007年,笔者曾和学兄鲁刚教授讨论研究的时间架构。笔者的设想是将研究下限放在当代之前,以避开政治的敏感或忌讳,鲁刚则主张写到当代,认为这样更有意义。接受这个建议,拙著将研究下限一直延伸到当今。但是这样一来,增加了研究难度,也增加了结题难度。由于书中指出环境变迁与权力决策的制度设置缺陷以及政经力量相互沆瀣密切相关,被认为是“可能引起争鸣的观点”,2011年6月即送审的文稿被发回修改,直至2013年方获通过。

④ 徐波:《近400年来中国西部社会变迁与生态环境》,中国社会科学出版社2014年版,第502—503页。

团。但是，政府的公司化、商人化和区域竞争格局的形成，并不意味着完全意义上的市场化，而是仅形成一种市场与权力相鳌合的变性市场化。公司化的政府游刃其中，既成为游戏的参与者，又成为规则的制定者、执行者、裁决者。正由于此，其对市场力量的充分利用，并不妨碍其对传统官工商机制的依赖和娴熟使用，如官营、专卖、特许、干预、强制、巧取、征用等，这种扭曲的市场化正是依傍于特定的体制架构的。①

研究者认为，这种体制架构可以概括为三个相互联系的基本方面，即：强势政府、半统制经济与孱弱社会。② 强势政府、半统制经济并不仅仅意味着“集中力量办大事”，它还伴随着已经凸显的种种后果：寻租活动制度基础的强化，使腐败迅速蔓延，贫富差别日益扩大；增长方式上的短期效应，导致内需不足、居民生活水平提高缓慢，资源枯竭、环境破坏等愈演愈烈。③

研究者认为，社会失衡乃是当代中国环境问题的深层根源，绿色重建将基于社会重建。“孱弱社会与强势政府及强横资本恰恰互为因果：孱弱社会是强势政府及强横资本的制造物，强势政府与强横资本同样是孱弱社会的制造物”，“直面如此状况，在讨论生态环境问题时，制度设置事实上是一个很难绕开的问题。在制度上，重要的问题是监督机制的科学化和民主化，其核心在于监督者也要受监督。而刚性的权力制衡、自由的信息披露和舆论监督，则是不可或缺的要件”。在上述诸多方面中，尤其关键的一个因素，是建立一种制度层面的合理的机制，“以遏制各种不断膨胀的政治经济因素，尤其是相互沆瀣的各层政治权力与经济豪强势力，遏制其在小集团利益的追逐中，损害大众的和后代的生态环境利益。”④

需要强调的是，对于社会的持续进步而言，很难奢望“毕其功于一役”，而往往只能聚沙成塔。因此，改良的作用或许大于革命。研究者以

① 徐波：《近400年来中国西部社会变迁与生态环境》，中国社会科学出版社2014年版，第503页。

② 这里的强势政府和半统制经济的概念，来源于经济学家吴敬琏的相关命题。参见吴敬琏、马国川：《吴敬琏：中国站在新的历史十字路口》，《同舟共进》2012年第2期。

③ 张剑荆、斯方吾：《当前中国改革最紧要的问题——吴敬琏谈改革需要“顶顶层设计”》，《中国改革》2011年第12期。

④ 徐波：《近400年来中国西部社会变迁与生态环境》，中国社会科学出版社2014年版，第519、510—511、518页。

笔参与社会生活和社会改造，其武器除了独立的人格、自由的思想、富厚的学养以外，也需要某种学术的韧性、迂回的技巧和社会智慧，甚至还需要某种机遇乃至时代轴线的转移。

综上所述，与其他史学分支有所不同，环境史并非纯然的社会史研究，在相当程度上其本质上是人地关系史研究。除了传统史料学所注目的各种材料之外，尤其需要关切“天人之际”，关注关于自然环境的各种材料。与环境史史料相关的另一问题，是环境史的学术路向和取径，其中向自然科学、向其他社会科学的学习采借尤其重要。仅仅充分占有材料，不见得就能做出过人的研究。在学识、见识之外，尤其需要强调的，是直面社会现实的胆识。胆识不仅在于空所依傍，见人所未见，更在于直面社会，敢为天下先，言人所不能言。

总的说来，迄今学术界对环境史史料问题关注较少，相关研究也有待深入，令人遗憾。改变这一状况，对推进中国环境史研究当大有裨益。

地理信息系统与环境史研究

——以民国时期长江上游河流与人口为例

袁 上*

地理信息系统（Geographic Information System 或 Geographic Information Science，后文简称 GIS），是在计算机硬件、软件系统支持下，对整个或部分地球表层（包括大气层）空间中的有关地理分布数据进行采集、储存、管理、运算、分析、显示和描述的技术系统。① 在数字人文研究的浪潮下，国外学者将 GIS 引入历史研究起步较早。② 过去较长一段时间以来，国内也有很多历史地理学学者在研究中引入并强调了 GIS 等现代数字化技术的运用，形成了一些综述性的文章。③ 其中，王均、满志敏、初建朋等学者的研究具有一定的开创意义。④ 随着相关技术手段的不断普及与使用的方

* 袁上，1991 年 5 月，男，汉族，四川大学历史文化学院中国史专业 2015 级博士研究生，研究方向为清代民国都江堰灌区环境史。

① 汤国安、赵牡丹：《地理信息系统》，科学出版社 2000 年版，第 2 页。

② 笔者认为，其中较具开创意义且整合了较多研究的有以下三本论文集。Anne Knowles edit, Past Time, *Past Place*: *GIS for History*, Redlands, CA: ESRI Press, 2002. Gregory Ian, *A Place in History*: *A Guide to Using GIS in Historical Research*, Oxford: Oxbow Books, 2003. Anne Knowles edits, *Placing History*: *How Maps*, *Spatial Data*, *and GIS are Changing Historical Scholarship*, Redlands, CA: ESRI Press, 2008.

③ 张晓东：《GIS 与历史地理学》，《地球信息科学》2006 年第 2 期。李凡：《GIS 在历史、文化地理学研究中的应用及展望》，《地理与地理信息科学》2008 年第 1 期。潘威、孙涛、满志敏：《GIS 进入历史地理学研究 10 年回顾》，《中国历史地理论丛》2012 年第 1 期。申斌、杨培娜：《数字技术与史学观念——中国历史数据库与史学理念方法关系探析》，《史学理论研究》2017 年第 2 期。赵思渊：《地方历史文献的数字化、数据化与文本挖掘》，《清史研究》2016 年第 4 期。

④ 满志敏：《光绪三年北方大旱的气候背景》，《复旦学报》（哲学社会科学版）2000 年第 6 期。王均、陈向东、宇文仲：《历史地理数据的 GIS 应用处理———以清时期的陕西为例》，《地球信息科学》2003 年第 1 期。初建朋、侯甬坚：《基于 GIS 技术建立明清时期山西省人口耕地资料数据库》，《唐山师范学院学报》2004 年第 2 期。

便，以及数字化、信息化对历史研究的影响，GIS“这一手段已经成为历史地理某些方向的常规方法”，此系统“不仅为历史地理学界提供了一套地名查询系统和政区空间数据，更为多个研究方向的信息化建设提供了基础平台”①。

环境史研究与历史地理学之间的密切关系，也受到一些学者的关注和讨论。一方面，二者的学术脉络“自行发展，各有其道”②，环境史更注重人与环境、生物间的历史关系，而历史地理学的核心则是“地理学”的、“空间构造”和“空间运动”的。③ 另一方面，二者之间并“没有明显的分界线”④，还存在诸多值得“相互借鉴之处”⑤。

因此，在GIS技术日益深入历史地理学研究的进程中，GIS对环境史研究又具有怎样的意义？其“空间”的视角和“空间分析”的方法将如何推动环境史研究的深化？作为环境史研究的核心之一，既有研究对环境史史料的“内容”已有诸多讨论。如周琼教授在《环境史史料学刍论：以民族区域环境史研究为中心》中，讨论了环境史史料的分类方式，结合考古资料、非文字资料、田野调查资料、多学科资料、文献资料的“五重证据法”对环境史研究具有重要意义。⑥ 李明奎则从理论方法、时空范围、个案分析、气候灾害和国外研究等维度对近40年来中国环境史史料研究作了回顾与思考。⑦ 这些研究推动了对环境史史料的挖掘和利用。⑧ 然而，环境史史料的进一步扩展除了挖掘新“内容”，还应利用新“形式”。针对

① 潘威、孙涛、满志敏：《GIS进入历史地理学研究10年回顾》，《中国历史地理论丛》2012年第1期。

② 侯甬坚：《历史地理学、环境史学科之异同辨析》，《天津社会科学》2011年第1期。

③ 王利华：《中国生态史学的思想框架和研究理路》，《南开学报》2006年第2期。

④ 包茂红：《中国环境史研究：伊懋可教授访谈》，《中国历史地理论丛》2004年第1期。

⑤ 侯甬坚：《历史地理学、环境史学科之异同辨析》，《天津社会科学》2011年第1期。

⑥ 周琼：《环境史史料学刍论：以民族区域环境史研究为中心》，《西南大学学报》（社会科学版）2014年第6期。

⑦ 李明奎：《近四十年来中国环境史史料研究的回顾与思考》，《鄱阳湖学刊》2017年第4期。

⑧ 徐正蓉：《中国环境史史料研究综述》，《保山学院学报》2014年第6期；王彤：《先秦文献中环境史史料价值探析》，《保山学院学报》2015年第3期。专门针对方志材料的讨论，参见方万鹏：《〈析津志〉所见元大都人与自然关系述论——兼议环境史研究中的地方史志资料利用》，《鄱阳湖学刊》2016年第6期；李明奎：《在常见和稀见之间：中国方志中的环境史史料探析》，《中国地方志》2017年第8期。

GIS 这种环境史可资利用的新“形式”，中国环境史的代表作马立博的《虎、米、丝、泥：帝制晚期华南的环境与经济》便运用 GIS 的制图功能，生成了岭南地区“1736—1795 年的米价平均值”与“岭南稻米市场的结构”等图，以“一图胜千言”的形式展现了岭南的稻米运销网络。① 杰夫·康菲尔（Geoff Cunfer）的《大尘暴的成因》利用 GIS 技术探讨了导致 1930 年代美国大尘暴的自然和人为原因，分别对美国中部和南部大平原的植被、沙土、降水量作了制图与空间分析。②

笔者认为，GIS 对“空间”的强调，特别是“可视化”（visualization）“空间分析”（spatial analysis）的研究方法，对推进环境史史料的运用和环境史研究具有重要意义。本文将分为两个部分，也是环境史史料运用的两个层次展开讨论：第一部分集中于史料的“可视化”，基于中国历史地理信息系统（CHGIS）平台和 ArcGIS 软件，提出“史料转化”的基本步骤，并以民国长江上游雨季和旱季航运能力数据作为讨论案例。第二部分主要讨论史料的“空间分析”方法，以民国长江上游河流长度及各县人口数据为材料，运用“叠合”（overlay）的方法之一“相交”（intersect）来呈现河流与地方人口的关系。“可视化”是环境史研究中运用 GIS 较为初步与基础的方式，即发挥 GIS 的“制图”功能，既有研究运用较多。“空间分析”（及“空间连接”）的方法较为复杂，既有的环境史研究对其运用较少，但较之前者更具进一步深化与利用的空间。本文旨在提供相关实例和操作步骤，以呈现运用 GIS 展开环境史研究的具体方法。诸多不足之处，还请大方之家指正。

一　环境史史料的“可视化”

在环境史研究中，“可视化”处理后的史料能够成为一种较新的学术研究表达媒介，它在较高程度上区别于既有的陈述性文字和表格，即俗语所说的“一图胜千言”。学界目前已有不少研究将史料以制图的方式呈现，

---

① 马立博著：《虎、米、丝、泥：帝制晚期华南的环境与经济》，王玉茹、关永强译，江苏人民出版社 2012 年版，第 181—182 页。

② Geoff Cunfer，“Causes of the Dust Bowl”，Anne Knowles edit，*Past Time*，*Past Place*：*GIS for History*，Redlands，CA：ESRI Press，2002.

但尚乏对“史料到地图”的过程、步骤的讨论。笔者认为，我们或可将“从史料到地图”的步骤归纳为以下几步：

表1　“可视化”的步骤及例子

步骤	内容	本文例子	其他例子
前期准备	1. 从问题出发	长江上游航运能力旱、涝变化情况及其变化幅度	清代云贵地区植被覆盖情况
	2. 确定区域（空间）	长江上游地区	四川地区
	3. 确定时段（时间）	民国时期，以1944年为例	过去近500年
史料转化	4. 寻找相应史料	《四川重要河流水位河宽及吨位表》	方志材料中关于洪灾的叙述
	5. 确定数据类型（“点”“线”“面”）	长江上游地区——面 沿河城市——点 河流——线	“点”（如县治、水井）；“线”（如移民路线、河流）；“面”（如县境、植被范围、开垦范围）
	6. 将史料转化为数据	河流通航能力调查——河流通航能力表	旱涝灾害的文字记载——旱涝灾害的严重程度（1—5级）
数据导入	7. 生成或导入地理图层	在以GIS操作软件ArcGIS为代表的软件平台中，制作分段河流的“线”图层	导入民国时期汕头老城的街道平面地图
	8. 将数据导入ArcGIS属性表	使用Excel表格与图层属性表作链接	在图层属性表中手动输入数据
	9. 生成图像	参见图1	岭南稻米市场的结构图

具体而言，第一步，我们应从所需要解决的问题出发，既针对问题本身，也针对既有史料的表现方式所存在的缺陷（如不够直观、太过冗长等），以确定制图的大致思路。其次，还应事先确定制图的时空范围。值得注意的是，GIS较长于表达“空间”的属性，而疏于表达“时间”的变迁，现有的论文、专著等载体并不支持视频或动画等形式，故若需呈现研

究对象随时间变迁的前后情况对比，就还需考虑制图的画幅张数问题。[①]第二步，因为 GIS 在本质上是依托于带有地理位置信息的数据展开绘图和运算的，在将史料向地图转化之前，需先将史料转化为 GIS 可以识别的数据。第三步，“点”（points）、“线”（lines）和“面”（polygons）是 GIS 的三大基本要素，确定已掌握史料属于“点”“线”“面”中的哪种地理形态，决定了其后对制图图层的选择以及空间分析方式的展开。具体的步骤因研究所需而变化，以下以民国时期长江上游以通航能力数据为例，作可视化处理。

（一）前期准备

确定研究区域与绘图图层。数据集源自“施坚雅数据档案”数据库（G. W. Skinner DataArchive）中的“中国社会经济巨区”（Socioeconomic Macroregions of China）[②]，选择其中的第 41 号多面体“长江上游地区”（polygon：The Upper Yangtze River Region）作为研究区域，数据获取与空间分析皆限定在此区域中进行。通航河流（线－line）数据集源自：由哈佛大学和复旦大学合办的“中国历史地理信息系统”（China Historical GIS，简称 CHGIS）数据库网站[③]；以中国历史地理信息系统第 5 版“1820 年间编码河流线条数据”数据集作为河流图层；用“乡治所”“县治所”“府治所”3 个文件与史料参考绘制通航河段起止码头；用起止码头信息与河流图层结合绘制通航河段。

（二）史料转化

获取史料数据，作为通航能力的“属性”（attribute）。在民国时期刊行的文章《四川省水上交通之发展及其趋势》结合四川航政局的《川江航

---

① 现有的论文和专著等学术性载体上，仍以文字、表格或图片为主要呈现方式。但如“中国历代人物传记资料库”（CBDB），由哈佛大学费正清中国研究中心、中央研究院历史语言研究所及北京大学中国古代史研究中心三方合作运行，是目前全球最大的用以对中国历史人物作统计分析与空间分析的数据库开放平台，其网站首页便以动画（animation）的形式可视化地呈现了“中国明代进士籍贯之历史变迁”。网址：https：//projects. iq. harvard. edu/chinesecbdb 访问时间：2018 年 3 月 8 日。

② 网址：https：//dataverse. harvard. edu/dataset. xhtml？ persistentId = hdl：1902. 1/21766 访问时间：2018 年 3 月 8 日。

③ 网址：http：//www. fas. harvard. edu/ ~ chgis/data/chgis/downloads/v4/ 访问时间：2018 年 3 月 8 日。

运汇览》、四川省建设厅的《四川省建设统计年鉴第一辑》，和张肖梅的《四川省经济参考资料》，制作了《四川重要河流水位河宽及吨位表》（以下简称《四川重要河流》）。① 本研究以此表作为主要史料，结合水利学家李仪祉所撰写的《视察四川灌县水利及川江航运报告》② 和王绍荃编著的《四川内河航运史（古近代部分）》③ 等材料所记载岷江、大渡河、青衣江、清流河通航情况，补充完善了部分河道的通航能力。

如岷江航道，《视察四川灌县水利及川江航运报告》记述道：

> （岷江的宜宾乐山段）水道长百六十公里，其情形大致与渝宾段相仿，但水道较狭，航道较浅，而险则较为密布。冬季航道浅处，深度只三尺许，故只能通行民船，下水约二日，上水则需四五日，较小之汽轮，于中高水位时，可达乐山，间能通成都，但须在洪水时期也。④

这便与《四川重要河流》所综合整理出的数据彼此印证：

表2　《四川重要河流水位河宽及吨位表》（岷江宜宾至乐山段）

河段	枯水河宽	枯水水深	枯水轮船吨位数	洪水轮船吨位数
岷江（宜宾—乐山）	10—50	1—2 公尺（米）（约合 3—6 尺）	0 吨	100—300 吨

此外，笔者利用地理学家施雅风在 1945 年间在川西平原所作考察报告，进一步完善了《四川重要河流》一表中关于沱江流域通航情况数据：

> 沱江干流：终年行舟，洪水期载重 50 吨，枯水期 10 余吨。自赵镇至内江三百余公里：洪水期下航三日，上水七日；枯水期下水五

① 金龙灵：《四川省水上交通之发展及其趋势》，《四川经济季刊》1944 年第 1 卷第 2 期。

② 李仪祉、张任：《视察四川灌县水利及川江航运报告》，《扬子江水利委员会季刊》1937 年第 2 卷第 2 期。

③ 王绍荃主编：《四川内河航运史（古近代部分）》，四川人民出版社 1989 年版，第 283—293 页。

④ 李仪祉、张任：《视察四川灌县水利及川江航运报告》，《扬子江水利委员会季刊》1937 年第 2 卷第 2 期。

日，上水十二日。……毗河自赵镇至三河场，（川陕公路跨毗河处）四十公里间，终年通航，夏季轻舟可上溯崇宁。洪水期可载重二十吨，枯水期仅行小舟；大水时上行三日，下行一日，枯水时上行六日，下行一日。中河：航行仅上至三水关（广汉县境离赵镇十五公里），最大载重不足十吨，上下水不论洪枯，一日即达。北河航道分三支：溯绵阳河者，大水时止德阳县境之略坪（距赵镇六十公里），小水时止德阳黄许镇（距赵镇四十公里），溯石亭江者情况不详，溯湔江者，大水止什邡县境之马脚镇（距赵镇五十公里），小水时止广汉城（距赵镇三十公里），船舶载重均与中河相仿。①

类似的文字记述较好地佐证并完善了本图数据的主要来源《四川重要河流》②，成为对通航河段枯水、洪水期通航能力进行 GIS 处理的数据基础。

（三）数据的导入

通过几部分史料的相互结合，制作出包含如航道宽度、通行木船吨位数、轮船吨位数等内容的 GIS 软件可以识别的 Excel 表格。将此表格导入 ArcGIS 软件中，以航道名称为“关键字段”（Key Field），运用“属性连接”（Attribute Join）功能为每个航道赋予属性（Attributes）。

随后，取其中的枯水期和洪水期木船吨位数作为代理数据，之所以如此是考虑到木船在清末至民国时期的长江上游航运中占有绝大部分的比例，也更具代表性。例如，重庆开埠之后，“1894 年重庆厘金局唐家沱验卡登记进出厘金木船进口八千多艘，出口一万余艘。涪江有船五千多艘，泸州港有船三千艘，江北梁沱常泊船千艘以上”，因此，通过洋货输入和土货输出，长江上游的木船运输进入了一段全面繁荣的时期。③ 因此，在 GIS 软件中，以木船吨位数生成基于“数值”（quantities）的渐变符号（graduated symbols）图层，以河网线条的粗细程度表现可通航的木船最大吨位数，以此可视化不同河段的通航能力。经过以上步骤，便生成一幅对比地图（图 1）。

① 施雅风：《川西地理考察记》，《地理》1945 年第 5 卷第 12 期。

② 笔者还通过《四川内河航运史》完善了大渡河、青衣江、东河的数据。

③ 迟香花：《清末时期川江的木船运输》，《西南农业大学学报》（社会科学版）2008 年第 1 期。

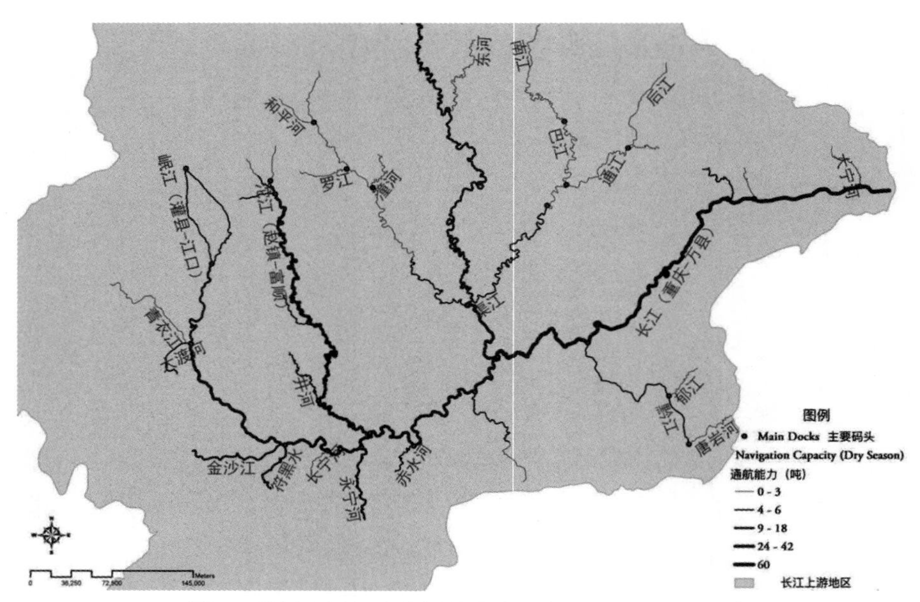

图1　长江上游河流的通航能力（枯水期），1944年①

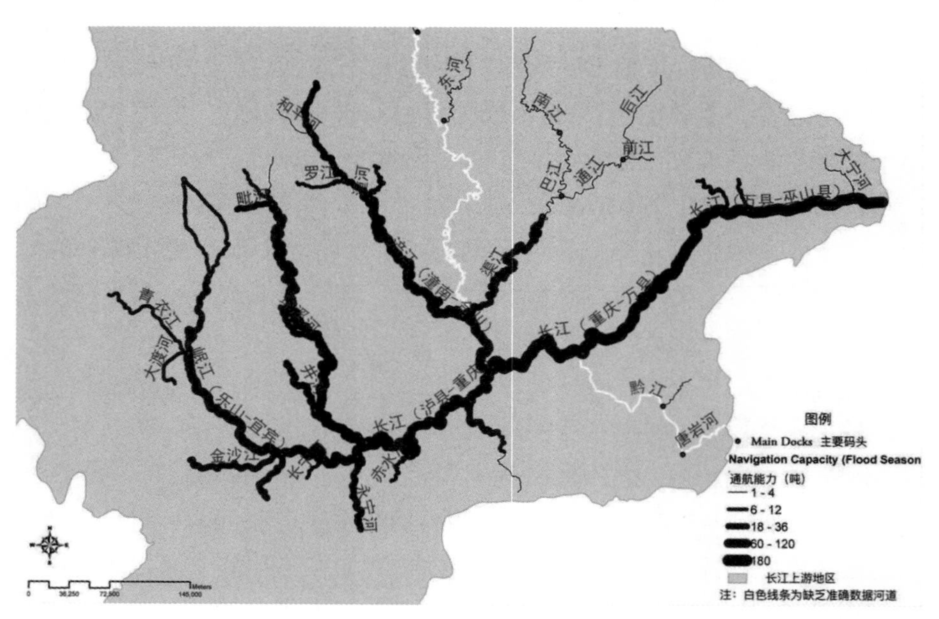

图2　长江上游河流的通航能力（洪水期），1944年②

① 笔者自绘。

② 同上。

通过可视化的处理，原有的信息较为冗杂的航运能力调查表，便转化成为如上更加直观简练的图像。通过线条的粗细，可以直观地观察到各条河流的航运能力，既体现了本区域内经由航运的方式“跨出封闭的世界”向区域之外开展社会经济交流的网络模式之一，也展现了河网的最大覆盖范围，及其旱涝季节的消长。而且某些“空间”性的信息才得以凸显，如成都东南边的龙泉驿地区，在空间上地处于岷江和沱江之间的位置，陆地距离离成都更近，但沱江通航能力远高于岷江上游，龙泉的物资多向东经驿道至水路沿沱江到川南地区出川。

二　环境史史料的空间分析（Spatial Analysis）

GIS 在环境史研究中的长处，还在于其在制图的基础上展开“空间分析”的能力。[①] 结合目前 GIS 领域中内容与框架俱佳的教材——玛丽贝丝·普赖（Maribeth Price）所撰《ArcGIS 地理信息系统教程》（*Mastering ArcGIS*）[②] 的归纳，笔者认为“空间分析”的方法主要有以下几种：

表 3　“空间分析”的方法及实例

方法		内容	示意图	环境史研究运用实例
叠合（overlay）	相交（intersect）	输出图层 1 与图层 2 相互重叠的部分与属性		河流与县境相交，输出每个县所辖范围内河流
	相加（union）	输出图层 1 与图层 2 所有的部分与属性		灌木植被与乔木植被图层相加，输出本地灌乔植被情况
	剪切（clip）	输出图层 1 与图层 2 相互重叠后，只保留属于图层 2 的部分与属性		某村土地面积剪切县境内宗族尝田，输出该村家族尝田

① 类似的制图工具还有 Mapinfo 等软件，同样可以展开类似研究。

② 表格中的“方法”和“示意图”部分引自此书。Maribeth Price, *Mastering ArcGIS*, New York: McGraw-Hill Education, 2015, pp. 289 – 230.

续表

方法		内容	示意图	环境史研究运用实例
叠合（overlay）	消除（erase）	输出图层1与图层2相互重叠后只属于图层1的部分与属性		某村耕地面积消除县境内宗族尝田，输出该村私有田地
溶解（Dissolve）		整合那些拥有共同的属性或相同的值的对象	Before After	将某段被标注为不同名字的河流“溶解”为同一条河
缓冲（Buffer）		在某些图性边缘自动生成一定距离的缓冲区域	(b)	生成距离河流沿岸3公里内的农药、化肥禁用灌溉区域
拼接（Append）与合并（Merge）		将两个图层拼接起来	Layer1 + Layer2 = Output Layer2	将相同比例尺、相邻的数张植被图拼接起来

依循不同的问题意识，表中所罗列的空间分析方法在实际操作中可谓千变万化，能否灵活使用全凭研究者“史才”“史学”与“史识”的发挥。一方面，“点”“线”“面”3种要素都可以分别地采用以上分析方法，如采用“缓冲”方法为点状的水井生成一定半径距离的区域，用以考察它们和周边村落的供水关系。另一方面，研究者还能视情况将两种甚至三种分析方法相互结合，如已知某种植物喜生长于沿河1公里的区域内，便可以先将线状的河流作“缓冲”的处理，若河网比较密集，这些区域可能会有所重叠，这时便可以将生成的区域作“溶解”处理，最后生成没有相互重叠面积的单一的该植物喜生环境底图。

此外，以ArcGIS为主的GIS软件还具备“空间连接”（spatial join）的功能，可将图中的“点”“线”“面”三要素两两结合，如结合点状的盐井数据与点状的气井数据，得到某气井周围距离它最近的盐井有哪些。由于此功能的内容更加丰富多元，在环境史中的运用应另文讨论。[①] 以

① Maribeth Price, *Mastering ArcGIS*, New York: McGraw - Hill Education, 2015, pp. 263 - 265.

“叠合”中的“相交”功能为例，具体步骤如下：

一是确定研究区域。采用“中国历史地理信息系统”网络数据库中的CHGIS第5版“1911年间县级区域”（v5_1911_cnty_pgn_gbk）数据集，运用“选择工具”（selection）筛选“所属省级行政区域”（LEV2_CH）中为“四川省”的数据，形成四川境内各县区域图层。

二是采集各县人口数据。在史料考辨的基础上获得1937年左右四川人口数据。1935年以后，四川战祸逐渐平息，国民党中央政府势力进入四川，为将四川作为抗日战争大后方而铺开各项准备，率先大力推动对全省人口信息的清查。地方社会为躲避征兵征粮，对此次普查唯恐避之不及，因而其统计数据的真实性有待商榷。但相较于时段相近的几次普查，此数据仍具有相对较高的利用价值。有学者提出：

> 1937年的统计更接近实际。这一统计数字来自旧四川政府1939年编的《四川省概况》中的《四川各县26年度保甲户口统计表》，这是民国时代全省唯一的一次包括150个县和一个试验区的比较接近实际的保甲户口统计资料。①

《中国人口史》民国卷的作者侯杨方同样认为：

> 随后的1936年户口统计显示，实际上四川省人口已经达到了52963269人，西康省达到了968187人，两者合计，四川地区人口总数已经达到了53931456人，比1931年统计多出了1000多万的人口。此次统计数通过与宣统人口普查数、1949年公安部门统计数、1953年人口普查数相比较，证明较为可信。②

因此，笔者将《中国人口》（四川分册）根据本次人口普查整理出的《1937年四川各县人口统计》③表，制作了与前述各县一一对应的Excel表格，同样以属性连接的方法将人口数据赋予各县辖域图层。

---

① 刘洪康主编：《中国人口》（四川分册），中国财政经济出版社1988年版，第59—61页。

② 侯杨方：《中国人口史》第六卷（民国时期），复旦大学出版社2001年版，第203页。

③ 根据中华民国四川省政府的《四川省概况》（1939年）整理而成。

三是相交（intersect）方法下的空间分析（spatial analysis）大致分为以下三步：①在获得四川省境内大部分县府的人口数据图层以后（polygon），导入前图绘制的通航河流图层（line）。②将这两个图层作为“相交”（intersect）的输入图层，输出了含有人口属性字段的河流图层，从而得到经过某县境内的河段图层，这些线段即拥有其县境内河段长度数值，也含有此县人口数值。③运用属性表（attribute table）中的字段计算工具（field calculate），输入结构化查询语言（Structured Query Language）：“Pop_per_km” = “Population” / “Shape_ length”（县境内每公里河段人口 = 该县人口/县境内河段长度），即将人口数量除以本县境内此河段长度，得到县境内河段每公里“服务人口”，并形成图 2。

具体而言，经过“相交”处理，之前制作的拥有 52 条记录（records）的通航河流图层，现在生成了 161 条记录。如“岷江（江口—乐山）”河段一栏，就被拆分成了下述几条新的记录：

表 4　　岷江在青神等 4 县境内长度、各县人口及比值

县名_中文（NAME _ CH）	该县人口（Population）（人）	河段名_中文（Name _ CH）	县境内河段长度（Shape _ Length）（公里）	县境内每公里河段人口（Pop _ per _ kil）（人/公里）
青神县	128399	岷江（江口—乐山）	31023. 69933	4139
彭山县	162717	岷江（江口—乐山）	8445. 723763	19266
眉州	401263	岷江（江口—乐山）	35396. 72956	11336
乐山县	411498	岷江（江口—乐山）	29338. 40877	14026

此表即表示岷江从江口以下至乐山，途经青神、彭山、眉州（眉山）、乐山 4 县，原本长度为 104204. 561424 米的河段，在上述 4 县的县境内长度分别为：31023. 69933、8445. 723763、35396. 72956、29338. 40877 米。以第一条记录为例，据《四川各县 26 年度保甲户口统计表》眉州人口有 401263 人，岷江在眉山县境内长度约为 35397 米（即 35. 397 公里），两数相除即得到县境内河段“服务人口”密度数 11336 人/公里。

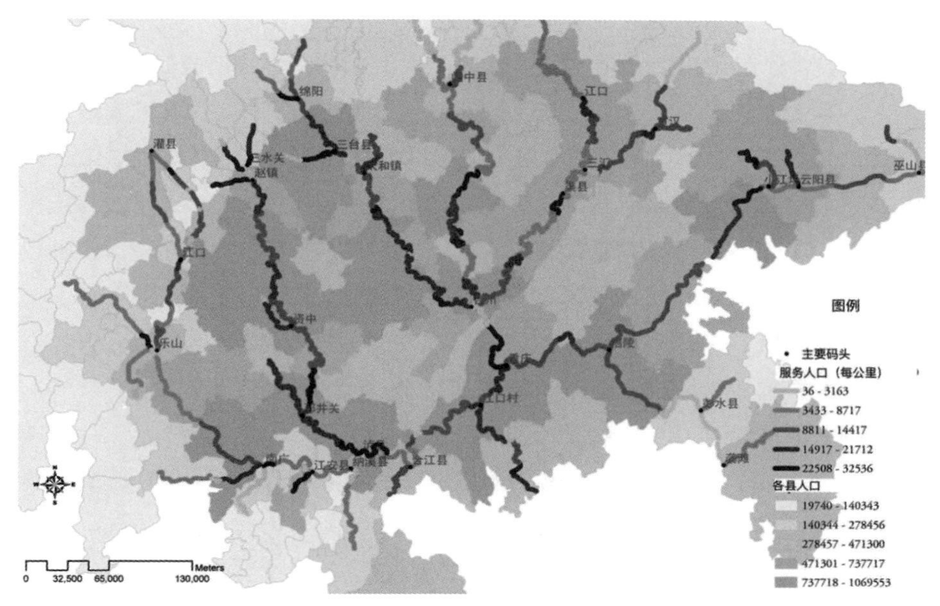

图3　长江上游通航河流每公里“服务人口”图（1937年）

通过“空间分析”，可以较直观地看出“服务人口”密度较高的河段集中在赵镇（沱江上游）、富顺至泸县（沱江下游）、三台县（涪江）、南充（嘉陵江）等几个地区，侧面体现了这几处河段拥有较高的“繁忙程度”“用水量”“环境人口实际承载量”等历史信息。相较而言，岷江的“服务人口”密度低于沱江、涪江、嘉陵江，特别是在灌县至江口的都江堰灌溉区内。这一方面是由于“岷江”涵盖范围问题：下载并绘制的图层或许将此区域内的河流网络都视为“岷江”，或将“内江”“外江”视为一体，故河段里程数较高，供给本区域内人口的可通航河流基数大；另一方面则佐证了从其本身的通航能力而言，都江堰灌区河流水系的主要职能还是以灌溉为主、航运为辅的。

结　语

本文依次对史料的“可视化”和“空间分析”两部分作了讨论，并以民国长江上游的航运和人口数据为例，展现了可视化的步骤和空间分析的方法，列举了一些可能获得的历史信息。“可视化”的三大步骤“前期准备、史料转化、数据导入”中最值得详加讨论的是第二步“史料转化”。环境史研究中所强调的“长时段”（longue duration）视野和可资利用的多样史料形式，以及业已建立的相关数据库，为研究的开展提供了体量庞大的材料，地理信息系统等技术手段为环境史史料带来了数字化的活力。既有研究中较为典型地使用该方法的有两类：其一是灾害史研究领域，从民国时期竺可桢等学者将灾害信息转化为气候变化参数的处理思路①，到目前为学人广泛引用的《中国近五百年旱涝分布图集》②，以及收录史料更为完备的《中国三千年气象记录总集》③ 等文献，已经将很大一部分浩如烟海的文字性的灾害史料，转化为可供数字化处理的形式，故此类研究领域中已较多地运用了 GIS 等相关技术。④ 其二是依托“中国历代人物传记资料库”（CBDB），也形成了诸多力作。截至 2016 年 4 月，该资料库共收录约 37 万人的传记资料，现有资料绝大多数集中于唐代中叶至明代中叶，其中宋代资料尤多。内容方面，由人物、亲属、非亲属社会关系、社会区分、入仕途径、宦历、地址、著述等部分组成。这些数量庞大的传记材料及其已经转化而成的开源数据库，使之成为开展数位人文研究的典范平台。⑤ 因此，以上述灾害史和人物传记领域为代表的已有的学术成果，已经形成了较为丰富的数字化材料，这些都有助于环境史史料在 GIS 等数字化载体上的应用。

但是，“史料转化”的操作与成果也存在不少的问题。如同李凡在《GIS 在历史、文化地理学研究中的应用及展望》一文中所提出的 GIS 运用中的不足之处：“历史、文化地理数据往往没有量化或无法量化，与 GIS 的数据规范要求相差甚远，GIS 的定量和科学学术规范延缓了定性数据和人文学科方法的使用潜能。”⑥ 在将环境史史料转换为数据的过程中，某些

---

① 竺可桢：《中国历史上气候之变迁》，《东方杂志》1925 年第 3 期。

② 中央气象局气象科学研究院主编：《中国近五百年旱涝分布图集》，地图出版社 1981 年版。

③ 张德二主编：《中国三千年气象记录总集》，凤凰出版社、江苏教育出版社 2004 年版。

④ 较为详细且较新的研究述评文章，可参见夏明方的《大数据与生态史：中国灾害史料整理与数据库建设》，《清史研究》2015 年第 2 期。

⑤ 引自 CBDB 主页，参见 https://projects. iq. harvard. edu/chinesecbdb 访问时间：2018 年 3 月 8 日。

⑥ 李凡：《GIS 在历史、文化地理学研究中的应用及展望》，《地理与地理信息科学》2008 年第 1 期。

文字性史料本身是“定性”的，但究其本质GIS是一种“现代化”话语下的“定量”的技术，如何将“定性”的史料转化为“定量”的研究，且合理运用已有的“定量”史料，是包括环境史研究在内历史研究领域亟须面对的问题。因此，史料考辨等历史学素养在研究中的重要意义凸显。以本文为例，民国时期四川航运局和建设厅虽然对长江上游各河流的航运能力作了数据性的记录，但在研究中也应该参考诸如李仪祉、施雅风等实地考察报告材料。对民国时期四川人口数据的准确性，也应加以考辨。此外，在环境史研究中，学者常利用历史地理信息系统将历史地图导入软件，使用地理配准（georeferencer）在历史地图上绘制图层并展开研究。由于中国的历史地图直到清末民国时期才具有了现代地理学范式下的经纬度概念和“正确”的方位，因而常用的地理配准方法也面临着难以应用于那些前现代地图上的困难。[①] 因此这更加需要我们在地理信息系统与环境史结合的研究中，结合口述历史的方法、历史人类学的田野调查，以及考古等学科的研究方法。环境史研究“既不是作为自然史研究领域的环境的历史，也不是作为‘社会的历史’之研究范围的环境的历史，而是人与自然环境的关系史”[②]，它致力于宏观考察人、社会、自然的相互作用进程，为了避免研究中出现“非人文化倾向”[③]，GIS在环境史研究中应被视为诸多研究手段之一，需要与其他类型的史料和论据结合，与历史时期的社会文化背景结合。

在本文的第二部分，笔者列出了在环境史研究中可以凭借GIS平台展开研究的4种空间分析方法：叠合、溶解、缓冲和拼接（合并），这些方法在简单性地制图的基础上，进一步发挥了GIS平台空间运算能力，为未来的环境史研究处理大规模环境数据和既有的数字性史料提供了手段。总体而言，空间分析在数据处理中侧重“空间”的维度，这是传统的、形式

---

① 历史地图在GIS中的应用，参见David Rumsey and Meredith Williams，“Historical Maps in GIS”，Anne Knowles edit，Past Time，*Past Place*：*GIS for History*，Redlands，CA：ESRI Press，2002，pp. 1 – 18.

② 梅雪芹：《从环境的历史到环境史——关于环境史研究的一种认识》，《学术研究》2006年第9期。

③ 夏明方：《中国灾害史研究的非人文化倾向》，《史学月刊》2004年第3期。

单一的表格欠于表达的。[①] 环境史不仅在时间维度上更倾向于“长时段”的表达，也善于呈现不同比例尺的空间维度，如微观尺度上某村庄的水利分水、省级的植被变迁和跨地域的蝗灾分布等。对“空间”的强调，是GIS与环境史研究之间最为有力的契合点。

环境史研究不仅因像历史地理那样，广泛地借鉴GIS等空间研究技术，而且从学科特性上讲，环境史本身就是一个面向多种学科的开放的“跨学科”研究领域。生态学、植物学、土壤学、气象学的知识与技术，向来为环境史研究者广泛采用。上述如CBDB、CHGIS和一些在国家社科基金支持下的灾害史、农业史、丝绸之路史等数据库[②]，已经或正在搭建起较为成熟的GIS数据平台，加之QGIS等开源软件、Mastering ArcGIS等完备的教材，都为环境史研究中采用GIS技术提供了基础与便利。立足史料考辨等史学的“基本功”的同时，使这些研究手段与思维为我所用，正是环境史研究的活力所在。

---

① 例如本文所讨论的通航能力，文字或表格的形式皆很难精要地表达上下游关系以及总体的变化趋势，或是相邻两河的相对位置关系等。

② 这些正在开展中的国家社科重大项目有“中国西南少数民族灾害文化数据库建设”“中国疫灾历史地图集”“中国农业历史地图集”“丝绸之路历史地理信息系统”和“中国现当代行政区划基础信息平台建设（1912—2013）”等。

民国时期西藏环境史史料整理与研究

杨小敏*

由于自然环境的制约，加上长期以来形成的宗教、阶级关系和生活习惯的影响，西藏地区自有其独特的生态、人文环境。“盖以该处地居高寒，雪峰连亘，外界人士，不易深入，而西藏当局，因宗教及习惯关系，复持封锁政策，遂形成遗世孤立，与外界隔绝之形势。”① 西藏地理位置十分重要，无论是从军事战略，还是从人们的日常生活来讲。如“亚东为藏南通印（度）最重要之门户，对印之进出口货物既须取道于此，而在军事上尤为要害之地。”② “由亚东出发，……两日而至帕里。此段行程，均属悬崖峭壁，最为险峻。如西藏对印用兵，亚东以南无论矣。亚东以北，则必须掌握此段，否则过帕里而西，虽海拔一万四千英尺以上，但地属高原，平沙旷野，车骑均可，无复能守之险矣。”③ “江孜位拉萨之西南，日喀则之东南，绾毂两藏，为前后藏货物之集散地，地位十分重要。”④

本文仅就西南民俗文献中收录的吴忠信《西藏纪要》、段克兴《西藏奇异志》、英国戴维·麦克唐纳（David Macdonald）著《旅藏二十年》、黄承恩《使藏纪程》、朱章号《拉萨见闻记》有关民国时期西藏生态、人文环境史料加以整理，并进行简要分析。

---

* 杨小敏，女，甘肃省天水师范学院历史文化学院教授。

① （民国）吴忠信：《西藏纪要》，骆小所主编：《西南民俗文献》第十卷，《中国西南文献丛书》第四辑，兰州大学出版社2003年版，第261页。

② 同上书，第219—220页。

③ 同上书，第221页。

④ 同上书，第222页。

一 西藏地方卫生状况极差，花柳病流行

由于当地缺医少药，人们缺乏卫生常识，生活习惯不良，西藏花柳病流行。“官民有病，只知向神祈祷，吃香灰，稍富有者，则请喇嘛诵经。此外更无疗治办法。且西藏男女不谙卫生，花柳病非常普遍。据一般推测，西藏几有十分之七人口患有花柳，可知此问题之严重矣。”① “西藏可称世界上极不讲求卫生之地方，藏民之居处饮食，日常生活，均极随便，兹分述如左：一、藏民之住房，多为三层，下层养牛马，上层储粮草，人居中层。一进大门，则臭气扑鼻，令人欲呕。因藏地高寒，故尚不易发生疫病。二、藏人无洗手洗面及洗澡之习惯，手脸留积灰垢，不以为意，用饭时即以手抓牛羊肉或糍粑而食，且藏人煮食牛羊肉，多半生不熟，尤不卫生。三、藏人衣服，常终年不换，衣上满积油垢，富贵者多以衣上之油垢愈多，为愈光荣。四、藏人有随地大小便之习惯，拉萨街道，每值早晨，便溺遍地，值等于一公共厕所，且仅大道上略加扫除，僻街小巷，污秽不堪。五、藏中花柳病盛行，而又缺乏医药，任其蔓延，拉萨市民患花柳病者，当在百分之七十以上。”② 疾病加上宗教原因，藏地人口出生率低，“藏人因崇尚宗教，竟为喇嘛，人口逐渐减少，再加以居处饮食之不卫生，男女交接之无节制，疾病流行，体格日衰，据云藏兵中之不染花柳病者，可谓绝无仅有，以此情形，则其人口之减少率，必且日益提高，如不设法予以救济，则藏人恐有灭种之虞也”③。

二 西藏宗教有独特地位

西藏地方，宗教尤其是佛教喇嘛教盛行，有悠久的历史。信教人数众多，寺庙林立，宗教势力巨大。“西藏无人非传教信徒，故寺庙林立，随处均有，其庙内之喇嘛，少则数十，多则数百数千不等。喇嘛为社会上一

---

① （民国）吴忠信：《西藏纪要》，骆小所主编：《西南民俗文献》第十卷，《中国西南文献丛书》第四辑，兰州大学出版社 2003 年版，第 226—227 页。

② 同上书，第 364—365 页。

③ 同上书，第 365 页。

种特殊阶级：具有操纵舆论，左右政治之魔力。拉萨附近之三大寺——哲蚌、色拉、甘丹——尤握有无上权威。”① “西藏乃一宗教势力最大之地方也。西藏人民，笃信佛教，凡家有数子者，必送其一二入寺为僧。僧侣在社会上，具特殊地位，享特殊权利，不受官厅之管束，不负纳税之义务，一切生活所需，胥由人民供给。……僧侣更利用其特殊地位，从事经营商业，增置庙产。故在今日，西藏寺庙，已成为社会上一切文化与经济之中心矣。”②

藏民对于宗教，信仰弥深，“虽至贫苦者，家中亦必悬供佛像一二帧，晨夕焚香默祷，以求佛佑。富贵者更有佛堂之设，藏人患病，轻则自诵经咒，重则延请僧侣为之禳解，如遇天时旱潦，必延僧侣念经，祈雨祈清”③，藏人之日常生活，已与宗教发生密切关系。僧侣之有地位者，尤得藏民崇拜。“每年自各地前往拉萨朝佛者，络绎于途，类多囚首丧面，衣服褴褛，沿途乞食以行，状至困苦，亦有中途为野兽吞食或坠入山谷毙命者。彼等犯险历艰，目的乃在倾其所有，贡献达赖，而以一得达赖之‘摩顶’为功德圆满”④，其信仰之深，概可想见。

西藏各地寺庙，自有系统。“不受地方官厅之管辖，其主持堪布，均由达赖直接委派，多有利用其优越地位，左右地方政治者，至于总揽政教大权之达赖，更不待论，故西藏乃一宗教至上之社会也。”⑤ 仅拉萨三大寺即有喇嘛一万六千五百人。“三大寺者，即拉萨附近之别蚌寺、色拉寺与甘丹寺也。别蚌寺号称有喇嘛七千七百人，色拉寺号称有喇嘛五千五百人，甘丹寺号称有喇嘛三千三百人。历史悠久，规模宏大，为西藏境内最驰名之寺庙。”⑥ 而“江孜大喇嘛寺有僧众约七百人。”⑦

三　西藏林牧业发达，动植物丰富

西藏大部分地方受自然、气候影响，农业并不发达，在经济生活中不

① （民国）吴忠信：《西藏纪要》，骆小所主编：《西南民俗文献》第十卷，《中国西南文献丛书》第四辑，兰州大学出版社 2003 年版，第 225—226 页。

② 同上。

③ 同上。

④ 同上。

⑤ 同上书，第 261—263 页。

⑥ 同上书，第 276 页。

⑦ 同上书，第 223 页。

占主要地位。而林业、牧业发达。“西藏多山，土人生活，以牧畜为主，亦有农田，惟面积不及全境十分之一，且多集中寺庙及世家手中；”① “次日向西南行五里余，住嘎家田庄，……封地肥沃，人民甚多，……庄西里余，……人之像貌已较前清秀多多。”② “昌都之土地有二种，一为耕地，俗称‘绒壩’，一为牧地，俗称‘牛厰’。耕地少而牧地多”。③ 巴里郎“为一盘谷地，四山高耸，一水中流，树木茂而牛厰多，民户八十余，牛厰占三分之一焉。”④ “是日行二十七八华里，住官牧牛场。察此处附近数十里，并无田地，为官家牧牲之所在。……牧者赠余虫草一包，约有四两重，闻此处各山皆有虫草，惜无人采取。”⑤

西藏有丰富的动物和植物。动物有牛、羊、藏獒、虎、豹、熊、狼、狐、獐、土猪、兔子、鹧鸪、沙松鸡、鸽子等。“藏人喜食牛羊肉……藏地无大尾羊……藏羊小尾，肉不厚，味不若中国大尾羊之鲜。藏中牛肉则甚好，藏人并喜食干牛肉。”⑥ 日迦寺“禅房十余间，居半山上，桃李相杂，溪水淙淙，极为幽静。门前有二石圈各系一犬，高大若驴，其形似狮，吠声呜呜，远振数里。其所以有石圈者，为避虎豹也，缘此山上有虎豹甚多”⑦。“次日往北复往东行，计行四十余里，住学喀县府，沿途有大水一道，顺河北岸往东行。树木满山，且多硬木，地方多兽，到处皆是人熊。本日有某水磨人子，年可二十一二岁，耕地遇熊，苦无逃处，急用剑砍去，不敌，被熊抓去半面，……猛兽之为害于人者，可想见矣！据传狗熊尤多，为害过于人熊，人熊见人，遇有可逃之处便可让过，狗熊则不然，见人即扑，以是当地土人畏狗熊，甚于人熊，山上狼豹亦复不少，故此地有熊胆麝香熊皮豹皮狼皮狐皮等出产，西藏打生，原在禁止之例。因

---

① （民国）朱章号：《拉萨见闻记》，骆小所主编：《西南民俗文献》第十六卷，《中国西南文献丛书》第四辑，兰州大学出版社 2003 年版，第 120 页。

② （民国）段克兴：《西藏奇异志》，骆小所主编：《西南民俗文献》第八卷，《中国西南文献丛书》第四辑，兰州大学出版社 2003 年版，第 52 页。

③ （民国）黄承恩：《使藏纪程》，骆小所主编：《西南民俗文献》第九卷，《中国西南文献丛书》第四辑，兰州大学出版社 2003 年版，第 139 页。

④ 同上书，第 175 页。

⑤ （民国）段克兴：《西藏奇异志》，骆小所主编：《西南民俗文献》第八卷，《中国西南文献丛书》第四辑，兰州大学出版社 2003 年版，第 84 页。

⑥ 同上书，第 15 页。

⑦ 同上书，第 29 页。

地广人稀，以故官家管理不及。"① "采居山村在甲萨县之正西五十里，有人户四五家，两面高山，一溪谷水，并无人户。有山兽土猪甚多，并有獐狼虎豹等兽，因此本地每年有大宗土猪皮，虎豹皮，以及麝香出口。"② "在西藏中部，可猎得羱羊（ovisamunou），野生羊之一种，体大如驴，毛短且粗，夏毛淡褐，冬毛长而带赤，产于蒙古西藏等处。蓝色野绵羊（burrhe）西藏小羚羊同鹿，和一些肉食的动物，如狼、雪豹、狐狸等。野狼对于牲群，危害很大，因此牧人，多养巨大獒犬，驯练的特别猛烈。为保护犬颈免为狼齿咬啮，用很厚的劲圈，放在犬的颈项上。西藏羚羊和牦牛，在江孜或亚东附近不能寻得，但是在甘壩庄西，我曾经见过羚羊。生在那儿的小野动物，有兔子、鹧鸪、沙松鸡、鸽子，有时还有沙雏。在夏天时候，有无数的鸭鹅，来到这大湖繁殖，所以湖上颜色，顿成黑暗。"③ "在春丕谷和由斐利庄所来的山径上，我们可以见到美丽的野鸡，以及沙雏、石鸽、雪鸡等。熊多居在林麻嗓（Lingmathang）及亚东以上地方，极有害于人民，所以每季将熊杀掉不少，以除祸患。"④

西藏植物以松树居多。"次日行四十余里，住家兴，沿途并无人户，山上满是松树，谷水滔滔撞于石上，声势极猛，直不亚于中国气水，沫花四溅，水气翻腾。"⑤ "由措须村往南沿海边靠山坡行约四十里至措果哦村，……沿途山上皆为数千年之松柏树木，人们伐木时，以火焚树身，仅取木之中心为用，可见其树之大，亦足见其民人之笨蠢。此处陆地有鹦哥。飞鸣林间，水内有鸳鸯，浮游水面，真有言不尽写不完之美景。"⑥ "由宫殿站房往西北行，过东哭山之顶……是日行六十余里，住答总站房，山上已见树木，多为千年古松。"⑦ "由参魔林往西南行则无人户，树木丛生，泉声琤淙，四谷响应，于此路野荒域，心怦怦而动。林中有花翎野鸡甚多，

---

① （民国）段克兴：《西藏奇异志》，骆小所主编：《西南民俗文献》第八卷，《中国西南文献丛书》第四辑，兰州大学出版社2003年版，第36页。

② 同上书，第79页。

③ ［英］戴维·麦克唐纳：《旅藏二十年》，（民国）孙梅生、黄次书译：骆小所主编：《西南民俗文献》第八卷，《中国西南文献丛书》第四辑，兰州大学出版社2003年版，第264页。

④ 同上书，第264—265页。

⑤ （民国）段克兴：《西藏奇异志》，骆小所主编：《西南民俗文献》第八卷，《中国西南文献丛书》第四辑，兰州大学出版社2003年版，第34页。

⑥ 同上书，第37页。

⑦ 同上书，第68页。

美丽壮观，……”① “次日行三十余里，住日须村，有人户四五家。沿途并无人户，涉谷水三次，有白桑核桃多株，两面荒山草木林立，余则不可多见。”②

四 西藏农作物品种单一，菜蔬稀少

受高原气候影响，西藏的农作物品种比较单一。“藏地粮属计有青稞（或即莜麦）、春小麦、黑莞豆，藏南并产荞麦，但藏中并无售者……”③ “次日住哉堂。按哉堂为藏南府即捋喀府，为藏南第一个重镇，……本府人民田地最广，产麦最丰，拉萨市之食料，大多仰给此处。”④ 昌都“气候较暖，多产青菜、青稞、大麦，惟不产稻米，有毒青一种，行署马匹多误食，顿生危险，急用土法刺口出血，即愈”⑤。“恩达县地据高岗，依山傍水，附近有壩可种青稞。远近所属民户约五百家，不特经商者毫无，亦且不解谋生之道，除饥以青稞糍粑为食，寒以羊皮粗布为衣外，生活简单，无所事事，乐天氏之民欤?”⑥ “洛隆宗为一小平壩，小溪贯流其中。……土产为青稞、小麦、豌豆、贝母、雄黄、冬虫草等，气候温和，宜于农作，惟不产稻米，林木不蕃，地质之关系耳。”⑦

西藏蔬菜稀少。“按藏地菜蔬，计有大萝卜、小白菜、包包菜（俗呼莲花白菜）、山药蛋、芹菜、芫荽、大葱、青菜（注：藏地此菜最广，可做腌菜，生熟皆宜）。有辣椒，系由印度、竹巴等处运藏，藏地特产有藏萝卜，其形极似中国之芥，菜疙瘩和牛肉煮食，其味至厚，藏人多有将此物用刀切为细丝晒干，放于水面以及汤属饮食内，味亦很好。……藏萝卜

---

① （民国）段克兴:《西藏奇异志》，骆小所主编:《西南民俗文献》第八卷，《中国西南文献丛书》第四辑，兰州大学出版社2003年版，第58页。

② 同上书，第53页。

③ 同上书，第16页。

④ 同上书，第93页。

⑤ （民国）黄承恩:《使藏纪程》，骆小所主编:《西南民俗文献》第九卷，《中国西南文献丛书》第四辑，兰州大学出版社2003年版，第134—135页。

⑥ 同上书，第144—145页。

⑦ 同上书，第163—164页。

以白水煮食，可补身体，故有草人生之特称。"① 由于菜蔬稀少，对藏人来说，极为珍贵。"次日往西北行，行约八里，住三鼻村。途中遇人户三家，两面青山，一道碧水，极为雅俊。主人系一贫寒之家，院内种有葱蒜青菜等，余因多日未食青菜，因向主人问购。房主因被请不过，勉强将青菜葱蒜各剪与数棵。"②

五　西藏的大脖子地方病和藏药

由于水土原因及饮食，西藏某些地方大脖子病较多，有些人相貌呆傻。"过途朝萨僧寺，寺内有僧四十余，但多患气脖，呆哑等病，不雅观之甚"③，"是日约行三十余里住巴村。沿途通通开垦成田，农人亦夥，惜人多有大气脖，其水土之关系欤，不得而知"④。阿奔恩村"人民既多，开地亦广，惟人民之生活，似大欠佳，除去痴呆憨傻，便是大气脖子，至为难看"⑤。"次日往东南方行，行四十余里，住北巴首户，数日来沿途均有首户（按即中国之绅董），凡首户男女皆甚清秀，其平常居民则除大气脖即是矮子或痴傻不等，同地异像，……察此地并无菜蔬，仅有野菜一种，其叶上有毒毛，刺人体如蜂尾，即刻红肿作痒，平民由三月至七月间，多采此菜煮食，且无油腻之品，富者则鲜有食者，由此考察大气脖以及其他等病，或皆食毒毛菜所致，兹并志之，以凭研究。"⑥

青藏高原气候瞬息多变，当地人常患一些常见病。如拉子"山中气象万千，寒暖顷刻变易……流行性感冒、疟疾、回归热等，为此之风土病，不可不十分注意也"⑦。

西藏地方出产多种药草和一些专治各种疾病的藏药。"次日翻十二三

---

① （民国）段克兴：《西藏奇异志》，骆小所主编：《西南民俗文献》第八卷，《中国西南文献丛书》第四辑，兰州大学出版社2003年版，第15页。

② 同上书，第52页。

③ 同上书，第34页。

④ 同上书，第34—35页。

⑤ 同上书，第35页。

⑥ 同上书，第39—40页。

⑦ （民国）黄承恩：《使藏纪程》，骆小所主编：《西南民俗文献》第九卷，《中国西南文献丛书》第四辑，兰州大学出版社2003年版，第177页。

华里高之石山两座，山产药草多种”，① “藏人药料，多是神药，即用咒语摧过者，如总咒丸专治杂症，大鹏金翅鸟丸治蟹螯蛇咬，大小疮肿等，上温读所特咒丸专治伤寒腹痛，达赖喇嘛尿土丸专治瘟疫，达赖自用藏香及上下温读所鬼头丸药专治邪气鬼魅等。宝贝丸则能延寿，闻系雪狮子合菩萨肉制成，最好者，每丸须大洋八九百元……”②

六　西藏独特的自然风貌和风土人情

西藏地区整体而言，属高原多山地貌，农产稀少，冬季严寒，然亦有适宜农耕、冬季温暖的特别之地。“自拉萨东行百六十里至墨竹贡卡，西南行百三十里至曲水，为一长谷地，南北两大山脉，平行夹峙，其间距离，二三十里不等。谷林平坦，适于耕种，平均海拔三千六百公尺，气候温暖，农产甚丰，藏河盘曲西流，亦饶灌溉之利；与西康沿途之荒凉贫瘠，迥不相同。……此时将近十二月，居民尚未着皮衣，室内温度，在华氏五十度左右，日中外出，则烈阳之下，尚感燥热，其气候相差，有如此者。土人称拉萨为‘日光之城’，据云除雨季外，拉萨常年为日光所照射。”③ “紫陀如盘谷，气候温和，山树茂而农田多，水利发达。”④

西藏有一些自然天成的奇特景观。“（卜日）山上有百八泉，百八尸场……其中最奇者，山之巅有矗立青石山崖，岩石如出汗然，滴滴出水，汇集成流，传系当初天人供献莲花生之甘露水，世人饮之能清净六根，消灭罪苦，并能医治一切杂症。余初疑之，及以巾拭石，方讶悉岩石无缝无孔，纯系石出水，宁非怪事……其二为石医生，山之腰有立石，高可三尺，石上有草，病者就石默祝，然后取石上草煮食，其症立愈。附近数十里，并无医生，人民多依赖之，正乃世间事无奇不有，大有出人意料之外者。其三为野香草，尼僧多采取之，草奇香，类不一，驱邪避魔。再则为

---

① （民国）段克兴：《西藏奇异志》，骆小所主编：《西南民俗文献》第八卷，《中国西南文献丛书》第四辑，兰州大学出版社 2003 年版，第 68 页。

② 同上书，第 43—44 页。

③ （民国）朱章号：《拉萨见闻记》，骆小所主编：《西南民俗文献》第十六卷，《中国西南文献丛书》第四辑，兰州大学出版社 2003 年版，第 16 页。

④ （民国）黄承恩：《使藏纪程》，骆小所主编：《西南民俗文献》第九卷，《中国西南文献丛书》第四辑，兰州大学出版社 2003 年版，第 168 页。

消障洞，圣祖洞，土食，菩提台，天生石猴，石马，石上手印足印等等古迹不可胜记。”①

西藏有富含矿物质之温泉，“在甘壩地方，有九个含有矿质的温泉，这九个泉里的水，温度各有不同”②。“多数有疾病的人，常常到温泉这里来。泉水的温度，彼此各异，有些温度可人，有些太热，不能在里边停留一分钟。”③

西藏有碧绿冰山，皎洁玉雪，有山间谷水激荡，岸上松竹成林之人间仙境。比比拉山为藏南著名高山，“山顶固属峰上之峰，远见冰山，巍巍然耸立于云表，其色碧绿，覆以玉雪，浮云飘飞，日光烁烁，心目为之爽然，初见如坠五里雾中，疑是另一层天矣，正不知身临何处也。是日行六十余里，远见木板房十余间，居三山之口，谷水流声，远及数里，水撞山石，白花四溅，斜阳之下，加以微风，松竹相杂成林，为景至佳，笔不能尽”④。

西藏亦有如黄河般浑浊之河流。“今日往正西方行，坐皮船渡河，住桑也寺。此处江水至大而散漫，水不清而黄浊，其形大似中国之黄河，有较黄河稍窄者，有较黄河为宽者，横渡须六小时，因河道无人整理，致行舟殊感困难。”⑤“昌都地据高岗，区域狭小，闻不如见。上临溜筒江右岸，江水浑浊如黄河，水流急湍，渡无舟楫。有桥二，工程极粗劣，一名四川桥，一名云南桥，由此分达川滇，故名。”⑥

西藏藏野交界区的藏民，与别处有所不同。“次日由此东行约十二里，有农村，名罗米居丁，为藏野之交界地，当中河水甚大，沿河两岸，有茅舍七十余家，其房舍式样，一如中国乡间草房，有麦田甚多，人民装束新奇，女性多于男子，貌清秀，性良驯，喜信佛，勤于工作。男女皆擅长藏

---

① （民国）段克兴：《西藏奇异志》，骆小所主编：《西南民俗文献》第八卷，《中国西南文献丛书》第四辑，兰州大学出版社2003年版，第53—54页。

② ［英］戴维·麦克唐纳：《旅藏二十年》，（民国）孙梅生、黄次书译，骆小所主编：《西南民俗文献》第八卷，《中国西南文献丛书》第四辑，兰州大学出版社2003年版，第318页。

③ 同上。

④ （民国）段克兴：《西藏奇异志》，骆小所主编：《西南民俗文献》第八卷，《中国西南文献丛书》第四辑，兰州大学出版社2003年版，第59页。

⑤ 同上书，第93页。

⑥ （民国）黄承恩：《使藏纪程》，骆小所主编：《西南民俗文献》第九卷，《中国西南文献丛书》第四辑，兰州大学出版社2003年版，第134页。

语并通藏文，兼能野人语，举凡藏野发生交涉事件，本村男女皆可充当通译。据闻此地人乃藏野合种，故与藏野皆不相同。”①

七 西藏的特色工商业

西藏有很多重要的市镇，从事商品交换。市场交流之商品，非常丰富。农产品有春麦、青稞、黑豌豆等，手工业品有牛羊毛制品等。“哉堂为藏南府即捋喀府，为藏南第一个重镇……本府人民田地最广，产麦最丰，拉萨市之食料，大多仰给此处……地方特产羊毛纱，家家皆有纺纱机。”②“次日正西行约八九里，沿途人户甚夥，开地亦甚广。在岡江村坐皮船渡河，此地产大宗春麦青稞（即莜麦）黑豌豆等，人民并能以牛羊毛织毛毡，毛被为副业，对于酥油乳饼亦复不少。”③ 斐利庄高出海面一万五千尺，夏日太短，气候严寒，一切农业，都难收获。人民生活，完全依靠田中农作物的秆秸，因这些东西，能够喂外来毛商的驮物牲畜，所得代价，便可用作衣食之资了。人畜需用的粮食，全由春丕谷不丹或江孜附近运来，“斐利庄当印度不丹和西藏高原通商的通道，所以位置非常重要。”④亚东，“分春丕谷为两部，一部称上袪罗姆，一部称下袪罗姆。上袪罗姆包括斐利庄市场，……袪罗姆卫是一种很兴盛的人民，特别是在下谷地方，人民更加兴盛。那地方产有青稞、小麦、荞麦、番薯、青菜等。上谷人民，富有很多牦牛，在斐利庄下谷边，山坡地方，可以看见它们到处吃草。两谷人民，在范围以内，都有贩运毛业的独享权，并且谷内有一路通到沿西藏南境的各市场，所以他们能够在牦牛牧畜业中，取得很大的财富”⑤。

拉萨堪称国际性都市。“拉萨市面上之商品甚多，绸缎、地毯、瓷器、砖茶、马具、哈达等来自内地；皮革、马、羊来自内蒙古，珊瑚、琥珀、

---

① （民国）段克兴：《西藏奇异志》，骆小所主编：《西南民俗文献》第八卷，《中国西南文献丛书》第四辑，兰州大学出版社 2003 年版，第 60—61 页。

② 同上书，第 93 页。

③ 同上书，第 53 页。

④ ［英］戴维·麦克唐纳：《旅藏二十年》，（民国）孙梅生、黄次书译，骆小所主编：《西南民俗文献》第八卷，《中国西南文献丛书》第四辑，兰州大学出版社 2003 年版，第 165—166 页。

⑤ 同上书，第 166 页。

小金刚钻石来自欧洲；米、糖块、麝香、纸烟来自锡金及不丹；布匹、蓝靛、铜器、珊瑚、洋糖、珍珠、香料、药材及若干印度工业品来自尼泊尔；红花、干果来自拉达克；香料、干果、狐皮、土制金属马具来自西康；所有上项商品，均以拉萨为集中、分散、消费之中心。出口方面，有金、银、盐、羊毛、氆氇、毛垫、粗毛毯、狐皮、药材、牛尾、麝香、硼砂等。"① "贩运商品之商队，例于每年十二月间，到达拉萨，卸货后，再购取其所需要之物品，于次年三月间春水融化以前离去，因之，每年十二月至次年二三月，为拉萨商品交易最活跃之时期。"② "拉萨有北平商店七家，各具资本数十万元，经营绸缎及瓷器等物；尼泊尔商店约一百五十家，多属小资本，经营杂货业，此来尚有来自各地之流动商人及当地之小贩，类于路旁临时设摊交易，数亦可观。至内地砖茶，则分川茶及滇茶两种，川茶来自康定，滇茶经西康南路入藏，一部则取道印度。据作者调查，每年自康定输入康、藏之砖茶，约十一万引，计六十万包，价值在国币二千万元上下……拉萨茶价……其利常在十倍以上，故虽交通险阻，而商人仍趋之若鹜也。"③ 雅州"向育仁兄邀游石龙山之金凤寺。寺建于明正德间，距城十余里，山上嘉木繁荫，房舍在山谷之中，三面环山，清幽凉爽，最适夏居"④。"张家山风景绝佳，林木亦畅茂，羌江及周公河瞭然在望。"⑤ 荥经县"纵横不过数十里，人口五六万，出产以茶、铜、铁、竹、笋为大宗"⑥。"光伯府七县，特产羊毛纱，光细如绸缎。"⑦

综上所述，西藏地方自有其他地方所不具备的自然和人文特色，值得人们关注。当然，民国时期，西藏很多地方很多方面亦显得落后，西藏与民国政府的关系亦欠融洽，这除了其他因素之外，交通阻滞是一重要原因，"中央与西藏关系之所以未臻亲密，虽半由人事上之未臧，但彼此相

① （民国）朱章号：《拉萨见闻记》，骆小所主编：《西南民俗文献》第十六卷，《中国西南文献丛书》第四辑，兰州大学出版社 2003 年版，第 121 页。

② 同上。

③ 同上书，第 121—122 页。

④ （民国）黄承恩：《使藏纪程》，骆小所主编：《西南民俗文献》第九卷，《中国西南文献丛书》第四辑，兰州大学出版社 2003 年版，第 25 页。

⑤ 同上书，第 27 页。

⑥ 同上书，第 29 页。

⑦ （民国）段克兴：《西藏奇异志》，骆小所主编：《西南民俗文献》第八卷，《中国西南文献丛书》第四辑，兰州大学出版社 2003 年版，第 35 页。

距窎远，交通不便，亦为重要因素，故欲融洽汉藏感情，调整中央对藏之关系，应以开辟交通为政策之一。但多年来西藏政府对于中央入藏之人员，多予拒绝，对于入藏之交通，多予封锁，殊不合理”①。时人认为，增加西藏地方政府与民国政府的关系，发展西藏交通刻不容缓。

---

① （民国）吴忠信：《西藏纪要》，骆小所主编：《西南民俗文献》第十卷，《中国西南文献丛书》第四辑，兰州大学出版社2003年版，第248页。

普思沿边环境史史料初探

董学荣*

通过多种数据库和网络检索，都没有找到相关的词条和语句，可见“普思沿边环境史史料”还是一个全新的概念。但这并不意味着普思沿边环境史研究还是一个全新的领域，事实上，相关学科的研究已有涉及，有些环境史论著也对这一区域的某些问题进行过探讨。然而，以普思沿边为研究对象和研究单元的环境史论著，目前尚未发现。以这一地区为单位的环境史史料研究，也还是一个比较新颖的课题。但本研究的立意，旨在通过普思沿边环境史史料研究，对西南环境史史料相关问题进行初步探讨。

一　普思沿边环境史史料“概念”的生成

普思沿边环境史史料，就概念史的角度而言，还是一个生成中的范畴，是西南环境史史料的子概念。这一概念，至少涉及3个核心要素，即普思沿边、环境史和史料。就其构成要素来说，3个要素都有特定的能指和所指。“环境史”和“史料”都是众所周知的概念，尽管两者都还存在一些有待商榷的问题，但这里主要对“普思沿边”进行扼要探讨。

普思沿边，或称思普沿边，是民国时期对原普洱府和车里宣慰司辖区的统称，其地域范围大致包括现在的普洱市和西双版纳傣族自治州。柯树勋在《普思沿边志略》中绘有《普思沿边版图（八行政委员分区图)》，并于《图说附记》中说明：“普思沿边版图，经线自西十五度起，至十八

* 董学荣：昆明学院副教授，马克思主义学院院长，历史学博士，从事环境史、马克思主义理论等研究和教学。

度止；纬线自南二十度起，至二十二度止。东南界法越，西南界英缅，西北界澜沧县，北界景谷、思茅县，东北界普洱、他郎、元江。沿边东、南、西面与外界毗连者，曲折千四百余里；内界东、西相距千里，南、北相距七百余里。"① 柯树勋在《普思沿边各勐土司户口表附记》中指出："普思沿边原系十三版纳，今勐乌割归法属，只余十二版纳矣。东自整董属之坝卡起，沿界西行，由漫乃转南至勐伴，复西行至勐捧，循澜沧江北上到整哈，又折而西南行，经大勐笼，过打洛江，北行至勘遮属之三面坡止，湾环千四百里，到处溪流灌溉，地多沃壤。"②

普思沿边位于云南省西南部。"沿边居云南正南方之极边，东南界法越，西南界英缅，西北界澜沧县，北界思茅景谷，东北界宁洱、墨江、元江。东南西三方面，均与英法属地毗连。"③ 民国二年（1913 年），柯树勋（见图 1）提出建议设置普思沿边行政区，很快得到当时云南省政府批准，正式设立普思沿边行政总局（图 2），柯树勋任第一任总局长。

图 1　柯树勋像

资料来源：（民国）柯树勋：《普思沿边志略》，民国五年（1916 年）铅印本。

① （民国）柯树勋：《普思沿边志略》，马玉华主编：《西南边疆》（卷一）（《中国边疆研究文库·初编》），哈尔滨：黑龙江教育出版社 2013 年版，第 63 页。

② 同上书，第 71 页。

③ 李文林：《到普思沿边去》，马玉华等主编：《中国边疆研究文库·初编·西南边疆卷二（下册）·云南边地问题研究》，黑龙江教育出版社 2013 年版，第 482—483 页。

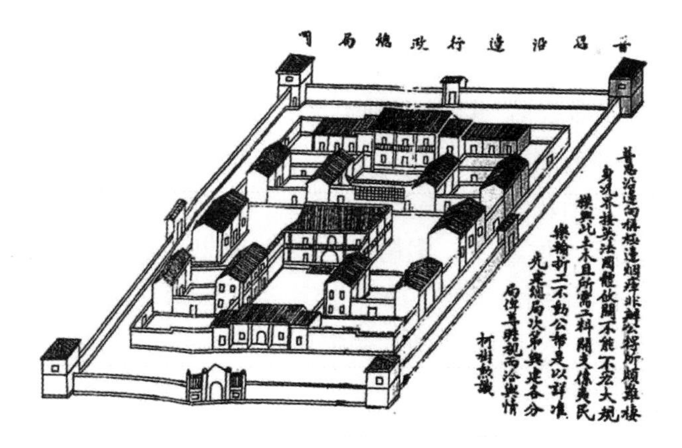

图 2　普思沿边行政总局图

资料来源：普思沿边行政总局绘，载柯树勋《普思沿边志略》，民国五年（1916 年）铅印本。

柯树勋实行“土流兼治”，“设流不改土”，实行分区治理，把普思沿边分为 8 个区（见图 3）。

图 3　普思沿边版图

资料来源：柯树勋：《普思沿边志略》，民国五年（1916 年）铅印本。

民国十四年（1925），普思沿边行政总局奉命改为“普思殖边总办公署”，柯树勋任总办，直到民国十五年（1926）其病逝。民国十六年（1927），在原普思沿边第一区的基础上，改设车里县。其他各区相继改县。但普思沿边概念相继使用，直到中华人民共和国成立。由此可见，普思沿边概念，已经蕴含民国时期，特指民国时期普洱、思茅、西双版纳等地。

普思沿边战略地位重要。柯树勋在其《普思沿边志略・自序》中指出：“云南居中国之西南，向称边要。迤南又居云南之南，距省垣十八站。普思沿边十二版纳，与英属之缅甸、法属之越南接壤，则又居迤南之南，为思普之屏蔽焉。”①

普思沿边自然条件优越。缪尔纬指出：“普思沿边，其地虽不及千里，而原囗居多，土膏之腴，物产之丰，骈阗充溢，甲于全省，宜若既庶且富矣。”② 普思沿边位于热带、亚热带地区，高温、多雨、土地肥沃，江河纵横，山川秀丽，动植物资源丰富，适合发展多种产业。

普思沿边开发滞后，长期处于比较原始落后的状态。直到 1949 年新中国成立，还处于地方土司和国民党地方政府双重统治下。梅县李谭少初所作《普思沿边志略・序》：“普思沿边向称荒裔，分隶于思茅、宁洱地等不毛。”③ 民国四年（1915）新化周国华所作《普思沿边志略・序》：“夫普思沿边，荒裔也。”④ 梅县李谭少初所作《普思沿边志略・序》：“其山川道里、文物风俗，虽间有所记，而语焉不详。”⑤ “沿边地阔人稀，土民又耕作懒惰，以致地多荒芜。”⑥

普思沿边交通不便，道阻且长。“云南在中国，交通事业最为落后，

---

① 柯树勋：《普思沿边志略》自序［A］，马玉华主编：《西南边疆》（卷一）（《中国边疆研究文库・初编》），黑龙江教育出版社 2013 年版，第 14 页。

② 缪尔纬：《开发普思沿边计划》，林文勋：《民国时期云南边疆开发方案汇编》，昆明：云南人民出版社 2013 年版，第 430 页。

③ 李谭少初：《普思沿边志略》序［A］，马玉华主编：《西南边疆》（卷一）（《中国边疆研究文库・初编》），黑龙江教育出版社 2013 年版，第 13—14 页。

④ 周国华作所《普思沿边志略・序》，柯树勋：《普思沿边志略》，载马玉华主编：《西南边疆卷一》（《中国边疆研究文库・初编》），黑龙江教育出版社 2013 年版，第 13 页。

⑤ 李谭少初：《普思沿边志略》，马玉华主编：《西南边疆》（卷一）（《中国边疆研究文库・初编》），黑龙江教育出版社 2013 年版，第 13—14 页。

⑥ 柯树勋：《普思沿边志略》，马玉华主编：《西南边疆》（卷一）（《中国边疆研究文库・初编》），黑龙江教育出版社 2013 年版，第 59 页。

普思沿边，又最落后。”[①] “由云南省城南下思普，自峨山县以下，万山横亘，诸江伏流，历经元江（富良江，亦名江河），越哀牢山脉，再渡墨江把边江（入安南界合流名李仙江），横跨蒙乐山脉，而抵澜沧江北岸。……故三遮履行，其坎坷困难，莫逾于思普道上耳！”[②]

普思沿边是远近闻名的“瘴疠之乡”。周琼教授指出：“普洱府地理环境封闭，开发范围不大，生态环境较原始，气候炎热，是云南瘴气最浓烈的地区之一。”[③] “瘴气莫甚于元江、普洱一带，地气酷热而闷，冬时亦不冷，草木不甚凋。”[④] “由思城至车里及各猛地尽烟瘴甚大，每年惟交冬春初较减”[⑤]，“自元江至普洱，锰锰由普洱而思茅，由思茅而普腾，隘口瘴毒尤甚”[⑥]，“沿边瘴气伤人最多，莫由清末用兵之时。思茅为军事善后地点，故病兵流离转徙，死于思茅者为多。其后流毒思人，死亡几达十分六七”[⑦]，普洱“酷瘴炎热，瘴气尤烈”[⑧]，“橄榄坝地虽肥饶，烟瘴甲于茶山”[⑨]，“威远地方烟瘴甚盛”[⑩]，“五六月烟瘴极盛”[⑪]，他郎厅“山多瘴疠”[⑫]，镇沅“地气炎蒸，瘴疠时发”[⑬]，者乐甸长官司“山险瘴多”[⑭]。普思沿边瘴气长期存在，影响巨大而深远，“20 世纪 50 年代，瘴区数目还让

---

① 缪尔纬：《开发普思沿边计划》，林文勋：《民国时期云南边疆开发方案汇编》，昆明：云南人民出版社 2013 年版，第 433 页。

② 李文林：《到普思沿边去》，马玉华等主编：《中国边疆研究文库·初编·西南边疆卷二（下册）·云南边地问题研究》，哈尔滨：黑龙江教育出版社 2013 年版，第 482—483 页。

③ 周琼：《清代云南澜沧江、元江、南盘江流域瘴气分布区初探》，《中国边疆史地研究》2008 年第 2 期。

④ （清）吴大勋撰：《滇南闻见录》（上卷）《天部·气候》。

⑤ （清）黄诚沅辑：《滇南界务陈牍》（卷上）《南界陈牍·南界陈牍补遗》。

⑥ （清）周于礼《条陈征缅事宜疏》，（清）陈宗海纂：光绪《腾越州志》（卷 16）《艺文志·疏》，光绪十三年（1887）刻本。

⑦ 李文林：《到普思沿边去》，马玉华等主编：《中国边疆研究文库·初编·西南边疆卷二（下册）·云南边地问题研究》，哈尔滨：黑龙江教育出版社 2013 年版，第 505—506 页。

⑧ 何毓芳：《视察思茅县实业报告书》，赵国兴纂：《思茅县地志·气候》，1921 年铅印本。

⑨ （清）倪蜕辑、李埏校点：《滇云历年传》（卷 12），云南大学出版社 1992 年版。

⑩ （清）尹继善：《筹酌普思元新善后事宜疏》，（清）师范《滇系·艺文四》。

⑪ （清）李熙龄撰：道光《普洱府志》（卷 2）《气候》，传抄咸丰元年（1851）刻本；光绪《续修普洱府志稿》（卷 2）《天文志二·气候》。

⑫ （清）李熙龄撰：道光《普洱府志》（卷 2）《气候》，传抄清咸丰元年（1851）刻本；（清）陈宗海、陈度纂修：光绪《续修普洱府志稿》（卷 2）《天文志二·气候》，传抄光绪廿六年（1900）初印本。

⑬ （清）王崧：《道光云南志钞》（卷 1）《地理志·镇沅直隶州》。

⑭ （明）天启：《滇志》（卷 30）《羁縻志》第十二《土司官氏—者乐甸长官司》。

人震惊，少数民族地区尚有46个瘴气病高发县，西双版纳、元江、思茅等地因瘴气病长期流行、死亡者众多而成为著名的‘瘴疠之区’”①。

综上所述，普思沿边环境史史料，就是承载普思沿边生态环境信息的各种载体的总称。而这一概念的生成，首先当然是普思沿边环境史研究的需要驱动，而在更加根本的层面上，则是生态环境保护的现实需要。换言之，现实的生态环境问题产生了保护生态环境的需求，进而产生研究生态环境的需要，最终通过学术研讨等形式，促成概念的萌生。

二 普思沿边环境史“史料”的构成

承载普思沿边生态环境信息的一切载体，都可以视为普思沿边环境史史料的范畴。普思沿边生态环境“本体”已属“过去时”，已经一去不复返。但是，相关信息却以各种载体形式得以承载和保存，流传至今。把握普思沿边民族环境史史料，至少要注意三个方面的内涵：一是蕴含于各种载体的普思沿边生态环境信息，这些信息是曾经存在过的客观物质世界的反映，是普思沿边环境史史料的核心内容；二是承载普思沿边生态环境信息的各种载体，这种载体具有丰富多样性。不仅包括“书面”形式的规范化载体，而且包括各种实物、遗迹和非物质文化遗产；三是普思沿边环境史史料的特殊性，其中最突出的特点是民族性。普思沿边人与自然的互动演变，往往以民族文化的形式得以积淀并流传至今。按照梁漱溟、胡适等人的理解，民族文化是一个民族应对其生存于其中的自然环境的“总成绩”。民族文化往往又以“传统”的形式不断传承创新，犹如奔流不息的河流。某一时期的文化元素，有可能在“流淌”中衰减，并最终消失。民国至今恍如隔世，但实际上不过数十年，许多信息尚在各民族的生产生活中“流淌”。一些民族文化的精英至今健在，他们亲历民国时期，当时的生态环境信息，许多还深埋在他们的记忆深处。因而，一些长老和长者，是民族环境史史料收集整理必须依托的关键性人物。

普思沿边环境史史料丰富多样，主要包括以下几方面：

---

① 洪菠：《中华医学之最》，人民军医出版社1992年版，第58页；周琼：《清代云南瘴气环境初论》，《西南大学学报》2007年第3期。

（一）档案资料

现代档案的建立，为普思沿边环境史研究提供了重要的史料。云南省档案馆、普洱市档案馆、西双版纳州档案馆、景洪市档案馆及原普思沿边各县档案馆，都保存有民国时期档案，云南省档案馆藏有较多的普思沿边民国档案，是普思沿边环境史史料的重要组成部分。20 世纪五六十年代形成的档案中，也有一些内容涉及民国时期。云南省档案馆整理出版系列《云南档案史料》内部刊物，极大地方便了对民国档案的查阅和利用。与此同时，省市相关部门和研究机构，还保存了一些专题档案和数据。例如，一得测候所①的天文、气象资料，十分珍贵。

（二）史学史料

普思沿边位于边疆民族地区，地处偏僻，地方狭小，经济社会发展滞后，没有多少惊天动地的大事，因此很难进入国史视野。但在边疆史、民族史等专题史和地方史中，却是不可或缺的一隅。相关论著中，李拂一先生的研究成果尤其引人注目。李拂一先生是土生土长的普思沿边学者、民国时期地方政要、实业家，他把毕生精力献给了傣学研究事业，在傣族史和地方历史文化研究方面作出了突出贡献，代表作有《车里》《十二版纳纪年》（1984 年台湾版）、《十二版纳志》（1955 年台湾修订版）、《车里宣慰世系考订》《车里宣慰世系考订稿》（1983 年台湾重订本）、《车里宣慰

---

① 云南第一个私人气象测候所，由陈一得先生首先创立而被称为一得测候所。陈一得，云南盐津人，1927 年他到日本考察归国后，深感祖国的科学技术远远落后于资本主义国家，特别是气象科学，云南完全是一个空白，于是自备仪器于 1927 年 7 月在昆明市钱局街53 号自家住宅建立了一个观测台，为当时全国第二个、云南第一个私人气象测候所。测候所兼测天文、气象两科，每天定时观测气温、气压、温度、蒸发、雨量、风向、风速、云、能见度等气象要素，并统计分析，编制月报、年报无偿提供给有关单位参考备用。1936 年测候所迁至昆明西山，1937 年更名为“云南省立测候所”，陈一得应聘为所长，为探测变幻无穷的风云奥秘，他放弃了城市的生活，全家搬到山上。他是台长，又是观测员，顶风冒雨，度过了数千个艰难的日日夜夜，取得了大量珍贵的气象资料，绘制出云南省第一张天气图，着手天气预报的分析发布工作。陈一得先生创立的测候所和其开展的工作，填补了云南这一时期天文气象科学的空白，并为后世留下了大量的观测资料及研究文章，为云南气象事业的发展奠定了坚实的基础。一得测候所现位于昆明市西山区西山公园太华山美人峰顶，海拔约 2358. 3 米。1988 年 3 月 20 日被公布为区级文物保护单位，1993 年被云南省人民政府公布为省级文物保护单位。后相继被授予“全国科普教育基地”“全国气象科普教育基地”“云南省科学普及教育基地” 和“云南省爱国主义教育基地”。2008 年 12 月，挂牌成立了云南省气象博物馆。

世系简史》（1987年台湾版）、《泐史》等。此外，还有《南荒内外》《孟艮土司》《暹逻纪程》（2001年台湾修订版）、《镇越县新志稿》（1984年台湾版）等①。李拂一先生不仅著作等身，而且治学严谨，其特殊的身份更使其研究成果具有较高的史料价值。上述成果，虽然有的不属于严格的史学论著，但其史料价值不可低估，是普思沿边环境史研究的珍贵史料。此外，现代学者的相关论著，也属于需要关注的普思沿边环境史史料范畴。

（三）地方志

柯树勋编辑的《普思沿边志略》，无疑是普思沿边“第一志”。民国二年（1913），柯树勋着手编辑《普思沿边志略》。民国四年（1915）编成。民国五年（1916），普思沿边行政总局石印本和云南开智公司铅印本相继刊行。本书从元代大德元年（1297）至清代光绪年间的史料，在光绪《普洱府志戎事志》的基础上增补编辑而成，而宣统年间至民国四年（1915）的史料则为柯树勋所撰，是该志的重要价值所在。不过，作为普思沿边“第一志”，其对普思沿边史志资料的编辑梳理本身功不可没，只是其对史料的删减取舍，也存在一些错谬，引用时还需谨慎，况且其所引史籍尚存完好。而其撰著部分，提出“治边十二条”，得到当局许可推行；并与当地土司“约法”十三条，治边颇见成效。作为普思沿边环境史史料，最直接的也是民国元年至民国四年的部分。

普思沿边府、厅、县志，据黄桂枢考证，先后修纂过思普志稿、云南第四行政区概况、宁洱县地志、思茅县地志、景东县志稿、江城县志初稿及地志资料、澜沧县地志资料、镇沅县地志资料、墨江县志资料及县志稿、车里史地丛书、车里县志初稿、五福县志初稿、佛海县志初稿、镇越县志初稿、孟连宣抚史等，共计22部②。这些地方志，无论在时间维度，还是在空间维度，都是对普思沿边最直接最重要的记载，是普思沿边环境史史料的重要组成部分。

云南省志中，对普思沿边情况也有所涉及。《新纂云南通志》被有的

① 黄桂枢：《“茶寿”茶人傣学专家李拂一》，《农业考古》2009年第5期。

② 黄桂枢：《思普区明清以来地方志修纂史考说》，《思茅师范高等专科学校学报》2000年第2期。

学者称为“终结式”的云南省志。1931年9月设立云南通志馆，由当时云南省政府主席龙云主修，周钟岳、赵式铭等编纂，至1944年完成定稿，1949年2月卢汉任云南省政府主席时铅印刊行。该志上启中国古代唐尧（记为公元前2357年），下至清朝宣统三年（1911），记述了云南四千多年的历史。从普思沿边环境史史料的角度来说，《续云南通志长编》（上、中、下）具有更重要的价值，续编记述了民国年间（1911—1948）的云南史事及气象、议会、内政、财政、教育、建置、交通、盐务、司法、外交、社会、农政、水利、工业、商业、宗教、人物、金石、田粮、军务等各方面的状况，1985年始内部刊行。需要特别指出的是，1949年以来普洱市和西双版纳傣族自治州及其所属各县出版的各类方志，对民国时期的情况一般都会有所涉及。

（四）相关论著

1. 民国时期学者论著

尽管普思沿边令人谈“瘴”色变，民国时期还是有学者深入实地考察研究，留下了大批珍贵的考察材料。严德一、姚荷生、江应樑等就是他们中的典型代表。严德一于1934—1936年参加中央大学云南地理考察团赴西南边疆考察，根据这次考察收集的大量资料，发表了《普思沿边——云南新定垦殖区》一文，第一次向国内外详细介绍了普（洱）思（茅）沿边地区历史、地理和社会经济等方面的情况；著有《云南边疆地理》（1946）、《边疆地理调查实录》（1950）等，由商务印书馆相继出版，后来又有《三十年代西双版纳的地理考察》《云南高原七进七出——向云南省地理研究所献词》等大量论著相继问世。姚荷生1938—1939年到普思沿边西双版纳考察，历时一年多，著有《水摆夷风土记》等，1990年上海文艺出版社再版说明中指出：“这是一部详述西双版纳风土人情的游记体著作，作者以自然客观、清丽洒脱的笔触，描绘了一幅充满生活情趣的本世纪30年代的傣家的风情画，它有较强的资料性，提供了民俗学、历史学和社会学研究的重要参考资料，有较大的研究价值。”1985年，姚荷生先生还在《镇江日报》副刊上连载《西双版纳探秘》。江应樑20世纪40年代曾到普思沿边西双版纳任职，对当地情况进行过深入调查研究，著有《抗战中的西南民族问题》《西南边疆民族论丛》《摆夷的生活文化》《摆夷的经济文化生活》《傣族史》《江应樑民族研究文集》等，发表相关论文数十篇。20世纪30年代，著名的植物学家吴征镒、蔡希陶，生态学家侯学煜，动物学家寿正璜及静生生物调查所的一些学者也曾到普思沿边西双版纳考察，留下了有关普思沿边生物环境的珍贵资料①。

2. 普思沿边开发计划

国民政府统治时期，组织了对边疆民族地区的调查，形成了一批比较有价值的调查材料。1938年冬，华侨巨商胡文虎建议云南省政府开发云南边疆，他愿提供资金。云南省建设厅组织了一个边疆实业考察组到西双版纳进行调查。在开展调查研究的基础上，写出了系列调查材料和开发计划，包括陆崇仁《思普沿边开发方案》、禄国藩《普思殖边之先决问题》、缪尔纬《开发普思沿边计划》、李文林《到普思沿边去》、王篪贻《经营滇省西南边地议》，以及江应樑《边疆人员手册》、杨履中《云南全省边民分布册》、陈碧笙《开发云南边地方案》等。这些史料，对普思沿边的自然条件、历史地理、民族风情、社会状况等进行了比较系统全面的分析，在此基础上提出了开发计划和方案，对普思沿边环境史研究具有较大的参考价值。

3. 现代论著

1949年中华人民共和国成立以来组织开展的民族大调查及其后形成的"民族问题五种丛书"，特别是傣族社会历史调查西双版纳系列、云南少数民族社会历史调查资料汇编及普思沿边各民族简史、简志等，对民国时期普思沿边状况有较多涉及，而且调查时距民国时期时间间隔短，可以获得比较全面翔实的素材，因此这批调查材料具有较高的史料价值。方国瑜、马曜等大家的相关研究，是一批高水平的成果。20世纪80年代以来，不同学科学者对普思沿边相关领域开展了全面深入的调查研究，产生了大量现代论著，其中有很多内容涉及普思沿边生态环境问题。与此同时，从20世纪80年代以来，有越来越多的博士、硕士研究生还对普思沿边相关问题进行专题研究，提供了环境史研究的重要参考资料。例如，王志芬硕士学位论文《柯树勋与普思沿边开发》（云南大学，1999年）、凌永忠博士学位论文《民国时期云南边疆地区特殊过渡型政区研究》（云南大学，2015年）、苏月莲硕士学位论文《民国时期普思沿边治理及治边行政人员研究（1912—

---

① 胡宗刚：《静生生物调查所史稿》，山东教育出版社2005年版。

1928)》（云南大学，2015年）等。相关的期刊论文则不计其数。

4. 专题史料

能够从一个侧面反映普思沿边生态环境的专题性论著，是值得关注和发掘的环境史史料。普洱茶是普思沿边的重要物产，相关研究成果十分丰硕。从普洱茶的生产经营状况，可以窥见民国时期普思沿边生态环境的某些情况。李拂一先生发表的《佛海茶业概况》（《教育与科学》，1939年）、《佛海茶业与边贸》（1989）；黄桂枢论著《普洱茶文化》《中国普洱茶文化研究》《中国普洱茶诗词楹联集》《中国普洱茶文化探新》等；詹英佩著《中国普洱茶古六大茶山》，李光品等编著《倚邦茶土三百年》，以及《西双版纳文史资料选辑》茶叶专辑，方国瑜论文《闲话普洱茶》等都是研究普洱茶的重要参考资料。

（五）报纸杂志

报刊宣传报道中，也有许多内容承载着普思沿边生态环境信息，是环境史史料不可或缺的重要组成部分。王作舟在《抗战时期进步繁荣的云南报业》（《新闻大学》1994年第4期）、《抗战时期的云南新闻事业》（《思想战线》1996年第2期）等论著，对民国时期云南报刊情况有较多介绍。董杨在《抗日战争时期云南报纸的发展和主要日报介绍》一文中指出，近代以来云南报刊事业虽有了一定发展，但与内地相比，发展仍显缓慢，到抗日战争爆发前夕，云南主要的报刊仅为国民党云南省党部主办的《云南民国日报》和云南省政府主办的《云南日报》等几种。抗战爆发后，沦陷区迁滇人口大增，他们对战事十分关注，本地人关心时事的也日渐增加，面对形势的要求，云南落后的新闻报业有了较大的发展，内地的许多大报也都纷纷迁来昆明出版，本地也新增了不少报刊①。在抗日高潮的推动下，云南落后的新闻报业有了较大的发展，1937年7月至1945年8月抗战胜利，云南先后出现的各种报刊达68种之多，存在时间较长影响较大的有10家②。抗日战争中，除了《云南民国日报》和《云南日报》之外，在昆明地区新迁来的报纸有以下几家：1938年10月由南京迁来的《朝报》，

① 董杨：《抗日战争时期云南报纸的发展和主要日报介绍》，《昆明党史》2013年第1期。

② 王作舟：《抗战时期进步繁荣的云南报业》，《新闻大学》1994年第4期。

1938年12月由天津迁来的天主教《益世报》，1939年5月在昆明创设分版的国民党中央政府机关报《中央日报》，1939年12月由泰国归国华侨创办的《暹华报》（后改名《侨光报》），1945年2月由柳州迁来昆明出版的《中正日报》。云南新创刊的报纸有：1943年10月10日由云南地方人士创办的商业报纸《正义报》，驻守昆明的国民党第五军于1943年11月创办的《扫荡报》，龙云的儿子龙绳武于1944年12月创办的《观察报》等①。萧霁红在《民国时期云南报刊中的〈红楼梦〉研究论文索引》中提到的民国云南报刊就有《崇实报》《滇声报》《民国日报》《中央日报》（昆明版）、《今日评论》《朝报》《云南日报》《正义报》《云南晚报》《扫荡报》《观察报》《民意日报》《和平日报》《时风周刊》《中兴报》《社会周刊》《小时报》《复兴晚报》《龙门周刊》《平民日报》② 等。同时，省外报刊对民国时期云南的情况也有报道，需要关注。

（六）文物遗迹

普思沿边的考古研究相对滞后，不过也有一些成果问世。黄桂枢先生著有《思茅文物考古历史研究》《思茅地区文物志》《云南文物古迹大全·思茅地区》等专著。普思沿边历史文化和地方风物，也是环境史研究的重要参考资料。这方面的论著有《西双版纳风物志》《思茅风物志》《思茅地区文化志》等。

（七）地方性知识

在包括生产生活方式在内的广义的民族文化中，包含着丰富的生态环境信息。生产生活本身，就是人与自然互动演变的实践和界面。因此，普思沿边各民族丰富多彩的传统文化，承载着丰富的生态环境信息。例如，从西南边疆民族山区长期流传的生产方式——刀耕火种及其变迁，可以看到某一民族某一时期生态环境的某些状况。少数民族的生态伦理观念，与其对待自然环境的态度和行为密切相关，因此，某些非物质文化遗产，也承载了大量生态环境的信息。诗歌、散文、谚语、民谣、神话、传说、史

① 王作舟：《抗战时期的云南新闻事业》，《思想战线》1996年第2期。

② 萧霁红：《民国时期云南报刊中的〈红楼梦〉研究论文索引》，《红楼梦学刊》1994年第二辑。

诗、民间故事、歌舞等，都是需要关注的史料。民族文化的某些因子，已在时代变迁中消失，也有一些文化因子，得以传承至今。

三 普思沿边环境史史料的特点

（一）史料建构的初创性

从上述简单梳理可见，普思沿边环境史史料，无论是内容还是形式，都具有丰富多样性。然而各种各样的史料，散见于各种载体之中，并没有进行过系统整理，更没有形成专题性环境史史料，没有出版和发表普思沿边环境史性专题论著。与此同时，文本化的史料还十分有限，普思沿边大量的环境史史料，还存在于“田野”中，有待进一步深入发掘整理。

（二）时空范围的广泛性

普思沿边环境史史料的丰富多样性，是由环境问题的普遍联系性决定的。环境史史料的整理与研究，必须具有宽广的视野与时间的连续性。民国时期，上承晚清下启中华人民共和国。因而，既不可能不关涉晚清乃至古代史料，又不能割裂与现代史料的联系。空间的广延性。一个地方的环境问题，往往与更大范围乃至全球性的环境因子密切相关。气候变化是最典型的因子。人口流动也是影响环境的重要因素，一个地方外来人口的剧增或本地人口的大规模流出，都会对环境产生显著影响。1815 年印度尼西亚松巴哇岛北岸坦博拉火山爆发对黄渤海海洋生物种群结构变迁乃至对全球气候都有显著影响①。这就意味着，普思沿边环境史史料的整理与研究，必须具有宽广的多维视野。

（三）田野调查的重要性

民国时期时间短暂，距离现在较近，一些长老和长者尚健在，他们亲历民国时期，当时的生态环境状况有些还深埋在他们的记忆深处。同时，民国时期的一些文化因素，在某些民族的现实生活中还得以传承。因此，

---

① 李玉尚：《海有丰歉：黄渤海的鱼类与环境变迁（1368—1958）》，上海交通大学出版社 2011 年版，第 269—270 页。

必须抓住机遇，加强田野调查，获得鲜活的“第一手资料”。

（四）民族视角的必要性

普思沿边民族众多，民族文化多样性与生物多样性自然天成。据李拂一在《车里》中记载：“除汉族外，有摆夷（僰人）、戈罗、沙人、徭人、罗罗、黎苏、裸黑、阿卡、布都、克老、濮䶕（máng——笔者注）、克摩、攸乐、补远、老本、息洞、才瓦、浪速、苗人等二十余种之多。”① 柯树勋《普思沿边志略》附民族表中有《伯麟图说》《古滇土人图说》② 及相关史志中的“种人”“民族志”“民族表”等，对普思沿边的民族情况有较多记载，不过其族称多种多样。今天的普洱市有哈尼族、彝族、傣族、拉祜族、佤族、布朗族、瑶族等14个世居民族，少数民族人口占全市总人口的61%；西双版纳傣族自治州有傣、哈尼、拉祜、布朗、彝、瑶、基诺、苗、佤等13个世居民族，少数民族人口占全州总人口的74%③。因此，普思沿边环境史史料收集整理和研究，不可不注重民族视角的必要性。

---

① 李拂一：《车里》，商务印书馆1933年版，第52页。

② （民国）董贯之编绘：《古滇土人图说》，民国三年（1914）云南崇文石印书馆石印本。

③ 当时史料记载的各民族族称，有的是各民族的自称或他称，有的是相关论者根据各民族的某些特征而定，本文使用新中国严格识别确认的规范族称。

区域个案研究

清至民国沅江流域油桐业拓展与本土知识关联性研究

马国君　韦　凯*

油桐为大戟科（Enphorbiaccae）油桐属（*Aleurites*）中国特有经济林树种，栽培历史悠久。其种子压榨出的桐油，色泽金黄，可用来涂屋、涂船，及各种木器，这是一种优质的生态涂料，很早就引起了国人关注，并形成了规模宏大的林副产业。沅江流域位处湘鄂渝黔毗连地带，支流有酉水、锦江、舞阳河、清水江、渠水、巫水等，流域面积约 11 万平方公里。明朝时，该流域仅有局部的油桐种植。然清“改土归流”、开辟苗疆后，新置的流官府属官员为发展地方经济，在此积极推行人工营林种植，使得以杉木、油桐等为主的人工林得以规模展拓，留下了诸多文献记载。需要注意的是，清至民国时期，随着沅江流域油桐业的规模展拓，各族居民形成了一系列油桐选种、保种、整地、育苗、管护等本土知识。这样的本土知识不仅再造了一次“绿水青山”，而且也使这样的“绿水青山变成了金山银山”。为深化这一题域，笔者拟以沅江流域油桐业规模发展概况为线索，进而揭示各族居民油桐管护本土知识科学内涵，以服务于我国今天生态文明建设和林业文化遗产的保护和传承工作。

---

* 马国君（1977—），苗族，湖南麻阳人，贵州大学中国文化书院教授，博士，贵州省高校哲学社会科学学术带头人，中组部“西部之光”南开大学访问学者，主要从事西南环境史、民族史、边疆史地研究。

韦凯（1990—），男，贵州安顺人，贵州大学历史与民族文化学院中国史研究生，主要从事西南环境史、民族图志研究。本文系国家重大招标课题“西南少数民族传统生态文化的文献采辑、研究与利用（16ZDA156）”，教育部人文社科研究一般课题“清水江流域林木生产的社会规约研究”（12YJA850071）等阶段性成果。

一 沅江流域油桐业规模发展概况

历史上，沅江流域又称武陵蛮地、盘瓠蛮地、五溪蛮地等。该地区的原生生态系统属于常绿阔叶林生态系统。该生态系统出产的优质樟科类楠木等，曾是当地各族居民重要建筑用材和经济来源①。有明以降，随着改土归流、开辟苗疆的规模推行，导致珍稀楠木林管理无主，砍伐无序，人们的林业生产由以前依赖珍贵树木的销售，开始转向人工经济林木的种植，再造了一次以杉木、油桐、油茶等一类经济林木为主体的“绿水青山”。

仅就油桐而言，该类植物浑身是宝，桐籽榨出的桐油是重要的生态涂料，桐壳能制造生态碱和胶水，老化的桐树干和树枝还可供培养食用菌之用等。《五溪蛮图志》第二集《五溪风土》载，桐为落叶乔木，“寒露至，摘之，堆庭中，俟壳黑，以小刀（刀形如阿拉伯7字）剜取其仁。研细蒸熟，入榨压之，即有金色桐油，自榨中溜出，用以涂屋、涂船，及各种木器均佳”，“碱以桐壳烧灰浸水中，提取其质，熬之即成。可以浣衣，可以制皂。亦为此，每年出口之一大宗”，“桐壳还可以浸成胶水，供造伞之用”等。正因为种植油桐有诸多利益可寻，故清代至民国沅江流域油桐业在政府和市场的刺激下，迅速得以规模发展，桐油成为“五溪出产中之最富者”②。

据研究表明，油桐种植可能源于魏晋六朝时。唐宋时，得到较大发展，明代在南方各省得以规模种植。沅江流域是我国重要的桐油产地，历史典籍对此早有记载，然在土司制度时期，推行的力度还甚为有限，但多是自给或者内销，同时亦有外销他省者③。（康熙）《天柱县志》卷上《土产》载，县境出产“桐油”；（康熙）《思州府志》卷四《物产》载，府境“油有桐油”；（雍正）《平苗纪略》云，清江南北两岸及九股一带，虽多复岭崇冈，而“泉甘、土沃，产桐油”；等等。以上资料言及沅江干流上

---

① 胡炳章：《尘封的曲线——溪州地区社会经济研究》，民族出版社2014年版，第284页。

② （明）沈瓒纂，（清）李涌重编，陈心传补编，伍新福校点：《五溪蛮图志》，岳麓书社2012年版，第116页。

③ 朱圣钟：《湘鄂渝黔土家族地区历史经济地理研究》，博士学位论文，陕西师范大学，2002年，第113页。

游清水江流域，支流舞阳河流域皆产桐油。“清江南北两岸及九股一带”指的是从清水江流域今雷山县以下段，具体包括雷山、剑河、锦屏、天柱、黎平、三穗、台江等县，“九股”即清朝文献所称的“九股苗”地区，范围大致在今巴拉河与清水江的交汇处。康熙时“思州府”治旧址在今贵州省岑巩县县城，府辖包括今贵州省的岑巩、玉屏、三穗等县及天柱县的一部分，总面积将近3000平方公里。由此可见，在雍正朝开辟苗疆以前，这里的桐油就已经外销江南诸地了。

值得一提的是，尽管在土司制度时期，沅江流域油桐业已经有了一定程度的发展，但当时出口的主要产品是珍稀巨型大木。其后朝廷在此进行改土归流和开辟苗疆，并在此置流官府厅县，导致以前由土司经营的“官山”管理无主，珍稀林木砍伐殆尽。在政府支持下，沅江流域各族居民从经营珍贵优质木材向种杉栽桐、油茶等人工营林转型。如永绥厅、凤凰厅、乾州厅，以及溆浦、辰溪、泸溪、沅陵诸县皆有油桐规模种植。（乾隆）《辰州府志》卷十六《物产考下》载，“膏桐又名荏桐，俗呼油桐。树小，长亦迟。实大而圆，粒大如枫子。取作油入漆，沿山种之，自下而上，行列井然”。（乾隆）《永顺府志》卷十《物产》载，府境“桐油山地皆种杂粮，岗岭间则植桐树，收子为油，商贾趋之，民赖其利”。而属沅江流域属贵州部分，油桐业在此时也得到了大规模的发展，对此（乾隆）《黔南识略》多有记载，具体见表1。

表1　乾隆时沅江流域贵州诸县油桐种植概况

州县厅名	文献记载	资料出处
麻哈州	树多青棡，植宜……桐、茶之属	（乾隆）《黔南识略》卷十《麻哈州》
清平县	山产杉木、桐、茶、橡树	（乾隆）《黔南识略》卷十一《清平县》
镇远府	地产松、柏、桐、茶、杉、蜡诸木	（乾隆）《黔南识略》卷十二《镇远府》
施秉县	木饶桐、茶、松……之属	（乾隆）《黔南识略》卷十四《镇远县》
天柱县	树多杉、桐	（乾隆）《黔南识略》卷十五《天柱县》
思州府	树则枫香、麻栗、桐、茶为多	（乾隆）《黔南识略》卷十八《思州府》
玉屏县	植宜桐、茶……杉之属	（乾隆）《黔南识略》卷十八《玉屏县》
清溪县	树宜杉、桐……之属	（乾隆）《黔南识略》卷十八《清溪县》
铜仁府	树饶桐、茶、黄蜡、白杨之属	（乾隆）《黔南识略》卷十九《铜仁府》

除了（乾隆）《黔南识略》对沅江流域属贵州部分油桐业有记载外，各乡土文献及部分方志对此也多详述。如《岑巩县下木召清代兴蓄培护木植碑》言“现奉上宪示谕，民间种植桐、茶，广兴其利”①、《锦屏县彦洞清代严禁盗砍焚烧践踏木植碑》载“自示之后，如有该地方栽蓄杉（杉树）、桐（油桐树）、油（油茶树）、蜡（女桢树）等树，无得任意妄行盗砍及放火焚烧、牧放牛马践踏情事。倘敢不遵，仍蹈故辙，准该乡团等指名具禀。定即提案重罚，决不姑息宽容”②、（光绪）《黎平府志》卷三《食货志》载“黎郡之油，产自东北路者，由洪江发卖。产自西南路者，由粤河发卖，每岁出息亦不小矣”等。

民国时期，中国桐油曾一度取代丝绸，而名列出口之首。“长江一带客商（从沅江）入境坐收”③，导致桐油“价格颇昂”④，给沅江流域各族居民带来了丰厚的经济收入，加之种桐三年即可小收，四年即可大收，政府部门对此甚为重视，大力推动油桐的培育与管护。（民国）《思县志稿》载：“桐子、茶子、橙、橘、柑、柚需人工栽植。每年乡人获利匪浅。”⑤民国八年，思县县长杨牧焜拟定《整顿桐茶保护各种树木简章》九条“呈请省长公署立案，现已公布实行”⑥。民国十九年，第一区行政专员公署下文令锦屏县政府云“查今期近冬腊，新油迅将登场，天柱、三穗、锦屏等县又为产油之区，有关本处收油之业务，责任至重。故于本月十五日奉贵州分公司令，饬调查该县之桐油产销状况，有无走私情况在案，……即希转知各该县予以保护”⑦。民国二十年，锦屏县县长通告全县，强令种植桐树，漆树20万株。告示云：“强制造林，上峰雷厉风行，每年派专员赴各县实地考查，如发现林数不合，或枯死等情，即由各区、乡、镇长负责补植，并届时造报表来府，以凭汇报。事关造林要政，切切勿违。”同年，锦屏县政府颁布《强制植桐法》等。

大致而言，抗战以前，沅江流域油桐产量大兴，就沅江上游清水江流

---

① 安成祥：《石上历史》，贵州民族出版社2015年版，第1页。
② 同上书，第44页。
③ 方嘉兴等：《中国油桐》，中国林业出版社1998年版，第41页。
④ 民国《八寨县志稿》（卷十八），民国三十一铅印本。
⑤ 民国《思县志稿》（卷七）《经业志》之《林业》。
⑥ 同上。
⑦ 贵州省编辑组：《侗族社会历史调查》，民族出版社2009年版，第22页。

域言，“民国初年，（桐）油价上涨，油桐栽培较为普遍。（台江县）南省排汪吴翁生栽桐10余年，共3000余株”①，“民国十二年，镇远县产桐籽40万公斤，剑河县产0.3万公斤，台江县0.2万公斤，丹寨县0.2万公斤”②。民国二十五年，剑河县产桐油籽5.8万担（每担约100市斤）等等。据研究，一株好的油桐树可结籽三四十斤，以此推算，民国十二年镇远县产桐籽40万公斤，如按每株桐树可产35斤桐籽计算，民国二十年镇远县约有22857株油桐树。民国二十五年，剑河约有桐树165714株等。据研究，油桐作为黔省“重要的栽培树，所产于省东北部和东南部”③，这一区域即主要为沅江属贵州之清水江、舞阳河、锦江诸流域地。

抗战军兴，“桐油（在油脂树种）居于首位”，成了重要的军用物资④，中央将全国桐区划分为湖南、湖北、四川、广西、贵州5个指导区，其中湖南以沅江流域的湘中、湘西为中心，贵州以清水江流域为中心⑤，为了推行油桐生产，政府十分重视举办训练班培训技术人员。民国二十九年八月三十日，贵州农业改进所和植桐推广专员办事处曾报云，“查本所为谋增进战时生产、换取外汇起见，特拟具贵州省油桐生产计划，业经呈送核示在案。兹为推广此项植桐事宜，拟开办植桐训练班，招收学员四十名。予以两个月之训练，分发各县办理业务”。九月该所报告经省主席吴鼎昌批示，“尚属可行，应准照办”。故贵州农业改进所又下文有关各县云，“训练班由本所直接招生二十八名外，分函锦屏、黎平、天柱、剑河……推广植林县份，每县保选学员一名来所受训”……在政府的倡导重视下，植桐种杉成了清水江流域的新兴之业。（民国）《麻江县志》载“桐油为出口货大宗”⑥。锦屏县1940年植桐1028亩，到1943年就发展到2243亩，面积增长了54.17%。民国三十二年，麻江县全县总计造油桐林23763亩等。到1945年，整个清水江流域油桐产量约58360担，约占贵州

① 贵州省台江县志编纂委员会：《台江县志》，贵州人民出版社1994年版，第381页。

② 黔东南苗族侗族自治州地方编纂委员会：《黔东南苗族侗族自治州志·林业志》，中国林业出版社1990年版，第187页。

③ ［日］支那省别全志刊行会：《新修支那省别全志（贵州省）》，见《民国贵州文献大系》（第五辑中册），贵州人民出版社2016年版，第30页。

④ 同上。

⑤ 沈光沛：《论我国桐油今后之生产政策与贸易政策》，《贸易月刊》1942年第5期。

⑥ 民国《麻江县志》（卷五）《农利物产下》之《木之属》，民国二十七年铅印本。

桐油总产量的27%。

而在沅江流域属湖南部分。民国三十二年《边声》载，湘西“乾城、凤凰、永绥、泸溪、古丈五县，桐油年产量76950石”，“永顺、桑植、龙山、保靖等县年产桐油17450石”，“黔阳、辰溪、芷江、晃县、麻阳等六县，桐油年产量34770石”① ……抗战时期，沅江流域油桐业规模发展情况见表2。

表2　**抗战时期沅江流域植桐情况例举**

时间	县名	面积（亩）	数量（株）	桐油（市斤）
民国三十年	锦屏县	1291	54800	
民国三十一年	锦屏县	2033	907500	
民国三十二年	锦屏县	2243	136700	
民国三十二年	沅陵县	146992	8819520	9407488
民国三十二年	乾城县	172700	10363000	11052800
民国三十二年	龙山县	95832	5749920	6133248
民国三十二年	古丈县	77845	4670700	4982080
民国三十二年	辰溪县	90927	5455620	5819328
民国三十二年	保靖县	77774	4666440	4977536
民国三十二年	永顺县	73456	4407360	4701184
民国三十二年	会同县	70810	4248600	4531840
民国三十二年	泸溪县	53400	3204000	3417600
民国三十二年	麻阳县	45581	2734860	2917184
民国三十二年	晃县	34096	2045760	2182144
民国三十二年	绥宁县	28686	1721160	1835904
民国三十二年	溆浦县	23593	1415580	1509952
民国三十二年	黔阳县	18670	1120200	1194880
民国三十二年	凤凰县	17845	1070700	1142080
民国三十二年	靖县县	16985	1019100	1087040
民国三十二年	城步县	14816	888960	948224

① （民国）易志秉：《湘西生产建设之我见》，《边声》（卷一）民国三十二年第六期。

续表

时间	县名	面积（亩）	数量（株）	桐油（市斤）
民国三十二年	芷江县	9955	597300	637120
民国三十二年	通道县	5093	305580	325952
民国三十二年	永绥县	4755	285300	304320
民国三十三年	锦屏县	2323	13.8万	

资料来源：黔东南苗族侗族自治州地方志编纂委员会：《黔东南州志·粮食志》，方志出版社1995年版，第144页；锦屏县林业局：《锦屏县志林业志》，贵州人民出版社2002年版，第135页；周源岐：《湖南桐油产销调查》，《贸易月刊》1944年1月号，第44页。

由表2可知，抗战时期，桐油作为重要的军用物资，植桐在沅江流域得到了大力度的推广实施。

值得一提的是，清代至民国沅江流域油桐业的发展，在目前出版的《清水江文书》（第一、二、三辑）、《天柱文书》（第一辑）、《黎平文书》（第一辑）等涉及桐林买卖的文书有数千件之多。这些文书内容涉及桐林山林买卖、桐林管护诸多内容，如《咸丰四年七月十八日姜开生弟兄断卖山场杉木油桐茶油木契》《光绪八年二月十八日黄汉林卖桐油树柴山木植地荒契》①、《民国十四年五月二十八日杨由喜卖油树并桐油树契》②、《民国二十七年三月三日蒋昌江卖柴山桐油树木契》③、《民国三十四年二月十九日王克显卖桐油树荒山契》④等，其中契约文书中"杉木桐油茶油木契"指的是杉树桐油树油茶等组成的混交林。这样的混交林是一种以杉木为优势树种，并兼种油桐、油茶树等仿生人工营林，这样不仅可以提高林业经济，而且可以避免病虫害，这就自然有涉各族居民在植桐过程中所形成的本土知识了，具体内容见下文。

从上可见，沅江流域的油桐业在政府的鼓励下、经济的刺激下得到了规模发展，但是以上诸"统计，还不顶精准"。民国学人易志秉言，"我以为湘西的土壤，挺适合植桐和果木，试就第三清剿区（黔阳、会同、辰溪、芷江、麻阳）六县而论，桐油产量已达六万三千一百担。其中辰溪桐

① 张新民：《天柱文书》第一辑（3），江苏人民出版社2014年版，第13页。
② 同上书，第52页。
③ 张新民：《天柱文书》第一辑（6），江苏人民出版社2014年版，第242页。
④ 张新民：《天柱文书》第一辑（3），江苏人民出版社2014年版，第36页。

油产量五千担。我嫌这种统计，还不够精确。据我知，辰溪桐油年产量当在八千石至一万二千石左右。有许多人民所收获的桐籽，在熔油以后，便私自出卖，或自用了。这种消耗的数量，是很大的。虽则如下，辰溪在湘西的桐油产量上，并不列为重要产地"①。值得一提的是，清代至民国沅江流域油桐业的规模发展，除了政府积极支持、经济刺激外，其实还与各族居民在经营过程中所形成的本土知识直接关联，以下我们就不得不对其展开深入探讨了。

二　油桐业规模发展本土知识窥探

油桐系典型亚热带树种，土壤以深厚、排水良好、疏松肥沃、湿润中性或微酸性地块为好，而过碱、过酸、黏重、干燥瘠薄、积水的地方，都不利于其生长。清至民国沅江流域油桐业的规模发展，除了政府的推动，经济的刺激外，还与各民族居民在经营油桐业过程中，所形成的本土知识直接关联。这样的本土知识涉及如何选种、保种、育种、整地、桐林管护诸方面。

（一）选种、保种、育种

1. 选种

要提高植桐成活率，首先就得考虑种子的选取、保种、育种等。《五溪蛮图志》第二集《五溪风土》载，桐子"得选壮年树所结之桐球为种，用以剖开置暖室，以草秆护过严冬"。此段资料所揭示的内容有三：其一，对采集种子的母树选择有一系列严格的规则。"壮年桐树"一般指树龄5年以上，长势旺盛，要求是健壮生长于向阳坡的母株，或疏林中无病虫害、无人力损伤的孤生母树等条件。这样的母树所结果球种子高度成熟整齐，能获得稳定的出芽率；其二，桐树种必须从桐树上摘取，对于掉在地上的果球不能作为桐种，目的是规避选用到已经遭逢了病虫害的果球。但凡遭逢病虫害的果球或种子，不仅会影响种子的出芽率，而且还将所带的

① （明）沈瓒纂，（清）李涌重编，陈心传补编，伍新福校点：《五溪蛮图志》，岳麓书社2012年版，第264页。

病菌传给萌发后的幼苗，影响到后来油桐的产量和质量。至于如何判断果球已经充分成熟，当今田野调查资料可资补充，其要点是果球光泽透亮，果皮呈现为微红色或者红色斑点，则表现为果球充分成熟，可以采摘为种子之用；其三，桐球摘下后，为了防止桐籽霉变，需要将桐籽与桐壳分离。这样分离出的桐籽还得认真处理，不应当直接堆在一起，这样会造成桐籽“结露”，容易造成霉变和提早生芽。故需要放置在温室里，并护以干草秆加以防寒。在这样的越冬环境下，种子会自然进入休眠状态，种子的桐油酸含量会稳定提升，水分会自然降低。经此处理的种子既不会提前出芽，又不会遭逢霉菌的感染，或者害虫的啃食，确保安全越冬。

为提高桐种出芽率，还得在播种前需进行选种催芽，方法是先用温水浸泡种子 24 小时，把浮于水面的种子淘汰，对沉水的种子，还需要选择色泽光亮、饱满、无病虫害的种子去实施播种。故《五溪蛮图志》又载“取桐种置盆内，先在阳光下以温水浅浸十余句钟。三换温水，取出备用”①，“句钟”即清代时所称“一点钟”。凭借这一记载可见，沅江流域各族居民在经营油桐业过程中，已经形成了一系列的选种、保种、育种的本土知识，通过这样处理的桐籽，发芽率高达 95% 以上。而且，培育出来的树苗，可以最大限度地规避病虫害的感染。

2. 整地

要提高油桐产量，就得注意油桐山场的整理，以规避沅江流域多雨湿润的气候特征，进而使得油桐树能更好地适应当地的气候和土壤环境。文献记载，沅江流域“植桐之地，初宜测量，横直每距一丈，掘小穴记之。测量毕，将所有小穴一一掘成深三尺、宽三尺之大穴。以加有牛粪、塘泥，或坑粪之草屑、柴叶、绿萁和腐化土壤等肥料，填满之。然后将土盖成堆，每堆约一尺高”。文中“绿萁”是指新鲜的豆叶和豆秆。此外，在下种之前，还“宜先于每堆之上，扒成茶杯大小之品字形三土囨，每土囨略施肥灰，以与土囨中土拌和之。于是每土囨播种一颗，盖土寸余厚即成”②。材料所言的油桐树山场整地法可以概括为“挖穴埋肥堆土法”。类似山场整地之效用有三。

---

① （明）沈瓒纂，（清）李涌重编，陈心传补编，伍新福校点：《五溪蛮图志》，岳麓书社 2012 年版，第 116 页。

② 同上。

其一，先在桐树穴里埋“牛粪、塘泥，或坑粪之草屑、柴叶、绿萁和腐化土壤”，目的是保证桐树发芽生长过程中有足够的营养。而且可以确保桐树的立地位置土壤具有较高的通气透水能力，更有利于根系发育。这是一种对当地特殊土壤环境的适应手段。原来，在沅江流域的冲积土，或者山间的土层中，土壤过于致密，通气能力较差，不利于桐树的生长。因而需要在土层中埋入植物的茎叶，人为提高土壤的通气透水能力。

其二，这样的整地规范，树穴大致开到 1 立方米的范围，但播种桐籽的穴却较小，两者形成了鲜明的反差。此项操作规程的效用由两个部分构成，播种桐籽的小穴，由于是开在地表之上的土堆上，因而接受阳光和温度的条件好，利于种子出芽，避开杂草的干扰。树苗长大以后，根系就可以接触到埋在坑底的有机肥，以及透气性能相当好的生长环境，树苗的养分有了充分保证，就能继续保持良好的生长态势。其科学依据在于，用实生法造林，能同时兼顾到幼苗期和成年期土壤的不同需求，一次性播种后就能满足整个生长期桐树的需要。

其三，堆土育树，沅江流域山多地少，坡度在 25°以上的宜林地占绝大多数，加之流域内雨量充沛，地表径流冲刷力很强。这样做的目的是防范暴雨时季，所形成的地表径流在桐穴汇集，导致土壤缺氧，从而影响桐树根系的发育。有的为了防止暴雨冲毁树苗，还会在桐树堆上方钉一块木板，让顺山下泄的地表径流，绕开桐树定置的土堆向下流动，才能确保桐树不会遭逢地表径流的损害。

此外，植桐的土壤还十分讲究，一般不能种在黄瘠土上，有的还需要对土壤实施改良。（民国）《岑巩县志》载，“油桐树，宜种湿润肥沃之地，山石瓦砾地亦可，黄瘠土则不宜”。桐树根系发达，特别需要土壤内空气的畅达，而黄土是石灰岩的风化土，透水性能差，土壤又成酸性，不适应桐树的生长。而油桐种植地的土壤，《从江县志》有如下记载，“油桐树栽于山冲碎石裸露处，生长良好，产量高”①。《清水江文书》中将这样的土壤专称为“油桐播冲地”② 等。所谓的“山冲碎石裸露处”，是指两山之间坡面土层下滑后形成的土石混合次生堆积土。这样的土壤疏松，不

① 贵州省从江县志编纂委员会：《从江县志》，贵州人民出版社 1999 年版，第 226 页。
② 张新民：《天柱文书》第一辑（22），江苏人民出版社 2014 年版，第 329 页。

积水。"山石瓦砾地""油桐墦冲地"都是经过人工改良的土地。"墦"在清水江流域读"shā"，指用来种植旱地作物的园地。因这类地为两山冲击沙土，故称"墦冲地"。值得注意的是，沅江流域为丘陵地带，山多地少，故对于桐林山场坡地风向、土质等选择也很讲究，《五溪蛮图志》第二集《五溪风土》载"植桐最宜其斜向东南而不当恶风之山坡"，（乾隆）《永顺县志》卷十一《檄示》载"永顺地方，山多荒土，尽可种植树木，已奉督宪檄行示谕在案，查民山土原须广种杂粮，为每年食用，岂知种树之利，数年之后即可致富。尔等须于近溪者种杉木，背阴者种蜡树，平坦者种油桐树，多砂石者种花椒树，园角墙边，或种桑养蚕，或种麻纺绩。长成之后，无须人力薅锄，年年可收利息"，（民国）《施秉县志》载"西区紫荆关、白塘等处人民，领种桑秧五万余株，惟土质不宜，成活者少，不如改种桐、茶、漆树，收利较丰也"① 等。从以上材料可见，沅江流域各族居民在长期经营油桐业生产中，对流域内土地构成、气候与环境兼容的认知之精深。

3. 育种

土地整好后，就得下种了。这就必然牵涉播种时间的选择，如何播种，以及护苗等。据文献记载，沅江流域各族居民在桐籽播种时间一般选在立春后清明前，播种时，要种脐朝下，不能朝上。关于播种桐籽的选取具体见前文，经过这样选种的种籽，每穴种籽 3 粒，按品字形排列，覆土厚 5—8 厘米，在季节性的干旱地区还需要盖草保墒。对此，（民国）《岑巩县志》载，油桐树于"冬腊月至正二月间，以种籽直接播之，俯置土种（谓种子仰置，则树高枝稀，结实不多）上覆松土，俟发芽须加保护。长成后，高一二丈，叶类梧桐，柄长，春末盛花。桐每年在立夏后至处暑前须锄一次，则枝叶繁茂，结实夥，而油汁亦多"。材料中的"俯置""仰置"主要是以桐籽的种脐为标准，种脐朝下种之，则谓之"俯置"亦称"直播"，反之则"仰置"。如实施"仰置"，一则是因为幼苗发芽后，根要弯曲才能向下伸展，这就会对幼苗的生长造成不利；二则桐籽的子叶肥厚，桐籽出芽后很难顶穿土层长出地面，即令能够长出地面，种籽中储存养分消耗太大，长成的树苗也不能健康生长。因而，下种时种籽必须"俯

① 民国《施秉县志》之《农桑》，民国九年稿本。

置”。这一材料反映了沅江流域各族居民已经掌握了通过刺激种籽的方法，扩大油桐树种植规模，进而提高其结实产量，这样的知识系统，是林业文化遗产的重要内容，需要引起林学界关注。对于这样的技术，《五溪蛮图志》第二集《五溪风土》亦载：“播种之桐树，至立夏时，必有嫩芽发出，每堆三株。此时宜锄松其土，略施便溺一次。待树长出一二尺，复待除草，将树兜周围扒一三寸许深之圆形小沟，施六合肥（此为桐树所最适宜之一种肥料。以晒干擂碎之塘泥、坑粪和以菜枯及渣、粗康、茶枯即成），或坑异莘枯于内，复以松土。秋间又宜除草施肥，并将桐树地中的空处之所有柴兜、树根铲除精尽，以便播种油菜、小麦或烟草、红薯。”此段材料与前段资料而言，增补了一些新内容，值得关注的地方有三。

其一，桐苗出芽后，要“便溺一次”。该句意思是说桐苗出芽后，要用人或家畜的大小便对其实施施肥。特别值得一提的是，他们实施的家畜大小便为多，因为家畜一般不会吃食自己的尿液。故这样的施肥还有利于规避鼠害和家畜的践踏。

其二，桐树长出一二尺，在树兜周围扒一三寸许深之圆形小沟，施六合肥。此处的“六合肥”是指由晒干捣碎之塘泥、坑粪和以菜枯及渣、粗康、茶枯等组成。其中“塘泥、坑粪和以菜枯及渣、粗康”，主要是提高桐树生长的土壤肥料。“茶枯”也叫茶籽饼，颗粒呈紫褐色，是油茶籽经榨油后的渣饼，有效成分是皂角甙素。茶皂角甙素是一种溶血性毒素，能使鱼的红细胞溶化，故能杀死野杂鱼类、泥鳅、螺蛳、河蚌、蛙卵、蝌蚪和一部分水生昆虫。茶皂角甙素易溶于碱性水中，使用时加入少量石灰水，药效更佳。由于茶粕的蛋白质含量较高，因此这也是一种高效有机肥，广泛应用在农作物及果树栽种中，效果极佳，也是一种植物源农药。值得注意的是，沅江流域的土壤里多蚂蚁、土蚕（金龟子的幼虫）等。这样的做法可以规避病虫害对幼苗的侵害。

其三，在种植油桐的山场还要间种油菜、小麦或烟草、红薯等。这些植物的根系发达，每年都换茬，根系枯萎后在土壤中会留下纵横交错的孔道，有利于提高土壤的通透性能。如前文言，沅江流域温暖湿润，土壤容易板结，通过间种以上诸类作物，这样就可以保证桐树根有充足的氧气，因而不会在桐树生长过程中土壤板结窒息而死。同时桐树幼龄阶段喜光而不耐光，若在夏天，阳光直晒，则死亡率高，生长差，这样做还可以给油桐幼苗遮阴。因而大大提高了油桐树的成活率，拓展了油桐林的规模。

（二）桐林管护

油桐出苗后，还要勤于管护，如果不加以管护，就会影响桐树的生长。目前沅江诸农村还传有种桐俗谚云："一年不垦桐山荒，二年不垦叶子黄，三年不垦减产量，四年不垦树死亡"，等等。从此可见，要提高油桐籽产量，就得加强油桐林管护，主要体现在给油桐树修枝整形和病虫害预防方面。

1. 剪枝

桐树一般到第三年就开始挂果了。因此对油桐树扶杆、管理树冠就甚为重要了。当地植桐谚语云，桐树"一年是根杆，二年树冠是把伞，三年油老板"。然要达到这一结果，就需对桐树实施剪枝。油桐修剪时间应于花谢后进行。因为油桐花芽都着生在一年生的枝子上，两年以上的枝子不宜结实，因而凡属头年结过果的枝子，第二年都需要进行修剪。但秋冬时节，由于枝子的生长年龄不宜作出判断，不宜修剪。而花谢后，哪些树枝是结过果的枝子是一望可知，修剪时就变得简单易行了。

《五溪蛮图志》第二集《五溪风土》载："第二年春初，见桐树之第一盘大枝丫长成时，当将其所发第二轮小枝椏之梢头剪去斜口，于下略涂以桐油，使其枝椏向上生长，勿任横蔓，以俾林中之空气得流通。如是，其被剪之处，必将另有一盘朝天长出。以后二盘、三盘，均宜如此剪之。"此段资料揭示的关键问题有三：其一是给油桐树修枝的形状要呈宝塔形，这样做目的除了空气流通，还能更好使桐树接收阳光，如果过密，见不到阳光，导致油桐质量差，或不挂果。所以桐树要种在向阳或半遮阴处。其二是枝条修剪伤口的处理。沅江流域温暖湿润，地区微生物发育快，为了防止伤口遭病菌感染。当地各族居民已经掌握一整套技术，他们会把修剪下来的枝椏及时的搬运出桐林区之外，并在桐枝修剪切口处涂上桐油等，目的是防范病菌的感染。其三是修剪的枝椏为横蔓，因为此类枝条会影响油桐树内的空气流畅，不利于油桐树的生长，故这样的枝椏一定要修建，要保持枝椏向空中上方生长。这样就能保持油桐树接受的阳光充足，提高桐籽质量和产油量。

2. 病虫害预防

对人工桐林管护还涉及油桐病虫害的防范。据研究，桐树的病虫害主要有白蚁、食桐蚕、蛀虫（钻心虫）和桐癣等。对此《五溪蛮图志》第二集《五溪风土》对此有专门描写，内容涉及病虫害名，治理技术等，具体见表3。

表3　　沅江流域苗侗民族防桐树病虫害例举

虫害名	防虫害技术记载
白蚁	当桐芽出土，长至一二尺时，其黄土或红砂土之桐林地，常有白蚁侵蚀桐根，宜经常察看。如发现一桐有蚁，则宜即以石灰、茶枯拌硫磺舂碎，加以洋油等杀虫药料，将桐树兜下之土扒开，以现桐根为度，将制好之药末置兜下，略覆以土，蚁必退去
桐叶蚕	还有一种蚕类虫，形似蚕。长约寸许，或二三寸不等。身有刺毛，着人肌肤，立起肿痛。腹有丝，能做茧化蛾而产卵。甚食桐叶如蚕。除此害虫之法：冬季可当其蛹伏茧内时除之。每冬，可细向树枝间寻之，见枝上附有如球之茧，即取而焚之。春季为其出蛾产卵之期，可拣其瞑冥之夜，于林间空隙，燃烧柴叶草屑之明火数堆。蛾性扑火，可诱以致其死命。日间还得注意，见叶上附有成排褐点而小如芝麻之虫卵，亦得摘下焚烧之，始免其繁殖
钻心虫	桐树之干，亦尝生蛀虫（又名钻心虫），能使桐树无形枯死。此则当视察树干，如见有筷子或手指大之孔窍，即当以铁钉蘸洋油，对虫孔刺之，将虫刺死。或用百部研末，入硫酸硝（指芒硝），纳少许于竹筒中，闭其一端，而对虫孔以火燃之，使虫触烟而死
桐癣	桐癣（俗名桐疤），为桐树生虫之起。始见时，宜以刀削之，以免后患。植桐果能如此细心，他日获利时将必更厚

资料来源：（明）沈瓒编撰，（清）李涌重编，陈心传补编：《五溪蛮图志》，伍新福校点，岳麓书社2012年版，第117—118页。

从表3可见，反映的问题有三：其一危害桐树的病虫害主要是白蚁、桐叶蚕、钻心虫等。此外还有真菌引发的“桐癣”，此类真菌主要会使桐树枯心，进而影响桐树林的稳定。“白蚁”属足肢纲昆虫，多生在黄土、红砂土中，经常吃油桐树根。“桐叶蚕”是刺蛾一类昆虫，对桐树危害很大。其二是针对不同油桐树的处理病虫害的方法甚为独特系统，主要使用的是生态药剂，火烧等物理办法，如对于白蚁，主要是“以石灰、茶枯拌硫黄舂碎，加以洋油等杀虫药料，将桐树兜下之土扒开，以现桐根为度，将制好之药末置兜下，略覆以土，蚁必退去”。“洋油”一般指煤油，此油类主要是加速茶枯内植物油的溶解。“硫黄”别名硫、胶体硫、硫黄块等，外观为淡黄色脆性结晶或粉末，有特殊臭味，是无机农药中的一个重要品种，不溶于水，与碱反应生成多硫化物。它对人、畜安全，不易使作物产生药害，但对足肢纲昆虫具有很强的杀伤力。足见他们对生物药剂的性能把握之精深。此外，他们还采取人工杀虫法，如对桐叶蚕采取的除蛹法、火烧法。钻心虫采取的是铁钉蘸洋油刺死法。对待真菌“桐癣”采取的是刀削法等。其三是灭虫方法与施肥并行，如灭白蚁采用的药剂“石灰、茶枯”。值得注意的是，此类药剂还是一种重要的有机肥。

从上可见，沅江流域各族居民已经掌握了一整套维护人工油桐林稳定必需的充足阳光，防止病虫害的本土知识，故发掘和研究这样的知识，对于推进今天人工营林的发展，防止化学药物对土壤、人体等再次毒害有着积极意义。

（三）桐杉等混交种植

沅江流域的人工经济林实际上是一种以杉木为优势树种，并兼种油桐、油茶等仿生态混交林，这样植桐不仅可以获得很好林业收益，同时亦可以减少杉林早期病虫害①。（明）《农政全书》有云：“种桐者，必种山茶，桐子乏，则茶子盛，循环相代，较种栗利返而久。”② 桐杉混交一般采取两行杉树，套种一行油桐的方式较好。据研究，沅江流域干流上游清水江流域各族居民除了实施小块桐林种植外，并常与杉木、油茶混栽。此可从目前出版的清水江文书窥见一斑，为便于分析，现略举几例，具体见表4。

表4　出版“清水江文书”油桐混合间植文书例举

名称	日期	出处
姜义荣母子断卖芳平杉木桐油树	道光二十六年正月十七	《清水江文书》第一辑（4），第340页
罗迪训卖山场杉木桐油树秧草柴薪契	咸丰三年二月	《清水江文书》第一辑（8），第154页
罗迪训卖山场杉木桐油树秧草柴薪契	咸丰三年二月	《天柱文书》第一辑（8），第154页

① 贵州省锦屏县志编纂委员会：《锦屏县志》，贵州人民出版社1994年版，第509页。

② （明）徐光启：《农政全书》，岳麓书社2002年版，第609页。

续表

名称	日期	出处
姜开善断卖山场杉木茶油地、桐油地字	咸丰三年三月初八日	《清水江文书》第一辑（9），第393页
姜开生、姜开吉弟兄二人断卖山场杉木油桐茶油木字	咸丰四年七月十八日	同上，第394页
黄汉林卖桐油树柴山木植地荒契	光绪八年二月十八日	《天柱文书》第一辑（3），第13页
杨由喜卖油树并油桐树契	民国十四年五月二十八日	《清水江文书》第一辑（3），第52页
张玉林、张玉贵卖基地山土阴阳二宅桐茶五色杂木等契	民国三十年十月二十八日	《清水江文书》第一辑（1），第118页
张玉林、张玉贵卖基地山土阴阳二宅桐茶五色杂木等契	民国三十年十月二十八日	《天柱文书》第一辑（1），第118页

此外在天柱县档案馆收集的此类文书还有《道光二十六年姜义荣母子断卖芳平杉木桐油字》《咸丰三年二月二十九日罗迪训立卖山场杉木桐油秧草柴薪字》等。“桐油”，即油桐树。从表3以及天柱档案馆收集的文书内容看，这是一种以杉木为优势树种，并兼种油桐的混交林种植模式。具体做法是油桐树多作为辅助树种散生于杉树林中，栽培移植多以“混合间植”为主。或桐树与杉、茶等树木间植，即“桐树幼苗常种植于大树下，故大树截去，幼苗已长成而可代生产矣”①。

从上可见，清朝至民国时期，油桐与杉木等树种的混合栽培已十分盛行，这一混交林做法，值得关注问题有三：其一是杉桐“混合间植”育林模式不仅能提高森林生态系统之物种多样性，还有利于桐林规模的扩大，保证当地林农的经济收入，促进当地桐油生产持续稳定的发展；其二是油桐树、油树脂的不是同一类经济树种，油桐树是落叶阔叶树，即我们本文探讨的经济树种之一。油树是油茶树，该树系常绿阔叶树。因为是山林买卖，故需要做认真书写；其三是这样的混交林是为了提高对病虫害的预

① ［美］康堪农：（C. C. Concannon）：《桐油概况》，凌锡安译，贺闿校，实业部汉口商品检验局，1933年，第56页。

防，就是今天在清水江流域的杉木林经营中还得种上桐树、油树、杨梅树等。此类树木种植比例大约在15%，对此类种植的原因。彭泽元、覃东平在其《锦屏县集体林区林业产权制度改革实验调查报告》中言，“从（锦屏）林业生产来说，单一的树种不利于病虫害的防治，混交林更利于树木的生长”①。这一论断乃是最有力的佐证，足以揭示多树种混合种植的经济价值和生态价值。

三　余论

从上可见，清代至民国沅江流域油桐诸人工营林的发展，除了政府的鼓励、经济的刺激外，还与各族居民在经营人工桐林的过程中所形成的本土知识直接关联，这样的知识属林业文化遗产的重要内容，因此加深其研究，以推动我国的生态文明建设。

（一）强林业资料的收集、整理工作，以形成林业文化数据库

我国是一林业大国，历史上留下了丰富的文献资料，这些资料包括正史、档案、方志、私家著书、各类乡土文献等，这些资料内涵林业知识甚多。值得一提的是，这样的知识甚为分散，需要做系统的资料收集、整理和研究工作，为推进我国的生态文明建设，形成林业文化数据库就显得甚为重要了。

（二）加强民族学田野调查，提高林业文献的释读

典籍文献对于林业文化这样的知识记载，由于历史久远，文字简略，或由于历史的发展，这样的知识系统有的我们已经很难对此加以理解了。年鉴学派认为，地理环境和民族文化是长时段的历史过程，这样的知识系统属年鉴学派长时段事宜，在民间目前还有活态呈现。因此展开田野调查研究，就需要我们进行多次田野调查取证，通过历史文献与田野获取信息的有机结合，一定程度可以深化对我国林业文化的认识，进而推动林业文化遗产的保护、传承和申报。

---

① 彭泽元、覃东平：《锦屏县集体林区林业产权制度改革实验调查报告》，载《贵州民族地区生态调查》（贵州民族调查卷十八），贵阳市实验小学印刷厂印刷，2001年，第139页。

（三）加强学科互动交流和合作

林业发展史属跨学科研究范畴，学科涉及人类学、民族学、地理学、生态学、土壤学、农医药学、历史学等，只有加强国内外多学科学者的互动交流，才有可能真正推动对我国林业文化的认识，也只有这样才能加深对林业文化遗产的保护和传承，进而促进我国生态文明建设。

唐继尧生态保护法治思想与《修改云南种树章程》

尹　仑*

1917 年 7 月，为了反对针对张勋复辟以及段祺瑞解散国会，并支持孙中山的护法运动。唐继尧在云南发起反对北洋军阀的靖国战争，任护法运动靖国联军总司令、元帅。1918 年，唐继尧被推为护法军总裁之一，并把滇黔所部八军编成靖国军，号称“滇黔靖国联军”，唐继尧担任滇川黔鄂豫陕湘闽八省靖国联军总司令。

靖国战争期间，云南成立了“靖国联军总司令部”，靖国联军总司令唐继尧在其颁布的一系列政策与法规中制定了一部涉及森林生态环境保护的法规：《修改云南种树章程》，这一章程的制定标志着唐继尧生态保护法治思想的正式形成。

通过梳理唐继尧生态保护法治思想形成的历史背景，揭示其形成过程，笔者认为《修改云南种树章程》不仅只是唐继尧根据云南森林等自然资源丰富的实际情况而提出的一项森林资源利用的资源法规，而更是在云南特殊的生态环境背景下，针对森林等自然资源的可持续利用，提出的生态环境保护法规。同时，《修改云南种树章程》也是我国较早的一部生态保护法规，在当时既是一项因地制宜的地方生态保护法规，更是一项在国

---

* 尹仑，（1974—）白族，博士，云南省社会科学院研究员、中央民族大学“111 引智计划”民族生态学基地客座研究员，中国社会科学院国家文化安全与意识形态建设研究中心特邀研究员。主要从事生物多样性与传统知识研究。本文系云南省哲学社会科学研究基地云南藏族传统生态文化研究阶段成果（课题编号：JD2014YB01），云南省中青年学术技术带头人后备人才培养阶段成果（课题编号：2015HB084）、云南省社会科学院智库课题民族地区生态补偿机制研究阶段成果（课题编号：2015YNZK009），云南社会边疆与生态环境变迁创新团队阶段成果（课题编号：2015CX001）。

家层面具有普遍意义的生态保护法规。

当前对于中国近代生态环境法制的研究存在这以下的局限和问题：

①由于历史原因，对于民国时期涉及环境保护的法律法规研究还显得不足，特别是地方性法规，更是空白，鲜有人问津，这不能不说是一个遗憾；

②仅仅局限于历史学或者法律学的单一学科研究。单一学科的研究视角，特别是缺乏生态学的参与，往往难以揭示中国近代生态环境法制的意义；

③传统历史学的研究往往重视政治、经济和文化史，而在一定程度上轻视甚至忽视生态史，特别是生态法律史；

④法律学更多针对法律条文本身的研究，而忽视了生态环境法制和法律所针对的生态环境的研究；

⑤以往的研究往往集中于中央层面，而对地方性的法规没有给予关注。

因此，笔者将从民族生态学的视野出发，结合生态学、法律学和历史学，采取跨学科交叉的研究理论和方法，在共建绿色丝绸之路的“一带一路”战略背景下，开展对唐继尧生态保护法治思想与《修改云南种树章程》的研究，发掘其对今天我国制定和完善生态环境保护法律的历史意义、生态作用和法律价值。

一　唐继尧生态保护法治思想形成的历史背景

唐继尧生态保护法治思想主要基于变法图强的维新思路、以法治国的革命理想、振兴实业的革命需求、丰富多样的森林资源和各民族的传统法规 5 个方面的时代背景之下。

（一）清末新政变法图强的维新思路与探索

清朝末期，由于鸦片战争等一系列战争的失败，帝国主义列强加紧了对中国的侵略和掠夺，中国逐步沦为半殖民地半封建国家，社会经济结构急剧变化，为了应对内忧外患以挽救岌岌可危的清朝统治，同时受到国际社会法律思想的影响，清政府决定实行变法，修改原有的法律制度并制定新的法律，以适应新的形势。在法律体系上，清政府改变了“诸法合体”的传统法律体系，制定了宪法和许多独立的法典：1901 年，清政府宣布

“变通政治”，推行“新政”和仿行“宪政”，在这一背景下，清政府进行了频繁的立法修律，制定和颁布了一系列中国法律史上前所未有的新法律，为中国近代法律体系框架的建立和全面走向近代法制开创了道路。1906 年清政府宣布《预备立宪谕》，1908 年清政府颁布中国历史上第一部宪法《钦定宪法大纲》，1911 年清政府颁布《从宪法重大信条》十九条。同时清政府对原有《大清律》进行修改，并在此基础上制定了中国近代第一部专门针对刑法律的《大清现行刑律》和《大清新刑律》、第一部针对民法的《大清民律草案》、第一部针对商业的《大清商律草案》、第一部破产法《破产律》，以及《法院编制法》《违警律》《商法总则草案》《亲属法草案》等。① 虽然历史没有给清政府机会制定专门的生态环境保护律法，但上述这些改革措施为后来唐继尧生态保护法治思想的形成奠定了历史基础。

（二）辛亥革命以法治国的革命理想与实践

1911 年 11 月 1 日，辛亥革命后云南成立了“大中华国云南军都督府”，公推蔡锷为云南军都督。云南军都督府成立后，制定了各项政务的章程、倡导法治。1912 年军都督府令：“共和以法治为基……现政府成立，自应实行法治，各省长官各军队长官恪遵约法。倘再有逞私谋夺情事，务必按法惩治。”同时，在都督府本部设置法制局，拟定一切暂行法规。行政机关部署完备后，又分设立法、司法两机关，以确定三权鼎立之基础，立法权属议会，司法权属审、检厅。② 辛亥革命后，云南军都督府还颁布了《云南森林章程》，是中国第一部森林生态保护法规。

1912 年民国政府设农林部，由山林司主管林业，拟定《林政纲领十一条》。1914 年 11 月公布《森林法》共 6 章 32 条。1915 年 6 月，又公布了《森林法实施细则》20 条。在公布《森林法实施细则》的同时，还颁布了《造林奖励条例》11 条，对造林却有成绩者依造林面积的大小，分别给予奖章，以示奖励：若“造林达 1000 亩以上，成活 5 年以上者，核给一等奖章；造林面积达 3000 亩以上，成活 5 年以上者，得由农商部呈请，大总统特别奖”。当时的农商总长还就扩大造林，大量培育苗木，选择树种等问

① 李刚：《大清帝国最后十年——清末新政始末》，当代中国出版社 2008 年版，第 60 页。
② 周钟岳、蔡锷：《云南光复纪要》，云南省社会科学院文献研究室，1991 年，第 2 页。

题上书总统。上述我国这部《森林法》及其细则和条例虽然较世界上第一部森林法——法国的《森林法》，晚了近100年之久，但与当时其他国家相比，则差距不大，如比日本仅晚了17年，而比英国还早5年公布。①

辛亥革命时期对以法治国革命理想的追求，以及云南军都督府《云南森林章程》的制定，为后来唐继尧生态保护法治思想以及《修改云南种树章程》的制定在性质与内容上奠定了基础。

（三）振兴实业的革命需求

清朝末年，云南省每年的财政收入为300多万两白银，年财政支出却高达600多万两，所以需要清朝中央政府拨款和各省支持，才能维系收支平衡。辛亥革命后，各省纷纷独立，新成立的民国中央政府又无力拨款。因此“滇军政府初成立，都督以本省财政困难，民生凋敝，非急振兴实业，无以为自立之地”，“进而经营农、桑、树、畜之事。”② 靖国战争爆发后，由于军费支出浩大，云南陷入了财政困难的境地，急需发挥资源优势，振兴实业以增加财政收入、实现经济自立并恢复民生。于是，在注重农林、振兴实业的革命需求下，唐继尧产生了生态保护法治思想，并制定了包括《修改云南种树章程》在内的诸多实业章程。

（四）丰富多样的森林资源

与中原地区相比，当时云南的生产经济虽然相对不发达，但由于气候条件优越，人口较少，农业开垦有限，且少数民族居住区域广泛，在客观上保护了生态自然环境，有大片的原始森林。“滇省气候温暖，颇利农桑，山岭绵亘，尤宜树、畜。”③ 在云南优越的生态环境，特别是丰富的森林资源基础上，为唐继尧生态保护法治思想以及《修改云南种树章程》的制定奠定了物质基础。

（五）各民族的传统法规

在长期与生态环境的互动过程中，包括汉族在内的云南各民族形成了

---

① 江流：《民国时期的森林立法》，《北京林业大学学报》（社会科学版）1988年增刊。

② 李根源：《辛亥前后十年杂忆》，《昆明重九起义——纪念辛亥昆明重九起义90周年文集》，政协昆明市委员会办公厅编，2001年，第32页。

③ 孙璞：《云南光复军政府成立记》，《云南贵州辛亥革命资料》，科学出版社1959年版，第46页。

关于生态环境的观念和信仰、习惯法和制度、传统知识和乡土技术等。因此，各民族社会中都不同程度地客观存在着传统意义上的民族生态习惯法和制度，产生了对生态环境的认识、信仰、治理知识、管理技术、规范和法律，这些构成了传统民族生态习惯法和制度的要素。云南省各地的不同民族、文化和环境背景下产生的传统民族生态习惯法和制度，都是唐继尧生态保护法治思想得以形成的重要历史和文化背景。

二　唐继尧生态保护法治思想的形成

1918 年，唐继尧正式颁布了《修改云南种树章程》，并由云南省长公署核准与实施。《修改云南种树章程》的制定与颁布，标志着唐继尧生态保护法治思想的正式形成。《修改云南种树章程》共 7 章 40 条，各章的内容重点是：①总纲一章共 4 条，旨在明确章程的主旨和适用的主体；②种树权一章共 5 条，说明种树权划分为提倡种树和强制种树两种；③种树地一章共 11 条，主要规定各项公私种树权者承领国有荒地进行种树的程序；④种苗一章共 6 条，规定种树所需种子和苗木，应该按照各地方气候土壤条件、各地方发展需要来采集和培养；⑤保护一章共 5 条，规定对种植树木稽查保护和禁止盗伐的责任，对损害、盗伐、盗取及焚林所种植树木的惩罚；⑥奖惩一章共 7 条，规定对种树造林的各项奖励和惩处的办法；⑦附则一章共 2 条。从以上的章程条例可以看出，这部《修改云南种树章程》主旨在于鼓励在国有荒地进行植树造林，保护种植树木等森林资源，进行种子和苗木的栽培，制定了详细的奖励、监督和惩罚条例以加强对种植树林的管理，其中保护和奖惩两章可以明显看出受到了唐继尧生态保护法治思想的影响。

（一）“保护优先”是唐继尧生态保护法治思想的核心

在《修改云南种树章程》中，从适用主体、权利、资源、制度等层面花了大量的篇章与内容阐述了对森林的保护，特别在第五章保护与第六章奖惩，详细具体地规定了各项保护措施，以及如何对保护森林的行为进行奖励、对破坏森林的行为进行惩罚。因此，“保护”是《修改云南种树章程》的主旨，“保护优先”构成了唐继尧生态保护法治思想的核心。

今天，以习近平同志为总书记的新一届中央领导集体在多次会议中指出，要按照党中央、国务院决策部署，坚持节约资源和保护环境基本国策，坚持节约优先、保护优先、自然恢复为主方针，立足我国社会主义初级阶段的基本国情和新的阶段性特征，以建设美丽中国为目标，以正确处理人与自然关系为核心，以解决生态环境领域突出问题为导向，保障国家生态安全，改善环境质量，提高资源利用效率，推动形成人与自然和谐发展的现代化建设新格局。

云南等我国少数民族地区不仅面积广大，而且由于有着复杂多样的地理环境和气候条件，产生了丰富的植物、动物和微生物资源，因此少数民族地区是中国乃至世界的生物多样性热点地区，同时也是我国目前生态环境保护较好的地区，并且是整个国家的生态安全屏障。鉴于少数民族地区在我国生态安全方面的地位和作用，少数民族地区的发展必须首先坚持生态保护。但是，当前民族地区的生态环境保护面临以下四个方面的挑战：首先，在很多少数民族地区，由于复制和照搬东部发达地区基于大量资源消耗的传统发展模式，给民族地区的自然资源带来了巨大的威胁；其次，随着中东部工业发展的升级和换代，大量粗放、效益低下、附加值低、科学技术含量低的低端落后工业产业淘汰至西部民族地区，而民族地区为了实现经济的发展，对这些落后工业产业的进入也采取欢迎态度，这对民族地区的自然资源与生态环境造成了严重破坏；再次，由于京津冀和东部沿海等人口密集度较高地区的环境污染严重，以雾霾为标志的环境污染成为公众关注事件，在治理雾霾的国内外巨大压力下，大量污染企业迁往西部人口较少的民族地区，给民族地区的生态环境保护带来的潜在挑战；最后，由于能源产业开发、工矿产业发展、基础设施建设，在民族地区造成的环境污染事件逐渐增多，开发造成的生态环境矛盾日趋尖锐，导致野生动植物栖息地逐渐缩小、作物野生亲缘种的自然生境被破坏、生物遗传资源大量丧失，这些都威胁了国家的根本利益。

当前，在依法治国的基础上要通过法律的形式来确保我国西部民族地区的生态环境得到优先保护。因此，以“生态保护优先”为核心的唐继尧的生态保护法治思想，对今天在云南等我国西部民族地区制定生态保护法律，有着重要的借鉴意义。

（二）“持续利用”是唐继尧生态保护法治思想的重点

《修改云南种树章程》从种树、种苗、发展等章节内容阐述如何对森林资源进行发展，特别强调要因地制宜，按照各个地方的气候土壤条件，以及发展的实际需要来种植不同的树种，以利于未来的可持续资源利用。因此，“利用”是《修改云南种树章程》的目的，“持续利用”构成了唐继尧生态保护法治思想的重点。

当今世界的生物多样性热点地区往往同时也是文化多样性丰富的地区，土著民族等传统民族社会在长期的生产实践过程中，他们的传统生活生计方式与当地的生态环境之间形成了紧密的关系和相互的作用，并在此基础上形成了对生态自然资源的利用方式和知识以及治理生态自然资源的传统法律和制度。时至今日，生态环境资源仍然是土著民族等传统民族社会实现可持续发展的资本和基础，而相关的传统法律和制度可以在资源的可持续利用中发挥重要作用。但是，基于西方自然保护理念的环境保护法等法律，对土著民族等传统社会与自然生态环境之间相互依赖的关系并不认可，一些环境保护主义者甚至认为传统民族社会对生态自然资源的利用是对自然环境的破坏，因此采取现代环境法律严厉禁止。这些现代环境法律的实施，不仅剥离了传统民族社会与生态环境之间的关系，而且还剥夺了传统民族社会对生态自然资源的权力，破坏了传统生存方式及其得以实现自身改良和发展的机会。例如前面所述北极地区因纽特人的狩猎方式，欧洲唯一的土著民族萨米人对自然资源的利用方式等，都引起了土著民族与环保主义者、传统法律与现代环境法律之间的冲突。

中国少数民族地区也同样面临相似的问题，例如基诺族、独龙族等云南少数民族传统的刀耕火种方式被认为是对森林环境的破坏，藏族在高山牧场实施传统的放火烧荒制度被认为威胁了国家自然保护区的生态环境等等。而今天的研究证明刀耕火种是当地少数民族在适度人口规模下，合理利用和保护当地生态资源的方式，牧场放火制度也是藏族控制牧场野生有害杂草、防止牧场退化的有效方式。

当前，我国民族地区生态法律制定的重点就是尊重少数民族对当地生态自然资源的合理利用，以此实现民族地区可持续发展的权利。而以“持续利用”为重点的唐继尧的生态保护法治思想，对今天在云南等我国西部民族地区制定生态资源合理利用法律，以促进当地可持续发展，具有重要的借鉴意义。

三 唐继尧生态保护法治思想的价值

当前，在我国开展依法治国、绿色丝绸之路与生态文明建设的背景之下，为了更好地运用法律手段来保护生态环境，特别是民族地区的生态环境，就有必要对历史上涉及生态环境保护的相关思想与法律进行分析和研究，包括唐继尧的生态保护思想与《修改云南种树章程》。

（一）形成了中国近代较早的一部生态环境保护法规

民国之前的中国历代中央政府和各民族地区地方政权虽然都有涉及生态环境保护的相关律法，以及传统习惯法等，但大多归于农业、畜牧业等关于生计的律法中，而没有单独成法。清末民初，由于政治社会的变革，以及经济发展的需要，使得林业的作用日益重要，并逐渐受到政府的重视，需要制定专门的法规加以保护。我国历代涉及生态环境保护的相关律法以及传统习惯法，世界其他国家的相关法律，为当时我国制定和颁布专门的生态环境保护法律奠定了基础。在唐继尧生态保护法治思想的基础上形成的《修改云南种树章程》，是我国较早的一部独立的、专门的生态环境保护法规，虽然当时的生态环境保护主要指保护森林、防止水土流失、禁止纵火和乱砍滥伐等，但《修改云南种树章程》的制定、颁布于实行，无疑是我国生态环境法律的一个重要里程碑。

（二）形成了中国近代较为完善的生态环境保护法规

《修改云南种树章程》涉及各类森林的定义、权属与功用划分、全省森林资源的普查、严禁砍伐森林并要求各地主动植树造林、国有地植树造林的程序、对违章伐木的惩处、保安林的清晰界定、保护森林生态环境的具体补偿措施、森林警察的权责和对森林保护的法规、破坏森林生态环境的法律责任、对盗窃森林资源与破坏森林环境行为的处罚细则等等。由此可见，《修改云南种树章程》是一部森林生态环境保护的法规，其生态环境保护宗旨清晰和明确，相关条例完备而详细。同时，《修改云南种树章程》有些条例的制定思路在当时非常先进和新颖，就是放在今天也不过时，例如规定了对私有保安林所有者的补偿，非常类似今天的生态补偿机制。

（三）为民国时期云南省制定相关森林法规奠定了基础

《修改云南种树章程》制定和实施之后，云南省公署在其基础上，又颁布了《云南森林诉讼章程》等一系列法律条文。

《云南森林诉讼章程》共 5 章 29 条。各章的内容重点是：①总则一章共 7 条，旨在明确森林诉讼的范围包括森林烧毁、森林窃盗、森林损害、森林争执四类；②诉讼程序一章共 2 条，规定了诉讼内容和诉讼费；③审判程序一章共 7 条，规定了受理、传唤、证人和宣判事项；④上诉程序一章共 10 条，规定了上述部门、上诉理由、上诉期限和终审决定；⑤附则一章共 3 条。可以看出，《云南森林诉讼章程》总则一章森林诉讼的范围正是建立在《修改云南种树章程》对森林保护和奖惩条例的基础上。

四 唐继尧生态保护法治思想的意义

习近平同志指出：只有实行最严格的制度、最严密的法治，才能为生态文明建设提供可靠保障。要清醒认识保护生态环境、治理环境污染的紧迫性和艰巨性，清醒认识加强生态文明建设的重要性和必要性，以对人民群众、对子孙后代高度负责的态度和责任，真正下决心把环境污染治理好、把生态环境建设好，努力走向社会主义生态文明新时代，为人民创造良好生产生活环境。①

唐继尧生态保护法治思想不仅具有重要的历史价值，而且还具有值得借鉴的现实意义。在这一思想上形成的《修改云南种树章程》是中国近代史上较早的部涉及生态环境保护的法规，研究这一法规，对今天我国的历史学界、法学界和生态学界都具有重要的意义。

首先，研究唐继尧生态保护法治思想形成的历史背景以及《修改云南种树章程》的制定内容，发现其中的规律和特点，为当前环境保护的法制建设提供参考；其次，研究唐继尧生态保护法治思想与《修改云南种树章程》，分析和总结其经验，为当前环境保护的立法提供参考；再次，研究唐继尧生态保护法治思想的核心价值与特点，为构建我国环境保护法的理论体系提供参考；最后，研究唐继尧生态保护法治思想的历史经验，对我

---

① 吴大华：《制度建设是生态文明建设的重中之重》，《人民日报》，2016 年 10 月 14 日 07 版。

国当前依法治国有着重要的历史与现实价值。

当前，研究唐继尧生态保护法治思想对于促进云南省乃至我国民族边疆地区民族政策的完善和民族法制的健全、全面建设民族地区的法治社会具有直接的重要意义。依法治国是我国民族地区社会文明进步的显著标志，是边疆和民族地区长治久安的重要保障，是实现民族地区生态文明和可持续发展的必然要求。未来，应该吸取包括唐继尧生态保护法治思想在内的历史上优秀的思想与实践，进一步完善民族政策、制定民族法律，以解决我国民族地区在发展进程中面临的新问题和新挑战。

同时，今天在新的历史时期，中国在《推动共建丝绸之路经济带和“一带一路”的愿景与行动》中，提出了突出生态文明理念，加强生态环境、生物多样性和应对气候变化合作，共建绿色丝绸之路。因此，生态文明是我国“一带一路”战略中的重要议题之一，研究唐继尧生态保护法治思想与《修改云南种树章程》，可以为今天我国环境保护的法制建设提供历史借鉴，对云南省乃至我国开展依法治国与“一带一路”生态文明建设都有着积极的意义和一定的推动作用。

主粮政策调整与环境变迁研究

——以中国南方桄榔类物种盛衰为例

耿中耀*

《礼记·王制篇》言："修其教，不易其俗；齐其政，不易其宜。"这可以说得上是中国历代王朝治国理念的理想化总结。但这毕竟仅是一种理想化的总结，实践操作中还会出现意想不到的例外。随着中国多民族国家的建立和统一，朝廷出于维护"大一统"的需要而出台的相关政策，在面对异质性很强的生态系统和民族文化时，要真正做到"不易其俗"和"不易其宜"的治国理念，也就不得不作出变通了。具体到主粮政策而言，在历史的认识水平和技术条件下，朝廷先后在全国范围内普遍推广种植过小米、小麦、稻米和玉米等粮食作物。其结果，不管是有意，还是无意，都不可避免地要对异质性很强的生态系统和少数民族文化造成干扰，从而引发相关文化转轨和相应的生态副作用，甚至还有可能造成不可挽回的生态灾变。在历史上的很长一段时间内，中国古代的南方各民族居民，都将桄榔类物种作为主粮作物，去加以种植和利用。其后，在各朝主粮政策的干预下，随着税收粮食结构变化和民族的生计转型，桄榔类物种也就逐步退出了相关民族的食用范围，最终沦落为"濒危野生植物"。其间的启迪价值正在于，无论古今中外，相关机构在制定主粮政策时，尽可能关注一下主粮结构的物种多样性，那么于国于民，总会大有裨益。

* 耿中耀（1989—），男，贵州威宁人，吉首大学博士研究生。研究方向：生态人类学。

一 桄榔类物种境遇变迁：古今中外的视角

“桄榔”类植物，频繁见诸中国古代历史文献之中，包括历代正史、私家著述、诗词歌赋的汉文典籍，以及南方各民族的神话故事、古经、古歌等民族资料，都有较多的记载。单就汉文典籍而言，相关名称纷繁复杂，除最常见的“桄榔”外，还包括“姑榔木”“面木”“莎木”“铁木”“酒树”“南椰”“糖树”“董棕”等。这些名称多数都是就其外貌特征和功用而启用的专称，有的却是来自少数民族语言的音译结果。从分类学上看，文献中所称“桄榔木”类作物，主要包括了棕榈科桄榔属（*Arenga*）的桄榔（Arenga westerhoutii Griffith）和砂糖椰子（Arenga pinnata（Wurmb）Merr.），以及棕榈科鱼尾葵属（*Caryota*）的董棕（Caryotaochlandra Hance）等的众多物种。

考古学已从发掘的遗迹中鉴定出，生活在热带雨林中古代人类，于更新世晚期全新世早期就已掌握了从桄榔类植物中提取淀粉的科技。① 中国境内发掘的材料也证明，从史前时期到水稻尚未在南方驯化以前的这一历史岁月中，岭南地区的古人也以桄榔类作物以及其他块根类作物作为重要的食物来源。② 可见，人类对桄榔类植物的利用历史较为久远。而中国南方各民族利用桄榔类作物的实情，进入有文献可考的时代，则迟至两晋时期。幸而，此后能够深入南方地区的中原文人学者们，都惊叹于该类植物的独特与神奇之处，并对桄榔类植物的生物属性和相关民族文化作了准确的观察和记录，从而留下一批珍贵的文献资料，能够让今天的研究者得以展开相关题域的探讨。

从文献记载来看，桄榔类植物的用途比较广泛，其根、茎、叶、花、果等每个部位都可以在相关民族文化中派上用场。该类植物的髓部，可提取淀粉充作粮食之用。古人云：“擣筛作饼”，“磨屑为饭”③，“用作面食，

① Barton，H. The case for rainforest foragers：the starch record at Niahcave，Sarawak. *Asian Perspectives*，2005，44（1）.

② Xiaoyan Yang，Huw J. Barton，Zhiwei Wan，Quan Li，Zhikun Ma，Mingqi Li，Dan Zhang，Jun Wei. Sago－Type Palms Were an Important Plant Food Prior to Rice in Southern Subtropical China. *Plos One*，2013，8（5）.

③ （清）吴其浚：《植物名实图考长编》，商务印书馆 1959 年版，第 888—889 页。

谓之桄榔面"[①]，"其心为炙，滋腴极美"[②]，以及"人民资以为粮"[③] 等，无疑不是对秦汉魏晋时期南方各民族将桄榔类植物作为粮食利用的真实写照。甚至到了清代，诗人舒位还将这样的生活图景描写为"年年饱吃桄榔饭，不信人间有稻粱"[④]。这样的观察和记录，直截了当地证实当地各族人民将"桄榔"作为主粮作物利用的实情。重要的是，这样的食品还一直被中医学家认为是治疗疾病的良药。如古代医学典籍中记载的药用功效有"补益体虚乏力，腰酸""补益虚冷""（久服）轻身""辟谷""消食""长生"等。[⑤] 直到今天，广西龙州的壮族和云南贡山的独龙族民众，还将该类植物定位为食药两用的作物。

桄榔类植物的木质部分，也是相关民族日常生活中不可或缺的器用材料。如由于木性坚硬，可以用来制作"鋘锄（锄头）""锃铤（箭头）"[⑥] 等生产工具；又由于具有耐咸水的功效，常常被古人用来削成"木钉"，以代铁器造船，既能防海水腐蚀船身，还不会阻碍指南针的正常运行[⑦]；再由于树茎中空，将其剖分为二后就可直接作为"盛溜"（即水槽、渡槽）使用，不仅能做到"力省而功被"，还能确保百年不腐；[⑧] 又因其木性有纹理，并呈紫黑色，也就成为制作"弈秤""博弈局"等工艺品的绝好材料。[⑨] 另该类植物所能提供的纤维较为柔软，也耐咸水浸泡，因而妇女们可采之"织巾子"，男人则用来制成固定船舶缆绳。[⑩] 此外，该类植物花序中的汁液，可提取来制作饮料、酒和糖等，嫩芽可作为蔬菜食用，成熟的叶片可盖屋顶、作包装材料，根可制作鼓（乐器）等。

凭借上述前人的研究成果即可知，在特定历史时期内，桄榔类物种在中国南方地区众多民族的食衣住用行中，一直是一种不可或缺的重要植

---

① （晋）张华：《博物志》，上海大学出版社2010年版，第246页。

② （清）吴其浚：《植物名实图考长编》，商务印书馆1959年版，第888—889页。

③ （晋）常璩撰，刘琳校注：《华阳国志校注》，巴蜀书社1984年版，第455页。

④ 丘良任、潘超、孙忠铨等编：《中华竹枝词全编·七》，北京出版社2007年版，第60页。

⑤ （明）李时珍：《本草纲目（金陵本）新校注·下册》，中国中医药出版社2013年版，第442页。

⑥ （清）吴其浚：《植物名实图考长编》，商务印书馆1959年版，第888—889页。

⑦ （明）方以智：《物理小识下》，商务印书馆1937年版，卷之八·第二〇七页。

⑧ （宋）周去非：《杨武泉校注·岭外代答校注》，中华书局1999年版，第293页。

⑨ （清）吴其浚：《植物名实图考长编》，商务印书馆1959年版，第888—889页。

⑩ 同上。

物。该类树种真可以说得上是文化建构中最具多样性用途的树种之一。但令人迷惑的是，该类植物在中国大地上的境遇，可以称得上是命途多舛，有其辉煌的时代，也曾几度遭受冷遇。近代学者就考订出，桄榔在中国近两千年来的分布范围，其北界由 33°N 南退到了 22°N，共缩减了 9 个维度。① 到了当代，桄榔类植物已基本退出了中国南方各民族种植与利用的文化建制，仅是在少数边远地区还偶有活态传承。再到 1999 年 8 月，国务院正式出台了《国家重点保护野生植物名录（第一批）》文件，标志着桄榔类植物中的董棕，在中华大地上的社会待遇正式进入了“濒危植物时代”。

美国人类学家西斯敏回顾了人类文化演化历程后，对人类的饮食特征作出这样的归纳：“多数大型（以及很多小型）定居文明都是建立在某种特定碳水化合物的耕种之上，例如玉米、土豆、水稻、粟和麦。”② 这一观点主要是从人类自身的生物属性需求出发，而考虑主粮作物的选择与确立，有其合理性的一面，但还须补充另一个同等重要的因素。即某一物种能否成为人类餐桌上的“主食”，其间另一个最具决定性的因素，乃是被选中的作物能否更好地服务于当时政权的统治需要。桄榔类植物本身富含淀粉、糖分和纤维等，理当是人类所需碳水化合物的重要来源。但在中国历史上，该类植物的遭遇却充满了曲折和艰辛。其原因正好在于，这类植物的每一次群落规模扩大与萎缩，所受到的吹捧与冷遇，无不都与历代王朝所实施的主粮税收政策有关。

大致而言，中国历史上实现了“大一统”的王朝，均颁布过法令在南方地区推广种植过不同的主粮作物，并对该地生态环境与相关民族文化造成深远影响。对中国南方各民族而言，尤以如下三个时期最具代表性：秦汉时期的粟和麦推广；唐宋时期的水稻推广；清至民国时期，玉米、马铃薯等美洲作物的推广。桄榔类物种正是在这三次（主要是后两次），与其他粮食作物的“争地战”中处于不利地位，从而导致其分布地域南退与群落规模萎缩。

粟和麦推广种植，对桄榔类植物的原有生存空间威胁并不太大。原因

---

① 萧洪恩、胡晶晶编著：《天人之镜——长江流域的生态世界》，长江出版社 2013 年版，第 70 页。

② ［美］西敏司：《甜与权力·糖在近代历史上的地位》，王超、朱建刚译，商务印书馆 2010 年版，第 20 页。

在于，粟和麦都是北方旱地作物，很难适应南方地区温暖湿热的气候环境。相关民族仅是出于完成缴纳国赋皇粮的需要，而使用“刀耕火种”方式奉命种植这两种作物。其原有传统生计体系尚能得以稳定延续。但需要警惕的则是，文化经过超长时期积累后，其后续的影响力也不能低估。对此，宋代诗人阮阅有诗云：“却喜年年种穄麦，山中不用有桄榔。”① 这正是对这一政策执行后果的真实写照。至于能真正威胁到桄榔类植物的生产空间，以及造成相关民族生计体系转轨的事件，尤以唐宋时期稻米的推广，以及清代美洲作物的引入推广最为直接。

唐代后期颁布的“两税法”付诸实践后，稻米被国家确立为税收主粮之一，从而在中国的广大南方地区普遍推广，稻田的开辟自然就会得到国家的大力支持。而稻米的最佳种植带，又恰好是桄榔类物种的传统分布区。这就必然会导致桄榔与稻米相互争地这一尖锐的土地资源利用矛盾。而稻米有了国家作为强有力的支持后盾，必然会在这一争地大战中处于优势地位，从而能够轻而易举地占领桄榔类植物的生长空间。事实上，两种作物争地背后，实质乃是不同文化之间摩擦与冲突。对于习惯了北方食谱的汉族文人和官员来说，南方各民族的美味佳肴，然而会被贴上了“野蛮”和“落后”的标签。如唐诗中“桄榔面碜槟榔涩”，“面苦桄榔裛(制)，浆酸橄榄新”“满箧香粳无处用，邮亭一饱待桄榔”② 等类似的价值判断，都将注定了其后桄榔的命运必将举步维艰。南方各族民众在这样的影响下，最终都会放弃作为粮食食用的桄榔树种植，而将其原生地逐步开辟为稻田。

有幸之处在于，桄榔是一种适应性很强的植物，它不仅可以在平原地区生长，也可以在崎岖不平的丘陵和山谷之中保持茂盛的生命力。此外，该类植物所具有的其他用途，如药用、建材用、纤维用、工具用等，在当时都还没有可以替代的产品。以至于尽管桄榔类植物在平坝地区的生长地陆续被稻田置换后，在山地丘陵地区的群落规模依然十分可观。也就是说，在唐宋时代，位于中国稍微边远的民族地区，桄榔类植物作为粮食作物和经济作物的社会基础，依然得到了稳定的传承和延续。但此后，该类

① 摘自［宋］阮阅《郴江百咏并序·桄榔山》。

② 分别摘自（唐）元稹《送岭南崔侍御》；（唐）白居易《送客春游岭南二十韵》；（宋）孔武仲《书事二首》。

植物由于远离国计民生大政的需要，得不到国家政策的支持和保障，以及社会普遍的接纳和认可。其结果很自然地为桄榔类物种的衰落，并逐步濒临灭绝开创了历史的先河。

到了清朝至民国时期，国家又在南方地区大规模推广种植玉米、马铃薯、棉花、甘薯、甘蔗、烟草等作物。最重要的是，这些作物都可以在丘陵山区广泛种植。这将意味着这批作物的推广对丘陵山区桄榔的种植用地，又构成新一轮的尖锐矛盾。再随着20世纪以来现代科学技术的发展，桄榔的其他用途也被新兴材料陆续取代，其经济价值也随即被置换掉。在这样的国内外大背景下，桄榔类植物的处境越来越艰难，到了20世纪中后期后，仅仅在边远山区和某些少数民族地区，才有极为有限的群落得以幸存了。最终，该类植物沦为需要国家出台保护政策，去拯救其物种延续的地步。

桄榔类植物是在上述两次“争地战”过程中失利后，其物种群落大幅度萎缩，物种活态传承受阻。其中所蕴含的事情，则是“大一统”的朝廷制定的同一政策在实施过程中，所引发的意料之外的生态问题。一部中国历史上桄榔类物种的境遇变迁史，浓缩了一部中华帝国的朝廷更替史，以及各个王朝对南方地区的统治史。另一个实质性的问题，还是南方当事各民族在跨文化传播过程中，对异文化的接受和消化失败后连带发生的后果。可以说，桄榔类植物的最终衰落，于国家和当事民族而言，都可以说的上是一个历史的悲剧。但当代人面对这样的悲剧，我们当然不能可能追究任何人的责任，但却需要澄清引发这一悲剧的社会原因，更需要探讨其未来的发展趋势，特别是在当下生态建设中的不可替代价值。

当代，具有借鉴价值的是，在东南亚和南太平洋群岛的几十个国家中，相关民族还将桄榔类植物作为重要的粮食作物和经济作物，进行规模性的栽培和利用。而且各民族在利用的过程中，不仅维护了此类作物的物种稳定延续，还对相关地区的生态安全作出了积极贡献，并因此而获得了可观的经济收入。在印度尼西亚境内，苏门答腊岛、苏拉威西岛和爪哇岛上的各族居民，均发展起种植、栽培和利用桄榔类植物高效技术体系。①

---

① Endri Martini, James M. Roshetko. Aren (Arenga pinnata (Wurmb) Merr.): *Traditional management system in Batang Toru, North Sumatra and Tomohon, North Sulawesi, Indonesia.* Paper prepared for The First International Conference of Indonesian Forestry Researchers (INAFOR) Bogor, 5 – 7 December 2011. pp. 522 – 561.

印度的各民族的文化中，也将桄榔类树种进行全面的利用，真正成了该国人们的"生命之树"和"天堂之树"。[①] 在泰国，桄榔类树种同样泰民族用来提取面食、饮料、蔬菜和酒等各种食品，并对生态维护价值的潜能进行了创新利用。[②] 类似情况不一而足，在越南、老挝、柬埔寨等国家和民族中，该类植物同样还在被广泛地种植和利用。

在全球人类共同面对食品安全、自然灾害、天然能源枯竭等威胁的大背景下，桄榔类植物正以其独特的生态价值和经济价值备受关注。事实上，该类植物已经成了海外各国学者眼中的"明星树"，相关研究正开展得如火如荼。这与中国境内所受到的待遇，简直不可同日而语。在他们眼里，似乎人类的未来和福祉就只能寄托于该类植物身上。如一部分研究者看中桄榔类植物对维护生态环境的重要作用，从而倡导将该类植物作为设计农林复合系统的重要物种去加以栽培，以此达到防范水土流失，维护土壤肥力等生态建设的目标。[③] 部分研究者对该类植物的纤维、木质、淀粉等不同部位进行开发利用，以此用于替代非可再生能源，并期望这类作物的推广种植，有助于化解当下的化石能源紧缺困境。[④]。总之，进行中外的对比后，桄榔类植物在中国当前的境遇不容乐观，相关研究也显得滞后于时代发展的需要，而且从学理层面上看完全不合情理。这才是值得学界深刻反省的重大时代要求。

二　桄榔境遇变迁引发的生态后果

协同进化是生物学术语，其大致含义是指凡属纯自然状况下发育出来的生态系统，不管它属于哪一种类型，还是哪一种样式，系统内各生物物

---

① G Rangaswami. Palm tree crops in India. *Outlook on Agriculture* , 1977 , 9 (4) : 167 – 173.

② Ratchada Pongsattayapipat, Anders S. Barfod. Economic botany of Sugar palms (Arenga pinnata Merr. andA. westerhoutii Griff, Arecaceae) in Thailand. *THAI JOURNAL OF BOTANY* 1 (2): 103 – 117, 2009.

③ J. MOGEA , B. SEIBERT and W. SMITS. Multipurpose palms: the sugar palm (Arenga pinnata (Wurmb) Merr.) . *Agroforestry Systems* 13: 111 – 129, 1991.

④ M. L. Sanyanga, S. M. Sapuanab, M. Jawaidc, M. R. Ishakd, J. Sahari. Recent developments in sugar palm (Arenga pinnata) based biocomposites and their potential industrial applications: A review. *Renewable and Sustainable Energy Reviews*, Volume 54, February 2016, pp. 533 – 549.

种之间，都必然发育成相互制衡、相互依存的共生关系。按照这一理论，同一个生态系统内的各生物都有其特定的存在价值，都会与其他共生物种结成错综复杂的物种能量和信息流动关系。以至于任何一种物种的缺位，都可能引发生态系统的重组，甚至会诱发为整个系统运行的失衡，进而还会影响到人类自身的稳定延续。桄榔类作物因政策原因而导致的缺位，也会引发类似的效用，并以生态退变，甚至是生态灾变的形式表现出来。因而可以将这样的结果，称为桄榔物种群落萎缩引发的生态负效应。

桄榔类植物均属单子叶乔木，其开花结实的周期比较长，通常都在十年，乃至数十年才会开花结实。而且这类植物的植株，在其生命周期中一旦开花结实后，就会自然枯萎死亡。因而，其群落的地域分布范围及规模的大小，都主要依靠其他伴生物种进行种子传播去完成。同时，还借助其他物种帮助它度过一生中各式各样的种间竞争难关。对此，当代的研究者已有了共时态的调查资料和分析模型。如 Scott Zona、Andrew Henderson 的文章《棕榈科植物种子传播的动物媒介回顾》一文，通过梳理前人的研究成果，总结出全世界对棕榈科植物种子传播能发挥关键作用的动物，就包括鸟类、哺乳类、爬行类、鱼类，乃至昆虫等；而东南亚、南亚的亚热带和热带地区的桄榔属和鱼尾葵属的几种植物，主要是依靠鸟类和哺乳类动物进行种子传播。① 有了这样的共时态研究资料作为参照，再回顾中国历史文献后发现，在历史上有利于桄榔类植物传种及繁衍的重要伴生物种，其命运大多都和该类植物一样，到了当代也处于濒临灭绝的境遇之中。具体实例有如下一些：

"桄榔"一词因被汉族文人赋予了文学韵味，而频繁见于古代诗词之中。从而有幸能让今天的读者，透过这样的诗词去窥见历史上桄榔类植物的生存环境，以及与之相互伴生物种的协同共生关系。如（唐）周繇《送杨环校书归广南》一诗，就是其中的代表。该诗颈联云："山村象踏桄榔叶，海外人收翡翠毛。"② 此联堪称揭示生物制衡关系的佳句。凭借后人的

---

① Scott Zona，Andrew Henderson. *A Review of Animal - Mediated Seed Dospersal of Palms. Selbyana*，1989，11：6 -21.

② 全诗为："天南行李半波涛，滩树枝枝拂戏猱。初著蓝衫从远峤，乍辞云署泊轻艘。山村象踏桄榔叶，海外人收翡翠毛。名宦两成归旧隐，遍寻亲友兴何饶。"——《全唐诗》第十七部，上海古籍出版社 1986 年版，第六百三十五卷。

研究可知，大象的主要食物来源有“董棕树干内的柔软部分和树叶、野芭蕉（Musasp）及棘竹（Bambuzasp）的尖端部分，还有草、叶、嫩芽、水果等。”① 董棕（包括桄榔类其他植物）的髓部和叶，则最受大象喜爱。某些专家还将云南境内大象采食董棕的行为，认定为是一种破坏性的活动，而倍加防范。但如果换一个视角，我们却不得不承认，大象采食董棕的历史，可能比人类利用的时间还要早。期间，董棕并没有因为大象的采食而灭绝，大象的种群规模也没有萎缩。这就足以证明，以上的判断不足为凭。

其间的协同进化原理在于，大象的这种看似破坏性的举动，却会在无意间为残存的桄榔树苗提供一个良好的成长机会，使它在种间竞争中取胜，并能脱颖而出，残存的幼苗就有幸能长成参天大树。这将意味着，大象在破坏的同时，也是做出了建设性的贡献。自然界的生存法则就是如此，破坏与建设本身就是一种辩证统一的关系。当代学者仅看到一个方面，就断言大象的破坏性，显然有欠公平。事实上，桄榔类植物在与大象在协同进化过程中，本身就演化出了一种合作共赢的共生关系。其间的启迪价值正在于，今后在保护濒危物种董棕的工作中，可能恰好需要一点类似大象的这种“破坏”性；而在保护大象工作中，同样需要多一点董棕为它们提供食物。

此外，该诗作者看到的“猱（猴）”“翡翠（指鹦鹉）”等动物，也频繁出现在其他诗人的作品中。如“买得幽山属汉阳，槿篱疏处种桄榔。唯有猕猴来往熟，弄人抛果满书堂”“瘴海南边路浅深，客愁不待岭猿吟。无人唤得涪翁起，分我桄榔橄榄阴”“行识桄榔树，初窥翡翠巢”“桄榔满种缘山逻，翡翠新收越海墟”等。② 可见，这些动物和桄榔伴生的景象，应是当时最为常见的南国风光。也正是有了这些动物，桄榔类植物的种子才能散播开去，并能顺利萌芽，长成大树。这样的事实当然不会被外地来的诗人观察到，但对于长期生活在桄榔树下，并对其进行开发利用的当地各族民众来说，则是需要必须掌握，且世代传承的本土知识。

---

① 文焕然、江应樑、何业恒、高耀亭：《历史时期中国野象的初步研究》，《思想战线》1979年第6期。

② 于鹄《买山吟》；（宋）朱继芳《调宜州冷官不赴》；（宋）梅尧臣《送番禺杜杆主薄》；（明）汪广洋《岭南杂录（十首）》。

在今天云南个旧市卡房镇斗姆阁村存活下来的一片董棕林周边，生活着八十几户苗族村民。他们对董棕的生物属性、生长环境和伴生物种的认知，以及加工利用这种植物的传统知识和技术，一直在其文化中活态传承着。访谈中得知，当地有两种动物与董棕的关系最为直接，一种被当地乡民称为“标鼠”［piaʊ ʂu］；另一种被称为“跑岭狗”［p ‘ao liŋ kou］。根据乡民们对这两种动物的形态外貌描述，笔者找图片给他们仔细辨认后，前一种正是被我国列为“国家Ⅱ级重点保护野生动物”，被世界自然保护联盟红色名录列为“近危（NT）”的巨松鼠（Ratufa bicolor）；后一种则是被列入“濒危野生动植物种国际贸易公约（CITES）附录Ⅲ”的“棕榈猫”（Paradoxurus hermaphroditus Pallas）。当地的苗族村民们都知道，这两种动物主要就是吃董棕树的果子，吃完以后就满山跑，那些杂草石缝中的小董棕，就是在它们粪便里长出来的。乡民们这种精确的观察和生态学的研究结论相互吻合。其中隐含的协同关系在于，这些动物一方面要以董棕的果实作为食物来源，才能延续其种群；另一方面，董棕也需要借助这些动物进行种子扩散，更需要利用它们的粪便作为培养基，以此获得更高的萌芽率。

遗憾的是，上面提及与桄榔类植物相关的重要伴生物种，如大象、鹦鹉、猴、巨松鼠、棕榈猫等，在当前全部都成了需要国家出台政策保护，才能确保其种群不至于灭绝的濒危动物。在这种情况下，我们惋惜的同时，还需要明白其间的利害关系。即桄榔类植物在协同进化过程中，依靠动物传播种子的食物链已经不复存在。因而，在其生长过程中的任何一个环节，都不可能离开人类去发挥伴生生物可以发挥的作用。如果忽视了这一点，即使要有心去保护这种植物，还可能会在无意中给保护的对象造成损害。没有这样的辩证思维，我们即使能够完成桄榔类植物的群落恢复，也仅是制造了一些大型的盆景而已，而没有做到真正意义上的生态恢复。同样，对于保护大象、鹦鹉和猴子等这样的动物，我们也要坚持这样的思路。事实很清楚，生物界中的各种生物都形成一种一荣俱荣，一损俱损的协同进化关系。因而只有如此，相关动植物才可能生生不息，并得到稳定的延续。反之，就有可能引发始料不及的生态问题。

如今滇黔桂的毗邻地带，已经成了严重的石漠化灾变区。相关的生态恢复工作者，尽管付出了几十年的心血后，不说成效没有达到预期的目标，甚至是连实施方法也还在探索之中。面对此情此景，相关工作者只能归咎于任务过于艰巨，进而消极地将石漠化灾变描述为不可救药的“地球癌症”。但综合古今中外对比后，情况却大不一样。从滇黔桂这一地带的环境变迁来看，早年这里曾是茂密的亚热带丛林景观，相关民族还以桄榔类植物作为主粮作物进行种植和利用。正如上文所言，随着清代以来大规模的外来作物引入，并推广种植后，才退变为今天的石漠化灾变区。因而，要想在这一地区实施生态建设，显然得从历史的进程中吸取经验与教训。

当前，广西龙州地区已开始着手发展桄榔粉产业，但所加工的桄榔树却是从越南输入。[①] 考虑到中国广西与越南交界的边境地带，其自然地理结构也是喀斯特山区，生态结构也属于藤乔丛林生态系统。两国的相关民族，在生计方式上又具有极大的相似性。然而，令人反思的事实则是，中国境内的喀斯特山区石漠化灾变日趋严重，而种桄榔树、砍桄榔树的越南相关民族，却能长期保持青山绿水。相关研究也表明，桄榔这种植物在防止水土流失方面具有重要的作用。[②] 那么，其间的教训和启迪正在于，我们若能在中国的石漠化救治中，关注一下桄榔类植物的特殊生态价值，也许还能找到一条切实可行的救治石漠化灾变之路。这样思路对于西南地区石漠化救治是否有效，还有待进一步的研究和实践，但对于东南沿海地区的台风防范，则可以做到成竹在胸。

近年来的台风成灾记录给我们造成一个假象。即很多人认为，随着全球气候的变暖，台风的强度越来越大，受害程度越来越深，受灾面积越来越广，防范台风任务越来越艰巨。但事实果真如此吗？考虑到我国的东南沿海地区，也是桄榔类植物的原生地之一。因而，按照协同进化原则，桄榔能够存活下来，就必然要进化出具有适应和抗击台风的生物属性禀赋。

桄榔类植物的植株长得高大，且通直到顶；叶片硕大，且集中生长于顶端；主干和叶片极其坚韧，且富有弹性。这都是该类植物能够防范台风的重要体现。经验中可以看到，当强劲的台风吹过桄榔树时，其树干与叶片仅是在台风中剧烈摇动，一般不容易被吹断，也不会被吹倒。在这种情

---

① 赵乃蓉、秦红增、黄世杰：《从藏粮于山到养生食品：中越边境水口桄榔粉的生态智慧研究》，《科学与社会》2014 年第 4 期。

② WTM Smits, *Arenga pinnata* (Wurmb) Merr. In: Westphal E and Jansens. pp. 505 – 555.

况下，台风只会在树背风面形成涡流，动能随即而转化为热能，从而使贴地表的风速得到极大地削减。因而，今天要减少台风的肆虐，有计划地恢复台风频繁区的桄榔林和其他棕榈林，当然也需要红树林，应当是一项可以实施的对策。然而，要实施这样的对策，也要坚持协同进化的思路，坚持利用与维护的辩证统一。这才可以形成“滚雪球式”的社会效益，才能在保护物种的同时，既可获取可观的经济收入，又发挥了防灾减灾的功效。注意到这些理论的实践应用价值，应该是当前生态建设与维护工作中的指导思想。

上述桄榔类植物所能发挥的生态维护价值，仅是其中的有限部分而已。事实上，该类植物的其他生态价值还不胜枚举。如防雷击的效能，对伴生耐荫物种的隐蔽，粮食安全的维护，非可再生能源的开发等，对人类而言都具有不可替代的价值。而今，桄榔类植物在中国境内的价值完全得不到发挥。生态安全的挑战，却有燃眉之急。但愿当局者“先天下之忧而忧”，而不至于饮憾于未来！

三 主粮政策正负效应间的辩证关系

诚如上文分析，桄榔类植物群落在中国境内由盛而衰，甚至濒临灭绝，并留下严重的生态隐患，显然是历史进程中的一个悲剧。而酿成这一悲剧的主因，并不是来自人类自身的“破坏性”，反倒是来自人类社会中的“建设性”追求。也可以说是，历代统治者在颁布实施相关主粮政策时，其初衷是期望实现利国利民的“德政”，但在执行过程中却又招来生态的“败政”。但为何会发生这种根本性转变？显然得需要追究历代王朝主粮政策出台的依据和历史背景，才能正面回答这一历史问题。

众所周知，从秦始皇首次建立多民族“大一统”帝国已降，直到清朝初在全国范围内推行“地丁银”制度以前，在这一漫长历史时期内，历朝政府一直执行以统一缴纳某一种或某几种农产品，作为实物税赋的政策。其原因在于，国家有了这样统一的税赋政策、法定的主粮物种，行政的管理既能做到简洁易行，整体机构运转又能获得源源不断的财力支持，统一的大帝国也才会有生命力。但在中国历史上，执行这样的政策必然要面临来自民族文化差异的挑战，还得克服地域性生态差异的严峻制约。

来自文化的挑战在于，在民族文化差异较大的多民族国家中，统一推广种植有限的某一种，或者几种粮食作物，相关的民众都得在原有的生计体系上，另行学习和掌握整套的制度措施、耕作技术和加工办法等等。相比于之前，相关民族都付出额外的劳力和智力负担，而且所能获取的经济效益并不会高于朝廷腹心地带。这将意味着，在力求公平的主粮政策下，无意中会派生出经济活动过程中极大的不公平。

来自生态环境的制约在于，中国境内生态环境异质性较强，而每一种农作物都有它的最佳适应区，推广到其他异质生态系统中时，其种植成效就会大打折扣。在这种情况下单一推广的后果，就有可能会引发为严重的生态退变或生态灾害，从而导致相关地区的民众蒙受更大的经济损失和心理压力。这同样与朝廷追究公平、公正的初衷相左，对国家的繁荣稳定也会构成潜在的威胁。

这将意味着，主粮决策一经出台就必然面对着难以兼顾的困境，朝廷无论如何精密地确立主粮政策，无论任何小心翼翼地执行税收行动，都必然不可能兑现公平公正的施政目标。由此引发的矛盾和冲突总是不可避免，严重时还直接导致了王朝的覆灭。因而，说特定历史时期内朝廷的主粮政策一直在“走钢丝”，也许都不为太过。但是，朝廷出于政权稳定的需要，都不得不优先考虑国家的统一和运行，最终还是以法律的方式规定税收主粮。至于由此而引发的负效应，则只能通过变通的办法去加以缓解，万不得已时只能够听任其发展。正因为如此，在这一漫长的历史时段内，历代朝廷主粮政策的出台，就不得不顾忌如下三项绕不开的前提。

首先，朝廷确立的税收主粮作物，其适合种植的地域范围，必须尽可能大，最好能够涵盖全国每一个地方，以利在全国范围内推广；其次，主粮作物的产品必须有利于长途运输、长时间储存，以便朝廷能够将征收到实物税收进行转发和储备、支付和分享；再次，主粮作物的种植用地面积容易界定，能够实现税收政策与户籍管理政策、土地管理政策有效衔接，不易引发土地占有上的矛盾和纷扰，确保税收政策尽可能简介易行和公明平等。①

---

① 杨庭硕、杨秋萍：《葛类作物的古代种植利用和现代化价值》，《云南社会科学》2018 年第 2 期。

综合考虑三个原则后，结论将不言而喻，禾本科粮食作物作为税收主粮必然具有无可比拟的优势。而且不管哪个朝代确立主粮物种，上述三个基本原则都必须兼顾到。其中，之所以会发生从粟到麦、从麦到稻的历史性递变，原因都是国内社会背景的变迁所使然。即朝廷的政治、经济中心处在何种区位、何种生态类型之内，在其间发挥着关键作用。相比之下，桄榔类植物自身的缺陷就表现得尤为突出：其一，桄榔类植物只能在中国南方的炎热湿热地带生长，其种植带在历史上长期远离帝国的政治经济中心；其二，该类植物虽然作为粮食种植的产量很高，但其产品却很难做到统一的征收，更不用说实现分享与支付的功能了；其三，该类植物生长周期过长，其占地面积难以界定，收割季节更不稳定，无法做到户籍与土地的明确对应。

如此来看，桄榔类植物永远没有机会被统一的大帝国认定为主粮物种，只能在小规模的民族地区种植和小范围利用，朝廷若是不干扰这样的活动，已经可以称得上“不易其俗”“不易其宜”的德政了。但这样的德政，本身也将意味着桄榔类植物永远只能是被边缘化的农作物，甚至还是发达地区人们眼中的“度荒植物”，连农作物都算不上。就这一意义来说，历史上的各种主粮物种的确立，对整个国家的运转和稳定来说，显然是一项“德政”，但由此而引发的生态问题，却又称得上是的一项“败政”。其间的利弊得失，都可以从桄榔类植物的遭遇中透视出来。

综上所述，桄榔类物种在中国漫长历史进程中所遭遇的境遇变迁，其主因应当归咎于主粮政策的作用。但如果坚持辩证法的思路，我们显然没有理由追究历朝税赋政策的责任，当然由于历史久远，想要问责也无从问起。反而要肯定历代税赋政策在国家统一中发挥的积极作用。但与此同时，我们也不应当掩盖税赋政策负作用所引发的环境问题。更应该引起关注的事实在于，清代“地丁银”税制后，规模性地引种了玉米、甘薯这些外来作物，才将桄榔类物种逼到了绝路。而这正是当代中国西南地区，诸多生态负效应的源头。当然，我们也不能怪罪这些外来物种有多坏，不但置换了本土物种，还引起诸多生态问题。因为这与植物本身无关，而是人类能动性选择的后果。相反，若能做到因地制宜，很多外来作物的引种反而是相关民族的福祉。

今天，我们只能从中吸取经验和教训，使我们的思路多一点辩证法。

今后出台相关条律时，需要做到慎之又慎，尽可能避免好心办坏事，初衷是“德政”，实施的后果就成了“败政”。吸取这样的教训后，再反观桄榔类植物在历史上境遇变迁，按照“祸福相依”的先哲遗训，显然就不能听任桄榔类植物衰败。反而应该从祸患中找到新生的思路，使桄榔类植物重新成为一项可以经营的现代产业，并使之造福于中华。其间的道理，已经明白如画。既然“桄榔”曾经是广泛种植的农作物，其濒临灭绝仅仅是特定时段的事情。那么，“解铃还须系铃人”，只要改变相关的主粮政策，将该类植物也纳入相关的粮食产销结构中去推行，眼下的各种困境都可以随之而冰释。其结果，我们不仅可以收到稳定粮食安全、维护生态环境、丰富人民生活、救治多重生态灾变、提高土地资源利用效率等功效，还可以应对当下跨国粮食公司的食品垄断，增加民族自信心和自尊心等一系列利国利民的好处。

为此，我们正期待这“桄榔”产业在中国复兴的新时期的到来。因为，它是当代我国南方地区生态建设不可缺漏的关键环节之一。

结　语

“世异则事异，事异则备变。”随着时间的推移，“多样性”已经成了当代全球范围内的流行话语，历史上的主粮政策，而今也早就失去了其固有的价值和意义。在未来的人类发展中，“主粮”的概念是否还会继续存在？则只能是乐观其变。但立足于当前，学术界应该对这种关乎国计民生的大课题积极作出探讨，具备前瞻性的认识，做到学术先行于政策，能为相关的主粮政策制定贡献出劳力和智力，则应当是作为学者们所要肩负的时代使命。

我国楠木资源告罄的社会原因探析

彭　兵*

一　前言

元代统一全国后，我国西南地区的腹地直接纳入了朝廷管辖的优质楠木供应地，继起的明清两朝在这里也才能启动大规模的“皇木”采办行动。其规模之大，动用人力之巨，所引发的社会副作用之强烈，无不令后世学人叹为观止，并招来多方诟病。而当代性急的研究者则深受上述舆论导向的裹胁。他们往往以此为据，断言我国西南地区的楠木资源趋于匮乏，甚至认为，楠木在我国西南地区成为濒危物种，乃是明清时期“皇木”采办的生态负效应的具体表现。

考虑到楠木的生物属性及其所植根的生态系统，本身就是一个复杂的整体。那么楠木物种濒临灭绝，理应是一个整体性的负效应，而局部的社会性损害，通常都不足以引发物种的濒临灭绝。进而还需要考虑到，“皇木”采办本身是一项跨文化、跨生态的社会行动，而采办“皇木”的目的和归宿，又仅止于满足达官贵人的奢侈生活所需，其涉及的对象仅止于数百年，或千年树龄的巨型楠木，不会牵连到整个生态系统的总崩溃。与此同时，民间等而下之的各阶层民众对楠木资源的消费，其实际消费量肯定要比“皇木”采办量大的多。但楠木是一种可再生资源，只要它再生的生态系统不被社会力量所置换，成材的楠木可以允许被采伐一空，但未成材的楠木幼树是不会绝迹的。数十年后，如果再加以相关文化有力地管护，相关社会制度的节制，其恢复速度要比自然恢复快得多。可是，将此前楠

---

* 彭兵（1993—），男，土家族，湖南永顺人，吉首大学历史与文化学院民族学博士研究生，研究方向：生态民族学。

木的宜林地改为旱作农田，或者改成牧场，那么这样的文化影响才具有整体性，也才足以引发整体性的生态负效应。有鉴于此，笔者对此作出正面地回应，“皇木”采办的生态负效应，并不如某些学者估计的那么大，真正导致楠木及相关生态系统濒危的社会文化原因，理应是楠木自身植根的生态系统被改作他用。

二 中华文化对楠木资源的管护

1996年，中国政府将我国的楠木列为濒危物种，并加以依法保护。① 于是有关部门的研究活动也围绕这一需要次第展开，但形成的结论却值得商榷。时至今日，不少植物学和林业工作者依然习惯于将楠木作为“野生”乔木去对待。在他们看来，既然是野生树，那么人类与楠木资源的关系只要聚焦于砍伐、运输和利用就行了，如何对楠木资源实施管护自然无从谈起。② 但这样的认识却与中华民族的历史文献记载相左。

其实，在漫长的历史岁月中，中华各民族不仅精准地认识到楠木的生物属性，以及它对生态环境的要求，还形成了一整套严密有效的楠木资源管护知识和技术体系，并拥有完备的制度保障，从而可以做到楠木资源生生不息，真正实现可持续地利用。利用中的方式与内涵同样丰富多彩，足以令当代人为之汗颜。因而，就严格意义上讲，中华各民族对楠木资源一直处于管护与利用并存状态，并在这一基础上形成了一套传统生计。此项传统产业本身就是一项重要的农业文化遗产，值得今天去发掘、传承、利用并发扬光大，使之成为生态化的现代产业。

东汉许慎所编的《说文解字》一书，收载汉字近万个，但该书“木”部之下并无“楠”字。这就足以证明，直到东汉中后期，古代汉族居民对这种具有极高建材价值的乔木尚未获得全局性的认识。但该书却收载了“枏”字，后世研究者进而注意到，“枏”的所指乃是后世所称的“楠”。③ 之所以会出现对同一乔木有多种称谓，其原因在于古代汉语自身发生了音

---

① 国务院政策法规处．中华人民共和国野生植物保护条例［A］．中华人民共和国国务院令第204号，1996年。

② 丁鑫、肖建华等：《珍贵木材树种楠木的野生资源调查》，《植物分类与资源学报》2015年第5期。

③ （汉）许慎：《说文解字》，中华书局1963年版，第114页。

变。以至于早年的“柟”，乃是后世的“楠”，仅仅是因为汉语读音发生了变化，才分化为两个不同的汉字。而早年认识楠木的南方各少数民族，其语音并未出现上述变化，因而后期的汉人学者在音译少数民族语词时，才不得不启用“楠”字。这样的用字变迁可以从一个侧面证实，在上古时代，生息在北方的汉族居民，由于受地理环境所限，无法直接接触到活态楠木，而是从南方各少数民族对楠木的认识和利用中获取相关的知识。因而，在更早的先秦典籍中，无法对活态楠木的生物属性作出正确的认识，当然也就无法在汉字造字过程中得到反映，从而造成“一物两称”的现象。但却可以从中发现如何管护和利用楠木资源的，这显然是我国各民族共同创造的精神财富。

至于当代传世的历史典籍各版本，上至先秦时代的“四书”“五经”，下至两汉的典籍，之所以出现“楠”字，显然是唐以后的研究者改写了原版本的用字而导致的结果，并不足以证明古代汉族早已认识这种乔木。事实上，长期以来，古代汉族居民对这一乔木的了解和认识未能形成规范，才是古代用字不统一的原因所在。因而这一音译用字的递变过程，可以从一个侧面证明，管护和利用楠木并非起源于汉族，而是南方各少数民族。而将楠木及其产品推广全国，这才是古代汉族居民所作出的贡献。为此，要了解南方各少数民族在早年是如何认识、管护和利用楠木的，就显得需要高度关注那些曾经在南方长期留驻过的汉族文人著述。其间的代表有淮南王刘安、司马相如、陆贾等人的论著。淮南王刘安在其所撰《淮南子》一书中有如下记载：

> 藜藿之生蠕蠕然，日加数寸，不可以为栌栋；楩柟豫章之生也，七年而后知，故可以为棺舟。①

这一记载显然是汉族文人从旁观者的视角，才得以发现楠木幼年生长的独特生物习性。具体表现为，自然长出的楠木幼苗，种子发芽后要经历七年的光阴，才能被人所观察到。今天的人们受习惯性思维方式所干扰，很难对这样的记载作出正确的理解，甚至会误以为刘安是对楠木的生长一无所知才附会出来的“传说”。但实情却恰好相反，在纯自然状况下，楠

① （西汉）刘安等、顾迁译注：《淮南子》，中华书局2009年版，第262页。

木的种子很小，所储存的营养成分很有限。① 自然萌发长成幼苗后，由于是被掩映在杂草灌丛之中，所以隐而不显，无法被人观察到。直到经历七年的光阴后，经过激烈地“种间竞争”，幸存下来的楠木才能超过杂草和灌丛的高度，这样才能被人们所观察到。因而以上的记载，其实是写了实情而非虚言。但这是汉族旁观者的认识，生活在南方的各少数民族居民，则显然不会这样一知半解。他们凭借经验的积累，只要楠木长成幼苗，就可以做到精准地发现。一旦他们认定需要管护使其成材，就可以采取有效的技术操作，确保在一两年内让其生长到一米左右的高度，也就是可以突破地表灌丛杂草的覆盖，而获得快速地成长。其具体做法说起来并不难，但却至关重要。事实上，他们只需要将楠木幼苗周边的杂草灌丛拔掉，或者砍掉一部分，让楠木幼苗能够接触较多的阳光，楠木的幼苗就可以实现快速地长高，在与其他物种的种间竞争中脱颖而出。这样的技术操作当然不能称为“种”楠木，只能称为“管护”楠木。这样的传统管护办法，前代典籍鲜有提及，但当代的田野调查中却可以获得可凭的依据。笔者长期生活在酉水流域的土家族村寨中，在与乡老接触时，惊讶地发现，刚刚萌发的楠木幼苗尽管掩映在杂草丛中，他们都能够敏感地发现，发现后也不是将周围的杂草灌丛全部砍掉。值得一提的是，当代很多自然科学工作者种植楠木时，将杂草除净。② 但老乡告诉我，楠木幼年很弱，如果一次性全部祛除杂草，楠木幼苗反而长不大。正确的做法只能是在生长季，按月清除一小部分，而且还需要持续操作两三年，楠木才能够真正长大。③ 在惊叹土家族管护楠木技术高超的同时，笔者也从中感悟到《淮南子》所言绝非想当然，而且有其坚实的依据。

有了这样的管护，人类生计所需的楠木资源就能快速生长并成材，以满足人类的需要。据此可以断言，古代南方的各少数民族居民不是种楠木，而是管护好楠木去完成其生计需求。这样的生计需求除了满足当地各少数民族居民的生活之需外，还能成为与中原汉族交换的名贵产品。

楠木在何时开始进入古代汉族民众的视野，其准确的时间虽说难以考

---

① 李铁华、文仕知、彭险峰、喻勋林、陆亮明等：《楠木种子活力下降机制研究》，《中南林业科技大学学报》2009 年第 5 期。

② 刘志雄，费永俊：《我国楠木类种质资源现状及保育对策》，《长江大学学报》（自然科学版）2011 年第 5 期。

③ 来源于访谈对象 XYH 口述资料。

订，但有关的文献记载还是提供了一些可信的史料信息。其中最值得注意的是，在秦汉以前的典籍中是将楠木制品通称为“豫章”（有关这一史实，留待另文详考），以至于后世学者的注疏也因此习惯于将楠木合称为“梗枏（楠）豫章”。

就汉字的造字传统而言，“豫章”二字的指涉对象显然不是指楠木本身，而是指楠木的制品。其间的理由在于，这两个字在秦汉典籍中都没有加“木”旁，没有“木”旁恰好说明，远古时的汉族文人并没有直接接触到活态的楠木本身，而仅是接触到了楠木的制成品。鉴于“豫”字的本义是指“大象”，其引申义可以用来指代“大”；而“章”的本义是指纹路、纹样，因而将具有精美纹样的楠木制品，称为“豫章”，乃是顺理成章的事情。[①] 但如果换一个视角，凭借这样的称谓习惯，反倒可以从另一个侧面证明，秦汉以前的汉族居民，由于受交通运输条件所限，他们既不可能看到活态的楠木，也不可能获得巨型的楠木材质，而只能获得用楠木制成的小件工艺品，而且是以贡品的方式流入中原，至于后世的注疏者改写为“豫樟”，则是顺应时代的变迁而做出的用字调整，而这样的改动恰好标志着汉族居民已经注意到楠木这种植物是与樟木相似的植物，而且还是一种巨型的乔木。当然，得到这样的正确认识，同样是仰仗南方各少数民族的指点，他们在跨文化的知识传递中发挥了不可替代的关键作用。

当下，还有不少研究者认为，野生状况下的楠木会自然成为栋梁之材，根本不需要人工管护；甚至还以为人工管护对楠木成材而言，根本无能为力。[②] 然而这也是一种不符合历史事实的误判。当楠木幼树长到两三米后，同样得遭逢生态环境中其他并生物种“种间竞争”的干扰和阻碍。比如，处于共生状态下比楠木更高的乔木会屏蔽阳光，从而极大地抑制楠木幼树的正常生长。再如，楠木幼树同样得面对虫害的侵扰，如果人类不实施人工除虫妨害的管护，那么楠木幼树要么被虫蛀，要么生长极度缓慢，这都不符合作为一项生计经营的要求。为此，相应的管护工作一项也不能少。具体技术包括有规划、有节制的动用间伐手段，替楠木排除种间竞争的对手。与此同时，还需要对楠木幼树自身实施修剪整形，将下层的

---

① 王芳：《“豫”字新论》，《河南大学学报》（社会科学版）1999年第2期。

② 丁鑫、肖建华、黄建峰、李捷：《珍贵木材树种楠木的野生资源调查》，《植物分类与资源报》2015年第5期。

侧枝按照严格的技术规程加以修剪，确保楠木的顶芽获得充足的养料，尽可能向上生长，少生侧枝。此外，也得动用人工的手段，将蛀蚀楠木的幼虫用铁钩，或者用竹签挑出杀死，然后用泥土将空洞填实。① 加之，管护工作还必须是一种长周期的制度性安排，更需要持续不断地管护 10—20 年，才能确保楠木幼树的树冠能够超越与之竞争的高大乔木。这样才能保证能够加快楠木的积材量，并确保材质的优良，以期实现更大的经济效益，同时又不损害适合楠木生长的最佳生态结构。

楠木长到十几米以上后，很快就进入了积材的旺盛期。② 但与此同时，楠木资源的生存风险也必然要派生出新的内容，其中最关键的是雷击的损伤。众所周知，优质楠木建材都是千年古树，在千年的漫长生长周期内，要绝对避免雷击几乎不可能。但如果凭借经验和教训的积累，南方各民族却可以做到楠木免遭雷击，这也需要管护手段去加以落实。其关键性的操作就是要对楠木的立地位置预先作出精准的规划定位。但凡要培育大型优质建材的楠木，都必须选定生长在峡谷中的楠木。在这样的环境下，由于有周边高山的屏蔽，无论发生多么严重的雷击，只会损及山顶的其他树木，而不会损及培育中的楠木。此外，由于巨型楠木生命物质所需养分的种类极多，根系的分布面也极广。然而楠木的根系也需要呼吸，根系过于下伸，其透气性能必然很差，还可能遭逢地下水的窒息。因而要管护巨型楠木建材，必须选定峡谷中山麓处的次生堆积层，作为优质巨型楠木的立地条件。因为这样的次生堆积层是山体滑坡、泥石流等自然运动的产物。在这样的次生堆积层中，土石混杂，具有良好的透气性能，土壤中地下水位较低，也不会积水，才能确保楠木能够在数百年间保持旺盛的生命力，也才能长成巨型楠木。

宋人朱辅《溪蛮丛笑》“独木舟”条有载：

> 蛮地多楠，有极大者，刳以为舟。③

在沅江流域的各少数民族中，把一根巨型楠木挖空，就能做成独木船，估计其生长状态下，主干直径肯定超过 1.5 米，甚至更大，树高可达

---

① 来源于访谈对象 XYF 的口述资料。

② 杜娟、卢昌泰：《楠木人工林生长规律的研究》，《浙江林业科技》2009 年第 5 期。

③ 符太浩：《溪蛮丛笑研究》，贵州民族出版社 2003 年版，第 71 页。

40 米以上，树干的重量可达数吨。这样的楠木如果不事先选好合适的立地条件，并实施数百年不间断地管护，肯定是无法长成的，更无法确保材质优良。

又据《宋史》记载：

> 政和三年（1114 年）七月，玉华殿万年枝木连理。南雄州枫木连理。十月，武义县木根有“万宋年岁”四字。四年（1115 年），建州木连理。六月，沅陵县江涨，流出楠木二十七，可为明堂梁柱。蔡京等拜表贺。①

这一记载有三点值得深入探究。

其一，被大水冲出的不是楠木树，而是采伐后已经修整过的巨型楠木建材。由此看来，冲出楠木绝不是天降“祥瑞”，而实际上是沅江上游各少数民族经过精心管护后，形成的待运产品。这样的产品是准备输往汉族地区获利的商品，仅仅是因为时运不佳，遭逢洪水，才使得这些少数民族蒙受了重大经济损失。

其二，能够供栋梁之材的巨型楠木，产地处在沅江上游。而当时北宋的这些地区恰好是“羁縻州县”的统辖地。“羁縻州县”都是少数民族地区，其民族构成包括后世的土家族、苗族、侗族、瑶族、仡佬族等众多民族。② 这些楠木是属于哪个民族管护出来的？单凭文献的记载虽然难以考订，但从各民族的文化属性而言，还是可以框定一个相对可靠的范围。即当时的侗族和仡佬族都是濒水而居的民族，其生计中的渔猎和水稻种植占据主要地位，而且他们的生息地往往地势开阔。③ 基于上文对楠木需要防范雷击的分析，显然不可能在开阔的地段长成参天大树。相比之下，土家族、苗族生活在山区，而且这样的山区正好是可以产出优质楠木建材的地带。因而这些楠木资源的管护者，很可能是土家族或苗族民众，特别是土家族的各羁縻州长官与内地的关系比较密切，经营、管护这样规模性楠木资源的可能性更大。不过这样的考订无关宏旨，关键在于凭借这样的史料

---

① （元）脱脱、阿鲁图撰：《宋史》卷六十五，志第十八。

② 高小强：《试论宋代西南民族边区羁縻政策的特点》，《大连大学学报》2013 年第 4 期。

③ 潘世雄：《仫佬族族称考略——兼论仡佬族、侗族族称含义》，《广西民族研究》1991 年第 3 期。

可以认定，在北宋后期沅江流域的少数民族已经可以规模性的管护产出优质的巨型楠木建材了。这些产品决不是出自对野生楠木的采伐，而只能是长期有计划管护下形成的产业化的生计产品。相关民族对楠木的管护和利用，显然已经达到了规范经营的水准。

其三，能够产出巨型楠木建材，要实现其生计价值，不完全取决于管护和采伐者的意愿，更重要的还要取决于当时的运输条件。能够一次性地冲出27根加工好的巨型建材，这不是一件小事。要知道，如果此前没有交通技术装备做铺垫，沅江流域的少数民族断然不会盲目地产出巨型楠木建材，更不会规模性的将这些建材批量堆放待运，当然也就不会发生被洪水冲出的史实。那么从这一史实反推，就不难证明，楠木的规模产出显然不是政和年间才有的事，理当是很早以前就已经实现的生产规模，只不过当年产出的大型建材是零星地输往汉族地区，而不是一次性地贸然出现而已，当然也就不会进入正史的记载。这一次反而得到了正史的记载，显然是当地楠木产业的流，而不是其源，其源头应该更早，至少起源于宋初。其依据在于，宋代高度重视水上运输，水上运输水平有了很大的提高，包括疏浚河道、舟船的建造等，都达到了很高的水平。[①] 这样的技术铺垫显然是在不经意中为沅江上游的楠木外运提供了便利，当地的少数民族也才有可能去管护优质的楠木建材。因而这一事件的发生，可以视为沅江流域各少数民族已经实现了巨型建材规模生产的铁证，这当然是划时代的巨变，但却需要排除《宋史》记载中所附会的“祥瑞”外衣。

如果将以上的讨论与当代学者的认识相对接，我们还不得不承认一次偶然事故就可以损失20几根栋梁之材，那么在正常的交易过程中，其实际的采伐量必然大得惊人，与明清两代的采办数量相比，绝不逊色。这就足以说明规模性利用和管护下的楠木资源，不仅由来已久，而且实现的经济价值远远超过了“皇木”采办的一次性采伐，然而明清以前的楠木管护和利用，并没有引发楠木资源的枯竭，那么明清两代的“皇木”采办何以造成楠木资源的枯竭呢？这样的问题显然值得当代学者的反省。

---

① 张勇：《两宋东南漕运格局与淮南地区水利开发》，《暨南史学》2015年第1期。

三　中华文化对楠木资源的利用

诚如上文所言，楠木的生物属性具有一系列的独特性，因而人类在认识这些独特属性后，楠木资源的效用必然具有多重性、多样性、多层次性。上文所言仅是讨论到楠木作为巨型建材的一般历史过程，至于楠木的其他效用，在文献中则可以追溯到更遥远的远古时期。在这样的追溯中都不难发现，不管是实现什么样的利用价值，必要的知识积累、劳动、运输条件都需要与之相匹配，否则相应的利用价值就无法实现。事实上，南方各少数民族对楠木的认识和管护，汉族地区的技术进步、社会需求等，相关各方的努力都缺一不可。为此，显然需要分门别类详加讨论。

（一）做葬具用材

由于楠木材质具有耐腐蚀、坚固、精美等突出的生物优势。因而一旦条件许可，就会成为达官贵人争相选用的葬具用材。《后汉书·王充王符仲长统列传》有如下记载，就具有突出的史料价值。

> 今者京师贵戚，必欲江南檽梓豫章之木。边远下士，亦竞相仿效。夫檽梓豫章，所出殊远。伐之高山，引之穷谷，入海乘淮，逆河溯洛，工匠雕刻，连累日月。会众而后动，多牛而后致。重且千斤，功将万夫。而东至乐浪，西达敦煌，费力伤农于万里之地。①

文中“檽梓豫章”的指代对象乃是后世所称的“楠木”。凭借这一记载完全可以断定，到了东汉时代，江南所产的珍贵楠木在贵族阶层已经成了普遍使用的高级棺椁葬具用材，标志着楠木产品的规模性市场流通和应用，已经达到了很高的水平。

考虑到做棺椁使用的楠木，其长度大约在 2 米，原木的直径应当在 1.5 米以上，更由于当时的棺具是拼合而成，因而所使用的楠木材料可以分块运输。但无论怎么说，一块大型棺板，其实际所需的运输量绝对不会少于 150 公斤左右。要将这样大的楠木构件，通过长江，经过近海，再经过淮河，进入黄河，再进洛河，最终才能抵达东汉都城洛阳，其实际运输

---

① 范烨编：《后汉书》卷四十九《王充王符仲长统列传》第三十九。

距离至少要超过6000公里。要实现这样的长途运输，没有完备的水上交通设施，没有严密的市场机制和中转制度保证，肯定是无法实现的。以此为例，不难推知，将珍贵的楠木资源能够运抵位于北方黄河流域的都城，显然不是偶然事件，而是在此前就有了丰厚的历史积淀，才能达到如此规模的流通目标。这将意味着将南方珍贵的楠木资源运到黄河流域的政治经济中心，应当是一个漫长的历史积淀过程。到东汉时所发生的变化，仅止于随着运输技术的提高和财力、物力的聚集，以及国内市场的完备，才得以实现了较大体量和规模的贸易运输而已。

凭借上文的推算，其单件楠木原料的运输量，最大可能达到200—300公斤，最大的体积可能达到2米长、1.5米宽、0.4米厚。实现这一运输队伍，至少可以考订，当时运输用船的载总量，可能已经达到数千斤。运输过程中还需要用拉纤的办法，才能完成这项运输。因而原文明确提及的“重且千斤，功将万夫”确属当时的实情。

这段记载不足之处在于，对南方各民族是如何加以管护和砍伐楠木未能作出系统的记载。但若考虑到要长成这样的巨型木材，没有精心的管护肯定是做不到的。与此相关的各种操作和管护要领，在早期的汉文典籍中当然不会有明确地记载，但明代以后的文献记载和当代的田野调查，却可以为如此艰巨的楠木管护和运输工作提供翔实可凭的证据。（明）徐珊的《卯洞集》卷一载：

> 查采木旧例，斧手、架长俱出湖广辰州府。其斧手砍伐穿鼻，架长寻路找厢，皆其贯习，各有定法。若不得其人，木料必致扑损。势必于辰州府招募斧手二百名，架长四十名，押送来川。①

这一记载虽说迟至明初，所涉及的楠木采伐是用于宫殿的巨型木材，而不是小件的棺木用材，因而“皇木”采办的运输难度和规模显然比东汉时的棺木用材更其浩繁。但通过这一记载依然可以发现，要将楠木从深山采伐出来，并不是一件突然兴起的偶然行动，而是一项规划周密，持续不断投入劳力才能完成的浩繁工程，同时又是一项只有经过长期的历史积淀才能够按规范有计划实施的采办工程。因而上述资料提及的专门技师，如

① （明）徐珊撰：《卯洞集》卷一。

斧手、架长等都有明确的人员分工，同时也有跨地域的人员调动，这一切都不是偶然的事情，只能是长期历史积淀和技术进步的产物。

凭借这样的记载不难推测，在更早的东汉时代要达到棺木标准的用材，其管护和运出所需要投入的劳力、技术和耗费的时间，乃至制度保证，最多只是标准和要求等而下之而已。但工程的浩繁却是不争的事实。“费力伤农于万里之地”决非虚言，其间管护和运输的技术繁难，也不难从中想像得到。

总之，到了东汉时代，我们完全有理由认定，江南盛产的楠木通过市场渠道流通到黄河流域，已经发展成了规模性的商业流动，应当视为可信的历史事实。

如果等而下之，对100公斤以下的楠木资源通过长途运输，抵达黄河流域的政治经济中心，在东汉以前的西汉，乃至先秦时代，都应当是可信的历史事实。不过对这样的认识，时下学术界还存在着很大的争议，不少学者鉴于楠木管护和运输的工作浩繁，对先秦典籍提到的楠木进贡持怀疑态度大有人在。

《禹贡》明确指出，扬州所贡的木材即“梗楠豫章”之类，是否可信，显然有待进一步的考察。又据《尚书全解》卷八载：

> 厥贡惟金三品，瑶琨篠簜齿革羽毛，惟木。三品者，金银铜也。郑氏谓：铜三色者，非也。瑶琨篠簜。曾氏曰：《周礼》，太宰之职，享先王则赞玉爵；内宰之职，后祼献则赞瑶爵。《礼记》曰：尸饮五君，洗玉爵献卿尸饮，七以瑶爵。献大夫。“公刘”之诗曰：何以舟之，惟玉及瑶。则知瑶者，玉之次也。此说是也。琨，案《说文》：石之美者，似玉。则琨次于瑶，盖可见矣。篠，竹之小者，可以为箭。簜，曾氏曰：案《仪礼》，“乐人”，“宿县”。簜在建鼓之闲。说者以簜为笙箫之属。郭璞云：竹阔节曰簜。惟其阔节，则其材中至于笙箫矣。齿革羽毛惟木者，《左氏传》曰：鸟兽之肉，不登于俎；皮革齿牙，骨角毛羽，不登于器，则公不射。盖齿革羽毛皆是鸟兽之肉，可以供器用之饰者。孔氏以齿为象牙，革为犀皮，以羽为鸟羽，以毛为旄牛尾。亦不必如此拘定也。木者，盖木之可以为器用者，亦不必指是楩柟豫樟。谓凡木之贡，皆出于此州也。要之楩柟豫樟，盖木之最

美者，故先儒从而以为言也。①

凭借以上的名家注疏不难认定，在《尚书·禹贡》所言的“惟木”确实是出自当时“扬州”的贡品，但其真实情况并非进贡大型的楠木建材，而是进贡已经制作成精美器用的珍贵木材工艺品。对此该书上文已经明确说明，所有贡品皆为“器用之物”。以此推之，即令贡木，也不是贡楠木原材料，而是贡用楠木制作而成的精美用具而已，如箱、柜、案之类皆可。

我们必须注意到，在远古时代即令是进贡这样的小件楠木用品，同样需要对楠木资源实施一定程度的管护和精细的再加工，才能成其为贡品。有鉴于此，对楠木资源实施有效管护和利用应当是由来已久的历史事实。只不过在先秦时代，这样的管护和加工工作并不是由古代的汉族居民去完成，而是由南方的少数民族去完成，以至于有关管护和加工的细节在汉文典籍中缺载，这乃是意料中的事情，不足为怪。但当地南方各民族对楠木作了系统的认识和管护，并能达到较高的加工水平，则是不容置疑的客观历史事实。

有幸之出恰好在于，南方各民族对楠木的管护和加工，本身就是一项重要的农业文化遗产，其间历史上的延续时期肯定很长。从先秦一直到明清都可以得到稳定的传承。因而在明清时代的史料中，只要能够找到与此相关的记载，都可以成为佐证先秦时代楠木管护和加工的有效证据，去加以认识和理解。这里仅以《五溪蛮图志》为例。陈心传《五溪蛮图志》增补“楠木”项有言：

楠木为“枏”，为一种常绿乔木。高者十余丈，叶为长椭圆形，似竹叶，故亦有“竹叶楠”之称。经冬不凋，花淡绿，实紫黑。其材坚密，色赤芳香，为梁栋、器具皆佳。沅陵一街，专制楠木书椟、宝盒、镜框、箱箧等用器出售，名曰“楠木街”。闻所收买材料极为昂贵，且极难得。原为此种材料，近在五溪渐少也。暑时以此木器盛肉菜，谓可经久不腐。盖富人尝以为棺。虽系四板合成，今非数百金不可以得也。更有一种较次之楠，叶略粗大，似枇杷叶。其材松脆，色

① （南宋）林之奇撰：《尚书全解》卷八。

白，无芳香，名“猪屎楠”，则只可以做燃料用。查楠木今在五溪递少之原因，即为溪民历来只知任其自生成材而采之，不知培植其稚树，故递少也。①

这一记载问世虽然较为晚近，但所涉及的内容在历史的传承中却甚为久远。其理由在于楠木的生物属性不会改变，对楠木实施的管护和加工所需要的知识和技术手段，也会以此而得以长期沿用，以至于这里所讲的“楠木街”，其所动用的加工工具和技术技能，理应是遥远的古代传承下来的传统。因而这样的记载，除了形制、效用这些文化要素可以因时间的推移而改变外，所凭借的知识和技术显然与先秦时代的差异并不大。据此可知，将楠木作为加工精美器用的原材料，显然是一件历史悠久的传统，足以代表着南方各民族的知识储备和技术装备，也能够补充远古史料记载的缺漏。

（二）作为景观植物去利用

由于楠木的树形优美，四季常青，气味芬芳，因而除了做建材和器用之材外，还可以作为观赏和景观植物去加以利用。当然，这样去利用的发端时间，比之于将楠木制成精美器物作为贡品去利用要更为晚近的多。大致而言，应当是隋唐以后的事情。其间的依据在于，到了隋唐时代，一方面，城市的规模有了明显地扩大，楠木建筑的规模也随之而扩大，培植装饰用的林木也就成了社会发展的必然。另一方面，楠木产区各民族在精心管护楠木资源的知识技术之上，又得到了重大的发展，可以做到通过移栽，将野生的楠木苗木定植成活。两厢作用的产物，才可能催生楠木作为景观植物加以利用这一社会事实。

有关将楠木作为景观树利用，唐宋诗文多有提及，这里仅就杜甫的《枯楠》一诗略加解读，以期呈现其间的农业文化遗产价值。

楩楠枯峥嵘，乡党皆莫记。
不知几百岁，惨惨无生意。
上枝摩皇天，下根蟠厚地。
巨围雷霆坼，万孔虫蚁萃。

---

① （明）沈瓒、伍新福点校：《五溪蛮图志》，岳麓书社2012年版，第2—3页。

冻雨落流胶，冲风夺佳气。
白鹄遂不来，天鸡为愁思。
犹含栋梁具，无复霄汉志。
良工古昔少，识者出涕泪。
种榆水中央，成长何容易。
截承金露盘，袅袅不自畏。①

全诗借助楠木的不幸遭遇，以抒发杜甫对自身境遇的哀叹。但若从文化生态的视角着眼，该诗却另有深意。一方面，杜甫所歌咏的这株枯楠，不是种植在纯自然的深山老林之中，而是种植在人烟稠密的聚落之内，而且肯定是移植在特定公共建筑旁边的配景用树。这将意味着这株楠木绝对不是自然长出的遗留物，而是人工移栽定植的产物，否则的话就不可能生长在对它而言不合时宜的地点，并遭逢到如此的不幸。据此不难推知，如果当时楠木生长地带的居民不拥有移栽定植的技术，这株楠木断然不会在这样的地域长成参天大树，直至枯死。

另一方面也值得注意，在自然状况下的楠木，或者说人工管护得体的楠木，存活千年以上基本不成问题。而这株楠木虽说经历了数百岁，但却自然枯死，在这样的特定立地环境下，又缺乏人工管护，才是造成楠木悲剧的社会原因。事实上，楠木本身可以分泌出多种生化物质，能够有效地抵御病虫害，而杜甫笔下的这株枯楠则是虫蚁满身，这显然是楠木已经局部枯死后，才可能呈现的状况，而不是生长状态下就呈现的事情。假若有人作出精心地管护，能为楠木及时清除害虫，作出必要的修剪，屏蔽有害环境的侵扰，楠木的生长完全可以不惨遭病虫害。以此为例，不难确认这株楠木的不幸遭遇，来自于人类的管护不到位，与其说是天灾，倒不如说是人祸。因为这样的悲剧与楠木的生物属性没有关系，而人类将它种植在不适合的地方，未能作出精准管护，才是悲剧的根源。其间的教训在于，楠木作为景观树去利用，显然不是种活就了事，不断地加以管护比种树更重要。遗憾的是，这样的管护技术和知识对生活在密集定居的汉族聚落民众而言，恰好是知识结构的短板，因而即使是作为景观树，也不能避免悲剧的发生。

---

① 彭定求：《全唐诗》，延边人民出版社2004年版，第1427页。

严武的《题巴州光福寺楠木》则是另一个证据，足以佐证在唐代时，重要的宫廷建筑以楠木为景观树种，已经具有很大的普遍性。

楚江长流对楚寺，楠木幽生赤崖背。
临豁插石盘老根，苔色青苍山雨痕。
高枝闹叶鸟不度，半掩白云朝与暮。
香殿萧条转密阴，花龛滴沥垂清露。
闻道偏多越水头，烟生霁敛使人愁。
月明忽忆湘川夜，猿叫还思鄂渚秋。
看君幽霭几千丈，寂寞穷山今遇赏。
亦知钟梵报黄昏，犹卧禅床恋奇响。①

该诗所题咏的楠木，由于是定植在接近自然的生态背景之下，因而长得青翠，生机盎然。之所以与杜甫所见的楠树境遇迥然不同，原因全在于，在接近自然的环境下，由于生物的多样性水平很高，而人类造成的干扰相对较少，因而病虫害的风险得到了极大的抑制，故而种植在寺庙的景观楠木树才得以永葆其青春。但这样的楠木同样是人工定植的产物，而决不可能是野生状况的楠木。其中人类的管护和关爱显然是不容忽视的社会因素。

陆游的《木山》一诗，则又是另一番景象。该诗云：

枯楠千岁遭风雷，披枝折干吁可哀。
轮囷无用天所赦，秋水初落浮江来。
嵌空宛转若耳鼻，峭瘦拔起何崔嵬。
珠宫贝阙留不得，忽出洲渚知谁推。②

鉴于诗中有“珠宫贝阙留不得”的字样，足以断言被雷击死去的这株楠木，原先也是大型宫殿建筑装饰用的景观植物。但这株楠树的命运同样是一个悲剧，虽然逃过了人类的砍伐，似乎得到了老天的眷顾，但却招来了不期而至的雷击。结果只能是断裂后随着江水冲到了下游。这其间的文

① 彭定求：《全唐诗》，延边人民出版社2004年版，第2156页。
② 欧明俊：《陆游研究》，上海三联书店2007年版，第128页。

化生态事实同样值得关注，并引以为戒。其理由在于，楠木是一种极其高大的植物，作为景观树使用，按照其生物属性，只要条件许可，最终都可以长到高出所匹配的建筑。这样一来，必然成为雷击的牺牲品。虽然这是一种景观树，但却可以从另一个角度提醒我们，南方各民族管护楠木资源，关键是要避免雷击。在科学知识尚未完备的古代，只有两种选择，其一是要培育高大的楠木，只能选择山谷底部长出的楠木加以管护；或者在培育楠木的同时，需要配置比楠木同样高大的乔木，为楠木提供庇护。或者对楠木的顶端实施人工的切断，使得楠木不致长得太高。就这一意义来说，这株楠木的不幸遭遇同样是缺乏人类管护而招致的祸端，人与植物之间的相依为命，优势互补才是人与自然和谐共荣的相处之道。因而与其说是楠木本身的不幸，倒不如说是相关人群的知识和技术的缺乏，而招致的祸端。

综上所述，自隋唐以降，在我国的南方广大地区，楠木的移栽技术已经相当成熟，楠木作为装饰植物去利用已成了社会上的普遍现实。但这样去利用楠木，其有利的一面自不再说，其间的教训却不仅值得古人深思，还值得今人反省。我们必须牢记楠木的生物属性不会轻易改变，楠木生存所需求的生态环境也不容剥夺，楠木一旦用作景观树利用，配套的知识和技术储备一项也不能缺。否则的话，不仅对楠木，对人类也是一种损失。杜甫笔下的枯楠，陆游笔下的楠木被雷击，显然都是值得今天在楠木资源的管护和利用时，需要吸取的教训。更值得深思之处在于，既然在唐宋时代，已经可以做到人工移栽楠木并得以长成参天大树，这将意味着作为一种人工驯化后的植物，其濒临灭绝肯定与野生的植物具有不同的性质，人工管护下的生物物种只要处于有价值的利用状态，相关的人群都会实施科学的管护和延续其物种。在这样的文化生态背景下，单一的“皇木”采伐显然不足以引发整个楠木物种的濒临灭绝，而这一点正好是当代有关研究者在研究思路上的严重偏颇和失察。

（三）作为药材和提取香料去利用

楠木不仅是优质建材和景观树种，而且是药材，进而还是生产高级香料的原料来源。据此，我们不得不承认，楠木的产出和经销，并不仅仅满足了豪门贵族的消费，也会和寻常百姓发生千丝万缕的联系。唐代孙思邈所撰《千金翼方》卷三有载：

> 楠材微温，主霍乱吐下不止。①

霍乱是一种习见的消化道传染病，在没有现代医药的古代，对社会的影响极其深远，社会防御工作极其困难。以楠木屑作为防治霍乱的药物，其疗效是否有充分的保证，不是本文探讨的内容。但能够写进医典，这就可以证明远在唐代，全国范围内的药店都已经配备了楠木作备用药材。每一个普通百姓一旦生病都可能接触到楠木，其普遍性显然比制作高等建材，其影响面要广的多，对社会的影响力要广泛得多。这样的社会事实能够成立，完全可以从另一个侧面证实，楠木的管护与产出，已经形成了一个广泛的销售网络，足以标志着这一传统产业在全国性的确立。

明代李时珍所编的《本草纲目》，对此也有明确记载：

> 楠，气味辛、微温、无毒。主治：足部水肿，削楠木、桐木煮水泡脚，并饮此水少许。每日如此，直至病愈。心胀腹痛，不得吐泻。取楠木削三、四两，加水三升，煮开三次，饮服。耳出脓，用楠木烧存性，研末敷耳内。②

值得注意的是，在明代的这部医典中，楠木的药用效力有了更大的扩展，一些老年性疾病，也开始使用楠木屑，作为必备药材去加以广泛利用。由于老年性疾病的发病人群比流行病、传染病更广，因而凭借《本草纲目》的这一记载，我们进而还得承认，在明代，楠木作为药材得到了更大的普及，完全可以称得上是家喻户晓，尽人皆知这一药材的存在和药用价值。

总之，楠木利用价值具有多重性和广泛性，市场消费量极大，社会知名度很高，直接与不同阶层的人群发生着密切的关系，因而从业群体稳定，分工明细。一千多年来，早就成了一项稳定的产业，其相关的知识和技术经过多年积累，足以称得上是一项完备的农业文化遗产。此前，将楠木生产和消费仅仅聚焦于宫廷“皇木”采办，显然有失偏颇，需要得到有力的匡正。

---

① （唐）孙思邈撰：《千金翼方》卷三。
② （明）李时珍撰：《本草纲目·木部》。

四 楠木产业式微的社会原因

诚如上文所论，对楠木这种珍贵的优质建材，中华各民族早在先秦时代就已经掌握了管护、采伐、加工的整套知识与技术。隋唐时代进而掌握了栽种技术。随着国内社会环境的剧变，或者是交通设施的健全与完善，巨型的楠木建材进而发展成宫殿建设的首选材质。就某种意义上说，楠木的培育与利用事实上早就成了一项传统的产业。然而到了今天，楠木反倒成了国家需要出台法律加以保护的濒危植物。古今对比，其间的社会原因显然值得探讨。为此，我国学术界从清代起，不断有人对这一领域展开了研究，并提出了互有区别的结论。考虑到今天要复兴楠木产业，显然需要弄清楠木产业式微的关键原因。因此，澄清事实的真相，就显得必不可少了。

纵观围绕这一课题的探讨，其结论大致有三。一是认定明清两代大规模的“皇木”采办，乃是楠木资源枯竭的重要原因。二是认为过量的消费对楠木资源的保护缺位，才导致楠木资源的枯竭。三是认定现代技术的发展，楠木有了替代性的材料供给，楠木的市场需求随之而跌落，最终导致了楠木资源的枯竭。

其中第一种观点最具代表性，因而也最值得深入的探究。明清两代“皇木”采办，劳民伤财，前人早有论及，有关的地方志对楠木资源的枯竭也多有涉及。单就这些可靠的历史信息而言，朝廷的“皇木”采办，对楠木资源的储养造成冲击，几乎可以说的上是言之成理，毋庸置疑。

酉水流域是明清两代进贡“皇木”的关键区域之一，以上观点在当地地方志中，均可找到可凭依据。乾隆《永顺府志》有载：

> 楠木，有白楠、香楠。《明史》云，永顺各宣慰历次贡木。《辰州府志》云，产于苗徼崇山广谷之中。又明时，修辰州府署、辰州府学。永保、酉阳诸司皆献大楠木数百株。《桑植县志》云，伐置山谷间，俟山水发，始顺流下。然空灌蛀裂者多。今府蜀稀有（楠），积岁砍伐，良材尽矣。①

① （清）张天如等纂修：乾隆二十八年《永顺府志》（卷十）《物产》。

若单就字面而言，作为楠木主产区的酉水流域竟然出现“良材尽矣”的窘境，以此证明“皇木”采办导致楠木的枯竭。从表面上看，真可以说得上是言之成理。但深入思考后，实情可能远非如此简单。其间的理由在于，以上著书所称的“良材尽矣”，仅是指供栋梁之材的楠木已经告罄，其中并不必然包含活态的楠木幼树和低档次的楠木建材完全绝迹。考虑楠木是一种可再生资源，只要有人经管，而且管护到位，当时未成材的楠木，日后也可望成为栋梁之材。但如果将原来的楠木宜林区改作他用，那么情况则真正令人可悲。又据该书的如下记载可以为此佐证。

桐油。山地皆种杂粮，岗岭间则植桐树，收子为油。商贾趋之，民莱其利以完租税，毕婚嫁。因土宜而利用此，先务也。①

从表面上看，此处的记载貌似与楠木无关，但经不起深究。其理由在于，既然官府出台政策鼓励大家多种桐油，以确保“地丁银”税收的顺利完纳。那么在改土归流后，大量汉族移民涌入湘西的背景下，各族乡民出于眼前利益的考虑，自然会听从官方的号召，将此前的土司管辖下的楠木宜林地改种桐油，或者改作旱地农田。设身处地为乡民着想，当然不会有任何人去管护楠木幼树，指望它数十年后成材。而这样的社会潮流，又是一项可以无限展拓的社会大背景。传统的楠木生产基地最终肯定会被旱地的开辟所取代，甚至即将成材的楠木也可能在这场浩劫中被廉价发卖，这才是楠木资源遭逢厄运的关键所在。更值得注意的是，酉水流域的悲剧恐怕还不是一种孤立的事件，其他楠木产区在当时国家政策的驱动下，肯定还会不断地重演类似的悲剧。经过长期积累后，楠木资源的全面告罄和濒危灭绝，也就在所难免了。如下的一则资料可以从另一个侧面解释楠木资源逐步萎缩的具体过程。

初，船用楠杉，下者乃用松。三年小修，六年大修，十年更造。每船受正耗米四百七十二石。其后船数缺少，一船受米七八百石。附载夹带日多，所在稽留违限。一遇河决，即有漂流，官军因之为奸。

① （清）张天如等纂修：乾隆二十八年《永顺府志》（卷十）《物产》。

水次折乾，沿途侵盗，妄称水火，至有凿船自沉者。①

这一记载的价值在于，明确提到楠木普遍适用于官船的建造，但若不用楠木，或者少用楠木，那么官船就得5年大修，不到10年报废。这就足以证明，明清两代所产出的楠木，不仅仅是供“皇木”之用，还有更其广泛的使用空间，而且这样的利用还得到了官方的有力监控。以此为例，我们不得不承认“皇木”采办仅是楠木消耗的特殊取向，其特殊性在于，“皇木”采办仅是偶尔为之，并非常态化的利用。事实上，明清两代大规模修建皇宫次数为数不多，而且在清道光年间就基本结束。然而如果用于造船，楠木的消费量必然数十倍于“皇木”采办的总量，而且“皇木”采办的对象仅仅是那些极为巨大的楠木，大多是数百年，千年才长成的巨型建材。但是用于造船的外壳，一般性的楠木材质也可以满足其使用。但造船却是年年有需求，年年有更新，其消费量之大，“皇木”采办根本无法与之相比。以此为例，我们不得不承认，即令是大规模的“皇木”采办，对于楠木整体资源的消耗所占比例并不大，反倒是建构官船，其消费量更大，如果要说过度利用导致楠木资源枯竭的话，那么官船的利用应当首当其冲，“皇木”的采办理应等而下之。这将意味着，认定“皇木”采办是楠木资源枯竭的主因，显然不足为凭。更值得注意的是除了官船，达官贵人的小件物品，其消费量也必然很大，也应是楠木资源枯竭的主因。遗憾的是，对于这一关键的问题，此前学者的讨论似乎在无意中颠倒了成因的主次。

近人周默在《从明清史料看宫廷皇木（楠木）采办》一文中有如下论断：“其实楠木是典型的成林树种，我国楠木林的存在是古已有之的事实。问题是任何成林树种，都经不起年复一年的大面积采伐或洗伐，而又不给它以成林的机会。楠木作为古代人喜闻乐用的树种，又作为封建帝王所必用的‘皇木’，它的遭遇自然比其他树种更为严峻了。”②

对这一结论而言，值得肯定之处在于，对于楠木的可再生性而言，大量的利用不会成为资源枯竭的唯一原因，但如果剥夺其生长的环境和条件，那么即使使用量不高，也可能导致楠木资源的枯竭。这确实是一种很

---

① （清）张廷玉撰：《明史》（卷七十九），志第五十五。

② 周默：《从明清史料看宫廷皇木（楠木）采办》，《收藏》2013年第9期。

有见地的认识。但针对“皇木”采办而言，显然不属于这种情况。众所周知，朝廷采办“皇木”，在耗费巨资的同时，肯定是选择已经成材的巨型楠木开刀，对一般楠木肯定不屑一顾。其结果只会表现为栋梁之材肯定会越砍越少，价格越来越贵，未成材的楠木反而不会少，更会得到更多的关爱，楠木的群落反而会扩大。“皇木”采办根本不可能对尚未成材的楠木构成严重的冲击。其间的原因在于，不管任何意义上的楠木采伐，“皇木”采办都是在朝廷财力充足的背景下才能启动的社会活动。因而，即令是规模再大的“皇木”采办行动，其持续的时间都不会很长，采伐量比起整个楠木资源而言，也是极为有限的部分，而且是多次筛选后的极少部分。对于一种可再生资源而言，它可以生生不息，仅采摘其中的一个部分，显然不足以窒息其整个物种的延续，也不会导致资源的全面枯竭。因而上述论证在这一问题上恰好误入了歧途，没有注意到“皇木”采办的间断性、暂时性和特殊性。用特殊性的事项去探讨普遍性的问题，长时段的问题，显然不具备起码的作证价值。

同时他还认为：“明代连年采伐，离溪水河流处便于运输的木材已经基本伐光。”① 这一论断是否太突兀？朝廷要的只是优质楠木，其他建材，包括未成材的楠木在内，都会置于不顾，说“皇木”采办会导致沿边的林木采伐一空，这就令人匪夷所思了。事实上，楠木采伐后的宜林地是否继续培植楠木才是问题的关键，采伐本身并不是绝迹的关键。如果说沿边的楠木都彻底消失，不是不会发生，而是发生的原因绝对不是“皇木”采办本身，而是当地的居民受其他社会因素的影响，将宜林地改作他用，才会出现森林的消失。因而上述论证其实是误认了生态系统变迁的社会文化主因。

还有学者对楠木的枯竭有如下论断：“当唐宋时期江南的楠木资源枯竭时，中南地区的楠木开始被大量开发利用。经过明清时期的‘皇木’采办，加以商人不断的开采，在清代中国西南和中南地区许多原来产楠木的地区已呈现资源枯竭的现象。”②

在唐宋时代，动用的楠木资源主要集中在东部，但这里的楠木资源到了宋末是否已经枯竭，可能还需要进一步的探讨。这是因为明清两代采伐

---

① 周默：《从明清史料看宫廷皇木（楠木）采办》，《收藏》2013 年第 9 期。

② 蓝勇：《明清时期的皇木采办》，《历史研究》1994 年第 6 期。

“皇木”，主要采伐区没有被框定在东部和东南部，原因不一定是因为楠木资源枯竭，而是楠木资源管护的取向与“皇木”采办不相兼容。这期间发生的背景变迁更值得注意，我们必须注意到：江南各地从唐宋以降，一直是我国经济发达的腹心地带，楠木的使用量理当非常大。但问题在于，其消费规格一旦实现了普及化和平民化，就肯定不会生产和管护千年以上的古楠木树，而是大量扶育等而下之的小规格楠木建材和工艺用材。然而宫廷采办楠木属于后者，而不是平民化的用材。因此明清两代当然不需要在江南各地采办“皇木”，因为这样的地区培养出来的楠木不能满足朝廷的需要，只能满足等而下之的小规格楠木需求。既不是采伐千年古树，而是只供给百年以内的小楠木，以满足普通家具的供给，就达到了楠木产业经营的目的。因为作普及使用的楠木，其规格要小得多。从种植到成材，所需的时间不过四五十年而已，这样的建材既然不能成为采办的对象，为何要去东部和南部采办呢?

至于唐宋时代何以不在西南地区采伐楠木，那不是产业方面的问题，而是另有社会原因。其内幕在于，唐宋两个朝代，随着南诏和大理的兴起，以及与朝廷保持着对等关系，朝廷当然不可能取用西南地区的楠木资源，在当时反倒是南诏、大理等地方政权去取用西南地区的楠木资源。①唐宋两朝的正史中找不到在西南地区相应的“皇木”采办记载，完全是情理中的事情，与楠木资源的多少实际上没有直接关联性。

还有学者认为：“历史时期中国楠木生长分布的缩小有其自然和社会的原因……从自然原因来看，由于楠木是一种亚热带樟科常绿阔叶乔木，对气温和湿度要求十分高，最适宜在年均气温16℃以上，降雨在800—1400毫米以上，当极端气温下降至－7℃以下，便会受到严重冻害，影响其生长。”②

这段论证很容易得到自然科学家的认同，其原因在于我国的自然科学工作者往往不甚关注历史，因而习惯于从共时态的大数据，去作出匆忙推论。类似的推论对一年生的草本植物而言，也许并不为过。如果一年生的草本植物不能顺利结实，其物种延续就会明显受阻。但对于楠木这种乔木

---

① 蓝勇：《明清时期的皇木采办》，《历史研究》1994年第6期。

② 雷信来、郑明钧：《南诏大理国对唐宋王朝的历史文化认同》，《广西社会科学》2015年第6期。

而言，值得作进一步的商榷。要知道，楠木一旦成材，成活千年以上完全不是问题，而我国有准确可考的历史记载不过2000余年。2000余年来，即令是全球气候变化，趋势也是十分缓慢，不可能暴涨暴落，短时间的低温当然可以将枝叶冻伤，但却不可能断送楠木性命。相反地，由于受到不利环境的刺激，这样的楠木反而会多结子，提高其繁殖能力以保存其物种。然而全球性的气候变化本身就有波动，不会一条直线降到底，留存下来的种子，只要环境稍加缓和，形成新的植株完全不成问题。而且即使是把植株冻死，只要根部不死，只要环境稍有缓和，根部也可以萌芽再生，楠木也不会绝种。总之，当代的楠木分布区是地质史长期运行磨合的产物，当然也与人类的干预、加工、引种有直接关联。需要注意的是，全球性的气候变迁其进度必然极为缓慢，其平均的变幅都不会很大，而每一种生物都有求生的本能和生存的潜力，都可以在一定程度上适应环境的变迁。① 单凭这样的气候变迁，就断言某些物种必然濒临灭绝，显然缺乏足够的说服力。

诚如上文所言，楠木的产、供、销，远在后汉时代就已经形成了传统型的产业结构，产业规模中的管、种、采、加工早就处在各民族文化的掌控之中。凭借民族文化的力量，要帮助楠木度过不利的气候环境，理应不是一个问题。因此，对于早就不是野生植物的楠木而言，单凭宏观的气候变迁就下结论，看来有些为时过早。由此看来，楠木资源在我国境内分布的萎缩，理应另有原因。有关这一问题的讨论恐怕无须取证于全国，单就湖南境内的如下变迁，就可以揭示其间的真相。同治《保靖县志》的如下记载正好可以作证。

> 示劝开垦荒地　王钦命
>
> 为劝民开垦荒地，以裕产业事。照得力田勤勤亩，无不衣食丰足；踰闲荡检，必至饥寒莫告，是以农，居在四民工商之先。尔民须当勤于西畴，以资家计。保邑虽居万山之中，尚属肥腴之地。何得本地所产，不敷本地所用？皆因抛荒者多，成熟者少。本县每事乡间，目亲大峡，坪冲，坦易坡畸，仅有可耕之地业，置于荆棘榛莽之中，

---

① 杨庭硕、孙庆忠：《生态人类学与本土生态知识研究——杨庭硕教授访谈录》，《中国农业大学学报》（社会科学版）2016年第1期。

> 深为尔民可惜。合行出示劝谕。为此，示仰该都、乡、保居民人等知悉。即将该都荒地查明，某系某户祖业，某係某户自置者，勒限砍伐，自行开种。如系无主官地，有人承认开垦，本县给予印照，即与为业。倘有穷乏无力，该乡保邻人出具素实，诚谨之人（担保），本县借给工种，俱限于一年内开垦成熟。如有开垦百亩以上，本县重加奖赏，以示鼓励。以副本县一片为民之意，速切。①

从此份告示的内容，我们可以看出两大史实。第一，当地的县令与历代王朝统治者一样，将农业视为所有产业之首，并通过一系列的措施鼓励当地居民实施农耕。第二，当地的县令对于保靖地区的生态环境有着中肯的评价，认为这里并非“不毛之地”，反倒是可以利用的肥沃之壤，句句属实。但是，因这里农耕不发达，而县令感到惋惜，并鼓励当地的各族居民开垦荒山，则显得大可不必。这样的举措无疑是对当地传统生计方式的不理解和强行置换。原因在于，当地的土家族、苗族居民实行的是农林牧副渔复合经营体系，对于不同的地段，有着不一样的利用方法。县令眼中所谓的“荒山”，在当地的土家族、苗族的眼中，并非是真正意义上的“荒山”，只是利用方式互有区别罢了。②

举例说，湘西地区在历史上一直是我国南方黄牛、山羊和牧放型猪的主产地，其产品一直销往平原地区各地。但这儿的牧场是人工改建而成，如果不加控制，就会形成价值不高的次生林，也不能兼做休闲时的农田使用。仅仅是因为这样的牧场，在县令的眼中与他熟悉的连片稻田有所不同，当然会被县令指认为“荒地”。再如，这儿的土家族和苗族，在改土归流前，由于稻田有限，山区的旱地耕作都需要做轮歇利用，种植的作物也是县令很不熟悉的稗子、葛藤、板脚薯之类的特殊作物，这样的作物长期以来都被汉族居民指认为“杂草”。以至于即使长满了这样的农作物，县令也认为是“荒地”。再如，由于这儿的土家族、苗族居民还要配种大量的经济林木，经济林在更新的过程中也可能杂草丛生，这更容易让县令理解为是“荒地”。基于这样的考虑不难发现，其间存在着文化间的隔膜和误判，这样的误判对本文讨论的楠木资源而言，恰好是致命的摧残。

---

① （清）林继钦、龚南金修，袁祖绶等纂：《保靖县志》（卷12）《保靖县志·告示》。

② 彭兵：《武陵山区生态退变的社会文化成因及对策研究》，吉首大学硕士学位论文，2017年。

要知道改土归流前，保靖宣慰司之所以能不断地向朝廷仅供“皇木”，原因正在于这些土司拥有大量的田庄和官地，在田庄中有不少就是他们直接管控的楠木生产基地。但改土归流后，失去了管控楠木的政治庇护，朝廷派来的流官很自然的是借用汉族的规范利用方式，一定要开垦成心目中的正规农田。在这样的背景下，此前的楠木基地肯定要遭殃，不要说其他的传统资源利用方式为之一变，就是未成材的楠木也会砍伐一空，被低价发卖，以便从官府中领到唾手可得的资助。持续推进的后果对楠木资源的储备，乃至对相关的技术而言，才是真正意义上的灭顶之灾。

官府的这项告示，虽然不可能得到当地苗族和土家族民众的认同，但对于蜂拥而至的汉族移民而言，却可以称得上是正中下怀，为了得到官府认可的一份地产，当然会不遗余力的砍树开荒。湘西地区楠木资源的真正告缺反倒是与这样的政策负效应关系更直接。特别是碰上改土归流和民族关系大调整的关键时刻，对楠木资源的危害性更加难以发现和补救。时下，在保靖县内确实存在活态楠木，但都是处在当年宗教长期控制下的地带，才得以保存。这就足以证明此项告示衍生的生态副作用确实不容低估。

楠木资源告缺的社会主因不外乎两个方面。一方面，对高规格的优质楠木建材而言，出现资源储备枯竭的主因，是与制度层面的保障有关联。因为这样的建材需要数百年持续地投入劳力和智力去管护，一旦管护中断，即使长大的楠木，也可能遭逢雷击、虫蛀，而失去作优良建材的资格。对此，西南地区改土归流的大规模推行很值得深思，并应该从中吸取教训。

我们必须认识到，西南地区的土司实施的都是千年一贯的家族统治，因而具有极强的稳定性。他们对境内的资源管理，完全可以做到切实可行并可持续利用。但如果一旦对这样的家族式统治实施了改土归流后，传承下来的楠木资源会被无序砍伐，宜林地能否继续供作抚育楠木之用，乃至楠木管护的有效性也就都会大成问题。这才是楠木优质建材在改土归流后很快萎缩的社会主因。

另一方面，将楠木的宜林地改作他用，对楠木资源储备萎缩的影响更为直接。我们必须牢记，一旦改作他用后，不仅已有的楠木储备会被低价贱卖，甚至是非规范、无序的利用。其后，不管是人工补种还是自然繁殖，都不可能长出楠木来了。这才是楠木萎缩的关键社会主因所在。

五 结论与讨论

一种生物资源的匮乏，乃至一个生物物种的濒临灭绝，与自然背景的变迁息息相关，更是与人类的活动直接关联。但具体讨论一个物种在短期内的濒临灭绝，其情况则有所不同。单追究其自然原因，或者追究其社会原因，抑或认定自然原因和社会原因都有份，由此形成的结论肯定会过于空泛，而无法落到实处。即使形成了一定的结论，也无法切中其要害。

具体到楠木这一物种而言，其之所以濒临灭绝，而且是在较短的时间内能够明显的被人类所观察到，那么自然原因在其间发挥的作用就会显得不足轻重，社会原因的影响理当放在首位。事实上，诚如上文讨论的那样，1000 多年来，中华各民族早就驯化了这一物种，从东汉时候起，大型楠木制品的运输已经粗具规模，完全称得上是一种传统产业。那么其濒危的原因肯定得定位在社会因素的框架内。因为经人类驯化过的植物还会濒临灭绝，显然与它的生物属性和环境的变迁不存在必然的关联性，而是与人类社会的发展取向构成直接的关联。这显然是一项必须遵循的逻辑关系，泛泛地讨论多种原因复合作用导致濒临灭绝，同样无法切中要害。

文化规约下的人类社会，与其所处的自然与生态系统，包括其间的任何一个生物物种，就本质而言，必然分属于两个完全不同的生命体系。人类社会可以独立发展，所处的生态系统也可以独立运行。如果人类出于本身生存的需要，必须与生态系统发生密切的关联性，那么占主动的一方显然是文化规约下的社会，两者之间只能靠人类文化所建构的生计方式，紧密地联系起来，形成稳定的文化生态共同体，这一概念是斯图尔德提出来的基本概念之一。① 既然如此，包括特定物种的濒临灭绝，其直接原因肯定得通过生计方式在相关文化中找答案，这才是真理。因为，文化的变迁必然导致生计方式的变迁，必然要影响生态系统的稳定。文化是主变量，生态肯定是因变量，追究社会成因才是正确的研究思路。而要做到这一点，承认并坚持文化生态都是一个完整且可以相互关联的体系，才是正确

---

① ［美］朱利安·斯图尔德：《文化变迁论》，谭卫华、罗康隆译，贵州人民出版社 2003 年版。

的分析办法。按照这样的思路去认识和理解前人的研究成果，其间的得失利弊也就明白如画了。

进而还需要注意到楠木在我国的分布极为辽阔，涉及我国十几个省区的管辖范围，其间客观存在着生长区域的生态系统类型和样式差异，同时又存在着民族文化的差异。如果仅仅是在某一个生态类型内，要探讨楠木资源萎缩的主因，当然不需要考虑跨生态、跨文化的分析。如果要讨论我国楠木资源大范围的枯竭，情况就大不一样。在这样的研究中，跨文化、跨生态的分析就必不可少。从这一认识出发，单就楠木的某一项消费方式是否会导致楠木资源的枯竭，其结果肯定会陷入以偏概全的误区；单就某一生态系统的古今差别去探讨整个楠木物种的濒临灭绝，同样说明不了问题。事情很清楚，远在先秦时代，楠木制品在中国大地上已经完成了跨地域的超远途流动，从那个时候开始，楠木的命运与各民族结下不解之缘，单就某一层面去讨论楠木资源枯竭都无法接近事实的真相。更鉴于楠木资源的真正濒临灭绝仅是十九世纪以后短期内的实情，在跨文化、跨生态的背景下，快速地出现这样的递变，显然不是哪一个民族文化所使然，肯定是跨文化的抑制作用才可能导致如此规模性的资源匮乏。仅就这一关键问题而言，政策的变迁，理应置于重要地位，因为只有全国性的同一政策，才足以让不同地区，不同民族中同时产生干扰楠木物种正常延续的社会合力。

为此，要认定楠木资源匮乏的社会主因，显然得聚焦于政策的变动，只有那些能够对楠木的原生环境构成不可逆的政策，才足以导致楠木资源的整体性枯竭。因而，本文才得以认定早年的楠木宜林地被全国性的改作他用，才是楠木资源匮乏的社会文化成因。立足于这样的认识，要保护和恢复我国的楠木资源，重建楠木产业，甚至推陈出新，形成具有现代意义的楠木产业，都得针对这一主因寻找对策，并规划创新的途径，才能收到生态建设的成效。

英苏村百年环境史简述

——兼谈新疆沙漠绿洲环境史研究

崔延虎*

前　言

塔里木河是我国最大，也是世界上位列前5位的内陆河之一。从最长的源流——叶尔羌河流域算起，到塔里木河尾闾——台特玛湖，全长2400公里，如果算上历史上流到的最初尾邑湖——罗布泊的河段，全长近2500公里。从现在提供直接水源的3条河流（和田河、叶尔羌河和阿克苏河）的汇集点阿拉尔算起，它的干流全长1321公里。在漫长的历史时期，塔里木河在沿途汇集了塔里木盆地的九大水系的水源，流域面积43.5万平方公里。1998年流域总人口825.7万人，其中少数民族占流域总人口的85%，是以新疆维吾尔族为主体的少数民族聚居区（1998年统计数据，中国水利水电科学研究院提供），流域内现有耕地2044万亩。最近几十年来，由于新疆南部社会经济的快速发展，气候干燥、水资源极为珍贵的新疆南部用水量，特别是农业开发用水量，激增了数百倍之多，导致汇集于塔里木河的九大水系中的大多数河流断流或消失，目前只有来自不同方向的3条河流作为塔里木河河水的直接来源：和田河、叶尔羌河和阿克苏河。（见图1）塔里木河沿着塔克拉玛干大沙漠北部的边缘蜿蜒穿行，润育着新

* 崔延虎（1950—），男，新疆乌鲁木齐人，新疆师范大学社会文化人类学研究所教授（退休），英国剑桥大学社会人类学系与蒙古—内亚研究所访问研究学者（1991—1994），复旦大学民族研究中心特聘研究员。主要从事社会文化人类学、民族地区发展研究，研究方向为生态人类学（牧区生态人类学与绿洲生态人类学）、新疆民族社会发展研究。

疆5个地州、27个县市、55个生产建设兵团、农牧团及其辖区内的1735万亩土地，养育着占新疆总人口32%的人口。

从20世纪50年代以来，受气候变化和人类活动影响，塔里木河多条源流相继脱离干流。加之水资源的无序开发和低效利用，源流向干流输送的水量逐年减少，致使下游近400公里河道断流。曾经拥有9条水系的塔里木河，如今只剩下叶尔羌河、阿克苏河等4条河流汇入，形成了“四源一干”的格局。

本文通过对塔里木河下游一个沙漠绿洲村落——“英苏村”的环境史的简略梳理，试图提供一个新疆沙漠绿洲环境史研究的个案，并通过它讨论这个生态环境区域“人及其社会与自然环境的关系史”的一些初步认识。

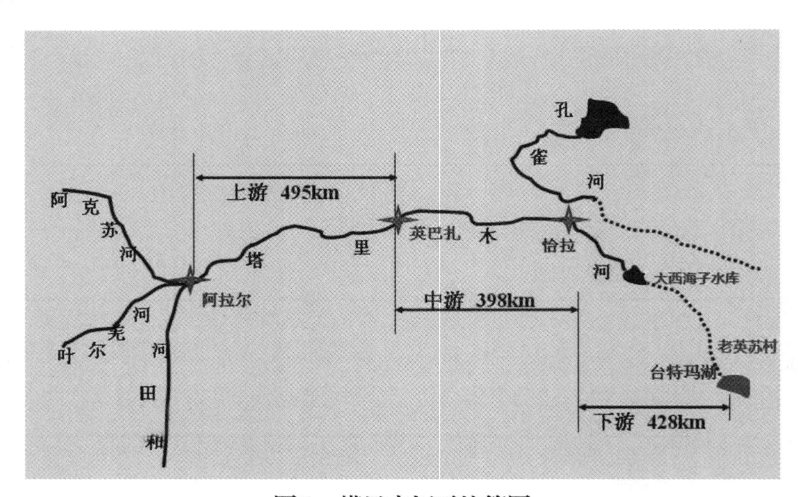

图1 塔里木河干流简图

资料来源：http：//www.360doc.com/content/15/0413/12/10429244_ 462860628.shtml。

一 英苏村环境史：大河呵护下的沙漠绿洲

英苏村位于新疆巴音郭楞蒙古自治州若羌县境内，是塔里木河下游的一个村落。近百年来，这个村落随着塔里木河下游及罗布泊地区生态环境剧变，经历了几起几落的变化，留下了一个“人及其社会与自然环境的关系史”的微型个案，同时也成为塔里木河流域乃至中国西北沙漠绿洲地区环境史的一个缩影。

英苏村的地理位置比较特殊，它位于罗布泊干涸后，塔里木河主河道后缩形成的尾邑湖——台特马特湖和当时由生产建设兵团修建的大西海子水库之间，距离台特马特湖 130 公里左右，218 国道从它身旁向北穿行而过。

依据现有的资料，英苏村形成的具体时间无法明确断定。由于塔里木河历史上曾经多次改道，改道多发生在中下游地区，被称为“无缰的野马”。“英苏”一词在维吾尔语中的意思是“新来的水”，根据我们在英苏村老人中调查获得的口述资料和其他文献资料印证，这个村落大概是最近 100 多年间塔里木河一次大规模改道后逐渐形成的，最早的时间大约是在 19 世纪 70 年代左右。

英苏村的维吾尔居民主要来自三个方面，第一部分是原来居住在罗布泊的罗布人（Loplik），由于塔里木河道改变、注入罗布泊的河水水量锐减，后来该地区出现瘟疫，环境恶化无法生存，他们沿河而上从罗布泊周边陆续迁徙到台特马特湖一带，后来又沿河而上迁至离台特马特湖 120 多公里的塔里木河河道两侧。这部分居民早期的生计方式主要是渔猎。第二部分是来自塔里木河下游河道两侧的维吾尔牧民，他们祖辈沿河放牧，“逐水草而居”，主要生计方式是沙漠绿洲的畜牧业。第三部分是从 19 世纪末期到 20 世纪初陆续从吐鲁番及轮台一带因躲避战乱迁徙而来的维吾尔农民，早期他们的生计方式也是以畜牧业为主，间或有小量的采集（燃料木材、药材和狩猎）。

19 世纪末和 20 世纪初到过塔里木河下游及罗布泊的数个西方探险家、地理学家和考古学家的著述中记载了他们看到的英苏社会。当时英苏一带的居民户数大约是 250—300 户，人口约为 1300 人，20 世纪 20 年代所做的一项人口调查留下的统计数据已经无处可寻，但是到过这里的文人可能接触过这些数据，他们遗留下的文章提供了人口有缓慢增长的信息，户数大约是 350—450 户之间，人口增加到了 1600 多人，我们在离英苏不远的塔里木乡调查中了解到，增加的人口主要是来自吐鲁番地区的逃难农民。根据《若羌县志》，在 20 世纪 50 年代到 60 年代，英苏村的人口稳定在 2000 人左右，人口增长速度明显小于塔里木盆地中上游地区人口增长速度。

原来居住在罗布泊周边的一部分罗布人溯河而上，来到台特马特湖一带的时候，还是沿袭了祖辈的生计方式，以渔猎为生，那个时期塔里木河下游及两岸数十公里遍布着大大小小数十个湖泊，大的有几十平方公里，小的仅有几平方公里，罗布人的“渔船”是用倒下的胡杨木树干，一劈为二掏空制成的独木舟，他们驾着独木舟，游弋在河道或湖泊之中捕鱼。那个时期这里有数量繁多的野生动物，如马鹿、野骆驼、野猪、鹅喉羚（Gazella subgutturosa，俗称黄羊）大耳猬、麝鼠、塔里木兔等，还有种类很多的禽类。斯文·赫定在他的著作《罗布泊探秘》中曾经提到，他乘坐罗布人的独木舟，跟随他们到喀拉考顺湖采集野禽蛋。他也记叙了在罗布猎人家看到过老虎皮的情景，询问了罗布人为什么这里的老虎近乎绝迹的原因。在19世纪末期到20世纪上半叶，这里人口绝对称得上稀少，相对丰富的资源保证了这些罗布人的生存，在这个时期，虽然生态环境由于塔里木河的多次改道正在发生变化，但是这里的以胡杨、红柳和沙生植物构成的植被基本上保持着正常的生长，塔里木河下游相对充沛的水源为罗布荒原野生动物的生存也提供了基本的条件。

台特马特湖周边到老英苏村一带是若羌县传统的草场，由于那个时期地下水位比较高，牧草可以说得上比较丰茂，加上这里数百平方公里的胡杨林每年的落叶，为牧民的羊群提供了足够的可食性资源，英苏村的牧民驱赶着牲畜，在这里放牧，后来一部分原来的罗布人也习得了放牧的技术，有些人开始从渔猎转向放牧。

来自吐鲁番及轮台一带因避战乱迁徙而来的维吾尔农民，过了一段放牧人的生活后，发现这里河岸两侧有着肥沃的“荒地”，开始了小规模的开荒活动，他们在河岸滩和靠近河岸的胡杨林中，开垦出一片又一片的耕地，种下小麦、玉米和棉花种子，栽种葡萄、梨、苹果和桃树。小规模的种植业出现在这里，是英苏地区人类生计系统发生变化的一个前奏，但是由于规模很小，况且那时候人口规模很小，水源相对充足，他们的垦荒没有对这片家园的生态环境造成影响。

斯文·赫定1900年年初第二次来到新疆，主要在罗布荒漠地区进行地理考察，在他所著的《罗布泊探秘》一书中，用比较多的篇幅记载了他在这个地区的所见所闻，他徒步丈量了已经干涸的罗布泊湖盆和新形成的湖泊“喀拉考顺”周边，观察到这里发生的生态环境变化主要原因是自然因素，其中最重要的是塔里木河这匹“无缰的野马”改道所致，在他的观察记录中，没有看到由于这里的人类活动干预导致的生态环境问题的叙述。

1917 年 8 月，当时民国政府财政部官员谢彬在新疆考察，曾经游历到了罗布荒原，在他的《新疆游记》一书中，记载了他在若羌到罗布庄的途中夜宿一个叫“喀拉瓦尔”的地方，谢彬写道，“喀拉瓦尔”那里“风起水涨，汗漫无边。午夜无月，难觅浅径，偶有失足，辄陷泥淖……朝曦方升，波光呈金黄色，水鸟浮游，拍拍展翼，凝神而望，饶有逸趣”，后人考证，他说的“喀拉瓦尔”实际上指的是上次塔里木河改道后形成的一个新湖——“喀拉考顺”，距离台特马特湖不远。这说明，当时在罗布荒原上形成的又一个人类聚居地英苏村及其周边塔里木河下游尾邑地带的生态环境，依然是按照自然规律存在和变化着。

英苏村的村民在这片罗布荒原上顽强地生存着，罗布人渔猎，迁徙而来的维吾尔族牧民放牧，来自农耕地区农民习得牧民的生计方式—放牧，到后来这些农民开始小规模的种植，依赖着塔里木河为他们提供的最重要的资源——水，以及在河水滋润下生长着的胡杨林、沙漠绿洲中的荒漠草场的牧草和野生动物。对他们来说，塔里木河及周边的胡杨森林和荒漠草地就是他们生命存在的“天堂”。我们在这里田野调查时，不时地听到老一辈“渔民”、牧民和农民或是坐在庭院、或是在河边、或是在胡杨树下吟唱的关于塔里木河和胡杨林的民歌，他们的记忆中最清晰、最强烈的依然是塔里木河、罗布泊、台特马特湖。一位老人告诉我们：

在很长远的过去，河水流入了台特马特湖，台特玛湖有大水道与罗布泊相连。南边的车尔臣河、北边的塔里木河，还有些小河，河水都流进了台特玛湖，水量大时，湖水会顺着水道进入罗布泊。85 岁的玛加汗·肉斯坦回忆说，“那时候，河里水大着呢，男人们划着筏子（独木舟），可以从英苏一路划下去，到台特马特湖。那里水很大，湖里鱼很多，半天时间就可以捞上一筏子。男人们饿了，就把筏子划到河边或湖边，挑选上几条大鱼，剖开鱼肚，在河水或湖水里冲洗内脏，刮去鱼鳞，捡上一些干胡杨枝条或红柳枝条，点起一堆火，用红柳枝条把鱼架在火堆旁烤，烤熟了美美地吃上一顿，然后划着筏子回到村子里，我们把打来的鱼晒成干鱼，冬天过日子就靠它们了。”阿不拉老人是一位百岁罗布人，在他的口中，塔里木河如同童话一般。在他的童年、青年，甚至壮年时代，这里到处都是海子（小湖泊），海子边上胡杨一棵挨一棵，红柳密得人走不过去。海子里到处都是鱼，划着“卡盆”（用胡杨掏制的小舟），用自己编制的罗布麻网随便一捞，就是满满一网鱼。村里人一年四季以鱼为粮。青壮年男子集体下海子捕鱼，捕鱼归来后，就把鱼堆放在村口，妇女们点起篝火，把鱼一分为二，用红柳条插在火堆旁烘烤。烤好的鱼任凭村人取食。他说，那时，青年结婚时，女方往往把海子当嫁妆。自己结婚时，女方陪嫁的就是一个很大的海子，划着卡盆半个时辰才能到对岸。有一次他在这个海子里捕了条鱼，比人个头还大呐。

那时候，英苏村子周围水塘、涝坝很多，河边、湖边和水塘边都是胡杨树，有些胡杨树很粗壮，地上草很多，我们那时候家家户户都有羊，几十只到几百只羊，用干胡杨树枝绕着一棵几个人抱不过来的胡杨树（干），围起来就是羊圈，晚上把羊圈起来，白天放牧时，只要把羊赶到树林子里，或是河边、水塘边的草地上，我们就跟着羊走了，羊渴了要饮水，它们就会走到河边喝水，我们有时候也会跳进塔里木河或是小湖盆里，冲洗掉身上的尘土。那时候的日子现在想起来，真是忘不了，也没有办法忘掉。

英苏村的村民在塔里木河下游过着自己的日子，过了一代又一代，他们的命运与塔里木河共生存。虽然外面的人看来，这里的环境很“糟糕”，但是适应了环境的英苏村民却认为只要塔里木河长流，只要胡杨树年年发芽开花，只要河水漫过河岸，浇灌着草地，他们的生活是快乐的（一位老村民的看法）。

二　英苏村环境史：河流改道

到了20世纪20年代，几件看上去与英苏村民“无关”的事件，却成为英苏村环境剧变、英苏村民命运改变的先兆。

1921年，在离今天的大西海子北边不远的穷买里村附近，发生了一次在塔里木河筑坝、河岸开口引水的事件。用胡杨树干、树枝和石块筑起的水坝，阻挡了河水的下流，在塔里木河东岸上挖开了一个口子，使本来就

"桀骜不羁的无缰野马"塔里木河突然改道，河水冲决沙土，形成一道急流，冲入了离此不远的孔雀河古河道，造成了现代历史上塔里木河的一次"人为"改道。这次改道，再一次改变了塔里木河的流向，造成罗布荒漠地理学上的一个大变动事件。原来流向英苏的河水，大部分流到了孔雀河古河道，只有一小部分缓慢地顺着原来的河道流下去。

关于塔里木河下游的这次改道原因，我们调查时获得了两个不同的版本。第一个版本是，当地村民告诉我们，当年一个叫阿西罕·阿吉的女"巴依"（地主），家里有1.2万只羊，草场不够用，听从了一个人的建议，"在河里筑坝挡水，扒开塔里木河岸，引水兴建新草场"，于是她便让人在穷买里村附近的塔里木河筑坝，在河岸上扒开了一个口子，河水冲决河岸，急速泄入河岸一边的荒漠，流向了孔雀河古河道，引起塔里木河的河水改道。另外一个版本是，1921年或是1922年，当时的"国民政府下令引塔里木河水到孔雀河古道，解决那里的缺水问题"，于是动用民工筑坝，扒开河岸，造成了河道的改变。

虽然我们多方查阅资料，试图搞清楚究竟哪个版本接近于事实，但是至今没有结果。铁定的事实是，在20世纪20年代，就在穷买里村附近，塔里木河确实发生过一次改道事件，这次改道造成了从穷买里村附近的塔里木河以下数百公里的河道中水量大减，直接影响到了英苏村。

田野调查获得的资料说明，塔里木河下游历史上存在着扒开河岸引水形成水塘、小湖泊的情况。罗布人在地势平坦的河岸边，挖开一个小口，把河水引到低洼地带形成水塘或"涝坝"，划上独木舟在这些水塘或涝坝里捕鱼，是不时发生的事情。但是他们不在河道中筑坝，因此不会引起河水冲决河岸导致河水改道，下游的维吾尔农民有时也会挖开河岸引水造田，他们在靠近胡杨林的地方挖上一个小口子，让河水流到树林中积有深厚腐植土的草甸里，春天开犁播下种子，夏天只须浇个透水，就可以在秋天收获小麦或其他农作物。同样由于他们不在河道中筑坝，而且扒开河岸地方不远处就有沙丘和灌木林，可以挡住河水，也不会造成河流改道，只会在河岸边冲出一个又一个池塘和小湖。

但是在河道中筑坝、河岸开口引水，往往会造成河流改道。就在英苏村以北100多公里外的尉犁县，我们在资料中查阅到了另外一起筑坝、河岸开口导致河水改道的事件。20世纪50年代初，一个叫乌斯曼的牧民，为浇灌他的一片草场，用坎土镘（一种类似镢头的农具）在尉犁县塔河中下游的一处扒开了一个口子，由于这里河岸比较高，岸外地势低于河道，这个口子被河水冲决得越流越大，流成了一条“新河”——乌斯曼河，导致大量的河水流出了塔里木河主河道。塔里木河管理部门测定，到了20世纪80年代，塔里木河主河道76%的水从乌斯曼河流失出去了。

由于这两次河水改道，塔里木河流到英苏的水量明显减少了，以往每年都会发生塔里木河水在洪水期越过河岸，漫灌河岸两侧胡杨林和草地，但是这种情况越来越少了。相对稳定的英苏一带生态环境开始出现异动，沙丘移动速度加快，胡杨种子得不到河水浸泡，发芽长出幼苗的越来越少，而幼小的胡杨树生长速度减缓，草场枯萎、最终沙化的面积越来越大。所有这一切，对英苏村村民的生存造成了威胁。

导致环境发生更大规模变化的情况出现在20世纪50年代中期及以后。

1954年成立的新疆军区生产建设兵团，其中3个农业师，即一师、二师和三师的区域位于塔里木河沿岸。第二农业师位于巴音郭楞蒙古自治州，其中的31、32、33、34、35、36团的区域在塔里木河流域中下游。从20世纪50年代中后期始，这3个农业师在塔里木河流域开垦荒地，引河水灌溉，建立起了南疆历史上从来没有过的现代农业垦区。数百万亩耕地用水主要来自于塔里木河的河水，与此同时，塔里木河流域人口开始快速增加，由地方政府和农民开垦的荒地数量也在百万亩以上。这些耕地处于干旱区或极端干旱区，灌溉成为农业生产最重要的条件，灌溉所需的水源主要是塔里木河及其支流的河水。

20世纪五六十年代，兵团农二师的军垦战士在塔里木河下游开荒造田，开辟了塔里木垦区，垦区有5个团场。为了保障垦区灌溉和生活用水，从1958年开始，先后修建了恰拉水库和大西海子水库。大西海子水库离位于它下游的英苏村近200公里，于1972年完全修成（后来人们惊奇地发现，罗布泊也是在这一年完全干涸的）。这个水库直接为农二师34团、35团供水。大西海子水库修建完工后，截断了塔里木河流向英苏的河水，人为地将塔里木河缩短了300公里。按照原订计划，大西海子水库完工后，每年应该向下输送一定数量的水，但是由于垦区规模逐年扩大，灌溉需水量随之逐年增加，蓄下的水的使用量已经达到峰值。大坝自从建好后，就几乎没有定期开闸放水。水闸下300公里的塔里木河沿岸生物，在30年期间没有看到河水漫灌河岸两边胡杨林和草地，而在过去几百年里，河水越过河岸漫灌是一个常态。

随着水库修建，中上游社会经济用水需求的剧增，再加上周边地区气候的变化，塔里木河和车尔臣河等诸多河流入台特马特湖的水量剧减。1959 年国家测绘总局数据显示，当年台特玛湖湖面面积达到 183 平方公里。20 世纪 50 年代前烟波浩渺的台特玛湖面积缩小了。人们没有想到，这竟然是之后几十年内湖面面积的峰值。1972 年，塔里木河自大西海子水库以下的河道彻底断流。到了 1983 年，台特玛湖仅在靠近车尔臣河末端的尾邑地带，还残留有几个小水塘，过了几年，这片湖就彻底消失了，留下了几百平方公里的巨大盐碱壳和荒漠，许多地方被沙尘暴吹来的沙子覆盖。台特玛湖，专家们把这里作为塔里木河的最后终点，并把它写进了权威的辞书和地理教科书，实际上台特玛湖早已只是纸上的终点和地图上没有实在内容的地名。

30 多年前最早流入罗布泊，后来流入台特马特湖的车尔臣河也断流了，它在下游的这条水道早已随干涸的罗布泊一起淹没在风沙中，台特玛湖成为塔里木河的尾闾。但这只是台特玛湖的“弥留期”，真正的“死亡”是生态系统崩溃。紧随湖面消失的是湿地，接着是红柳、梭梭、胡杨。断流区域自湖区上溯约 400 公里，整个塔河下游生态被逼入绝境。几年后，英苏彻底成为一个单纯的地理名词。留给人们的只是一个枯杨败草间，散落着残破的村庄遗址。

三　英苏村环境史：老英苏村的破败与新英苏村的衰落

为了给英苏村村民寻求新的生路，当地政府在离大西海子水库不远的地方，帮助村民建起了一个村庄，因为这里尚有从大西海子渗出的地下水和灌溉放水时流出的余水汇成的几条涓涓细流，草场和胡杨林依然有着生命力。英苏村的村民给这个新的聚居地起了一个名字——“新英苏村”（Yang yangsu－意为“新的有水的地方”）。来到新英苏村后，大部分英苏村民依然以放牧为生，为了生存，他们在低洼平坦地带开垦了一些荒地种庄稼。

见证过这段历史的85岁老人玛加汗·肉斯坦说：

> 台特玛湖干了以后，这里变成了戈壁，风沙经常把218国道掩埋，那时候从若羌县城到库尔勒市400多公里的路程要走1天多时间。有时候一起大风，漫天的风沙。更严重的是，我们所在的村子因为缺水，影响到了我们的正常生活，我们为了寻找水源，不得不集体从老英苏村搬到离水源地更近的新英苏村。

我们来到老英苏村，一眼望去，到处都是残垣断壁，当年土坯垒起的房屋大都只剩半截，泛白的墙体在荒原阳光的照射下，显示出一种无奈的苍凉。给我们带路的老英苏村的一位村民指着其中一个院子说："这就是我们家的老宅子，当年村里有上百户人家在这里放牧、种地。"

1959年，老英苏村最后一户人家也搬走了。不少村民搬到了新英苏村，这位村民告诉我们，他小的时候新英苏村还有二三十户人家，如今只有两三户常住在这里。1980年，新英苏村建了一所小学，14年后，小学也搬走了。搬家，成了这片土地上的村民们半个多世纪以来最大的生活主题。而不得不搬的缘由，就是缺水——老塔河断流了。

由于塔里木河断流，昔日的英苏村已成一片废墟，牧民由老英苏搬到新英苏村后，并没有摆脱由于大西海子水库修建、塔里木河中上游开荒导致的超量用水给这片土地生态环境剧变带来的噩梦。

2000年，北京电视台的一个摄制组来到这里，一位记者记录了他所见到的情景：

> 那是2000年初春，我们跟随一支当地的水文考察队，来到塔里木河下游。当路过一个名叫英苏的村子时（注：这个村子是新英苏村），村庄了无声息，寂静得有点瘆人。走进村子，家家户户的门上挂着锁，没有一个人，也没有一头牲畜，院子里的凉床和灶台上都蒙着厚厚的灰尘，英苏竟是一个死村？我们敏锐地感到，在这一片死寂背后，可能隐藏着一个非同寻常的故事。于是赶回库尔勒招来在那里等待会合的摄制组，想拍下这奇特的情景。

然而，当摄制组赶到英苏时，眼前的景象把他惊呆了。满村全是人。纷乱中有人赶着毛驴走向沙漠深处，摄制组也赶紧跟了上去。走了几公里之后，另一个村子出现在眼前，只不过这个村子已经是一片残垣断壁的废墟。通过翻译才知道，这片废墟也叫英苏，是老英苏，而路边那个村子叫新英苏。但是我们并不知道他们所拍到的，正是一幕由于水源断绝导致人们丧失家园的活生生的事例。至于村子又出现了人，那是因为摄制组到来的前一天，正是古尔邦节，四散的村民只有在节日才赶回村子，做短暂团聚。到第二天，他们不得不再次锁上家门，到有水的地方游走他乡，去谋求生存。

这位记者写道："这次，当科考队又一次在若羌至英苏的路上，我们已看到了远处英苏的房子。英苏全村的房子都是土坯的，唯独这个井房是砖砌的，可见村人对水的重视。英苏给我们展现的，则是活生生的一个绿洲的消亡过程，和它复苏的过程。它生动印证了塔克拉玛干地区人与水的生存关系。"

南香红是一位来自广州的记者，记录下了她在英苏一带看到的惨景：

> 塔里木河断流近半个世纪，绿色走廊遭到毁灭性打击。81 万亩胡杨林锐减至 24.6 万亩，草场覆盖率下降了 75%。奔跑和飞翔的动物许多都灭绝了，或者很少能看到它们的影子。

> 昔日的台特玛湖，曾经"一望草湖，村舍不断，缩芦为室，水鸟群飞，一派江南景色"。这个面积 100 多平方公里的湖已干涸了。现在唯一能让人产生水的联想的是这里的一座桥。沙子已快淤满了桥洞，一阵风来，流沙如水如雾般飘过桥底。专家们说，台特玛湖中的沙子已厚达 10 米。

> 当我们在台特玛湖中心穿行的时候，有一种特别悲凉的心情。湖中心堆满了高大的沙丘，一粒粒白色的淡水螺壳被风打磨得洁白光亮，这里再也不会有水了，曾经的水中生命只留下这坚硬尸骨。

> 台特玛湖实际上仅仅是塔里木河一个时期的终点。这条在沙漠里

> 奔腾不羁的河曾经有过很多终点。有时候，它流入罗布泊，有时候，它只能到达一个小湖泊，有的时候，它甚至远远不能到达下游。

现在塔里木河的尾闾是大西海子水库。从台特玛湖到大西海子水库，塔里木河缩短了300公里。

> 然而，当我们赶到大西海子水库时，再一次震惊了。这里已经是第二个台特玛湖，浩瀚的水库已经不存在了，水库底裸露着，只有最中央的地方还留下一汪水，一大群水鸟在那里盘旋，搜索最后的一餐。

实际上，作为塔里木河的现代终点（20世纪70年代），大西海子水库里存的已经不是塔里木河的水。塔里木河自大西海子水库上溯100多公里也已经断流。400公里长的塔里木河下游靠的是从博斯腾湖里用扬水站调出的水，经孔雀河流入的。

这位记者继续写道："20多年前塔里木河断流后，胡杨林里的黄羊、野兔不见了，自家的羊也没水喝了。于是他们开始打井。开始时井深只有3米，后来是10多米，打出来的井水是咸的，人喝了拉肚子，绵羊更不喝，也养不成，只能养山羊，因为山羊吃干草、干树叶。再后来，干脆井里的咸水也没了，村子周围的树也枯死了……当时已有80岁的阿不拉江被迫赶着羊群依依不舍地离开英苏溯河而上，去了更远的地方。尽管新的地方有水有草，但毕竟不是自己从小玩耍、生活、牧羊的家乡，他仍感到不适应。老辈们从罗布泊撤离到老英苏一带后，已经不愿意再去新的地方，到了他这一辈，老了老了，还得远走他乡。阿不拉江就奇怪了，这塔里木河、这胡杨林、这喀尔达依、这英苏难道就养活不了几百户牧羊人吗?"

修建了大西海子水库的兵团军垦人也没有想到，大西海子水库的修建，不仅截断了流向下游的水，使塔里木河下游农牧业生产受到极大危害。位于塔河下游的5个农垦团场弃耕撂荒的耕地已有13万亩，占这一垦区总耕地的25%。

我们在田野调查中访谈了兵团农二师31、34和35团的几位农工。他们对20世纪50年代中期的英苏地区和塔里木河下游的生态环境的记忆依然十分清晰。

31团的一位老军垦已经81岁了，他回忆道："五十年代我们在这里开荒时，河水很大，河里有鱼，胡杨林里有野兽，那时候生活很苦，条件也不好，但是环境比起现在来好多了，种什么收什么，不缺水，缺的是劳动力。"谈起现在的环境，老人眼睛中流露出了凄然的目光，"胡杨林成片地死掉了，草地变成了沙地，河里的水来的越来越少了，过去费了那么大的劲开垦出的农田，一片一片都撂荒了，为什么啊?"

31团的一位中年农工告诉我们，从20世纪90年代中起，我们这里的人心不稳了，开始寻思出路，很多人家都想离开这里，离开的原因很简单，没有水了，活不下去了。

2006年，原有职工2000多人的31团，只剩下500人还留在当地。这位农工说："活不下去了"，"南疆人谁都知道胡杨'一千年不死'，但我们团场外围的好多胡杨都死了，没水"。

"那时，沙子一年比一年多，沙尘一起，对面是谁根本看不见，一场沙尘暴过后，活全白干了。"我们遇到的一位农工的家离台特玛湖不太远，"那时候哪儿有湖呢，一滴水都没有，全是盐碱壳子！当时听老人说五六十年代可以从尉犁划船到若羌，我根本想象不出来。"

我们访谈了一位新疆生产建设兵团农2师35团的农工，他原来是一位上海知青，60年代初来到这里，他的家距维吾尔老人艾买提居住的英苏村有40公里。他回忆起了当年刚到这里的情境。

> 我们来的时候，给我们的宣传说这里是瓜果之乡，到这个地方一看确实如此，这个地方还是挺好的。塔里木河的水源源不断，包括大西海水库两个库区都可以蓄满，而且可以往下排一部分水。

> 他说："我们刚来的时候，胡杨林长得很茂盛，夏天钻进去，和外边比起来，还是很凉爽的"，"现在一片一片的胡杨林死去了，地面的植被也枯死了，植被一死，沙子就覆盖了。原因是过去河里有水，地下水位很高，汛期河水可以漫过河岸，保证了胡杨和植物的生长，20多年了，河水漫过河岸再也没有出现过，地下水位下降得很厉害，近些年来，我们的庄稼长期浇不上水，只好打深井，刚开始井深15米，现在已经100多米了，抽上来的水盐碱度很高，浇到地里不仅没

用，而且使耕地盐碱化了。没办法了，我们团就撤掉了几个单位。土地沙化了，人逐渐就减少了，原来我在的这个这个连队四五百号人，五六千亩地，最后剩了几百亩地，人逐渐都走了”。

位于塔河下游的5个农垦团场弃耕撂荒的耕地有13万亩，占这一垦区总耕地的25%。老英苏村彻底破败了，村民们迁徙到了新英苏村，时间不长，新英苏村又衰落了，村民们又开始了搬离。我们注意到搬离总是溯河而上，“逐水草而居”成为这里的人们与环境之间关系的主题，其原因莫过于塔里木河本身的变化，也可以说是这匹“无缰的野马”无意中牵动着英苏村民的搬离。在近100年的历史时期内，英苏作为塔里木河下游和罗布荒原上的一个小村落，由于环境的恶化、衰败、变迁和搬离成为了生存的必然宿命。

四 英苏村环境史：塔里木河的困境

究竟是什么造成塔里木河下游人与环境关系的这种大起大落，这是一个需要做长期研究的课题，本文作者尚不具备做这个课题的学力和资料储备，只能从过去40年间在这条河流所发生的事关人与塔里木河之间关系的事件做一个粗略的论述。

我们访谈过的塔里木河管理局的一位局长说，乱引河水、过度开荒，还加快了塔里木河沿岸的土地荒漠化的速度。农户用水无度，农田中的盐碱被冲入塔里木河，河水盐碱含量过高，农田庄稼绝收。于是，一些拓荒者耕作三五年后就弃田而走，被毁坏了原始植被的土地，很快变为寸草不生的荒漠。

“50年代防洪，60年代漫灌，70年代节水，80年代抗旱，90年代断流，21世纪咋办?”当地老百姓中流传的关于塔里木河下游境况的顺口溜，生动地描绘了这条河流发生的变化和塔里木河下游绿色走廊50年来环境的恶化。

这位局长言及的“乱引河水、过度开荒”，以及顺口溜揭示的“70年代节水，80年代抗旱，90年代断流”的状态，从20世纪70年代就开始发生了，达到高潮是在90年代。

1996年，新疆提出了“一黑一白”的经济发展战略，“黑”指的是石油开采，主阵地就在塔里木盆地。“白”指的是大规模发展棉花产业，棉花产业的主阵地也在塔里木盆地，主要在塔里木河流域。当地政府把发展棉花生产作为一项带有政治性质的战略，来自内地和新疆其他地区的投资者纷纷来到塔里木河流域“开荒”种棉花。据官方统计数据，塔里木河流域的棉花播种面积从50年代的2.65万公顷，占全部耕地面积不足4.24%，扩展到118.07万公顷，占全部耕地面积的50.13%。

过去30年间，特别是从20世纪90年代中期以来，塔里木河从上游支流开始，河水被截走用于农业种植的水量逐年增加，流到干流的水量已经不正常地减少了。我们在2007—2012年从和田河、叶尔羌河和阿克苏河塔里木三条主要上游水源支流水文站了解到的情况是，近10年来，三条支流水量有一定程度的明显增加，这主要是由于气候变化、气温升高导致高山积雪和冰川融化加速所致，但是现在出现的情况是，和田河河水流到三河交汇的塔里木河干流起始点——阿拉尔的水量已经不能持续，叶尔羌河流到这里的水量锐减，有些年份出现断流。1909年，塔里木河主干道全线断流，我们沿着干河道从阿拉尔一直走到台特马特湖干湖盆。

20世纪90年代以来棉花播种面积的急剧扩大，使塔里木河流域绿洲的水资源利用格局发生了根本性的变化。特别是兵团、农场和私营老板大面积棉田灌溉用水增加使这个地区绿洲农业水资源利用量由20世纪50年代中期不足28%急剧上升到了70%左右。这种增加导致维系绿洲生态系统的“生态功能水”量急剧下降，造成绿洲生态系统向荒漠化演变。

河水不够了，棉花生产者转向了打深井取水灌溉。20世纪80年代，塔里木河流域两岸50—80公里的区域内，灌溉用水井的深度一般为8—20米（离河道距离远近深度有差异），到了20世纪90年代后期，深度达到了30—80米，而到了21世纪头10年中期，深度达到80—120米，近两三年在很多地区，特别是下游流域地区，如尉犁县和若羌县，灌溉用水井的深度已经达到了150—180米，个别地区达到了200米左右，过去用来打井的专用设备打不了这么深，于是塔里木油田废弃的石油钻井设备就派上了用场。

超量抽取地下水用来种棉花，短期内解决了棉花生产水资源匮乏的问题，但是从长远角度看，这对于塔里木盆地，特别是塔里木河流域绿洲的生态环境造成持久而无法逆转的危机。因为盆地和流域的地下水对于维系干旱区地表植被有着不可替代的作用，下游地区，如位于罗布荒原边缘的尉犁县、若羌县荒漠草场在近30年里大面积消失的原因，除了河道断流没有地表水补充外，主要还是这个地区以北200多公里的区域内为种棉花大量抽取地下水而使旱生植物得不到最低量的地下水滋润所致。

樊自立先生是中国科学院新疆生态地理研究所的资深研究员，从20世纪60年代开始，他就开始关注和研究塔里木流域的地理和生态。他带领的一个国家自然科学基金课题组，经过数年的艰苦工作，在1978年写成了大约15万字的《大规模农垦后塔里木河自然环境演变与自然资源利用》报告，初步揭示了由于人类活动影响，塔里木河流域胡杨林遭受破坏，草地退化、水质碱化和土地沙漠化发展情况，引起了社会各界对塔里木河生态恶化的关注。

塔里木河每次输水都牵动着这位老科学家的心，他至今仍记得第一次输水时的情景。由于台特玛湖已经干涸长达17年之久，第一次输水并没能到达台特玛湖。

迄今为止，塔里木河流域综合治理工程已经向下游输水13次，其中2001年到2006年的第一时段共9次。不过，这一时段的输水主要用于补充地下水位，输入台特玛湖的水量仅占下泄水量的2.4%。第二时段是2007年到2009年，3年中输水2次，这一时段几乎对地下水没有补给。

原水利部部长钱正英2000年左右在这里调研时发现，当时的塔河中游挖口引水有138处，大马力的抽水机有上百台，2009年我们沿河调查时，中下游的引水口数量不仅没有减少，而且明显增加了，国产和进口的大马力抽水机数量仅在中下游就有200多台，由于当年塔里木河断流，一些大型抽水机直接与安装在河道中央的大型水井泵连接在一起，河道无水抽取地下水。这些引水口和大马力抽水机的主人大都是在沿河两岸获得“开荒权”“开荒”种棉花的外来“投资者”和生产建设兵团沿河团场。

无序开荒几乎让第一时段输水的成果功亏一篑。数据显示，20世纪70年代塔里木河流域除上游连片开垦外，其他地方仅有小片耕地，主要以林牧业为主，到1995年耕地面积达到13.9万公顷，2008年耕地面积进一步增加到26.2万公顷。

当地政府和开荒者利用塔里木河流域及其周边地区“闲置荒地”和河

水来种植经济收益比较高的棉花，种植棉花当地政府可以从中获得利益，作为开荒者，他们最为关注的是如何尽可能地获取利润，种植棉花对这里水土资源和整个生态环境的影响在他们那里并不是一个首先应该考虑的问题，况且以获利为目的的许多开荒种棉花的“老板”并没有长期经营的打算，不少开荒者自己种植棉花几年后，会把棉花地租赁给他人（这种租赁关系发生在开荒者并没有完备的法定土地使用权的情况下）继续种棉花，自己收取“地租”。当地政府在涉及水与土的问题上，往往不多干涉老板们，老板们所做的是如何用可能的手段来从棉花地里“捞金”，使用越来越多的化肥、农药和塑料薄膜就成为了惯例，这些都给塔里木河流域的水和土造成了持久的“生态痕迹”，对生态系统的影响也是持久的。

大规模的开荒和棉花种植，由于绝大多数种棉老板来自异地，他们缺乏在这个干旱地区生存的生态文化约束。我们在调查中发现，面积为几百亩、上千亩的新开垦棉花地周边没有种一棵树的情况比比皆是，种棉老板们对河水滥用和受到污染、开荒造成大面积植被破坏的情况没有本土老百姓所有的那种生态感受和任何“内疚”。这同样是塔里木河流域生态环境发生剧变的原因之一。

由“无序开荒”引发塔里木盆地，特别是塔里木河流域的生态环境一直处于“全面恶化、局部改善”状态。

五　英苏村环境史：返回老英苏村

20世纪90年代末，塔里木河生态环境全面恶化的态势以及对流域地区社会、经济造成的越来越明显的严重影响引起了国家的注意和重视，专家们认为，塔里木河流域生态系统加剧恶化，严重制约了流域经济社会的可持续发展，并威胁到我国西北地区生态系统。党中央、国务院十分重视塔里木河流域的治理问题。朱镕基总理在2000年9月考察新疆时提出，要下定决心治理塔里木河，力争用5—10年时间使塔里木河流域生态环境建设有一个突破性进展。2001年3月1日，朱镕基总理主持国务院总理办公会议，听取水利部和新疆维吾尔自治区关于塔里木河流域水资源开发管理和生态系统建设的汇报，批准了塔里木河流域综合治理方案。会议认为，“加快塔里木河流域治理对于实现新疆经济和社会可持续发展，恢复南疆绿色走廊的生机，造福各族人民，具有十分重要的意义，是西部大开发的又一重点工程”。向塔里木河下游应急输水就是在这种背景下出现的。

新华社2014年一篇报道说：“自2001年起，国家决定投资逾百亿元，对新疆塔里木河流域进行综合治理。塔里木河流域综合治理工程组织向塔里木河下游输水，水源来自于孔雀河流域、开都河流域的博斯腾湖和水库。14年间，塔里木河先后实施了14次生态输水，累计输水46.44亿立方米，水头11次到达尾闾台特玛湖，最大时形成350余公里湖面（这个结论有误——湖面实际面积只有150平方公里左右，且水深30—120厘米，2014年湖面面积扩大的另外一个原因是断流近30年的车尔臣河由于昆仑山降雨和气候变化原因，水量剧增，冲决了沿岸的堤坝一路流入了台特马特湖——本文作者），结束了下游河道连续干涸近30年的历史。其中，2010年前，年均生态输水2.95亿立方米；2011年，实行新的流域管理体制后，2011年至2013年3年平均生态输水6.59亿立方米。”随着平均每年42.62亿立方米水输入塔里木河干流，塔里木河下游的生态环境开始恢复。据中科院最新监测数据显示，同输水前相比，塔里木河干流下游地下水位大幅回升；地下水矿化度下降；塔河下游植被恢复面积达1000多平方公里，植物物种增加29种，大量的盐渍化耕地得到改良，沙地面积减少204平方公里，塔克拉玛干沙漠和库鲁克塔格沙漠合拢趋势得到遏制。”（新华社2014年8月25日报道）

新疆经济报2018年3月6日报道，3月5日，第十九次向塔里木河下游生态输水水头历时7天抵达尾闾台特玛湖。这是自2000年实施生态输水以来，水头最快抵达尾闾台特玛湖的一次，也是水头第十五次抵达尾闾台特玛湖。

2000年实施的第一次生态输水共计输送水量0.99亿立方米，历时58天，水头仅从大西海子水库向下行了110公里；而近3年的数据显示：2015年实施的第十六次生态输水，水头历时24天抵达台特玛湖，共计输水4.61亿立方米；2016年第十七次生态输水，水头历时18天抵达台特玛湖，共计输水6.76亿立方米；2017年第十八次生态输水，水头历时10天抵达台特玛湖，共计输水12.15亿立方米。

塔河近期综合治理实施以来，前十八次累计向塔里木河下游输送生态水量70.15亿立方米，有效缓解了下游生态的严重退化，促进了流域经济社会发展与生态保护“双赢”。

向塔里木河西游输水的18年，一直牵动着塔里木河两岸数百万人，也牵动着新疆各族人民。更加牵动着由于下游断流数次逃离家园的英苏村村民。每一次输水时，都有村民赶往输水口观望，有些中青年牧民甚至骑着摩托车，追随顺河道而下的水流，一直到水流停滞不前的地方，沿河顺流而下的水头15次流入台特马特湖，也有村民赶到那里，观看浑浊的水流渗入到干涸已久的湖盆中，我们看到，他们欣喜的表情，有些人甚至当场手舞足蹈起来。而几次输水后，台特马特湖又再现干涸，驻足在这里的英苏村民脸上的失望之情与不远处沙漠中遗留下的为数不多的胡杨树一样，沧桑百态。

数十次输水给干涸到极点的塔里木河下游带去了生命水，沿河的胡杨树慢慢地发出了新芽，又披上了绿装；胡杨幼苗又出现在靠近河岸的漫滩上，离河岸十几公里地区的地下水位上升，几十年不见的旱生牧草和芦苇又开始成片地出现。英苏村的村民们开始了再一次搬离，这次是返回他们搬离的家园。

在我们最近几年田野调查时，看到已经有一些老英苏村的村民搬回了久别的村子，开始整修破败的房舍和牲畜棚圈，村子里已经出现了炊烟。一位记者记录下了他看到的情况：

在距离英苏村附近的塔里木河河道旁的胡杨林里，我见到了正赶着一群羊的哈斯木老人，他说这里是他的老家，以前的祖辈都居住在这里的村子里，因为河道干涸没有了水源才被迫搬迁到若羌县那边。现在这里好了，我们又能在这里放牧了。库尔干距离台特玛湖16公里左右。以前3个成人都抱不过来的老胡杨，又生出新芽，在它周围是

> 一汪汪的水潭和一片片的芦苇。我们走过的林子，不时有水鸟被惊起。在塔里木河入湖口，若羌县牧民帕提古丽·民·阿帕正在和丈夫收拾行李。“我们要把羊赶去34团那边，明年再来。”帕提古丽的笑声传了很远，在她身后，河水正滔滔不绝涌入台特玛湖。半米多长的鲶鱼在水里若隐若现。

新疆塔里木河流域进行综合治理工程历时11年，花了107亿元之多，2012年验收合格，这是新疆50年来花钱最多的一项流域生态恢复与整治工程。2011年，针对之前出现的塔里木河流域内无序开荒、超额用水等现象，新疆维吾尔自治区政府决定将塔里木河各流域管理机构移交给塔里木河流域管理局统一管理，结束了塔里木河流域多年来各自为政的管理方式。

政府和项目实施方的总结认为综合治理工程取得了预期的效果，从新华社的报道也可以看到这种乐观的结论。但是，我们在塔里木河流域地区做的调查获得的结果，一方面在某种程度上可以回应上述乐观的结论，但是另一方面也对这项工程的长期效果产生忧虑，就向下游输水而言，虽然局部缓解了生态环境恶化的趋势，但是流域棉花种植面积扩大以及最近开始的工业化（包括棉纺织工业）发展，使我们对这条新疆人、特别是塔里木盆地近千万人口母亲河的命运、流域水与土的前景以及流域人类社会未来生存前景依然有着疑虑。在塔里木河流域管理局向“塔里木河下游应急输水与生态改善检测评估研究项目”验收鉴定会提供的“塔里木河应急输水与生态改善背景材料”报告中同样可以看到这种疑虑的根据。

> 塔里木河输水工程虽然取得了很大成效，但是应该看到，这仅仅是缓解塔里木河生态环境严重恶化现状的一项应急措施，不能够从根本上解决问题。整个塔里木河流域生态环境的恢复与保持，有待于综合治理工程的全面实施，这是一个长期的过程。

六　英苏环境史与新疆沙漠绿洲环境史研究

在十几年对英苏村村民与环境关系的调查中，我和合作伙伴海鹰坚教授（干旱区生态地理学家）逐步形成了上述英苏环境史的一些初步认识，十几年的调查、观察和研究，使我们获得了新疆沙漠绿洲环境史研究的一些初步认识。

相对于我国华北、西南和华南地区的环境史研究取得的显著成果，新疆环境史研究目前处于起始阶段前期，尚未有系统的环境史著作问世。作为面积占中国国土面积六分之一的省区，其生态环境、社会和文化多样化特征也是国内最具有特点的地区之一，环境史研究匮缺是一个令人焦虑的学术现象。

新疆沙漠绿洲的面积有100多万平方公里，是国内沙漠面积最大、绿洲种类最多的地区。地理学家指出，在新疆165万平方公里的大地上，可以供人类居住的绿洲面积只有十几万平方公里左右，2000多万新疆人口中有近70%居住在沙漠边缘的绿洲中。这种格局突出了沙漠绿洲环境史研究在新疆环境史研究中的地位和重要性。

英苏村是新疆数万个沙漠绿洲村落中的一个，我们对其环境史的调查和初步研究揭示出，环境史研究“人及其社会与自然环境的关系史”，这种关系史在新疆沙漠绿洲集中地表现在“人及其社会与水”的关系上，在某种意义上，沙漠绿洲人及其社会与自然环境的关系史就是人及其社会与水的关系史。塔里木盆地降水量北部一般在50—70毫米，南部一般在15—30毫米，而蒸发量一般在2000毫米以上，英苏村所在塔里木河下游和罗布荒漠地区，年平均降水量28.5毫米，年极端最大降水量118.0毫米；年最小降水量3.3毫米，年平均蒸发量2920.2毫米，最大蒸发量3368毫米。这个地区被一些外国地理学家和气象学家判定为“不适合人类生存”的地区之一。但是就是因为有一条塔里木河的存在，数千年来，人类一直繁衍、生活在这里，创造出“楼兰文明”类型的社会，也正是由于这条河流的地理和生态环境变化，“楼兰文明”消失在沙漠之中。因此，沙漠绿洲环境史研究搞清楚人及其社会与水、与河流的关系史，可能是最为重要的。

我们对英苏村环境史的调查和研究表明，生态扩张研究是新疆沙漠绿洲环境史研究的一个重要视角。英苏地区历史上一直是荒漠草场，胡杨林与荒漠草场有机共存于这样一个极端干旱地区，因此畜牧业在相当长的历史时期内是这里人类社会的主要生计方式，罗布泊、台特马特湖、塔里木河、孔雀河及其他大大小小的“海子”（湖泊），为罗布人提供了渔猎的条件，渔猎是他们最主要的生计。农耕虽然也存在，但是规模很小，并不是主导的生计方式。近百年来农业逐步大规模地扩张到这个地区，农业的发展与人口增加有着密不可分的关系，人口增加带来的是一种新的生计方式，这就发生了生态扩张，过度的生态扩张导致这里人及其社会与环境关系的异化，这在本文论述的50年代中期后大规模的现代农业开发带来的“人—地”关系，特别是“人—水”关系的急剧变动中可以略见一斑。生态扩张同时必然带来有别于本土的生态环境观念与环境行为方式，这对于研究环境史应该是不可或缺的一部分。

由于新疆沙漠绿洲生态环境的特征和人类居住格局的特质，沙漠绿洲环境史研究需要从微观和宏观两个层面进行，观察和研究英苏村这一类微型社会的环境史非常必要，因为它不仅提供了一个具体的人及其社会与环境互动过程的历史，而且也提供了环境史研究必需的本土环境认知和行为的具体资料，同时，宏观层面的研究可以从“国家在场”的角度大尺度地认识沙漠绿洲人及其社会与环境的关系，特别是过节决策对于这种关系的影响。早在汉代，英苏村所在的罗布荒漠地区是西汉时期塔里木盆地36国之一的小国“婼羌”，其后曾经先后受治于匈奴、楼兰、东汉、汉、晋、隋唐、吐谷浑、吐蕃、回鹘，西辽、元朝、察合台汗国，后来在清王朝治下。我们没有查阅到清代以前塔里木河下游在这些国家的资料，但是到了清代，已经有关于罗布荒漠、水系、土地及其治理的记录，到了民国时期，地方政府处理水患的记录不少，也有举地方之力整治塔里木河和孔雀河举措的记录，说明“国家在场”已经体现在对水的治理上，1949年后，“国家在场”对人及其社会与环境的关系影响全面化了，生产建设兵团在塔里木河流域建立垦区，就是一例，2001年开始的塔里木河流域治理更是具有决定性的作用，动用国家力量从博斯腾湖等水源地向塔里木河下游输水则反映了国家的意志和力量。在类似新疆这样的干旱地区的人及其社会与环境的关系史，现当代国家的影响无处不在，国家的决策可以改变这种关系。

我们的调查研究还发现，沙漠绿洲环境史研究需要重新认识被研究地区人类群体的本土知识，事实上，生态环境本土知识也该是环境史研究的对象，也是环境史研究的内容。从生态人类学的角度看，越是生态环境脆弱的地方，人类群体与自然之间的关系越紧密、越复杂。在数千年的生存经历中，塔里木盆地，特别是塔里木河流域绿洲本地人口形成了一整套被我们称之为“本土生态知识”的认识和行为体系。本地以维吾尔族为主的农民，基于这一套本土生态知识，慎重地处理着他们与水资源（包括河流、湖泊等）、绿洲的关系，在生态环境行为上有一整套绿洲社会自我约束的规范，比如在哪里可以开荒种地，在哪里不能够，如何对待和使用自然资源，特别是土地和水源，如何对社会内成员危害自然的行为进行约束和惩治，如何合理地使用土地资源，如何保护胡杨林和草地，如何坚持农作物种植的轮作制度？如何在绿洲，特别是在耕地周边（条田四周）、聚居区房前屋后植树造林以改善局部气候条件、抵御风沙，等等。这些都对塔里木盆地的水土资源起到了保护作用。

就研究方法而言，做新疆沙漠绿洲环境史的研究，与内地社会环境史研究有一个很大的不同。内地社会也包括像西南地区的社会，有着完整的官修档案和民间历史文字记载的传统，从资料角度看，这些提供了环境史研究的重要资料。相比之下，新疆地区特别是南疆地区，由于历史原因，基本上没有完整、系列的官修档案，民间文字记载由于语言文字多次变换，不仅数量极少，而且记载简略至极，不成系统，这就为环境史的研究带来了很大的困难。为了解决这个问题，人类学的田野调查就显得非常必要。我们在塔里木河沿岸的绿洲生态人类学调查中，通过口述史的方式搜集到了一批关于人与水、绿洲变迁、环境变迁的资料，这些口传几代甚至十几代人的本土知识，包括关于河流、森林、植物、动物和人们环境行为的内容。比如我们搜集到了当地流传数百年的“种植经书”，对小麦、棉花、瓜果、树木的栽种与土壤、水和气候的关系，都有明确地说明和规定。塔里木河流域的地名一直为我们所注意，许多地名，反映了这里人类社会对自然的认识和对所发生的人与自然环境关系事件的描写，如“新苏”“新博斯坦”“买买提挖开河岸的地方”“一群野猪在河里洗澡的地方”“玉山江抓住大鱼的河岔”“巴依老爷引水种麦子的河滩”等。与此同等重要的是，几百年来塔里木盆地考古重大发现，大多数都在已经消失的河流或河流尾闾地带，考古挖掘出土的实物和符号，也有许多反映了历史上不同时期人与环境的关系。环境史的研究在资料缺乏的情况下，这些本土的民间资料，能够通过提供特定地区、特定人群与特定环境的信息，补充文献不足的问题，有利于建立起一个基于本土的环境史知识体系。

汉族移民与明清民国时期河湟地区的人文环境变迁

李健胜*

《后汉书》卷八七《西羌传》记载，汉武帝时期西逐诸羌，汉军“乃度河、湟，筑令居塞”，这是传世文献中有关“河湟”的最早记录，此处的“河湟”特指今甘、青两省交界地带的黄河及其支流湟水。此后“河湟”逐渐演变为一个地域概念，所涵盖的地域范围包括黄河上游、湟水流域及大通河流域构成的“三河间”地区，即今青海日月山以东，祁连山以南，西宁四区三县、海东地区以及青海海南、黄南等地的沿河区域和甘肃省的临夏回族自治州。河湟地区是中原地区与青藏少数民族聚居区的过渡地带，也是蒙古高原、黄土高原和青藏高原的接壤之地。河湟地区是我国西北地区著名的民族迁徙走廊，其东西走向的自然地理格局与丝绸之路大体一致，自古以来成为人类文明东移西迁的通道，西羌、吐蕃民族借此走廊向东迁移，汉族、鲜卑秃发部和吐谷浑部、东蒙古部落等皆经此走廊迁徙至青海草原地带，来自中亚、西亚等地的青铜、小麦及佛教文明借助河湟地区传播至中原地区。本文通过分析明清民国时期汉族移民在河湟地区的迁徙状况，探究该地区人文环境变迁与汉族移民活动的内在关系。

一 明清民国时期河湟地区的汉族移民

汉武帝时，确立“征伐四夷，开地广境，北却匈奴，西逐诸羌”① 的

---

* 李健胜（1975—），男，土族，青海师范大学黄河文化研究院教授，博士生导师。研究方向：先秦史及中国古代思想文化史。

① 《后汉书》卷87《西羌传》，中华书局1965年标点本，第2876页。

战略，河湟地区成为汉羌必争之地。为确保西境安全，汉政权组织中原移民至河湟一带屯田，自此展开了持续2000年之久的汉族移居河湟之历史。总体来说，汉族移民由戍边士卒及其家属、驰刑徒或犯禁之人等构成，大体上属于政策性移民。

两汉至唐宋，中原政权在河湟地区统治不甚稳固，河湟地区的汉文化亦呈时断时续的发展态势，至明代时，情况才发生大的改变。明朝在河湟地区实行卫所制度，洪武六年（1373），明朝改西宁州为西宁卫，宣德七年（1432），西宁卫升为军民指挥使司，兼理地方民政事务，洪武八年（1375），明朝在元朝贵德州地方设置归德守御千户所。明朝在河湟地区大兴军屯，永乐时，仅西宁卫屯田面积达20万亩，在籍军户人口也较为稳定。除军屯移民外，明朝还在河湟地区实行民屯和商屯，《西宁府新志》卷一六《田赋志·户口》记载，洪武十三年（1380），明政府从河州移民48户至归德千户所“开垦守城，自耕自食，不纳丁粮”。《西宁府新志》卷二五《官师志·名宦》载，万历年间，董汝为担任西宁兵备，“开垦荒田数百顷，招抚流移百千余家”。《西宁府新志》卷三十《纲领志下》亦载，万历二十三年（1595），甘肃巡抚乔庭栋勘查出西宁等地额外荒田九百六十八顷召垦，永不起科。此外，据《明宣宗实录》卷三二记载，西宁卫还多次被指定为盐商纳盐粮之地，这说明此地还可能有过商屯。

《西宁府新志》卷一六《田赋·户口》记载，洪武中西宁府有“官军户七千二百（户），口一万五千八百五十四（口）。永乐中官军户七千二百（户），口一万二千九十二（口）”。除屯军之外，原居明之六卫的罕东、曲先等卫的部众也有不少人迁入青海东部地区，加之民屯人口等，明成化、弘治时期，河湟地区的总人口可能达50万。明正德前期，东蒙古亦卜剌部和阿尔秃斯部以及卜孩儿部相继进入青海，河湟地区陷入了长期战乱，特别是万历三十八年（1559），东蒙古俺答部数万人进入青海，遂使“番人益遭蹂躏，多窜徙”，进而又“逼近西宁，日蚕食番族”①。由于受战乱涤荡，河湟地区人口的发展遭受严重挫折，可能呈下降趋势。若以清

① 《明史》卷330《西域传》，中华书局1974年标点本，第8548页。

代人口数回测，估计明代河湟总人口不足40万人。① 至于汉族人口的总量，因缺乏翔实材料，甚难估算。不过，受卫所体制的保护，河湟汉族人口自此真正扎根河湟，加之不断有军户充实而来，汉族人口数量较前代有明显增加。

清政府效法明朝，也实行移民屯田政策，河湟地区成为容纳清政府政策性移民的地区之一。此外，出于军事目的的移民现象也在持续。雍正二年（1724），清政府在平息罗卜藏丹津的叛乱后，控制了河湟地区。在川陕总督、抚远大将军年羹尧奏报的《青海善后事宜十三条》中，便有“边内地方宜开垦屯种”的奏议，建议清政府向河湟地区移民。第二年，清政府从北京、山西、陕西等地移民河湟，西宁府和碾伯县承纳了大量来自中原的军屯移民。据相关学者分析，清政府的军屯和政策性移民活动并不如明朝那样成功。由于地方官员的怠政与贪污，屯田时兴时废，到1747年，西宁府及碾伯县征收赋额的田亩共计6060余顷，与明末相比，反而减少了600余顷，中原地区频繁发生的自然灾害，使得大量人口被迫迁移至河湟地区谋求生计，这也是清代移民迁入河湟地区的重要形式。来自河南、山西等省的移民迫于生计，自发地迁出世居之地，河湟地区也是他们自发迁入的目的地之一，“尽管清朝官办农垦每每失败，但自发的迁徙一直没有间断，青海成为政治流亡及自发移民的渊薮”②。民族冲突也是导致移民的因素之一，乾隆至道光年间，甘肃河州地区发生过数次回乱，清人著《秦边纪略》卷一《西宁卫》云：“回之叛亡而附西夷者，及汉人之亡命，咸萃渊薮（指青海）焉。”

清雍正、乾隆以来全国人口迅速增加，河湟地区的汉族人口也呈快速增长之势。《大清一统志》卷二六九《西宁府》载：嘉庆末“西宁府男妇大小共二十万八千六百三名口，屯丁民妇大小共五十万二百二十六名口”，总人口为708829口。至咸丰初年，西宁府总人口更突破80万大关，接近90万人。

---

① 郭凤霞：《古代河湟地区人口发展情况述略》，《青海师范大学学报》（哲学社会科学版）2010年第3期。

② 田芳、陈一筠：《中国移民史略》，知识出版社1986年版，第43页。

表 1　清咸丰三年（1853）西宁府人口情况　单位：人

县厅	男丁	女丁	合计	备注
西宁县	178407	149843	328250	
碾伯县	118658	109711	228370	原文所载男女，丁口比总人口少 1 人
大通县	37400	36267	73667	
贵德厅	10078	9727	19767	原文所载男女，丁口比总人口多 36 人
巴燕戎格厅	14880	12685	27565	
循化厅	99541	78188	177729	
丹噶尔厅	10528	8532	19068	原文所载男女，丁口比总人口少 8 人
总计	469462	404953	874418	由于原文献记载错误，男女丁口比总人口数多 27 人

注：根据《西宁府续志》卷四《田赋志》统计。

就河湟汉族人口数量而言，上表西宁县、碾伯县的主体人口是汉族，其他县厅总人口中汉族也占一定比例，保守估计，咸丰年间，河湟汉族人口总数当在 50 万人左右。

从同治初年始，河湟地区陷入回乱之中，生灵涂炭，人口损失严重，史称“同治初元，湟郡遭兵燹者，已阅十年，上而殉难之官绅，下而尽节之士女，不可胜数”①，加之自然灾害等，“民不死于回，即死于勇，不死于回与勇，即死于瘟疫、饥饿、狼虎”②。据学者研究，同治时期甘肃省各州（直隶）府的人口在动乱中损失 70% 以上，③ 以此推算，河湟地区损失人口总数约为 60 万人，当地人口从咸丰初年的近 90 万人锐减到不足 30 万人。光绪年间，河湟地区回变不断，人口损失情况亦很严重，据《甘肃新通志》民族志五《户口》记载，至光绪年末，西宁府三县四厅总人口为 80396 户，368131 口，人口恢复甚为缓慢。

---

① （清）邓承伟修，张价卿、来维礼等纂，基生兰续纂：《西宁府续志》原序二，青海人民出版社 1985 年版，第 15 页。

② 光绪《洮州厅志》卷 18《杂录》，台湾成文出版社影印本，第 987 页。

③ 赵文林、谢淑君：《中国人口史》，人民出版社 1988 年版，第 414 页。

民国初年，战乱频仍，加之国民革命军与地方军阀间的矛盾所引起的民族冲突，也导致较大的人口损失。国民政府时期，西北政局稍趋稳定，加之抗战时期，徙居河湟的内地居民数量较之前有所增加，人口数量也随之增多。我们根据“兹据民国二十四年边疆教育实业考察团之报告书”①的统计数据，兹对当时的河湟汉族人口做一估算。

表2　河湟地区各县人口密度②

县别	面积/方里	人口数/人	每十方里人数/人
西宁	16000	163599	102.3
乐都	1350	68495	50.7
民和	12000	52005	44.6
互助	13000	94601	73.0
大通	23200	79008	34.0
湟源	11000	23700	22.0
共和	24200	20240	8.0
贵德	37800	18042	4.8
循化	16800	25635	16.0
化隆	12600	23485	18.0

表3　河湟地区各县民族百分比③

县别	汉	回	蒙	藏	土	撂④
乐都	95%	1.5%		2%	1.5%	
民和	30%	50%		10%	10%	
互助	60%	40%			365	
大通	65%	31%		4%		
湟源	84%	6.5%	3%	6.5%		
循化	14%	16%		17%		53%
贵德	20%	15%	5%	60%		

① 马鹤天著、胡大浚点校：《甘青藏边区考察记》，甘肃人民出版社2003年版，第167页。
② 同上书，第168页。
③ 同上书。
④ 此处之“撂”巩为“撒”字之误，即应指撒拉族，笔者按。

续表

县别	汉	回	蒙	藏	土	摆
化隆	20%	50%		20%		10%
共和	25%		5%	70%		

表2和表3基本列清了抗战前夕青海河湟地区各县人口总数及各民族人口比例，所缺的仅为西宁县民族人口比例。根据其他文献，亦可找到当时西宁县的民族人口比例。据史料记载，当时西宁“全县人民约十七万余人，计汉族占百分之六十四，回民占百分之二十，土藏二族，各占百分之八”①。可知当时西宁县汉族人口占64%，根据这一数据，再结合上列二表中的相关数据，可知1935年时，青海河湟地区总人口为568810人，其中汉族人口为310445人，占总人口的54.58%。从这些数据看，当时的总人口数较晚清同光年间增加近一倍，而汉族人口总数占总人口的一半以上。

明清以来，汉族移民的徙入整体上改变了河湟地区的人文风貌，因此，汉族移民的到来及中原文化的迁播可以说是这一地区人文环境变迁的主因。不过细究之，河湟地区人文环境的变迁受以下几个因素的影响：

首先，从自然地理环境来看，河湟地区东西走向的地理格局及农牧分界的地理特征，为汉族移民的徙入和中原农耕文化的迁播提供了必要条件。

青藏高原东北缘的河流及山脉总体上呈东西走向，黄河从甘肃南部拐入青海境内后又折向东流，所经之地史称河曲地区，黄河上游最大的支流从西向东注入黄河，这两条河流的走向基本决定了河湟民族走廊的地理格局。这一民族走廊的东部接近甘肃兰州、临夏等地，该地区是陆上丝绸之路的必经之地，也是汉族移民徙入河湟、河西诸地的咽喉，其西部地带与青海草原地区相接，于日月山一带形成鲜明的农牧交界地区。这样的地理格局为陕、甘等地的汉族移民借河湟谷地自东向西徙入河湟提供了便利，也为这一地区人文环境的内地化提供了必要的自然地理基础。和河湟民族走廊一样，河西走廊也呈东西走向，自西汉中期以来也是汉族移民徙入甘

① 陈赓雅著、甄暾点校：《西北视察记》，甘肃人民出版社2002年版，第139页。

隶西部及新疆地区的大通道，敦煌、吐鲁番等地人文环境的变迁也直接受到河西走廊自然地理格局的影响。与河湟民族走廊不同的是，藏彝走廊呈南北走向，自古以来即是少数民族南来北往的重要通道，尽管汉族移民自四川盆地徙入这一走廊东部边缘，但其南北走向的地理格局决定了这一区域移民文化的特殊性，也导致其内地化色彩不甚浓重。

相对而言，河湟谷地海拔较低，气候条件适宜农耕，是青海少有的农耕地带，也是重要的人口集聚区，这为汉族移民依托先进的农耕技术扎根于此提供了必要条件。距今5500年左右，仰韶文化人群的徙入使河湟地区有了粟作农业，[①] 加之大麦、小麦的引种，河湟地区自古即是典型的农耕地带。汉族移民的到来，意味着中原先进农耕技术的传播，生活方式及文化教育等方式的中原化，这些人文环境因素的生成皆以适宜农耕的条件为其前提。

其次，国家权力是影响河湟地区人文环境变迁的重要因素。

历代中原政权在河湟实施移民屯田之策，其目的无非有二：一是借此巩固在边疆地区的军事力量；二是减轻国家的军粮负担。然而，移民的徙入客观上改变了当地的人口构成，为当地人文环境变迁提供了必要的人文条件。

在治理边疆问题上，中原政权往往采取因俗而治的策略，这在一定程度上限制了国家权力对边地人文环境的干预。鉴于河湟地处偏远，民族关系亦较复杂，历代中原政权基本采取“从俗”之策，没有实施针对中原缘边地区的“变俗”之法。从国家治理角度看，“从俗”是柔术，即不过多地利用国家力量干预当地的人文环境构成，并对少数民族服色、语言及信仰给予优容。在这一国家政策背景下，两汉至宋元时期，汉族移民对河湟地区少数民族的影响往往停留在生产方式等技术层面，明清时期，因汉族人口大增，影响少数民族生产生活的时空范围扩大，少数民族改变身份认同并融入汉族的现象才多了起来。可见，在“从俗”背景下，往往需要依靠民族文化自身的吸引力融合其他民族。

晚清以来，情况发生一定变化，推行新式教育等政策使当地人文环境变迁加速。清光绪年间推行新式教育，河湟各地举办新式学堂，仅大通城乡建立13所义学，“设在回、土、藏、蒙古少数民族地区的，就有三分之

---

① 中国社会科学院考古研究所甘青工作队、青海省文物考古研究所：《青海民和县胡李家遗址的发掘》，《考古》2001年第1期。

一左右，其余则为或回、汉；或土、汉；或回、土、汉；或回、藏、汉等混合学校。”① 丹噶尔藏族亦“间有读书者”②，在西宁举办的蒙藏半日学堂等是接纳少数民族学生接受新式教育的场所，国民政府时期的昆仑中学等也为回、藏、土等少数民族子弟接受近代教育提供了难得的机会，这些近代学堂的教师大多是来自中原的汉族，在他们的影响下，新的中原移民文化也随之迁播至河湟，对当地社会产生了积极作用。③

再次，河湟地区内生秩序对该地区的人文环境变迁也有一定影响。

所谓内生秩序是指在特定社会组织内部运行的规则，是人类在适应环境以及处理个体、群体之间关系的过程中逐渐自发形成的习俗、风尚及信仰等，它是区域社会规则的主要来源。

汉族移民徙入河湟以来，一直存在与内生地方秩序之间的关系问题。总体上，由于河湟地广人稀，人人、人地的矛盾并不十分突出，直到明代，移入或原本生活在河湟地区的人口数量并不庞大，当时的人地关系仍较宽松。④ 此外，中原汉族移民带来的先进的农业生产技术，与中原农耕文化相关的文化教育、宗教信仰及生活习俗等，对当地少数民族形成较强的吸引力，甚至逐步改变了他们的身份认同。比如，世居河湟的一些藏族接受了汉族生产、生活方式，其语言、服色具有浓重的汉化特色，因而被称为“家西番”。

作为一股政治力量，河湟地区的内生秩序一定程度上代表着当地的政治势力，为维护他们在地方上的既得利益，往往会形成阻碍汉族移民改变当地人文环境的思想观念和实际行动，一部汉族移民河湟的历史一定程度上也是他们被排斥、掳掠的历史。⑤ 此外，明清民国时期当地少数民族的风俗习惯、宗教信仰等不是可以轻易改变的，而这在一定程度上决定了汉族移民影响当地人文环境的有限性。时至今日，受民族优惠政策、宗教传播、文化旅游等多重因素影响，出现“家西番”人群文化和民族认同上的

---

① 任国安：《清末及民国时期大通少数民族教育梗概》，《大通文史资料》第2辑，内部资料，1987年，第47页。

② （清）杨志平编纂，何平顺等标注：《丹噶尔厅志》卷6《人类》（青海地方旧志五种），青海人民出版社1989年版，第316—317页。

③ 陈永清：《中国近代西北移民及其影响》，《青海民族研究》2001年第4期。

④ 姚兆余：《明清时期河湟地区人地关系述论》，《开发研究》2003年第3期。

⑤ 李健胜、郭凤霞：《国家、移民与地方社会：河湟汉族研究》，人民出版社2015年版，第39—49页。

“返祖”现象,① 可见，地方秩序仍是影响人文环境变迁的因素之一。

二 从儒学传播看河湟人文生态环境的变迁

明清两代的河湟地方统治者十分重视儒学教育。据《西宁志》卷二《建置志·学校》，明人认为，“西宁为河西巨卫，东抵金城，西接甘肃，山谷险阻，番虏安帖。非惟军民获以休养，而豪杰秀异代不乏人。……斯固上之人兴教之意也，斯固上之人期待之意也。”另据《西宁府新志》卷三五《艺文志·记》，明朝西宁卫兵备副使李经也曾说：“天下国家之事，皆有关于士也。故古之明王，自王宫国都以及闾巷，莫不有学。其所学者亦自有道，是以风俗大同，礼乐具举，人材彬彬以出，自足以供一代之用。”在明代地方统治者看来，推行儒学不仅可以移风化俗，也可以培养人才以备国家之用，换言之，儒学的事功和教化功能是他们首先重视的内容。明宣德二年（1427），西宁卫开设儒学，学校设在卫城东北角，建有殿庑、斋堂、射圃，备有礼器、图书。在历代地方官员的主持下，学校的规模不断扩大，特别是在李经的主持下，西宁卫学的校舍得以整修，学校规模也进一步扩大。《西宁府新志》卷三五《艺文志·记》云：“缘斋之掖为号舍五十余楹，为学宫舍二十楹，牲舍三楹。右为射圃厅五楹，缭以墙垣，益以丹碧。”

据《西宁府续志》卷九《艺文志》，清陕甘学政张岳崧在他的《湟中书院碑记》中说：“湟中地杂羌戎，居邻番部。在昔汉武筑塞令居，唐、宋以还，收弃反复。国家远抚长驾，卧鼓销锋，驱扑鲁猛鸷之氓，柔之以管弦笾豆，莘莘济济，旷古未闻。”可见，清人亦把儒学教育当作是化风柔俗、稳定边疆的重要策略。清西宁道按察使司佥事杨应琚认为，教育乃立国之根本，“成人材，厚风俗，皆本于此。”执政河湟，应以“学校为首务”，且当“重建泽宫，广立社学，延远方博雅之士，供诸生膏火之资。修四礼乡饮之仪，布乐舞源流之制。”② 杨应琚认识到，想要真正落实以教

---

① 班班多杰：《和而不同：青海多民族文化和睦相处经验考察》，《中国社会科学》2007 年第 6 期。

② （清）杨应琚纂修，李文实校注：《西宁府新志》卷 11《建置志·学校》，青海人民出版社 1988 年版，第 298 页。

化之道巩固边疆统治之目的，就必须要在乡里广设学校，向民间推行儒学。在他执政西宁期间，河湟地区的地方书院和民间社学、义学得到长足发展，这些儒学教育机构成为推行儒家伦理思想的重要场所。贵德河阴书院门联："讲学以明伦，日所遵行，不越兄友弟恭，父慈子孝；穷经原致用，时常警惕，无非正心诚意，修身齐家。"① 这也较典型地表达了举办地方书院和社学以推行儒家文化的目标和宗旨。

据《西宁府新志》卷二五《官师志·名宦》，明宣德三年（1428），西宁都督史昭上奏"请建孔子庙，开学校"，西宁卫学自此设立，明万历七年（1579），西宁兵备副使董汝汉"又于各堡创立社学，择其秀出者训之，夷风为之丕变。"另据《西宁志》卷二《建置志·学校》载，当时社学有两处，一处在西宁卫城内，一处在碾伯所，"旧为察院，成化十四年都御史徐廷璋改建。"清朝统治河湟后将西宁改卫为府，西宁卫学也改为西宁府学。雍正十二年（1734），西宁府成立贡院。据《西宁府新志》卷一一《建置志·学校》载，贡院"在中街北。昔年府学暨西、碾二县学文、武生童，因无贡院，皆就宗师于临洮或凉州应试，苦于跋涉，故赴考者渐少。雍正十二年八月，经署临巩布政司印务西宁道杨应琚、署西宁道副使高梦龙、知府杨汝梗、西宁县知县沈予绩、碾伯县知县张登高暨阖学生员捐赀创建，申请文宗来郡考拔，迩来每岁应试者，数有增益焉。"除府学、贡院之外，西宁府还设有湟中书院和五峰书院，据《西宁府续志》卷二《建置志·学校》，湟中书院"在府城南。旧为古南寺。乾隆五十年，知县冷文炜改建书斋，招廪贡生童考课肄业于其中……五峰书院——光绪初年，由豫钦使锡之、张观察价卿，邓太守厚斋、朱邑侯朗亭等筹捐银壹万叁千贰拾捌两七钱贰分，购置民房前后三院，并连花园一处。"清末，五峰书院等儒学教育机构成为推行新学的场所，据《西宁府续志》卷十《志余》载，光绪"三十一年，改五峰书院为西宁府中学堂；民国四年，改名为海东师范学校，旋改为甘肃省立第四师范学校。是年，湟中书院改为高等小学校。"此外，西宁县设有县儒学，所辖地区还设有义学和社学。西宁城设义学有南义学、北义学、新义学 3 所，西宁县各乡共设义学 16

---

① （民国）姚钧纂，宋挺生标注：《贵德县志稿》卷 4《艺文志》（青海地方旧志五种），青海人民出版社 1989 年版，第 839 页。

处，后增至22处，回民社学4处①。

碾伯县设有县儒学，县府所在地有社学两处，一所是由知县张登高于雍正六年（1728）创设，位于城东北，另一所位于城隍庙侧，其他辖区设社学3处。碾伯城内有义学1处，位于城隍庙左侧。知县何泽著于乾隆二十六年（1761）创建书院，原名乐都书院，设于城西北隅，后改名为凤山书院，并于道光二十一年（1841）移至城东关。据《碾伯所志·祟祀》，碾伯县文庙“在鼓楼北街。明成化十四年，都御史刘廷璋建。”②

据《大通县志》卷二《建置志》，大通县有县儒学，“清乾隆二十六年，此间改卫为县，一切如制，是即学宫之建始也。自光绪二十一年毁于回乱，及今二十余年无复再睹旧制。原设训导一员，廪、增各二缺。六年一贡，岁试考取文武生员各八名。科试考取文生八名。清末废弃科举，员额悉裁。今制设奉祀官一员，是曰文庙，而学宫则不复称也。”大通文庙始建于清乾隆二十六年（1761），在“东门外数十步，今毁。”后又“择就县城中都司署重修。”大通“县治原属番戎，种族杂居，民不知学，故历代相仍，化不及此。自有清雍正之初，廓清边境，以逮乾隆二年，经佥事杨应琚、卫守备李恩荣、孙捷三人合捐廉俸，择于县城及向阳堡设立义学二处……劝民读书，风气丕变。”清末时，大通县共设义学13处，据《大通县志》卷二《建置志》，“同治之代，文人臻多。知县黄仁治湖南湘乡人也，十一年举创崇山书院③，倡捐文社，得学款八千余金，每岁生息，备作生童膏火。光绪二十一年，回民肇衅，书院被毁。二十七年，知县万钟騄，福建侯官人也，详请公款，复创泰兴书院，二十九年落成。先后聘请本邑贡生梅汝赓及西宁举人蔡廷基为之主讲，兼得训导岳树声启迪有方，文教日增隆美。清末停废科举，书院改为学堂。”

《贵德县志稿》卷二《地理志·学校》载：“贵德僻处境外，诸羌环居，历来民不读书，未设学校。今升平日久，生齿渐繁。乾隆十二年

---

① 据乾隆《西宁府新志》卷11《建置志·学校》及光绪《西宁府续志》卷2《建置志·学校》统计。参见（清）杨应琚纂修，李文实校注《西宁府新志》卷11《建置·学校》，青海人民出版社1988年版，第291—300页；（清）邓承伟修，张价卿、来维礼等纂，基生兰续纂：《西宁府续志》卷2《建置志》，青海人民出版社1985年版，第83—89页。

② 乾隆《西宁府新志》卷14《祠祀志》亦有记载，当代学者景朝德先生注云“故址在今乐都一中所在地”。参见青海省民委少数民族古籍整理规划办公室《青海地方旧志五种》，青海人民出版社1989年版，第100页。

③ 据《西宁府续志》卷2《建置志》，崇山书院原名大雅书院，后改名，笔者按。

（1747）佥事杨应琚、知府刘弘绪、千总彭韫创设义学，延宁邑生员严大伦赴所训课，选俊秀子弟数十人，资以膏火，优以礼义，举欣欣然始知读书之荣矣。”“贵德厅学额，廪生二缺，增生三缺，六年一贡，岁考取文武生各四名，科考取文生四名。”贵德于乾隆五十一年（1786）创立河阴书院，后毁于“回乱”，光绪四年（1878）恢复，“光绪三十三年（1907）改为学堂。民国八年改为县立初级高小学。十五年一月改为高级小学校。”贵德县设义学7处，1处为城内营设义学，其他6处为县义学。贵德县也建有文庙，据《贵德县志稿》卷二《地理志·坛庙》，“乾隆二十六年已勘有地基，嘉庆元年（1796）详请建修，在城内正北街，同知嵇承创建。同治六年，毁于回乱。光绪三年同知甘时化详请重建，是年三月鸠工庀材，自大成殿、两庑、戟门、棂星门、泮池、朝房、名宦、乡贤各祠，恢拓另建。至六年八月，全功告成，有碑记。”

据《西宁府续志》卷一《地理志·沿革》，丹噶尔于乾隆九年（1744）设同知时，“儒学未设，士子仍隶西宁县应试。”另据《丹噶尔厅志》卷七《艺文》记载，丹噶尔厅虽未设厅儒学，当地官员重视儒学教育，致力于设置社学、义学，认为“读书之始，尤莫要于小学。”丹噶尔城内设有社学，城乡共设义学10处，光绪《丹噶尔厅志》卷二《选举》记有贡生6人，生员34人①。《西宁府续志》卷十《志余》亦载：“光绪十三年，丹噶尔厅同知张晖旸并两义学为书院，请动义仓息粮为各庙祭祀及生童月课奖励之需。”丹噶尔厅书院名为海峰书院。

循化厅设有厅儒学，并建有文庙。城内义学1处，城乡共5处。据《循化志》卷三《学校》，陕甘总督福康安在他的《请添设厅学疏》中云：“职因公下乡，见童稚中有颇俊秀可以造就成材，随增修义学，延师教读，数月以来，不特汉民踊跃，即撒喇、回族，亦多乐从。”可见，循化厅地方义学所招收学生也不仅限于汉族，撒拉、回族子弟亦受到儒学教育的浸染。光绪三年（1877），贡生詹鲁邦在循化创设龙支书院。巴燕戎厅设有义学两处，一处在城内，一处在扎什巴堡。

① 根据《丹噶尔厅》卷2《选举》统计，详见青海省民委少数民族古籍整理规划办公室：《青海地方旧志五种》，青海人民出版社1989年版，第193—197页。

表 4 明清时期河湟地区府县儒学、书院设置

学名	建置时间	地点	学额	备注
西宁府儒学	雍正三年，改卫学为府学	府署东	12 名	明宣德三年建
西宁县儒学	乾隆二十六年	县治西	8 名	
循化厅儒学	乾隆二七年			
贵德厅儒学	乾隆十六年		2 名	
碾伯县儒学	雍正三年	县治西	8 名	
大通县儒学	乾隆二十六年	县治东	2 名	
河州儒学	康熙五十四年迁建	县治东南	12 名	元代张德载家塾，延祐二年建
湟中书院	乾隆五十年	西宁府城南		旧为古南寺，西宁县知县冷文炜创设
五峰书院	光绪三年	西宁府城西街		西宁办事大臣豫师、西宁道张宗翰等人捐资创建，光绪三十一年改为西宁府中学堂
大雅书院	道光九年	大通县训导署左侧		同治四年折损，十三年就地重修，改名崇山书院
泰兴书院	光绪二十九年	大通县西关		知县万钟騄创建，后改为学堂
凤山书院	乾隆二十六年	碾伯县城西北隅		旧名乐都书院，由知县何泽著创建，道光二十一年移至城东关
河阴书院	乾隆五十一年	贵德厅城东街		
海峰书院	光绪十三年	丹噶尔城内		合并两所义学为书院

明清河湟儒学教育以移风化俗为主要目的，从移民与文化传播的关系来看，河湟汉族借儒学将当时先进的文化教育体系传播至偏僻之地，对当地文化发展、社会进步无疑起到过积极作用，人文环境也因此发生变化。

以土族为例，自明代以来，中央王朝将儒学教育视作驯化土司悍野性情、柔化其俗的良策，自此，土族上层开始接触到儒学教育。明初，土族土司“或以元时旧职投诚，或率领所部归命，嗣后李氏、祁氏、冶氏皆膺显爵而建忠勋矣。迨至圣朝，俱就招抚。孟总督乔芳奏请仍锡以原职世

袭，今已百年，输粮供役，与民无异。俊秀读书，亦应文武试”。① 土族土司不仅能自觉接纳儒学教育，且将其视为与王朝国家建立良好关系，获得更多优厚待遇的一个跳板。土族土司大多重视后代的儒学教育，设专门机构以《四书》《五经》教育子弟，并借助政府的优待之策，使子孙在科举考试中获得更多功名。如东府李土司家族四世、五世、六世子孙先后在科举中榜题名为文进士、武进士等，“四世李巩，中辛丑进士，历官尚宝寺卿。五世李完，中戊子经魁，任衡水县尹。六世李光先，中癸未武进士，任金吾正堂。”② 据《皇明镇国将军都指挥佥事祁公墓表》记载，祁土司祁凤“斌性笃实，聪明纯稚。自髫龄入邑庠，克习文武之业以有成。”③

在众多接受过儒学教育且成就功名的土族儒生中，李巩是较为突出的一位。《西宁志》卷六《人物志·甲第》载：“进士成化辛丑李巩西宁卫人。中庚子科乡试，王华榜进士，任尚宝寺少卿。”《碾伯所志·选举》记有进士李巩，“成化十七年辛丑科进士。任尚宝司丞。”举人李完，“嘉靖七年戊子科举人，直隶衡水县知县。”李巩字贞德，是土族土司李南哥之后，其祖父李英曾在明初立过战功，其父李昶亦是以武功显赫、世袭爵位且权重一方的著名将领。李巩虽出身将门之后，却“喜读书，不事华饰”④。据《李土司家谱》附录《新修扎都水渠记》记载，李巩于明孝宗“弘治初，因念丘陇荒芜，请命西归。洒扫事竣，乃理先业而维新之。值岁荒旱，循疆至西南，见有古沟，痕迹微存，遂勃然感发。即按迹送上，直穷其源流。爰命家人，决壅引水，过山涧断隔，则刳槽百余，首尾相续，如长虹横跨以济。多方设法，期于必达，工两月而告成。”⑤ 李巩为家乡人民修建水渠以避旱灾的义举，在时人眼里其功可与赵充国屯田河湟相提并论，“倘使九原可作，充国亦当莞尔。”碑文作者还将李氏家族在河湟的贡献与中原政权在河湟的开发联系到一起，并叹道：“自宣帝至于今

---

① （清）杨应琚纂修，李文实校注：《西宁府新志》卷24《官师·土司附》，青海人民出版社1988年版，第619页。

② （清）苏铣撰：《西宁志》卷3《官师志·土司》，青海人民出版社1993年版，第174页。

③ 《皇明镇国将军都指挥佥事祁公墓表》，米海萍、乔生华辑：《青海土族史料集》第三部分《金石碑刻史料》，青海人民出版社2006年版，第258页。

④ （清）杨应琚纂修，李文实校注：《西宁府新志》卷27《献征·人物》，青海人民出版社1988年版，第685页。

⑤ （清）李承志撰：《李氏家谱》卷2，青海省图书馆馆藏影印本，第62页。

日，殆千载有余，古人埋没，野学之陈迹，亘振举而无遗，是岂适然而已哉！”[①] 同时，碑志作者还将李巩修渠一事渲染为：“泽彼当时，功流万世。”[②]

李完为李昶第五子李玙之子、李巩之侄，嘉靖七年（1528）中举。据《西宁府新志》卷二十七《献征·人物》载，此人“杜户读书，无间寒暑，闭影公门，人高其节。工古文词……”尽管相关史志对李完的记述十分简约，但从以上材料看来，李完也曾受过良好的儒学教育，此人勤于读书，且工于诗词，作风、修养与典型的儒生毫无二致。此外，东府祁土司祁仲豸为康熙乙酉科武举，庚戌科武进士，《西宁府新志》卷二十八《献征·人物》载，“仲豸孝友，临事果决，而温良有让，乡人爱敬焉。”祁氏虽有武门进士，但从杨应琚对此人的描述来看，显然也受到过良好的儒学教育，因习染于儒风而具有儒雅风度。西府土司祁维藩也是位“性沈静，好读程朱性理之书，淡于名利……晚闭门谢客著书”[③] 的儒雅之士。

土族族源复杂，与吐谷浑、蒙古、汉族等皆有渊源，因长期与蒙、藏等民族杂处，其民族文化与中原有较大差异。随着李土司等土族上层精英接受儒学以来，土族民族文化的构成及特色发生较大变化，土族地区的人文环境也因此发生大的变化。

此外，晚清民国以来，国家致力于推行新式教育，河湟地区举办了数量可观的小学堂、中学、师范等学校，汉族移民往往是当地颇为著名的湟川中学、昆仑中学等的主要师资，也是一些中小学校的主要生源，近代以来的移民也对当地人文环境产生了重要影响，不过，近代以来我国人文环境的重大变化，总体上是现代化转型的结果。

---

① （清）李承志撰：《李氏家谱》卷2，青海省图书馆馆藏影印本，第63页。

② 同上书，第61页。

③ （清）升允等纂修：《甘肃新通志》卷68《人物志》，中国西北文献丛书编辑委员会编：《中国西北文献丛书》第一辑《西北稀见方志文献》（第25卷），古籍书店1990年版，第435页。

环境、信仰与变迁：环境人类学视域下的新坪藏族苯教山神信仰考察

关楠楠　刘亚亚*

20世纪80年代以来，环境人类学打破了西方长久以来存在的西方中心主义对人与环境关系的二元对立的理论预设。而布迪厄实践理论以及后现代的环境社会学认为人与环境的关系以及文化意义价值体系的建立，并不是来源于先验存在的自然，而是人对意义价值的界定。现实经济文化生活中，环境与人并不一定相互对立，人生活的价值意义并不超越当地环境而独立存在。在一定层面上讲，它们相互依存。布迪厄对人与环境关系的重新探讨，肯定了人的行为。① 环境人类学补充了对现实问题的研究，不仅弄清楚应该怎样对待环境，而且弄清楚什么样的价值观、信仰、亲属结构、政治意识形态以及仪式传统支持有利于可持续发展的人类行为。

而检验环境人类学的理论，还需要在具体的田野调查过程中借鉴、运用人类学的田野调查方法和口述史学界的理论方法。改革开放以来中国口述史学有了新转向。研究的浓重政治色彩转向以文化事件、以人物为中

---

* 关楠楠（1987—），女，汉族，兰州大学图书馆馆员，兰州大学西北少数民族研究中心在读博士生。研究方向：民族学、文献学。本文系2015年度国家社会科学基金西部项目“文化数字化保护视域下甘青川藏族民间苯教文献整理研究”阶段性成果，项目号：15XTQ006；2015年度兰州大学“中央高校基本科研业务费专项资金”项目“藏彝走廊藏族民间原始宗教典籍数字化整理研究”，项目号：15LZUJBWZY138.

刘亚亚（1993—），男，汉族，兰州大学西北少数民族研究中心藏学博士研究生。研究方向：民族学、藏学。

① 张雯：《近百年来环境人类学研究》，《广西民族大学学报》（社会科学版）2013年第6期。

心，逐步与国际接轨，西方口述史学的理论和方法被翻译介绍进入中国口述史学界。① 虽然当前其研究还面临诸多理论瓶颈，但因其具体方法与人类学深入访谈方法存在一定的相似性，两者可以进行对接。与当地民众共同生活交往，记录当地人的描述，获得民族地区环境与宗教文化口述史资料，尽可能地将当地人对环境变迁的切身体验（即口述史料）进行整合，可管窥当地人与环境的变迁脉络。

本文将从甘肃南部白龙江流域宕昌县境内的新坪村出发，从自然人文环境的变迁和苯教山神信仰的演变两大方面，以二者百年来的变化为基点，重点揭示当地山神信仰与政治经济的互动关系。讨论新坪藏族在长期的历史演变下，受历史、政治、经济、信仰的多种因素影响，最终形成当今人与环境复合的关系模式。

一 环境变迁与生计转变

环境就人类学意义来讲，不仅仅指自然生态环境，而是包括整个政治、经济、宗教文化等多种文化要素与自然生态环境所整合的大复合体。在这个场域下，各种要素互动调试，贯穿于社会环境变迁中。新坪村位于甘肃南部白龙江流域宕昌县境内，南北两山郁郁葱葱，森林覆盖率达65%。山地众多，川谷狭小。宕昌地处亚热带向暖温带过渡地带，境内气候温和，四季分明。特定的自然地理环境，深刻地影响了当地的经济生产方式。

（一）民国时期新坪人的生存环境与生计方式

民国时期，新坪藏族主要为农牧业经济，伐木经济不发达。日常砍伐少量木料，主要是用于修缮房屋，伐木收入不是当地的主要经济收入。这一生计特点在笔者的调研访谈中有大量实例相印证。

① 李星星：《中国口述史研究综述》，《哈尔滨学院学报》2016年第10期，第126—130页。

个案 1. yyz，男，藏族，79 岁，退休工人①

我小的时候，新坪这边人没有现在这么多，那时候的人不像现在的人这样，能够到处打工，当老师，工人，吃公家饭。前些年大家把山上的木头剁着卖，现在管得严，算一下账，麻烦下的还不如出去打三个月工，弄个两三万块钱，一年也都够吃够缴用的了。这在我小的时候是没办法想的事情，那时候庄稼地多重要，大家都靠着地呢，社会变化快得很呀，年轻娃娃你说现在谁还种地，谁还靠林。

个案 2. mzh，女，藏族，81 岁，农民

我刚嫁过来的时候，家里靠着沟里面的地种点青稞燕麦，然后就是养些羊，几个牛，就靠着种地和养牛羊过生活。那时候人没钱啊，弄啥都是自己弄，修房子主要靠木头，谁家房子旧了或者要分家了，给村子里的人打招呼，大家同意后找人帮忙砍木头。那时候的人在上山之前要征得凤凰山神的同意，砍木头的时候也不是乱砍，而是有很多讲究的，通过庄里面的本本（村子里的苯教师）问一下山神的意思，如果打卦显示山神同意，这才选合适的木头。

通过老人的回忆，可以管窥民国时期该地农业耕种是主要的经济来源，主要作物为青稞燕麦，饲养牲畜是经济收入的另一来源，主要的家畜有羊、牛等。修房子时，在与村民充分商量之后，由村民自愿帮助上山砍木头。此时的新坪村林业经济不占据重要的经济地位，且对山林的开采，要在当地浓厚的宗教文化传统氛围影响下，严格地执行区域性的宗教信仰禁忌。总之，这一时期的生计方式是自给自足的小农生产，形成以集中居住、相对封闭为特点的村落格局，村落内部有着较强的村民关系。这种生计特点的形成与新坪村的生态环境、气候特征、生产水平、宗教信仰均有内在的联系，它们相互勾连调试，形成了一个相对平衡的农村聚落形态。社会经济发展变革缓慢导致这种聚落形态与生计方式处于比较稳定的状态。

---

① 所有访谈对象均为新坪村村民。

（二）20世纪上半叶新坪人生存环境与生计方式的变迁

新中国成立后，政治、经济、文化领域广泛革新，当地民众的生计方式以及经济生产方式取得重大变革。

个案3. yzjc 男，藏族，66，农民

解放以后，社会变化大。那时候农业社的地的收成，大家都不好好种，自留地就好好种。一年最后分的粮食不够吃，农业社发动大家开挖梯田，开荒。传统上来讲，我们苯教认为山林里面都有神灵呢，但是那时候的社会，这些都被说成是四旧，谁要是敢讲，要被批斗的。公社领导最大，上面的公社干部一句话，谁还敢说个不字。老一辈人砍几棵树还要问凤凰山神，打卦问合不合适。但是公社时候，大家就被赶上山了，那时候，你不上的话，你就没有工分，还要受批斗。山神不让敬了，逼着大家把山林砍下开荒，政治任务大过天，谁敢违抗啊。对于政治，神都怕，更何况我们平头老百姓。虽然开了不少地，但是收成不行，山也光了，大家还是吃不饱。

从上述访谈材料可以看出，随着社会主义的经济制度的建立，原有的新坪人自给自足的小农经济迅速解体，每家每户独立分散的自然经济转变为社会主义合作化后的大规模生产劳作所替代，相比较传统时代种植业以及畜牧业的多样经营，新的生产方式以及社会结构，土地的耕作方式、归属属性急速变化。社会主义经济制度建立的政治因素是这种生产模式的变化得以发生的首要因素。与此同时，在思想领域，传统宗教文化——凤凰山神的信仰受到冲击，连同其影响下的人们对当地自然生态资源的获取模式遭受干预，打破了传统的生态逻辑；新坪人上山开荒，生态与生计之间开始形成张力。

十一届三中全会之后，全国开展包产到户，当地民众也乘着改革的春风，以提高自身物质生活水平，政治和思想层面的禁锢逐步消解。思想解放加速了人员、物资的流动，当地人积极地融入经济热潮。

个案4. ycrt，男，藏族，55岁，农民

刚刚分产到户的时候，我们很兴奋，因为终于能够自己决定地里面能够种啥了。那时候我刚刚结婚，记得第一年我种的小麦和青稞都长得特别好，打下来的粮食足够全家吃上两年多，终于能够吃上饱饭了。那时候国家林场的管控已经很松了，林场里面的人偷伐木材，倒卖木材变得很普遍，我们也就不管林场的规矩，既然内部人都倒卖砍伐，法规也松，我们也就不管禁令，上山砍树卖木料。然后就我们整村的年轻壮劳力都上山砍木头，变卖成现钱。那时候不像现在查的严。很多时候交点罚款也就糊弄过去了。村子里面的很多人最开始还自己砍木头，后来一些聪明的就自己收了木头，贩木头到外面去，不下那个苦力了。这些人的地也还顾不上，就直接让亲戚朋友帮着种，自己一心忙着做生意。

个案 5. yzjc，男，藏族，60 岁，小商人

改革开放后不久，发现靠庄稼发不了家。后来见木头要的人比较多，看到林场里面的人偷卖木材，我们大家穷怕了，政府的禁令也就成了一张废纸，自己也就跟着村子里面的人合伙砍木头去卖。至于山神的规矩禁忌，我们从小就在农业社，凤凰山神只是知道，而且社会管得严，不让敬神，因此咋祭祀都不太清楚。虽说老一辈人讲上山砍树禁忌很多，但是我们年轻人没这方面的经历，那时候就想着啥能挣钱，先把钱挣了再说。后来觉得活太苦，脑子想干些轻松的活，就拿钱和贩木头的人合伙，跟着做了半年多的木头生意，慢慢地学会了很多东西，知道了怎么做生意。

采访资料证实：包产到户大大提高了新坪人的生产积极性，在农耕这个事情上，新坪人拿到了自主权，能够根据当地的自然生态环境选择高产的农业作物，解决了新坪人的温饱问题。同时，在经济浪潮中，新坪人看到了林业资源的经济价值，出于改变自身经济条件与提高生活水准的迫切愿望，将追求财富的目光投向山林，做“木头”生意。生态与生计之间在新中国成立伊始产生的张力逐渐增强。值得注意的是，政府因在林业经济方面的法制缺失，不能适当地保护当地的林业资源，更加加剧了生态与新坪人生计之间的张力。在思想层面上，虽然宗教在改革开放后得到复苏与恢复，但是当地固有的苯教文化信仰在经历了二十余年的政治运动以及经济大潮的激荡后，对中青年们的影响极为有限。从总体上来看，在政治、经济、宗教文化等要素的综合作用下，新坪人的生计结构发生了变化，林业经济成为新坪人经济生活的重要来源，同时，新坪人的生产活动打破了传统生计方式与生态环境之间的平衡。

（三）“退耕还林”以来新坪人生计方式的转型与生态环境的变化

新坪村由一个主村和竹园、牛头山等两个卫星村组成。1998 年国家开展“退耕还林”工程，新坪村周边的两个小村子陆续迁移并入新坪村。1999 年经甘肃省林业厅批准，建立大河坝森林公园，成为集旅游、观光、度假、探险、森林经营示范及科研教学的基地，新坪村被划入大河坝风景区内。新坪人依靠旅游产业的发展办起集休闲、娱乐、风味餐饮、民俗体验为一体的“农家乐”，生计方式发生巨大变化①。在笔者的田野调查中，尤为明显。尤其是 2006 年以来，旅游名气逐步上升，到大河坝观光的游客逐渐增多，带动了当地的餐饮住宿以及商业的发展。同时，经历了长期对森林资源的过度开发后，无论是政府还是民众，都深刻意识到人与自然环境之间的关系，并不是传统认为的单纯的提供——获取关系，更不是对立关系，而是地方多样的传统文化资源可以实现地方自身经济发展，生态环境与旅游开发实现了良性互动。

新坪人的生计变化反映了人地之间极为密切的关系。原有的和谐共生状态在经历了长期的动荡失衡后逐渐又回归平衡。

二 新坪苯教山神信仰的历史演变

从上文可以看出，随着政治环境以及经济环境的变迁，当地的宗教信仰也产生了极大地波动。宗教信仰直接或间接地影响着新坪人的实践逻辑，进而影响新坪人的生计方式及其与环境的互动模式。对原生宗教信仰流变的梳理，从另一个侧面反映人地之间的复合关系。

一个地区的宗教文化信仰，与当地的自然环境有着密切联系。从经济文化类型的角度来讲，地区的宗教信仰文化受客观环境因素的制约，其宗教文化信仰具有较多的区域文化特色。苯教作为藏族原始宗教信仰，虽然经历了佛教的理论冲击，但是大量传统苯教文化要素在藏传佛教形成与传

① 杨须爱、辛国强：《白龙江流域藏族家庭生活变迁之研究——以宕昌县新坪藏族村为个案》，《青海民族研究》2006 年第 3 期。

播过程中，被纳入藏传佛教文化体系中。苯教文化传统作为藏族民众的思想意识形态的一部分，至今依然在藏族民间文化体系中发挥着重要作用，藏区广泛存在的山神信仰即为典型代表。

生活于白龙江上游的宕昌藏族，其苯教信仰作为民间宗教传统的一部分，在其日常生活中扮演着极为重要的角色，其影响渗透到民众生活的方方面面。新坪藏族信仰原始苯教，供奉凤凰山神。当地流传着凤凰山神为保护村民而降服兴风作浪、危害百姓的蛇神的传说。① 凤凰山神通常以“飞旋于空中的凤鸟口衔一条蛇”或“凤鸟双爪抓着一条蛇”的形象出现在唐卡及苯教经文中。

新坪地处卓尼杨土司以及舟曲马土司的管辖地带的边缘，位置偏僻，信仰藏传佛教格鲁派的杨土司对新坪苯教信仰干涉不多，原始的苯教信仰基本按照传统的文化模式运行。与宕昌县接壤的舟曲县境内现存有两方在清朝末年刊刻的关于杨、马土司管辖地区行政条规的石碑。碑文对该地区的政治、宗教、民族关系等各个领域都做了简要的叙述。② 这种宗教分布格局与发展状况在当地苯教法师“本本”的追忆中也得到例证。

个案 6. yxj，男，藏族，53 岁，新坪村苯教师

我爷爷是当地远近闻名的本本，五六年前去世，活了 80 多岁，听爷爷讲他小的时候就是跟着村子里面的本本学经，那时候读书人没有，大家就是跟着本本念经，慢慢地也就能把经典读懂了。村子里面每年祭祀凤凰山神的时候，爷爷他们就跟着老本本和大人念经，如果不祭祀凤凰山神，会有冰雹，村子里面会不安宁，那时候大家对本本很敬重，对凤凰山神很信。解放后，这一套传统的东西被作为四旧，政府不让弄，大家多少年都没举行过祭祀的活动。再后来改革开放了，大家都忙着挣钱，恨不得把凤凰山神山上面的木头都剁掉，传统的讲究都没人管了。这几年政府又把咱们苯教山神文化很重视，宣传旅游，大家对咱们传统的苯教文化又开始重视了，经过几十年的不信，大家现在对传统又认可了。

---

① 陈启生：《宕昌历史研究·宕昌地区的几位地方神》，甘肃人民出版社 2006 年版，第 145—146 页。

② 景山：《两方关于土司管辖地区行政条规的石碑》，《档案》1990 年 12 月 27 日。

通过个案6及上文中的个案2的访谈可知，民国时期当地的苯教山神信仰依旧没有受到土司的宗教干涉，传统的苯教信仰在当地的藏族社会文化生活中起着重要作用：凤凰山神是新坪人的保护神，保村子安宁，每年要举行祭祀山神的仪式，苯苯在仪式中还要唱诵苯苯经；上山砍木头修建房屋也要征得凤凰山神的同意，要苯苯先询问山神的意思征得山神的同意。

新中国成立后，随着人民民主政权的建立，原有的人身依附关系被废除。新的社会意识形态建立，传统的宗教文化信仰，作为旧思想旧文化的典型代表，原有的宗教信仰神灵体系受到冲击。旧有的思想意识形态的代表——苯教山神信仰以及旧有的思想意识的载体——苯教法师，经历了宗教制度改革，原有的山神信仰也因为被批判为麻痹人民的糟粕被禁止。这在个案3和个案5中皆有述及。

改革开放后，传统宗教文化的地位得到恢复。苯教山神信仰，在经历了长期的压制，也在这一时期开始逐渐地恢复。但因这一时期苯教山神信仰长期缺乏日常仪式的举行，普通大众对传统宗教文化的直观感触并不深刻。虽然八十年代的文化热以及传统文化精神的高涨，但是马上被更加高涨的经济热潮所湮没，相比较对传统的山神信仰的恢复，经济生活水平的提高更具诱惑力，人们更为关注现实层面。个案5就是典型的例证。

从个案6的访谈资料中还能看到，市场经济背景下，新坪人在政府的政策导向与支持下将传统苯教文化的外在形式打造成旅游产品。苯教体系中有关人与自然协调关系的文化逻辑得到新坪人、政府官员、开发者等各层社会人士的认可。新坪村的经济发展、自然生态与其以宗教文化为核心的地域文化逐步实现了良性的互动，赋予了传统苯教文化中山神信仰以新的功用与意义。

近百年来新坪山神信仰的发展轨迹，深受政治、经济以及社会结构巨变的深刻影响，宗教信仰发展的命运与新坪人的政治社会生活呈现出同步发展的特点。

三 结论：信仰与政治、经济的互动调适

当下环境人类学所关注的人与自然协调关系的构建，并不是基于人对自然环境的征服与改造，也不同于生态人类学基于生态系统静态的、对物质能量流动机械地数据考核，而是寻找民众与环境之间的互动统一关系。费孝通提出“文化自觉”概念。在他看来，以文化界定的自觉指生活在某一文化中的人们对其文化产生的“自知之明”，明白其来历、形成过程、所具有的特色和发展趋向，由此而加强自身在新时代、新环境下进行文化转型的自主能力。费先生同时指出，文化自觉是一个艰巨过程，只有在认识自己的文化，理解并接触到多种文化的基础上，才有条件在一个多元文化的世界之中确立自己的位置，然后经过自主的适应，与其他文化有所交流，取长补短，建立一个各抒所长，保持各自文化差异，但又可以和谐共处的基本原则。

通过考察新坪人经济生活方式的变迁与苯教山神信仰的转变，可以发现，在历史发展过程中，苯教山神信仰在当地的民众人与自然关系中扮演着重要的角色。传统时代经济生产方式与苯教文化信仰的良性互动，实现了地方人与自然关系以及社会文化结构的稳定。但是随着政治经济的巨大变革，尤其是历史上对苯教山神信仰的打压，由此导致了传统宗教信仰智慧的缺席，当地自然资源遭到大规模不合理开发，人们对山林等资源的开发，竭泽而渔，人与自然关系紧张。随着宗教信仰的逐渐回归，经济生产方式的逐步转变，保护非物质文化遗产等国家政策的良性导向，新坪人逐渐意识到传统宗教文化信仰的内在逻辑与潜在的文化价值，开始挖掘宗教思想文化价值，原本作为宗教意识形态、受环境所制约的苯教山神信仰，在不丧失其宗教文化属性的同时，成为地方经济发展、民众生活提高的重要文化资源而被广泛运用。同时，传统苯教体系中对人地互动关系的文化逻辑开始重新发挥作用，对山神等自然神灵的信仰，促使新坪人在经济发展的过程中开始关注生态环境的可持续发展问题，契合了国家自然保护、生态平衡的发展要求。苯教文化信仰融入政治经济关系当中，深刻地影响着新坪人的生计方式及经济行为，创造新的文化价值并重构传统宗教文化。

简言之，新坪村的凤凰山神信仰是新坪人社会生活逻辑与实践的产物，它的产生、变迁与生活于其中的自然生态环境、政治环境、经济生产方式等文化要素一直处于动态的交流中。它的内在文化逻辑直接影响着新坪人的行为方式，新坪人的行为直接作用于自然生态环境，经新坪人改造的自然生态又反过来影响新坪人的生存环境。政治、经济等因素在发生变迁时，新坪人在思想观念和生产生活实践中经历着诸多挑战。新坪人则通过对影响自身经济生活的各种资源进行重组，构建出一种集生产生活、宗教信仰和自然生态良性互动的复合型文化形态。

论清末、民国年间云南血吸虫病流行及历史叙事

和六花*

血吸虫病是一种人畜共患的寄生虫病，世界范围内流行广泛，极大地影响人类健康和社会经济发展。据疾病考古资料表明，血吸虫病在我国有两千多年的流行历史。1905 年，湖南省常德广德医院美籍医师罗根（Logan）在一名 18 岁渔民的粪便中检出日本血吸虫卵，“血吸虫病”之名正式进入公众视域。在我国曾广泛流行于江苏、安徽、江西、湖北、湖南、四川、云南、上海、浙江、福建、广东、广西 12 个省（市、区），其中，广东、上海、福建、广西、浙江 5 个省（市、区）先后消灭了血吸虫病，目前，江苏、安徽、江西、湖北、湖南 5 个湖沼型流行省和四川、云南两个山丘型流行省是主要的流行疫区。① 当前，疾病研究从史学“漏网之鱼”转变为不可或缺的“固有领地”，面对一直困扰人类的疾病及其防疫问题，疾病史研究的必要性和迫切性异常突出。在不断热闹起来的环境疾病史研究中，对云南血吸虫病的研究显得较为冷清，几乎处于无人问津的状态。本文旨在依据屈指可数的云南血吸虫病的历史文献、档案资料和田野资料，梳理清末、民国年间云南血吸虫病流行情况，并简述这一时期历史文献中对环境疾病的叙事及利用。

---

* 和六花（1983—），女，纳西族，云南大学西南环境史研究所博士研究生，云南省少数民族古籍整理出版规划办公室助理研究员，主要研习西南环境史、云南地方历史文化。

① 参阅中国疾病预防控制中心寄生虫病防控制所《中国血吸虫病地图集》，中国地图出版社、中华地图学社 2012 年版。

一 清末、民国年间云南血吸虫病的发现和流行

1881年，在我国湖北省武昌县首次发现钉螺。光绪三十一年（1905），J. Catto在新加坡解剖一例因霍乱病逝的福建人，在其肠间膜血管内检出血吸虫虫卵①，同年，美国传教士、医生罗根在湖南常德一位青年渔民的粪便检查中发现血吸虫卵，确诊我国首例血吸虫病病人。已在中华大地流行2000多年的疾病，正式以“日本血吸虫病”之名被国人所认识。

民国时期，血吸虫病在中国的流行积累到了十分严重的地步，疫区范围、感染人数、疫死人数都达到了历史最高点。1935年《内政年鉴》估计：“此病分布于吾国各地，幅员甚广，沿扬子江上下游各省无不波及”“以此病流行区域总计算，则吾国农民患者不下一千万人”。②

1922年，福斯特（Faust）和梅莱尼（Meleney）两位寄生虫学专家，对当时中国长江下游部分血吸虫病流行区的医院开展了通信调查，两位医生在报告中忧心忡忡地说道：“关于中国的病区，其传染最烈者，厥为扬子流域，及邻近湖道，最著者，如江浙两省之太湖，江西之鄱阳湖、湖南之洞庭湖。……在广西贵州及云南等富于山脉之处，则无本病之报告。”③两人的调查主要集中于已有血吸虫病报告的太湖、鄱阳湖、洞庭湖流域，并未亲自涉足广西、贵州和云南等西南地区，故未获取西南地区的病例报告属正常。两年之后的1924年，英国医学博士库伦（Cullen）在Proc Roy Soc Med（Sect Trop Dis Parasion）上发表题为《亚洲血吸虫病一例》（*Case of Asiatic Schistosomiasis*）的报道，该例患者是云南籍40岁男性，于1924年2月2日因极度虚弱，伴有腹痛和便秘四天到缅甸南渡（Namtu）医院救治，当晚即因“慢性腹膜炎”医治无效死亡，在其肝脏组织切片中检出很多血吸虫虫卵。这例患者已在缅甸南渡居住3年，在此之前在中国与缅甸北山州相连的地方生活。当时缅甸的钉螺调查工作还没开展，依据尸检报告，库伦推断患者可能是在云南感染的，因为有很大一部分的劳工从滇

① 吴光、许邦宪：《吾国血吸虫病之大概（一）绪言》，《中华医学杂志》1941年第8期。

② 国民政府内政部：《内政年鉴之“卫生篇”》，商务印书馆1936年版，第21页。

③ 陈方之：《血蛭病之研究（第三报）（二续）》，《新医药》1934年第3期。

西进入缅甸，如果注意这种病，将会发现更多的病例。[1] 果不其然，同一年，库伦又在 *Human Schistosomiasis in India* 一文中，报道了在缅甸北山州南渡医院发现的8例日本血吸虫病例，其中6名患者的籍贯为云南（见表1）。这6例云南籍血吸虫病病例发现后，库伦认为“至于云南本身，那里有两个大的淡水湖，一为滇池，一为洱海，那两个湖可能是湖北钉螺等的滋生地”[2]，佐证了库伦对于当时云南已有血吸虫病流行的推测。但由于他本人未亲至云南，也未实际捕获中间宿主钉螺，其推论便有漏洞。

表1　库伦报道云南日本血吸虫病例

入院时间	姓名	年龄	出生地	肝	脾	腹水	职业	粪检
1924.08.16	李姓	22	云南	+	+	无	苦力	虫卵
1924.08.31	艾尔	30	云南瑞丽	未触及	大	很明显	苦力	虫卵
1924.09.1	孙姓	35	Se Swa Saino	未触及	未触及	很明显	苦力	虫卵
1924.09.1	杨姓	35	云南 Myani	未触及	未触及	明显、全身水肿	苦力	虫卵
1924.09.1	老曹	45	云南 Yu Thsa	未触及	未触及	明显	苦力	虫卵
1924.09.7	老刘	30	云南大理	+	+	无	苦力	虫卵
1924.09.8	老佩	35	云南	+	+	无	苦力	虫卵
1924.09.10	老叶	10	云南	未触及	未触及	明显、全身水肿	苦力	虫卵

资料来源：资料来自缅甸北山州南渡医院，转引自董兴齐、董毅等《云南省第一例血吸虫病发现概况》，参见王陇德主编《中国血吸虫病防治历程与展望——纪念血吸虫病在中国发现一百周年文选》，人民卫生出版社2006年版，第24页。

自1905年血吸虫病在中国被发现，血吸虫病流行的概况逐渐被国人所认识，亦有一些学者对其展开了研究，如1922年寄生虫学家陈方之到浙江省血吸虫病流行区考察，并撰写了《血蛭病的研究》一文。但普通民众和政府对血吸虫病未给予足够的关注，1929年以后，中华民国政府方提倡并动员力量组织血吸虫病调查研究。1935年全国经济委员会卫生实验处，为弄清国内各种传染性及寄生虫病之蔓延状况，与卫生署合作进行了19种传

---

① 参考 Cullen JP. *Case of ascitic achistosomiasis*, Proc Roy Soc Med (Sect Trop Dis Parasitol), 1924, 17: 85-86。

② 库伦：《亚细亚洲的血吸虫病》，1940年，参见云南省大理州血吸虫病防治所《云南省血吸虫病有关历史资料》，内部刊印本，大理血防站藏，1974年，第12页。

染性疾病及寄生虫病疾病调查（见表 2），血吸虫病也是该项目的调查对象之一，调查组在云南调查的医院分别是昆明惠滇医院、昭通福滇医院、文山文康医院、元江协济医院、大理辑五医院、河口市公立医院、开远法国公司医院、玉溪仁怜医院、石屏游龙医院。① 调查对象为住院新病人或门诊病人，总样本数 29468 人，其中有血吸虫病患病人数 343 人，男性 312 人，女性 31 人，总体流行态势呈现出“男子患血吸虫病就医者较女子多至十倍……农民患病者，占全体血吸虫病患者百分之六十二，盖目下我国操作农业者，男子实占大多数，故其患此病之机会，自较女子为多”，其流行区域“姜片虫病及血吸虫病，仅仅局限于华中，在华南及华北均极少”。此次调查在云南选取的调查医院只有大理辑五医院处于后来明确的血吸虫病流行区，无明确的血吸虫病病例报告恐是此原因。

表 2　1935 年 19 种传染性疾病及寄生虫性疾病调查情况表

项　目	情　况
疾病调查范围	钩虫病、炭疽病、流行性脑脊髓膜炎、霍乱、白喉、姜片虫病、丝虫病、黑热病、麻风、疟疾、肺蛭、鼠疫、狂犬病、回归热、猩红热、血吸虫病、天花、伤寒及副伤寒、斑疹伤寒
调查对象	住院新病人或门诊病人
调查医院地域分布	华北区（69 家）：河北（23 家）、河南（5 家）、山东（20 家）、山西（7 家）、陕西（4 家）、察哈尔（2 家）、绥远（2 家）、甘肃（3 家）、青海（1 家）、宁夏（2 家） 华中区（90 家）：江苏（34 家）、浙江（13 家）、安徽（7 家）、江西（6 家）、湖北（10 家）、湖南（13 家）、四川（7 家） 华南区（45）：福建（11 家）、广东（18 家）、广西（4 家）、云南（9 家）、贵州（3 家）
各病种患病人数百分比	钩虫病（13.1%）、炭疽病（0.2%）、流行性脑脊髓膜炎（2.1%）、霍乱（0.2%）、白喉（5.0%）、姜片虫病（1.5%）、丝虫病（0.3%）、黑热病（7.8%）、麻风（1.8%）、疟疾（50.2%）、肺蛭（0.1%）、鼠疫（0.1%）、狂犬病（0.2%）、回归热（1.6%）、猩红热（1.5%）、血吸虫病（1.2%）、天花（1.0%）、伤寒及副伤寒（11.1%）、斑疹伤寒（1.0%）

资料来源：本表据《十九种传染性疾病及寄生虫性疾病调查第一年报告》相关资料整理。

① 1935 年调查的数据参见许世瑾、葛家栋《十九种传染性疾病及寄生虫性疾病调查》，《中华医学杂志》1937 年第 8 期。

此后，中央卫生实验处为主的科研院所在政府的大力倡导下相继开展了全国范围的血吸虫病调查，1939 年，国联防疫委员会赴云南调查云南大理的血吸虫病（见表 3）。经过十余年的调查，至 20 世纪 40 年代初期，基本摸清了血吸虫病在我国的流行情况，也有一些零散的研究报告相继问世。

表 3　民国时期对我国血吸虫病的调查情况

年份	主持机关	工作事项
1929	中央卫生试验所	调查浙江两省血吸虫病分布情形
1932	浙江省立卫生试验所	赴浙江开化县池淮畈调查血吸虫病流行状态
1933	中央卫生实验处	赴浙江开化县航头，成立血吸虫病工作队，实施防治工作
1934—1935	中央卫生实验处	调查杭州古荡之血吸虫病
1934—1936	中央卫生实验处	赴浙江衢县千坛坂，成立血吸虫病工作队，实施防治工作
1934	中央卫生实验处	调查江苏钱江的血吸虫病
1935	中央卫生实验处	调查南京西门外上新河及江苏浦镇与大黄洲的血吸虫病
1936	中央卫生实验处	调查江苏宜兴的血吸虫病
1936	中央卫生实验处	调查江南铁道沿线的血吸虫病
1936—1937	中央卫生实验处	赴浙江嘉兴成立血吸虫病工作队，实施防治工作
1937	福建省立卫生试验所	调查福建福清的血吸虫病
1938	中央卫生试验处及国联华南防疫处	调查广西宾阳的血吸虫病
1939	国联防疫委员会调查	调查云南大理的血吸虫病

资料来源：本表根据吴光、许邦宪：《吾国血吸虫病之大概（一）绪言》（载《中华医学杂志》1941 年第 8 期）和邓铁涛主编《中国防疫史》（广西科学技术出版社 2006 年版，第 469 页）相关内容整合而成。

同年，即 1939 年，香港大学病理学教授罗伯逊（Robertson）沿滇缅公路调查疟疾时在下关医院病人中发现一些典型症状的血吸虫病人，并在病人的粪便中查到血吸虫卵。随后他围绕血吸虫病患者居住的村庄为调查点，在稻田灌溉沟的斜岸上找到钉螺，首次发现云南同时存在血吸虫、钉螺、血吸虫病人。1940 年，他的调研成果以《云南大理地区的血吸虫病》为题在《中华医学杂志》上发表，首次证实在云南大理、凤仪一带有血吸虫病流行。①

罗伯逊的调查从现代医学意义上首次证实云南有血吸虫病流行，但血吸虫病在云南的流行应远早于此。如罗伯逊本人在下关调查期间，就听闻"有些医生说，这种病是已经注意到了，但一直不知道是血吸虫病。脾肿大是显著的体征，而过去却认为是由于慢性疟疾或其他原因引起的。大理的一个医生曾说，他有一个印象，大理对面的很多村子，这种病很普遍。"② 新中国成立初期，血防工作者在云南血吸虫病流行区收集到了大量描述血吸虫病造成的社会危害的谚语、歌谣和事件，民众对血吸虫病的深刻群体记忆，说明血吸虫病流行对区域社会及民众的影响已积累到一定程度。据历史资料记载，洱源县士登乡在 19 世纪末 20 世纪初期有 70 多户 300 余人，到解放初期仅剩 26 户，战乱、饥饿和疾病是主要的原因，血吸虫病是一个重要的因素，村子里已形成"人死无人埋，家家哭声哀。有女嫁不出，有男娶不来。屋倒田地荒，亲戚不往来的悲惨景象"。大理县满江大队新村，20 世纪 40 年代大部分的村民都不同程度地感染上血吸虫病，造成大量的人口折损，甚至有因患病绝户的人家，当地流行着"说新村、道新村，村里好比埋人坑。只见男人挺大肚，女人抬肚不会生。田荒人穷牛马瘦，有女莫嫁新村人"的歌谣。大理巍山县莲花村也流传着有关血吸虫的谚语："米汤河畔莲花村，土地贫瘠无人耕。地主盘剥日难度，病魔缠身祸害深。喝口'仙水'得怪病，男不长来女不生。男女都会抬大肚，不怀人胎怀鬼胎。"剑川县境内血吸虫病流行严重，民众深受其苦，"贫病交加三九天，十有九病泪涟涟。大肚子病无法治，百姓命苦似黄连。""见死不见生，有女莫嫁新松人，吃水莫吃新松水，免得病缠身。"弥渡县也是血吸虫病流行区之一，民国年间因疾病流行，"人黄干又老，肚皮箩箕高。在家扶墙走，风吹摇三摇""底线脖子橄榄头，箩箕肚子麦秆脚。光吃白饭不干活，孤儿寡妇断炊粮。田里水干愁断肠，盼来老天下大雨，肩

① 罗伯松：《云南省大理地区的血吸虫病》，1940 年，参见云南省大理州血吸虫病防治所《云南省血吸虫病有关历史资料》，内部刊印本，大理血防站藏，1974 年，第 1—7 页。

② 同上书，第 4 页。

扛锄头半路还。”① 依据新中国成立初期搜集到的这些口述历史资料，可以大胆地推断，血吸虫病在新中国成立初造成如此大的社会影响，应不只是1939年首次证实云南血吸虫病流行后十余年形成的社会现实，血吸虫病在当地应该已经有一段较长时间的流行历史。

二　晚清、民国年间云南血吸虫病疫情及历史叙事

文献和考古资料匮乏及对血吸虫病的科学认知起步较晚，造成我国血吸虫病的记载、研究相对滞后。翻检历史文献，几未见历史时期云南血吸虫病的记载，笔者在写作过程中，到云南省档案馆查阅1952年以前的卫生卷宗，未查获任何一条直接的记载。上文提及的大理、洱源、剑川、弥渡等血吸虫病流行区的口述记忆呈现了零星的流行情况和疾病造成的社会危害。文献中有关这时期流行情况的记载几付阙如，偶有提及，仅是寥寥数语以概之，简述云南有血吸虫病，但流行的情形却不得而知。

1941年，许邦宪、吴光的《吾国血吸虫病之大概（二）分布》② 一文依据罗伯逊的调查结果，记录当时云南血吸虫病流行概况是“滇缅边界（甲26）；大理（甲56，乙56）；凤仪（甲56，乙56）”，即滇缅边界发现血吸虫病病人报告，大理、凤仪有血吸虫病病人报告和感染性钉螺报告。他们研究认为“本病在本省之流行，恐尚不止大理一带。滇池附近之呈贡、晋宁、昆阳以及江川、玉溪、通海、河西、石屏一带；地理形势上相仿佛。本病之有否存在，甚可疑也。”

表4　20世纪三四十年代我国血吸虫病分布情况

省份	流行区及概况	合计
江苏	上海、宝山、松江、青浦、金山、川沙、奉贤、南汇、吴江、吴县、常熟、昆山、太仓、嘉定、无锡、武进、江阴、金坛、丹阳、丹徒、宜兴、江宁、江浦、江都、高邮、如皋、泰县、六合、邵伯、盐城	30

① 此段历史记忆参阅张显清《云南省血吸虫病防治史志》，云南科技出版社1992年版，第26—30页。

② 许邦宪、吴光：《吾国血吸虫病之大概（二）分布》，《中华医学杂志》1941年第9期。

续表

省份	流行区及概况	合计
浙江	嘉兴、嘉善、桐乡、崇德、海盐、平湖、孝丰、安吉、临安、余杭、杭县、海宁、武康、德清、吴兴、长兴、衢县、开化、江山、常山、龙游、金华、兰溪、汤溪、东阳、义乌、诸暨、新昌、嵊县、上虞、绍兴、奉化、郸县、余姚、宁海、天台、永嘉、乐清、泰顺	39
安徽	芜湖、安庆、繁昌、无为、宁国、合肥、巢县、大通、宿松	9
江西	九江、湖口、沙河、德安、永修、南昌、鄱阳	7
湖北	武昌、汉口、汉阳、柏泉、蔡甸、孝感、安陆、皂市、天门、岳口、沔阳、沙湖、新堤、嘉鱼、咸宁、金口、浦圻、黄坡、阳逻、黄冈、黄州、武穴、大治、保安、金牛、昌宜	26
湖南	岳阳、城陵矶、华容、常德、沅江、益阳、湘阴、长沙、湘潭、湘乡、衡阳、醴陵	12
四川	彭县、仁寿、荣县、彭山、双流	5
福建	福州、马尾、长乐、莆田、福清	5
广东	曲江、潮阳、揭阳、梅县、德庆、佛县	6
广西	宾阳	1
云南	滇缅边界、大理、凤仪	3

资料来源：许邦宪、吴光：《吾国血吸虫病之大概（二）分布》，载《中华医学杂志》，1941年第9期。

1947年《世界卫生组织汇报》报告："住血吸虫……单独在中国，即有五百万人患有此病，根据 Faust 博士：在中国约有一亿多人口面临传染的危机。"① 然依据表4，比之江苏、浙江、湖北、湖南等区域，云南血吸虫病流行区范围较小。恐因许邦宪、吴光二人对于当时我国血吸虫病分布的梳理多是依据此前的研究资料、调查报告汇总而成之故。这个情形，从晚清到民国时期西方人到西南地区旅行留下的游记可窥见一斑。

因云南所处的地理位置、丰富的自然资源和军事战略意义，近代以来屡被帝国主义觊觎侵犯，成为近代以来西方学者、官员游历、经略的目的地之一。从这些西人游记中我们可以看到，在当时云南流行比较广泛，引起重大人口伤亡和社会变迁的麻风、瘴气、疟疾、鼠疫、甲状腺肿等都有提及，而血吸虫病却未见于西方旅人的视野中（见表5）。

① 《世界卫生组织汇报》，1947年第1—12期，第103页。

表5　晚清到民国年间西方人游记中的疾病叙事

游记及成书时间	区域	疾病种类
《金沙江》1877年	维西、大理、腾冲	鼠疫、瘟疫（恶疮）、瘴气
《扬子江上的美国人——从上海经华中到缅甸的旅行记录（1903）》①	昭通、昆明、楚雄、大理、怒江	麻风、迷幻症、瘟疫、腹痛、肺结核、坐骨神经痛、甲状腺肿、瘴气、疟疾、腾冲
《被遗忘的王国：丽江：1941—1949》	丽江	肠道寄生虫、眼疾、皮肤病（疥疮）、甲状腺肿、麻风、性病（梅毒、淋病）、疟疾

资料来源：据《金沙江》《扬子江上的美国人——从上海经华中到缅甸的旅行记录（1903）》《被遗忘的王国：丽江：1941—1949》三本西方人游记整理。

威廉·埃德加·盖洛在其《扬子江上的美国人——从上海经华中到缅甸的旅行记录（1903）》一书中有两处疾病记载，某些症状和血吸虫病有一些联系。盖洛“经过云南城与大理之间的唯一的一个府”楚雄府，发现该地盛产薄荷，“薄荷是一种草的精华提炼而成，治疗肚子疼有奇效，名声远扬。……在蒸馏过的或未蒸馏过的水里滴上几滴神奇的薄荷，称作‘金盆方’，可治疗腹疼。大腹者多加几滴。花上五文钱，一般的腹疼就可以治好，七文钱可以治疗中号的肚子，云南府最大号的肚子要十文钱才能治好。”② 血吸虫病感染常伴有腹胀、腹泻、肝区痛和脾脏肿大等，重的可出现腹水、肝功能损害等，但多种肠道疾病都有类似症状，故而不能断定这里的腹疼、大肚子是否和血吸虫病有关。文中还记述1877年，英国传教士麦加第（John Mc Carthy）穿越怒江之时，当地人告诫他“不要在溪水中洗手，以免手被毒水腐蚀烂掉”“瘟疫来临时，狗猫和其他小动物最先死掉，然后是猪及其他大一点的动物也以相同的方式死掉”③，可知怒江流域流行着一种因水致病、人畜共患的疾病，但从“重要器官附近的皮肤上出现大的斑点，那么这个人就会死掉无疑”，而且动物先于人类患病，“动物死光后，剩下的人们就会成为瘟疫的下一个牺牲品”，“瘟疫发生后，房屋

① ［美］威廉·埃德加·盖洛：《扬子江上的美国人——从上海经华中到缅甸的旅行记录（1903）》，晏奎等译，山东画报出版社2008年版。

② 同上书，第222—223页。

③ 同上书，第251页。

被遗弃，被感染的物品也无人敢碰”等文中描述来看，是血吸虫病的可能性不大，在发生同样感染暴露的情况下，动物和人类感染血吸虫病的概率是基本持平的。

血吸虫病在西方人视域中的缺位，最值得我们关注的是俄罗斯作家顾彼得，1941 年他来到丽江，直至 1949 年后离开，回国后他将在丽江的时光写成《被遗忘的王国：丽江 1941—1949》，书中有“我在丽江的医务工作”一部分，对当时丽江的医疗现状、主要的疾病以及他的诊疗进行了记载。提到当时丽江较流行的疾病是眼疾、麻风、皮肤病、甲状腺肿、性病、疟疾等。而他当时在丽江的住所是在今丽江古城狮子山脚下面朝东坝子一侧，而古城周边的八河、祥云、五台、义尚、文智都是 1954 年以后确认的血吸虫病流行村，据口述资料，这一带民国年间已有血吸虫病流行。顾彼得旅居丽江 9 年，他本人是一名医务工作者，“由于我是合格的医生助理，我从昆明的美国红十字会获得了少量的药品供应，我的楼上私用办公室也就成了我的医务室”，他“乐于治疗所有简单而容易辨认的疾病，但无法治疗复杂或需要做外科手术的疾病”①，从一开始鲜少有当地病人就诊到“医务所就是这样。病人不断地来，日复一日，年复一年。病人中也有来看其他疾病的，我尽最大努力给他们诊断治疗……医务室使我远近都有熟人，许多令人愉快的长久的友谊建立起来了”。照顾彼得本人的记述，他在丽江接诊的当地病患众多，时间也不短，若是血吸虫病流行严重，病患众多，作为医务工作者的他是应该能注意到这种疾病的。至 20 世纪 40 年代，西方医学界关注到血吸虫病已近半个世纪，作为医务工作者应该多少听说过血吸虫病。而出乎意料的是，他在血吸虫病流行区居住并从医 9 年之久，却未提及血吸虫病，唯一的可能就是，1941—1949 年期间丽江的血吸虫病流行并不十分严重，也未发生大规模的感染事件。顾彼得提到的肠道类疾病也是寥寥无几，“几天之后几个妇女带着小孩来了。她们有些有眼疾，小孩有肠道寄生虫。他们都及时得到治疗，并且给了药。一个星期内，神医妙药的传说轰动了四方街。很长的蛔虫用树叶包着，向那些想

① ［俄］顾彼得：《被遗忘的王国：丽江：1941—1949》，李茂春译，云南人民出版社 2007 年版，第 112 页。

亲眼看一看的人们展览。"① 顾彼得在丽江期间，周末时常会到指云寺为喇嘛们义诊，"喇嘛们经常害火眼、皮肤病、疟疾和消化不良"②。

综上所述，根据口述历史资料和调查报告，晚清期到民国时期云南确有血吸虫病流行，如大理、凤仪等地，因调查研究和疫情报告有限，全省范围的流行区域、钉螺分布区、病人数量等具体数据未明确，但相较麻风、疟疾、瘴气、甲状腺肿等疾病，云南血吸虫病流行疫情尚在可控范围，造成的人口折损、社会影响较湖南、湖北、浙江、安徽、江西等地来说较少。当时血吸虫病在云南流行和影响的具体情况，有待更多的资料充实，方可估算。针对流行情况，也开展过血吸虫病防治工作，如1941年以后，大理教会在（福音医院）曾零星收治过一些血吸虫病人。

三 晚清、民国年间云南血吸虫病的历史叙事及利用

血吸虫病在中国有两千多年的流行历史，相比鼠疫、瘟疫、霍乱等急性传染病，呈现如下流行特点：首先，历史时期的疫区主要集中在南方，未造成全国范围内的大流行，疾病的直接影响和人群创伤相对较小；其次，血吸虫病造成的人口折损和经济损失的显现需要一个较长的时段，这样的时间周期，无疑会冲淡人们对疾病的创伤记忆；再次，国内对血吸虫病的科学认识体系的建构时间较晚，我国古代医典中有水毒、蛊毒等记载，与现代医学认知下血吸虫病的某些主要症状和体征，但表现出腹膨胀、腹肌水的消化道重症疾病很多，血吸虫病只是其中之一，难于实证，近代以后才有了明确的记载。从上文梳理云南清末、民国年间云南血吸虫病流行及疫情的过程中，我们不难看出，清末、民国年间有关血吸虫病的历史叙事，大体有以下几类资料可供利用。

一是以民国政府和相关机构组织的以了解疫情动态、控制疫情为出发点的疫情调查。19世纪中叶以后，西方的政治经济、科技发展模式成为具有普世价值的模式，东亚各国纷纷效仿以求进入更高的文明阶段，中国社

① ［俄］顾彼得：《被遗忘的王国：丽江：1941—1949》，李茂春译，云南人民出版社2007年版，第112页。

② 同上书，第204页。

会裹挟着步入“近代”。欧风东渐，引起中国社会各方面的转型、变革，甚至侵浸研究领域，中华医学亦走向转型，开启医学近代化的进程。陈邦贤先生曾在《中国医学史》中提纲挈领地阐述了中国医学近代化的过程：“中国的医学，从神祇的时代，进而为实验的时代；从实验的时代，进而为科学的时代。又可说从神话的医学，到哲学的医学。从哲学的医学，到科学的医学。欧风东渐，中国数千年来哲学的医学，一变而为科学的医学：在最近三十年中，新医学的蓬勃，有一日千里之势；推原其故，中国自从西洋及日本医学输入以后，国人的思想为之一变……”① 特别是在同治、光绪两朝的短暂“中兴”之后，这一趋势更为凸显，清朝廷、地方绅史、有识之士开始自发地接触西方医学知识，建立相关的医疗机构、出版译著。特别是在 1910 年的东北鼠疫爆发后，卫生防疫工作的重要性显现出来，中央政府积极建设卫生防疫体系，地方上也逐渐开始这方面的工作，如 1908 年，各省就在巡警道下面设立卫生科负责卫生行政业务。但尚处于萌芽阶段的清末卫生防疫工作，还未顾及直至 1905 年才在中国被确诊的血吸虫病。

辛亥革命后，民国政府模仿近代国家的建制而设置，在内务部下设立卫生司掌管卫生防疫事务。民国年间中国社会各种疫病频繁、疫情繁重，在医学界和社会各界的强烈呼吁下，1916 年 3 月，我国第一个控制传染病的法规《传染病预防条例》正式公布，1919 年，中央防疫处成立，主持各种传染病之病原细菌及预防治疗方法。20 世纪 20 年代以后，开始有计划地开展对特定疾病的调查并对各项统计数字资料进行汇集，如 1929 年伊始，中央卫生实验处为主的科研院所在政府的大力倡导下相继开展了全国范围的血吸虫病调查；1935 年全国经济委员会卫生实验处，为弄清国内各种传染性及寄生虫病之蔓延状况，与卫生署合作进行了 19 种传染性疾病及寄生虫病疾病调查等。这时期的调查虽然并不深入，只能窥见各地血吸虫病流行的粗略情况，几未见患病生命个体的描述，但这是我国历史上第一次将血吸虫病和法定传染病放在同等重要的地位调查研究，在这些调查基础上，相关研究者还有一些科学研究作品问世，这些调查和研究资料对研究民国时期的血吸虫病流行无疑具有重要的价值。

---

① 陈邦贤：《中国医学史》，团结出版社 2005 年版，第 249 页。

二是西方人士和传教士的调查报告、医学日志、游记。近代，帝国主义的洋枪洋炮打开了闭关锁国的“天朝上国”的大门，众多的传教士、旅行家、地理学家、驻华使节等外国人带着各种各样的“理想”来到中国开始旅行或者考察，有的深入不毛之地考察，甚或侨居某地数年，用图片、游记等记录了当时当地的风土人情、地貌特产等。从云南血吸虫病发现、流行历史、疫情等的梳理中，我们不难看到，西方人士有关疾病和血吸虫病的直接和间接的历史叙事，是研究清末、民国年间云南血吸虫病流行的重要资料。“血吸虫病”本身是一个西方现代医学概念，直到20世纪之初才传入中国，而相比之下，19世纪上半叶，现代西方医学在巴黎医学院兴起，引领西方医学革命，开始关注疾病与病人之间的关系和临床观察，生理学、显微解剖、胚胎学、比较解剖等蓬勃发展，病菌学说也应运而生。西方社会对疾病认知的普及度相对较高，何况在清末、民国年间进入中国的西方人士很多都有医学背景，或者本身是医生，或者在来中国之前接受过医学训练。例如：1905年确诊中国首例血吸虫病病人美国传教士、医生罗根；1922年在中国长江下游部分血吸虫病流行区的医院开展了通信调查的两位寄生虫学专家福斯特（Faust）和梅莱尼（Meleney）；1924年，第一次提及云南籍血吸虫病人的英国医学博士库伦（Cullen）；路得·安士普·奥德兰德在《客旅》① 一书中记述的20世纪20年代来到中国的宣教士，专攻神学、语言学、眼科医学 Theodore Hanberg（韩山明）；上文提及的顾彼得等。此外，随着西方现代医学的不断发展，西方社会的疾病观念也发生了巨大的改变，对疾病的叙事不仅是大而化之地描述疾病的分布和流行趋势，开始关照个体生命和疾病本身，并开始涉及“物我”之外社会、文化、环境、认知等，对疾病的叙事更为生动鲜活。如顾彼得在《被遗忘的王国》一书中说道：“我认为西藏及其边地的真正瘟疫不是麻风病，而是性病。从所有报告和旅游者的叙述来判断，西藏和永宁地区至少有90%的人口染上了这样那样的性病。性病如此广泛的流行，当然是由于那些地区仍然盛行的自由婚姻造成的。”② 顾彼得在书中还记述很多疾病与社

① 路得·安士普·奥德兰德：《客旅——瑞典宣教士在中国西部的生死传奇》，黎晓蓉、刘芳菲、阿信译，团结出版社2013年版。

② ［俄］顾彼得：《被遗忘的王国：丽江：1941—1949》，李茂春译，云南人民出版社2007年版，第121页。

会、环境、文化之间的实例。当然，部分西方人士对疾病的历史叙述中，特别是游记、报告等中对于疾病的叙事，基于叙事者采用的是一种客位的研究方法，缺乏对描述对象的整体的、长时段的调查研究，部分叙事者甚至心怀猎奇的想法，有的叙事偶有有失偏颇之处。

三是新中国成立初期的一些口述资料，特别是血防工作者在云南血吸虫病流行区收集到了的谚语、歌谣和故事。在云南血吸虫病流行区，关于血吸虫病的歌谣、故事数量很多，是当时当地血吸虫病流行的真实写照，也体现了流行区民众对血吸虫病的认知水平：在云南民间，血吸虫病有着“大肚子病”“黄瘦病”“筲箕胀”等俗称，患者有“抬大肚”“人黄干又老”“麦秆脚”等症状，极大地影响病人的生存质量，“光吃白饭不干活”“在家扶墙走，风吹摇三摇”，最终造成严重的社会危机，“田荒人穷牛马瘦”“土地贫瘠无人耕”，患病的原因是接触了不该接触的水。依据新中国成立初期收集到的这些口述历史资料，可以勾勒清末、民国年间云南血吸虫病流行的大体情况。当然，我们需要客观看待“生动性是口述证据的力量所在，也因而是它的主要局限性所在”①，运用口述资料之时，要考虑时代因素，并细心地剔除夸大、歪曲、失实等加工成分，结合已有的文献资料，合理利用。

由上可见，云南血吸虫病的疫情直接决定疾病的历史叙事，民国年间对血吸虫病的调查研究主要集中在流行严重的两湖流域，对西南、两广的调查研究相对滞后和薄弱，特别是云南的血吸虫病流行情况较轻，造成的影响较小，有关云南血吸虫病的历史叙事也异常稀缺。此外，社会发展程度、医学知识普及率、疾病观念、叙事者的身份背景等因素都会影响疾病的历史叙事，进而影响特定历史时期疾病史料的利用。

---

① ［英］约翰·托什：《口述史》，吴英译，收入定宜庄、汪润主编《口述史读本》，北京大学出版社 2011 年版，第 11 页。

民国时期德宏地区疟疾流防与边境治理研究

王　彤*

民国时期是中国历史发展史上最为激荡动魄、变革深远的显著时段之一，此时的中国和世界连为一体，西南边疆亦成为中国不可分割的整体。世界与中国紧紧相连，国家与地方密不可分，中心与边缘融为一体，天下大势、家国情怀及个人抱负唇齿相依。西方医技的移植、扩散亦对中国的传统医疗格局、边疆医疗卫生体系及边民的医疗观念与行为都产生了相当深刻的冲击与影响，同时，疫病的传播因人口的流动、交通的改善及治理能力的弱化等不断放大。目前学界关于疾病史研究多集中于长时段、全国性或内地区域疾病的传播和防控过程的考察，主要涉及中西医交流与论争、医疗制度与公共卫生事业、殖民医疗、西医专科发展以及西医代表人物和群体等主题。①

德宏地区地处我国西南边疆，是一个典型的边疆民族地区，全州所辖的潞西市、瑞丽市、陇川县、盈江县、梁河县5个县市中，除梁河县以外，其余县市都紧邻国境线。德宏境内的中缅边境线长503.8公里，全州沿边

---

* 王彤（1989—），男，汉族，安徽潜山人，云南大学西南环境史研究所2018级博士研究生。主要研习环境史、疾病史。

① 张大庆：《中国近代疾病社会史》，山东教育出版社2006年版；杨念群：《再造“病人”：中西医冲突下的空间政治（1832—1985）》，中国人民大学出版社2006年版。余新忠：《清代江南的瘟疫与社会——一项医疗社会史的研究》，中国人民大学出版社2003年版；《瘟疫下的社会拯救：中国近世重大疫情及社会应对研究》，中国书店2004年版；《清以来的疾病、医疗和卫生——以社会文化史为视角的探索》，生活·读书·新知三联书店2009年版；张泰山：《民国时期的传染病与社会》，社会科学文献出版社2008年版；John Z. Bowers, *Western Medicineina Chinese Palace: Peking Union Medical College, 1917－1951*, New York: Josiah Macy, Jr. Foundation, 1972.

境一线有 24 个乡、镇，600 多个村寨都与缅甸村寨想毗邻，田地相连、沟壑相通。① 民国时期，国民政府在此分设芒板（芒市、猛板）、猛遮（勐卯、遮放）、陇川、干崖、盏达 5 个弹压区及南甸八撮县佐，1932 年改行政区为设治局，置潞西、瑞丽、陇川、盈江、莲山、梁河六设治局；1942 年 5 月德宏地区为日寇占领，其间及 1945 年 1 月收复后，先后隶属云南第六区、第十二区行政督察专员公署。②

笔者试图以滇西边疆德宏地区这一具体的疫病传播空间，以期从疾病政治史的角度，探讨疾病传播与社会、政治、战争以及由此形成的各种复杂关系。在世界一体化进程中，疾病的发生与传播与本土社会发展密切相关，更与世界政治形势的发展密切相连，因此，在某种意义上，疾病与政治及社会密不可分，通过对疾病传播态势的分析，有助于我们更好地认识疾病与国家、社会之间的互动关系。

一 中西碰撞：德宏疟疾流行与传教士的进入

疟疾（Malaria）是疟原虫寄生于人体，通过蚊虫叮咬引起的一种世界流行的传染性疾病之一，与艾滋病、结核病一起被世界卫生组织列为全球急需控制的三大公共卫生问题。对当下很多人来说，显得遥远而陌生，但其分布范围极广，在北纬 60°至南纬 40°之间，高至海拔 2771 米，低至海平面以下 396 米的广大区域都有疟疾存在。③ 德宏本地人称为“摆子”，曾是当地流行最为频繁的地方病之一，尤其在盈江县和潞西县的坝区，经年不断，每年的 7—9 月是疟疾流行高峰期，严重危害着民众的健康，影响着农业生产的正常进行，故民间流传着“谷子黄、病倒床、闷头摆子，似虎狼”。

民国十二年（1923）5 月 16 日，干崖（盈江）行政委员董绍文曾在干崖（盈江）行政区地志说：“本属素称瘴乡，发病时期多在八九两月之间，名曰谷茬瘴，因收稻谷其根腐朽，经暴热之日光，遂发生此瘴毒也，

① 张方元主编：《新编德宏风物志》，云南人民出版社 2000 年版，第 7 页。

② 德宏史志办公室主编：《德宏史志资料四 · 德宏州县市概况》，德宏民族出版社 1986 年版，第 5—6 页。

③ 李思颖：《中缅边境地区疟疾患者求医现状及影响因素研究》，硕士学位论文，昆明医科大学公共卫生学院，2013 年，第 6 页。

受害者多发疟疾烧热及各项痧症”。[①] 盈江疟疾发病多在八九月，是时正处收割稻谷的农忙季节，受腐烂稻谷蒸发之毒气感染而致疟，人们称之为“谷茬瘴”。盈江和缅甸相连，森林密布气候炎热，每到夏秋季节，腐烂草根等枯死植物经过烈日的蒸烤，由此产生的毒气等弥漫在空气中，人们一旦吸入就很容易产生恶性疟疾、哑瘴之类的病症。这种气候和环境对外地人的影响更为严重，他们一时难以适应当地的气候，水土不服，致病的概率更大，“加之在此交通阻梗，药材缺乏，金钱又复不易”，所以外籍政府人员，每到夏秋瘴起绵延之时，“除留在与当地气候适应着三名外，其余拟为办公地点，移住东山山麓，该地气候较之清凉，可避炎暑，用策安全，复查东山山麓，亦距局不远，约有十五华里，交通方便。”[②]

潞西县“位居亚热带，气候炎热，潞江司位于潞江的陷塌坝中，海拔700 公尺，东为怒山、西为高黎贡山，夹峙高耸，空气不畅，终日闷热，雨量颇多，异常溽暑。且以疟蚊繁殖，人多罹疾，若变成哑瘴之症，治疗较难。”[③] 低洼的地势、封闭的地形、较低的海拔、较高的气温以及较多的雨量，疟蚊繁殖旺盛，这都是造成潞西疟疾流行的重要原因，人们一旦患上疟疾且进一步发展为哑瘴，就很难治好。1901 年，芒市地区总人口约5000—6000 人，经过1901 、1919 、1933 年3 次疟疾大流行，使其人口仅剩1900 多人，整个地区呈现出一片“千村辟荔人遗矢，万户萧疏鬼唱歌”的凄凉景象。疟疾的流行使山区居民不敢下坝，外地旅客不敢久留，民间到处流传“麻檬开花，汉人搬家”等民谣。[④]

莲山的风土气候和盈江、潞西相似，都是“莲山风土，半杂僰夷，四山围阻，风气不畅，烟岚笼被，入夏以来，雨水特多，气温虽常在华氏九十度上下，而地位洼下，恒受腐湿，瘴毒郁蒸，”这种气候是孕育瘴毒的理想场所，因为“盖夏季连日大雨，湿热熏渍，蚊蝇之类飞蔽檐阶；夜则肌肤吮吸；昼则饮食沾污，痁疟，痧痢，虎猎拉，泥鳅症等传染性病，坐次发生，防不胜防。”当地的“土著之民，尤且不胜，矧在旅客，谁能堪

---

① 盈江县志编纂委员会：《盈江县志》，云南民族出版社 1997 年版，第 734 页。

② 《为气候恶劣，疾病丛生，拟移地办公，祈备案（呈）》，1949 年 4 月 9 日，盈江设治局档案 4 -1 -144 -126，德宏档案局藏。

③ 林文勋主编：《民国时期云南边疆开发方案汇编》，云南人民出版社 2013 年版，第 513 页。

④ 德宏州史志办编：《德宏州志 · 文化卷》，德宏民族出版社 2011 年版，第 10 页。

此。夷方流传谚语有云：‘四五六月考新客，目击身受，乃信确然。’”①炎热多雨的天气，污秽的环境，导致了大量蚊蝇的滋生，加之有“新客”的易感人群，为疟疾的产生和传播提供了良好的条件。每到夏秋季节，疟疾频发，民国二十三年（1934）1 月 29 日，当时的莲山设治局局长谭其弟在省政府的呈文中说：“在每年 5—9 月半年内瘴疠（疟疾）大作、汉夷人等莫不染患之者……设治区每年死亡可上数百，医药两乏，无可挽救……仅莲山城区言之，在民初约有汉人百余户，至年仅有数十户矣，夷人各寨竟至全寨化为丘墟。”② “镇上住户，举室卧对，门户不辟者，几于什家居一，附近村落，尤不与也。死亡相踵，号哭之声，习闻于耳。共列坐市园者，半皆黧黄消瘠之人，司空见惯，恬不为怪。此为对于卫生方面之印象。”③ 尤其对外来汉人，影响甚巨，即使是身强力壮的士兵也难以避免，“据近日所见，始而常备队官兵患病者半数以上，继而政警对病者及五六人，呻吟之声，内外相应，煎汤熬药，炉不绝火，看护随从，又复积劳致病。职此来托庇，虽无大病，而痧泻小症，时所难免，四肢百骸，酸软疲困……”④ 这是当时来莲山为官的李竹溪向云南省府报告莲山瘴毒情况的文字记载，可以看出不仅当时的士兵染病，就连政警和他自己也都身感不适，可见当地疟疾对人体的巨大危害。

梁河、陇川等地也是疟疾的高发区之一，民国三十三年（1944），梁河勐科发生恶性疟疾，全村 30 户，死亡 36 人，有 7 户死光。萝卜坝永户村 15 户，死于恶性疟疾有 21 人，死绝 1 户。⑤ 与内地零星的致病、死亡现象不同，梁河县的疟疾死亡人数是短时间、大面积、集中性的，甚至出现了绝户的现象，这在其他地区是不多见的，可见梁河疟疾暴发的巨大破坏性和毁灭性；陇川在 1947 年暴发了疟疾，发病人数达 1156 人。⑥

清末至民国时期，随着帝国主义列强的入侵，基督教会的势力也不断

---

① 德宏史志办公室主编：《德宏史志资料·第六集》，德宏民族出版社 1986 年版，第 83 页。

② 盈江县志编纂委员会：《盈江县志》，第 734 页。

③ 德宏史志办公室主编：《德宏史志资料·第六集》，第 83—84 页。

④ 同上书，第 84 页。

⑤ 德宏州医疗集团编：《德宏州医疗集团志》，昆明市五华区教育委员会印刷厂印装，2004 年（内部资料），第 7 页。

⑥ 陇川县政协文史委编：《陇川县文史资料选辑·第三辑》，德宏民族出版社 1992 年版，第 94 页。

拓展。1853 年，天主教会凭借在不平等条约中攫取的自由传教特权，扩大了在中国内地和边疆的传教活动。1879 年，教皇里欧十三世划中国为五大传教区，云南和四川、贵州、西藏同属第四区，云南为代牧主教区。① 西医作为基督教会和传教士们传教的主要手段之一，也得到了较快发展，他们凭借其优越的政治地位，充足的财力支撑以及先进的西医技术支持为依托，采用大众喜闻乐见的宣传方式，采取简单易行的诊疗手段，使西医在与本土文化的碰撞中为当地民众所接受和认同，并得到运用和实践。

外国传教士的到来，首先必须克服当地“瘴气”或瘟疫的侵袭，据1895 年年初从越南进入云南考察的亨利·奥尔良描述，“传教士用大剂量的催吐药，成功地抵制了鼠疫。”② 在德宏游历传教的西方传教士认识到以“行医施药”的方式可以获取当地民众的认可和信任，是扩大基督教声名和影响的有效途径之一。最初由于“边民不重卫生，对医药绝少信念，病者往往祈祷鬼神”③，对西医西药抱有戒心，并不完全信任，看病的亦人不多，“因人民对医药信任不深，故接受诊疗者较少”，④ 但随着传教士和本地民众交往的加深，相互了解的深入，西医的诊疗方式逐渐被本地人接受，尤其在滇缅交界的景颇族山区，自清末民初基督教浸礼会传入后，“开办景颇文教学，传圣经；群众患难时则施小恩小惠，生病吃药不要钱，生大病到缅甸南坎医院免费治疗；并进行讲卫生、讲文明的宣传，笼络人心，诱惑群众信教。⑤ 基督教在德宏景颇族地区发展较为迅速，不仅开办了学堂进行基督教的学校，还给当地民众看病施药，宣传卫生知识，客观上暂时缓解了缺医少药的局面，拯救了部分当地民众的生命，特别是宣传科学的卫生知识，更新了当地民众的卫生意识，具有进步意义。

根据当时基督教布道员钱正新的口述：“原先在勐戛传教的有两个修贞女，一名海教士，一名李教士。两个都是美国人，1928 年来华传教，同

---

① 车辚：《教会、铁路、公路与近代云南西医的发展》，《曲靖师范学院学报》2013 年第 1 期，第 5 页。

② ［法］亨利·奥尔良：《云南游记——从东京湾到印度》，龙云译，云南人民出版社 2001 年版，第 29 页。

③ 林文勋主编：《民国时期云南边疆开发方案汇编》，第 539 页。

④ 德宏史志办公室主编：《德宏史志资料·第六集》，第 82 页。

⑤ 云南省政协文史委员会编：《云南文史资料选辑·第 28 辑》，云南人民出版社 1986 年版，第 234 页。

行的还有一个修贞女胡教士。三人到了中国，先到山东省烟台市……后来，三人到了云南腾冲县传教。（1930 年以后）外国牧师经常带着我，到偏僻的傈僳族地区和山区汉族村寨传教，贝文华牧师带他去的次数最多，他们到过平达、象达、杨家场、木城坡等地。又临时雇一个人，既当脚夫，又是向导。我们的行装很简单，一个毛毯、一个蚊帐；一些宣传用品如幻灯、疮药间或有些较好的特效药，像荷属印度尼西亚出的金鸡纳霜等。带幻灯、手风琴是以新奇来吸引人，药物取得的效果往往是神奇的。这些地区从来没有医生，对一些普通的病也毫无办法，一拖几年，如眼疾就是这样。我们带去的眼药水，只几滴就药到病除，从而逐渐取得信任。”① 传教士们经常提着药箱挨门挨户给傣族居民看病，一律免费。见了小孩，要摸一摸脾脏，如果孩子害怕，便摸出糖果给孩子吃。所有的药品、器械和物资，概由法国人罗伯逊从缅甸仰光运来。他们还利用唱歌、演戏等形式作街头宣传，演的戏也很有趣，情节是：一个人在睡觉，几只蚊子飞来飞去，寻找机会吸那个人血，于是那个人染上了疟疾，忽冷忽热，痛苦呻吟。家人急忙求神送鬼，病人奄奄一息……后来医生赶至，药到病除。剧中蚊子叮人的场面特别精彩，甚是吸引观众。蚊子是用篾扎纸裱，大如篾帽，涂上颜色，用细线吊着，由人在幕后操纵，飞翔自如，栩栩如生。② 这大大拉近了西医同底层民众的距离，最大限度地为普通民众所接受，在治病救人的同时，也有效地传播了近代西医科学的诊疗理念。

二　中日之战：疟疾的暴发与内外形势的发展

云南地处祖国西南边陲，且面向南亚和东南亚，战略地位十分重要。抗战爆发后，不仅是中国正面战场的大后方和战略基地，还是国际联系的重要窗口和要道。1940 年 9 月，日军占领越南北部，进逼滇越边境，云南开始成为抗日战争的前沿阵地；太平洋战争爆发后，云南成为世界反法西斯战争东方战线两大战场（中国抗日战场和太平洋战场）的战略结合部；1942 年 5 月，日军占领缅北和滇西怒江以西的中国领土，云南成为中国抗

---

① 德宏州政协文史组编：《德宏州文史资料选辑·第五辑》，德宏州民族出版社 1986 年版，第 120—124 页。

② 同上书，第 127—128 页。

战的最前线。

1942 年 5 月 1 日，滇缅公路被切断，日军进攻云南西部形势已经造成。5 月 3 日，日军先头部队进入滇西边境畹町，5 月 4 日占领龙陵县城。5 月 10 日，日军占领怒江以西重镇腾冲。日军把滇西占领区，即所谓“腾（冲）龙（陵）地区”划分为腾北、腾冲、龙陵、腊猛（松山）、芒市、新浓 6 个守备区。日军第 56 师团部及直属部队驻芒市，其兵力约 1.5 万至 2 万之间。① 于是，滇西沦陷，云南由抗日的大后方，同时变成了抗日的大前方。日军侵占期间，中日军队形成了对垒之势，相互展开了长期的争夺战，双方士兵皆因水土不服，社会医疗环境恶劣而罹患疟疾，造成了大量的伤亡。中国远征军 71 军沿怒江沿岸设防，士兵也多染恶性疟疾，死者达 1200 余人。敌军官兵也因患疟疾死亡甚多，1942 年 7 月，昌宁县长曾国才向云南省民政厅报告敌情说：“龙陵之敌，多集结于芒市，敌官军因气候关系，沾染时疫，死者甚多。”龙陵县长杨立声报告说：“芒市、遮放之敌，因不耐烟瘴，多数移至两坝交界之三台山驻扎。”1944 年 8 月，龙潞游击队司令朱嘉锡报告反攻情况中称：“雨季中，敌病死率超过伤亡率，此一打击，致其数量减低。”②

日军为实现其尽早灭亡中国的计划，从身心两方面彻底击垮中国人，他们使用了惨无人道的细菌战、毒气战，制造了许多人为疫情。1942 年 6 月 7 日，当日军向滇西推进，并狂轰滥炸保山之际，其时已在滇西的李根源，立即通电说：“自腊戍不守，倭窥滇西，突于五月四日正午十二时，先以寇机五十四架分两批袭保山。因境界毗近，情报被断，疏散不及，一城同尽。敌投空中爆炸、燃烧、病菌等弹三四百枚，狂炸之后，继以机枪扫射，历数十分钟，死伤万余，血流沟渠。”在这个通电中，李根源揭露日本侵略军向保山投掷“病菌弹”，从而引发了霍乱肆虐的严重后果的事实。时任滇西前线指挥官宋希濂将军回忆 1942 年的情形时说，滇西霍乱的流行完全是日军实施细菌战造成的。他说：“1942 年 5 月，入缅甸的溃退和日机的滥肆轰炸，给滇西人民带来了很大的痛苦，而热带病——虎列拉的传入，更给滇西人民加上可怕的灾难，保山一带村庄的居民在六七两月

① 宋希濂：《鹰犬将军》，中国文史出版社 1986 年版，第 158、171 页。

② 云南省潞西县志编纂委员会编：《潞西县志》，云南教育出版社 1993 年版，第 396 页。

里死于这个疫症的有1000多人。有的全家死亡，有些村子里一两天之间死了六七十人；没有棺材，只好用席子包裹掩埋。”① 时人杨毓骧在《日寇对德昂族人民犯下滔天罪行》一文中也说，“日军还惨绝人寰”的试行疟疾、鼠疫等病菌，以致疾病流行，迫使德昂族人民逃亡深山野菁吃树皮草根度日。②

笔者于2015年8月1日通过对滇西抗战老兵赵有明老人③的访谈得知，1942年4月5日，日军的飞机轰炸保山，并向当地村寨投放霍乱病菌，死了许多人，赵有明的4位亲人（父母、哥哥和姐姐）也都在炮火和病毒感染中丧生，仅赵有明老人幸存下来。1942年5月4日，日军在一次向保山城轰炸和投放霍乱弹，先后出动了50多架飞机，丢下了两颗霍乱弹（保山城东部和南部各一颗）和许多炸弹，当即炸死1万余人，受霍乱弹影响，后陆续有十万余人死亡。除了投霍乱弹之外，日军还投放了鼠疫病菌，他们进入后，到城乡之间四处搜集老鼠，剪短它们的尾巴后注入鼠疫病菌，然后把这些带有病菌的老鼠重新放回村寨，造成了鼠疫的大流行，其中以龙陵和嵩山的影响最大，龙陵死亡人数达六七千人，嵩山也有三四千人死亡，保山的鼠疫前后持续了十几年，直到解放后还有鼠疫的发生，这和日军人为投放的鼠疫病菌大为相关。日军大量病菌的投放和散播，不仅在当时造成了大量的人员伤亡，还产生了许多后续影响，由于当地的花草树木受到了影响，许多树木长不大，有些果树不能结果，即使长出了果实也容易生虫，且带有毒素，久久不能食用。

民国二十七年（1938），因抗战之需，国民政府在滇缅公路沿线设立部分医疗及防疫机构，主要为驻境政府机构提供服务。第二年进一步考虑到滇缅公路是抗日交通要道，必须加强沿线抗疟工作，故相继成立云南省抗疟委员会和云南省疟疾研究所，所址设在芒市，又称芒市疟疾研究所，所长姚永政（原中央卫生试验处寄生虫系主任），全所共30余人。同年，滇缅公路西段恶性疟疾流行，为保障运输通畅，中央与云南合作开展抗疟工作，并邀请美国政府派专家来华协同考察，经费由罗氏基金社资助，成

① 谢本书：《日军在滇西的细菌战》，《湖南文理学院学报》2004年第1期，第33—34页。

② 宋玉梅：《论民国时期云南省的传染病流行与防治》，硕士学位论文，云南师范大学，2011年，第18页。

③ 赵有明（1924—），时年92岁，17岁时被国民党抓壮丁去修路修桥和修保山机场，1942年因为交通事故右腿被汽车压断返乡修养。

立了罗氏基金社疟疾研究所，并商定将其作为省抗疟委员会芒市疟疾研究所之分所，所址设在遮放土司小衙门内，顾城遮放疟疾研究所，所长达特·卫司特（美国人）。① 芒市疟疾研究所是滇西德宏地区第一个由政府成立的专门抗疟机构，在第一任所长姚永正教授的带领下，开展了广泛的疟疾调查和研究工作，特别是发现了一个新的疟蚊蚊种和认识到微小按蚊的恶性疟的主要传播者，明确了抗疟方向，从而开启了有针对性的抗疟防治之路，在某种意义上也标志着滇西抗疟工作近代化之始，在滇西抗疟史上有着极其重要的位置。

1942 年 5 月，保山、德宏为日军飞机轰炸之后，云南省卫生实验处即奉命组建了“临时救护防疫队”，紧急赶赴滇西前线救护。据云南省卫生实验处临时救护防疫队队长缪安成 1942 年 8 月的“工作报告”，日军在滇西实施细菌战带来了严重后果。救护队发现，全区 58.7% 为疟疾区，以怒江流域、南定河谷、盈江下游为最；人口死亡以此为主因，贫血比率亦高。② 该队返昆后，紧急调动人员，配备医疗器械及药品，于 5 月下旬再返滇西，沿途经禄丰、楚雄、镇南、沙桥等地，皆发现疟疾、霍乱病人，有的已经死亡。经过月余的紧急救护以后（仅打预防针的即达 1 万余人），滇西地区疫情才得以控制。③

三　纷繁复杂：人口、交通、组织与疟疾防控

滇西抗战前，由于此地铁路、公路未通，发展极为缓慢，加之崇山峻岭，丛林密布，人口稀疏，即使有疟疾的发生和发现，也难以造成大面积的暴发和流行。“窃查盈江地域辽阔，人户散居，以旧城为中心，愿至蛮线、户撒，须行程二日，雨季降临，来往深感不便……据此查弄璋街等处疫症流行尚属实，请领药品势不能不予，发给为兴。”④ 盈江县的部分偏远

---

① 德宏州史志办编：《德宏州志·文化卷》，第 321、325 页。

② 保山地区行政公署史志办编：《滇西灾区救济工作报告业务计划》，《保山地区史志文辑（第四辑）》，德宏民族出版社 1990 年版，第 393—396 页。

③ 缪安成：《云南省卫生实验处临时救护防疫队工作报告》，保山地区行政公署史志办编，《保山地区史志文辑（第一辑）》，德宏民族出版社 1989 年版，第 189—190 页。

④ 《为盈江地域辽阔疾病丛生 拟在各处设立医药箱以资救助的呈文》，1936 年 7 月 15 日，盈江设治局档案 1－15－293－7，德宏州档案馆藏。

地区，人口稀少，且普遍散居，联系不便，如蛮线和户撒相邻的两乡之间都要行走两日方能到达，即使一个地区发生疟疾，由于交通不便，另一地区不能知晓或间隔较长时间才能发现，这样疟疾传染、蔓延的可能性就不大。

1937 年 8 月上旬，云南省主席龙云赴南京参加“国防会议”，商讨全国抗战大计，在南京会议上，龙云认为“国际交通应当预先作准备，即刻着手同时修筑滇缅铁路和滇缅公路，可以直通印度洋。公路由地方负担，中央补充；铁路则由中央负责，云南地方政府可以协助修筑。”① 龙云的主张得到国民政府的赞成和支持，1939 年，国民政府调集了数十万民工开始兴修滇缅公路（未修成，1942 年，由于日军入侵滇西，工程被迫停工），由于多数民工系外地调入，水土不服，引发了疟疾的大流行。1939 年夏，滇缅公路西侧发生恶性疟疾流行，1940 年 9 月滇越铁路中断以后，公路运输日渐频繁，疟疾流行更加猖獗，芒市、畹町的疟疾随时有沿公路向东发展，扩散到保山、永平、下关的可能。② 可见，道路的兴修，交通运输业发展的同时，也增加疾病传播的可能。

随着抗战形势的发展，大量外来人口（包括军队、移民等）的进入，使本地区原有的相对平静秩序被打破，霍乱、疟疾等传染病随着内迁人口、远征军、华侨难民的流动而传播，传播速度更快，波及面更广，动乱的环境也使易感人群大大超过了平时。民国二十九至三十年（1940—1941），受抗日战争的影响，国民政府中央杭州飞机制造厂搬迁到瑞丽雷允，1600 名职工先后都感染疟疾，有 106 人死于恶性疟疾。③ 1942 年 4 月中旬，日军攻陷缅甸，“缅甸、曼德勒等地发现霍乱、疟疾……缅甸剧变，忽而大批华侨及撤退人员拥入滇境，加之芒、遮、畹及腾龙等地区相继失陷，保山混乱，归侨人员仓皇入内地避难，一部分争赴昆明，一部分流离途中……”④ 随着国民政府远征军的溃退，以及大批华侨的撤离，流行于

① 宴祥辉：《云南抗战大事记》，《云南教育·视界（综合）》2015 年第 8 期，第 16 页。

② 宋玉梅：《论民国时期云南省的传染病流行与防治》，硕士学位论文，云南师范大学，2011 年，第 8 页。

③ 德宏州医疗集团编：《德宏州医疗集团志》，昆明市五华区教育委员会印刷厂印装，2004 年（内部资料），第 357 页。

④ 缪安成主编：《云南省三十一年霍乱流行及其防制工作初步报告》，1942 年，云南省政府档案 21 - 3 - 330，云南省档案馆藏。

缅甸的霍乱、疟疾等传染病进一步扩散至滇西乃至整个云南省的范围内。

1937 年以后，德宏地区内的各设治局相继成立了卫生院，为了维持各卫生院的日常运转，云南省政府民政厅等相关机构会给各卫生院定期配发一定数额的器械、药品等物资，来救治当地的民众。每到夏秋季节，疟疾暴发流行之时，各卫生院也会向上级部门请求核发药品等物资以资救治，1937 年腾卫县院长就呈文请求拨发鼠疫、疟疾等药械，“腾卫县卫生院长兼腾卫库长戴绍墀二十七年七月六日呈称：窃查职院自去年二月领获善救署滇西办事处移交第六区专署分配本院药械，业经一年有余，之消耗少数防疫药品如防治鼠疫之磺胺噻唑及治疗恶性疟疾之之九四一院中存量甚少，均以据实报销在案，兹以各地鼠疫暴发，疟痢流行，职院势难广泛救治，束手无策，故特恳请钧长予转呈。”省府卫生部门给予了相当大的支持，“第十二专署酌由腾卫库存药品中将磺胺噻唑核发一万粒，九一四各种分量者核发五十支以便提用而救生灵。复查莲山、盈江等属，业于去年即由库存药品中准予补发磺胺噻唑五千粒有案。”① 国民政府对“烟瘴区”的滇西德宏地区的传染病的防控相当重视，不仅当地设治局局长兼任卫生院长，每当夏秋季节当地疟疾等疫病流行之时，地方卫生院束手无策请求支援时，都能给予较为及时的药品器械的援助和供应，国民政府和云南省府对滇西德宏地区疟疾药品和器械的供应，在某种程度上对阻止当地疟疾的发生和传播，有着一定的积极意义。

滇西抗战开始后，为确保大后方人员的健康和安全，保持当地社会的稳定，对疟疾等地方性传染病进行了实时监控，各卫生院安派了专门的工作组到滇西德宏地区各地进行巡回医疗，尽可能做到早发现、早治疗，把疟疾等疾病的发病和传播扼杀在萌芽中。

早期巡回医疗的主要对象为抗战人员、剿匪部队，以及维护当地治安和社会稳定的安保人员。由各设治局卫生院长为队长，率领本院内的三名卫生人员组成医疗队，统一于当年的四月一日出发，对本辖区内的机关单位和民族进行巡回医疗，发现病患，及时治疗。②

---

① 《关于补拨库存药品的呈文》，1937 年 7 月 27 日，腾冲县政府档案 1 - 1 - 296 - 63，德宏州档案馆藏。

② 《37 年度 4 至 6 月份巡回医疗药品消耗情形的说明表》，1938 年 1 月 23 日，腾冲卫生院档案 1 - 1 - 297 - 9，德宏州档案馆藏。

表1　腾卫县医院二十七年度4—6月巡回医疗药品消耗情形的说明表①

品名	应用日期	巡回地点	受治单位	受治人数	病名	消耗数量	证件
消炎片	四月上旬	腾北各地	剿匪部队及当地民众	77	炎症外伤	1236片	1
疟涤平	同上	同上	同上	83	疟疾	1349片	1

注：本院于本年三月二十一日奉县府令：兹为协同腾北剿匪军队清剿股匪特组织腾卫腾北剿匪民众卫生队决议由卫生院戴院长任队长等，由医师公会加入队员1人，统限于4月1日出发工作等，因奉此遵即率队员3人出发工作，举凡贫病民众贫病官兵无不一一给药治疗，少数药品消耗，自应恳请上峰体察实情，予以核备。

表2　腾龙边区罹患疟疾人员（部分）②

姓名	年龄	单位	病名	姓名	年龄	单位	病名
王建忠	25岁	部队新兵	疟疾	杨建藻	26岁	联防队	疟疾
刘金贵	23岁	联防队	疟疾	王科	27岁	警局	疟疾
刘玉通	24岁	部队新兵	疟疾	陈中汉	25岁	保安营	疟疾
何相春	35岁	联防队	疟疾	蒋贵宝	25岁	联防队	疟疾
王大吉	24岁	联防队	疟疾	刘建祥	25岁	联防队	疟疾
赵景光	16岁	职校	疟疾	李明源	15岁	职校	疟疾
李国芳	23岁	联防队	疟疾	杨建业	24岁	联防队	疟疾
刘正贤	26岁	联防队	疟疾	萧天详	16岁	职校	疟疾

后来巡回医疗对象范围从抗战人员扩大到一般群众。特别是偏远的穷苦百姓，巡回医疗队都给予免费治疗和一些必要的药品，“本境内散居四山之山头，傈僳、崩龙等边民，人数不少，而生活则较摆夷为原始，对于卫生常识，更一无所知，此类边民欲其自动来就医，为事实所不可能。故宜由卫生院会同各卫生所，组织巡回医疗队，流动四山，或遇赶街集时之村镇中，为边民做简单之治疗。此种巡回诊疗队，可与巡回教育队联合组织，其任务不仅在疾病治疗，且兼带卫生宣传及生活指导，使素不信仰医药之边民知就医服药之重要，并告知其生活卫生及预防疾病之法，俾直接

① 《1937年度4至6月份巡回医疗药品消耗情形的说明表》，1938年1月23日，腾冲卫生院档案1-1-297-9，德宏州档案馆藏。

② 《二十七年十二月份免费治疗疾病药品消耗清册》，1938年1月10日，腾冲卫生院档案1-1-299-8，德宏州档案馆藏。

收到卫生教育之效果。”① 巡回医疗开展的过程中，发现了许多现症或潜在疟疾病人，特别是一些偏远地区的穷苦民众，不仅得到了及时治疗，给予了他们新生和新的希望，也传播了现代化的科学医疗知识，提高了民众的卫生意识。

德宏地区自1939年始，根据国民政府和云南省政府的要求，结合自身的情况，还积极开展了夏令卫生运动的各项工作，直至1948年运动结束。德宏辖区内的潞西、盈江、莲山、瑞丽等7个设治局均积极开展了扑灭蚊、蝇、鼠、蚤、臭虫、虱等各种传染病菌媒介物运动和卫生清洁竞赛运动，各设治局通令各警察分局、保甲长要求每家每户必须置备蚊蝇拍，定时定点集中消灭蚊蝇，实施饮用水源地井之消毒、沟渠之疏浚、公私厕所污物渣滓堆集场所之清除。各设治局学校还组织了捕蚊蝇队，在学校附近开展捕蚊蝇活动。同时，还积极开展宣传工作，成立了宣传队，由各学校教员学生组成，设立“夏令卫生运动宣传周”，在5月1日至8月底4个月内视各地气候期酌择定时间举行，调集学校工厂及各卫生公共场所卫生事务人员举行卫生讲演会，劝导民众革除饮食生冷物及随地吐痰等不良习惯，施行露天饮食摊贩的检查改善与取缔制度，设立了清洁检查队，由委员会派员领导，各民众团体组成。② 为更好的防治疟疾，中央卫生署还每年给云南省各地区拨发120万粒奎宁丸用于疟疾患者的治疗。③

夏令卫生运动，包括日常生活中的方方面面，如居住、饮水、饮食、公共等卫生方面，很大程度上改善了滇西德宏地区的卫生环境，改良了人民日常生活中的不良习惯和风俗，提高了民众的卫生意识。特别是灭蚊、蝇运动的开展，清除了大量的蚊蝇滋生地，消灭了大量的传染媒介，对阻断疟疾的传播有着重要的意义，同时，中央政府和云南省政府还相应的配发了一定数量的奎宁丸等防疟药品，使疟疾的防治更有针对性和有效性。

民国时期，随着抗日战争态势的发展，德宏成为中国抗战的焦点和中心地带，进入了一个新的重要阶段。大量人口的迁入，公路、铁路、机场

① 德宏史志办公室主编：《德宏史志资料·第二集》，德宏民族出版社1984年版，第179—180页。

② 《抄发夏令卫生运动实施办法一份》（训令），1948年6月18日，省社会卫生处档案4-1-143-97，德宏州档案馆藏，第135—136页。

③ 云南省卫生厅编：《云南卫生志》，云南科技出版社1999年版，第287页。

等大型工程的兴修，战场的转移和扩大，加快了德宏的近代化进程，同时也带来了疟疾等各种传染病，但也提高了疾病的防御能力，滇西抗战以后，德宏地区作为抗战的大后方受到国民政府的重视，为确保抗战人员的身体健康，赢得抗战的胜利，国民政府先后兴办了一些医疗机构，加之内地医疗机构、专业医疗人员的南迁，充实了德宏地区的卫生力量，一定程度上改善了当地的卫生环境，卫生工作亦得到了长足发展因此，战时德宏地区疟疾的流行和防控是一个纷繁复杂的矛盾结合体。

四 危机四伏：边疆治理困境与西医的式微

民国时期，虽然历经了政权更迭，但新生的云南军政府还是继承了清政府的改土归流政策。1912 年，云南都督蔡锷在通电中历陈土司弊端“（土司）无事鱼肉土民，有事勾结煽乱……（土司）借外力为护符，边徼危机日甚一日……云南沿边土司大小五十余处，割据自雄，凌虐土民，暗无天日。土民铤而走险，辄酿外交……为大局计，为国防计，不能不筹议改流。”[①] 国家权力的深入意味着对边区传统世袭权力的剥夺，因而遭到其抵制和反抗。在边区的许多地方，少数民族上层不会轻易放弃其统治权力，国家政权也难以深入。1931 年，梁河设治局长袁恩膏与南甸土司在权力分配上争夺，通知土司不许到八撮收三大款。而南甸土司龚绶亦不示弱，调集兵丁集结于遮岛，与设治局抗争。由于形势紧张，影响了腾八商道的畅通，腾冲商会请求国民政府调走了袁恩膏。后任的王文良迎合土司，甚至对土司派人暗杀设治局的重要成员尹怀德等人也不闻不问。[②] 由于地方土司势力的阻碍，中央政权很难有效的渗透和控制基层社会，亦很难开展有效的医疗卫生体制建设，诊疗措施推行困难，因此直到 1939 年，国民政府才于潞西县建立一个公共卫生机构——美国罗氏基金抗疟委员会。1940 年，国民政府才开始以“开化和体恤夷民”为名，先后在潞西、

① 刘萍、李学通主编，孙彩霞、李学通、卞修跃编：《辛亥革命资料选编（第四卷）——南京临时政府与民初政局》（上册），社会科学文献出版社 2012 年版，第 414 页。

② 蓝佩刚：《南甸宣抚司》，《德宏州文史资料选辑》第 10 辑，德宏民族出版社 1997 年版，第 117、118 页。

梁河、盈江、莲山、陇川、瑞丽6县设立了设治局卫生院。① 卫生院曾派专门人员到辖区乡施行各种疾病疫苗的预防注射，但由于民众对医药不信任，遭到拒绝而未实行，因此大多地区卫生院的抗疟工作也进展缓慢。学校的卫生教育也难以推进，仅有弄岛镇中心学校开学时举行健康检查，其他地区的学校都没有实行，也只有弄岛镇中心学校卫生常识讲话一次。②虽随着抗日战争形势的发展，中央政府势力不断深入德宏边区，统治力度超过了历史时期，但仍没有达到稳固地位，地方势力的存在很大程度上阻碍了中央政策的实施，诸多政令不但得不到有效实行，反而不断荒废，最后事与愿违，这些设置局卫生院“大多是个空架子，人员紧缺，财政匮乏，药品不足或失效，到解放时只剩下潞西、盈江、梁河3个卫生院。三个设治局卫生院一共才有医务人员9人，其中潞西6人，盈江2人，梁河1人，当时人口287659人，平均每31962人中有1个医务人员。病床设备，仅潞西卫生院有一间铁皮房，六张简易病床，一台显微镜和少量的几种药品。其中有些药品接管时就已‘年久失效、不堪使用’。且盈江、梁河两个卫生院都是附设在土司衙门里的挂牌机构，除有少数几种药品外，其他设备一无所有”③。

此外，由于国民政府腐败，贪污成风，许多官员为了一己私利，常常置国家利益和百姓的生命安全于不顾，医疗卫生领域也未能幸免。“莲山卫生院院长施金梁到莲筹设以来，时已一年有余，从未有著手成春之工作技术，品行恶劣，擅自盗卖配发救济药品，为数不少，并孜孜向人民索钱，贪鄙无耻，无所不为。复查政府设置卫生院之目的在救济贫民，乃该院长反变本牟利，将共设机关变为私人诊所，取资浩大。如此有违上峰救济平民之旨……本年六月，本属蛮允镇鼠疫发生，死亡达数十人，该院长置之不理，似此昧尽天良，冤枉为公，纵其到莲以来，对地方毫无裨益，是以电请钧府恳予以取消，另派贤员接充……”④

抗战胜利后，部分不法国民政府官员打着接收之名，实行“劫收”之

---

① 《三十年来州卫生工作的主要成就》，1979年8月8日，德宏州卫生局档案89－1－124－18，德宏州档案馆藏。

② 德宏史志办公室主编：《德宏史志资料·第六集》，德宏民族出版社1986年版，第82—83页。

③ 《三十年来州卫生工作的主要成就》，1979年8月8日，德宏州卫生局档案89－1－124－18，德宏州档案馆藏。

④ 云南省编辑委员会：《德宏傣族社会历史调查（一）》，民族出版社2009年版，第101页。

实，腐败进一步加剧，给医疗卫生事业的发展蒙上了阴影，也使疟疾等传染病的流行和传播难以有效控制。“瑞丽卫生院自三十四年地方收复以后，瘟疫流行，急待救治。良以兵燹之后，财用奇窘，无法充实内部组织，乃迭蒙××卫生院、美救济专署……乃过去因该院主持不得其人，以致药品多有隐匿，人民颇难得其实惠……周院长夙极胆小，见时局不靖，早五六日即派附近村寨民夫二十余人，不惟将该院之器械医药，即碗盏罐锅灶等一切用具，亦已一齐搬至对河缅境南坎地方放置。及四五日后，山头到来，该院实已空无一物，所报概被焚毁一节，实属捏词诳报，欲图中饱。且闻舒前局长自天，去年由领到药品一批返至畹町，即私擅发卖盘尼西林等珍贵药品，众所共知云。足见该院药品非法消耗已非一日，故舒任移交本任之日，关于美捐第十三、四、五号药品，即未列入清册交代，而周飞亦隐晦不言……况炎暑已临，罹疾死亡者比比皆是，良以院中药品缺乏，以致损失如此之大，可为愤慨。”①

中央政府权力难以深入德宏边区，中央政令未能流畅通达，亦不能得到有效的贯彻和执行，因此德宏边区的医疗卫生体系建设和医疗政策执行皆举步维艰，从而导致了本地疟疾长期得不到有效防控。同时，政府内部腐败进一步削弱了中央的权威和执行力，使国家本不强力的统治显得更加难以为继，不但让现有的医疗水平和设施得不到改善和补充，反而造成了仅有医疗资源的损坏和流失，使国家在德宏边区的统治力日渐衰弱，医疗防御体系和技术水平亦不断下降，这也从侧面反映出了国民政府边疆治理的重重危机。

结　语

民国时期，面对各种国家危机，任何一个强有力的政治共同体都需要运用“他的政治力量、组织方法、深入和控制每一个阶层、每一个领域、才能改造或重建社会国家和各个领域中的组织与制度，从而克服全面危机”，② 国家权力的扩张在很大程度上就表现为在基层社会建立行政机构，

① 云南省编辑委员会：《德宏傣族社会历史调查（一）》，第99—100页。

② 邹谠：《二十世纪中国政治——从宏观历史与微观行动角度看》，牛津大学出版社2000年版，第4—10页。

这就缩短了国家与地方、及家庭之间的“管辖距离”，便于推行直接而强有力的统治。国家权力的下沉是建立在设置专门卫生机构、提高和改善地方医疗水平和条件等基础上的，而国内外局势的发展、战争的爆发某种程度上在加剧疫病流行的同时，亦进一步提高了疾病诊疗技术和方法，从而促进了边疆地区医疗整体水平的提高。

但是，民国时期虽然国家权力总体呈向下沉和扩散趋势，但由于国家政局动荡，经济凋敝，社会失序，权力的稳固性和内生性不强，以至于传统乡村中一些固有习惯如“不卫生”等在新中国成立初期尽管仍是内在性的保存着。特别是德宏，受地理、历史和文化的影响，长期以处于三种边缘（远）境地：不仅在地域上是传统中国社会“一点四方”结构里属于“中心—外围”系列的周边，还是少数民族社会历史在过去相对于汉族处于“主体—边缘”系列的后者，更由于复杂的自然、人文环境，使人们对其认识构成较为复杂，历史、地理、民族、文化、生态的等各自均有不同的定位，难以概全和同一，在认知和研究上出现的“边缘”。因此，虽然自元朝以来，中央政府在西南地区推行行省等普遍治理制度的同时，也创设出一系列特定的治理制度和政策，诸如汉“夷”杂居的“土流参治”等，但在传统帝国治理的过程中，少数民族的多种认同固然由于民族融合不断发生变化，但一些具有原生性类型的认同一直处于相对稳定的状态，加上帝国权力并没有真正深入到少数民族聚居的村寨等领域，或者因权力缺乏监督而滋生腐败，削弱了其治理或管控能力。这些在医疗领域的表现为政府的医疗服务架构不断进行收缩和废弃，医疗服务的内容也不断缩小，从临床医疗服务和一系列卫生计划逐渐消减为看病施药，诸如疾病控制、妇婴健康、学校卫生、社会卫生、公共卫生宣传以及科学研究等公共医疗措施也日渐消失，这很大程度上也反映了中央政府边疆治理的困境。

中国边疆环境史研究初探

薛　辉*

“边疆”一词在传统的政治、经济、军事、文化、民族、宗教等领域内涵丰富，因研究者的视野不同而各有旨归。环境史研究与此有异曲同工之处。相较于成果丰硕的中国边疆问题研究和环境史研究，从一定程度上而言，“在中国环境史研究方兴未艾之际，学界研究的视野及思路多集中于中原内地，对不断内地化的边疆各民族地区的环境史，被大部分主流学者在有意无意中漠视了”①。因此，开展中国边疆环境史研究具有积极的学科意义，既可以推动中国边疆史研究进一步深入，又可以促进中国环境史的自身建设和发展。另外，传统意义上的“边疆地区因种种原因成为物种入侵危机的高发区”而“具有了自然生态属性”，使“边疆生态及其疆界线的变迁就成为环境史及边疆学研究中最基础、最不能回避的问题，也成为当代生态安全建设中必须解决的基础问题”，由此“从环境史视域探讨生态边疆的内涵及其形成、变迁的原因及后果，以及生态界域里的边疆安全与生态防护屏障的建立等”，“能促进边疆生态安全屏障及防护体系的建立，使生态安全成为国家安全、边防安全的重要建设内容”。② 可见，开展中国边疆环境史研究，不仅是对中国边疆史和中国环境史的继承、创新与

---

* 薛辉（1986—），男，汉族，浙江玉环人，讲师，主要从事中国环境史学史、清代以降边疆民族地区基层社会治理研究。本文系 2016 年度教育部人文社会科学研究青年基金西部和边疆地区项目《鼎革 · 变迁 · 融合：清至民国广西县级行政与地方基层社会治理研究》（项目编号：16XJC770002）、2017 年度国家社科基金重大项目《中国西南少数民族灾害文化数据库建设》（项目编号：17ZDA158）的阶段性成果。

① 周琼：《中国环境史学科名称及起源再探讨——兼论全球环境整体观视野中的边疆环境史研究》，《思想战线》2017 年第 2 期。

② 周琼：《环境史视域中的生态边疆研究》，《思想战线》2015 年第 2 期。

发展，更具有极其重要的现实参考和实践应用价值。

一　中国边疆研究概述

19 世纪以降，中国边疆研究顺应时代要求经历两次研究高潮，唤起了国人对边疆地区的极大关注，为 20 世纪中国边疆研究留下珍贵的历史遗产。① 20 世纪 80 年代以来，中国边疆研究掀起第三次高潮。比较而言，第三次研究高潮不但突破了仅仅研究近代边界问题的有限课题，形成中国古代疆域史、中国近代边界沿革史、中国边疆研究史三足鼎立的研究格局，大大拓宽中国边疆研究领域，同时还与当代边疆现状相结合，产生了较多选题深化且有积极意义的研究成果。

梳理学界有关中国边疆问题研究，大致可分为以下几类：一是对中国边疆研究学科的学理性思考，探讨中国边疆研究内涵、社会功能和研究方法等，为建立和推进中国边疆研究学科构筑“中国边疆学”提供理论支点；② 二是考察不同历史时期中国疆域形成和发展的历史过程，探讨古代

---

① 马大正：《当代中国边疆研究（1949—2014）》，中国社会科学出版社 2016 年版，第 52—73 页。

② 步平：《让中国边疆学具有更强的时代感》，《中国边疆史地研究》2001 年第 1 期；马大正：《关于构筑中国边疆学的断想》，《中国边疆史地研究》2003 年第 3 期；吴楚克：《中国边疆政治学》，中央民族大学出版社 2005 年版；罗崇敏：《中国边政学新论》，人民出版社 2006 年版；马大正：《深化边疆理论研究与推动中国边疆学的构筑》，《中国边疆史地研究》2007 年第 1 期；方铁：《论中国边疆学学科建设的若干问题》，《中国边疆史地研究》2007 年第 2 期；马大正：《边疆研究者的历史责任：构筑中国边疆学》，《云南师范大学学报》（哲学社会科学版）2008 年第 5 期；李国强：《中国边疆学学科构筑的透视》，《云南师范大学学报》（哲学社会科学版）2008 年第 5 期；方铁：《试论中国边疆学的研究方法》，《云南师范大学学报》（哲学社会科学版）2008 年第 5 期；郑汕：《中国边疆学概论》，云南人民出版社 2012 年版；邢广程：《关于中国边疆学研究的几个问题》，《中国边疆史地研究》2013 年第 4 期；马大正：《略论中国边疆学的构筑》，《新疆师范大学学报》（哲学社会科学版）2013 年第 5 期；周伟洲：《关于构建中国边疆学的几点思考》，《中国边疆史地研究》2014 年第 1 期；王欣：《中国边疆学构建面临的几点理论挑战——以拉铁摩尔、狄宇宙和濮德培为例》，《思想战线》2014 年第 3 期；周平主编：《中国边疆政治学》，中央编译出版社 2015 年版；罗中枢：《中国西部边疆研究若干重大问题思考》，《四川大学学报》2015 年第 1 期；林文勋等：《云南大学的中国边疆学——基于学科建构的回顾与展望》，《中国边疆史地研究》2015 年第 3 期；马大正：《关于中国边疆学构筑的学术思考》，《中国边疆史地研究》2016 年第 2 期；孙勇等：《边疆学学科构建的困境及其指向》，《云南师范大学学报》（哲学社会科学版）2016 年第 2 期；吕文利：《构建中国边疆学需要理论与实践的结合》，《中国边疆史地研究》2016 年第 3 期。

中国疆域理论问题，为维护国家主权和领土完整提供历史依据；[①] 三是开展历代边疆治理研究，探讨中国历代边疆政策和治边活动，为新时期边疆治理和开发建设提供历史启迪；[②] 四是剖析历代王朝边疆民族政策，特别是关注汉、唐、元、清诸朝，为新形势下构建和谐民族关系给予启发；[③] 五是考察中国边疆地区的安全问题和对外关系，尤其是开展周边外交研究、近代以来中国边患与陆地界务问题研究，为制定周边国际政策和强化国防建设提供理论参考；[④] 六是探讨中国边疆的政治、经济、社会、文化、生态、民族等问题，为维护统一多民族国家、反对民族分裂主义发挥重要作用；[⑤] 七是持续开展和深化海疆史研究，在维护我国海洋领土主权、海洋权益、海上安全、海上划界问题等方面发挥积极作用；[⑥] 八是从史学史和学术史角度梳理与研究开展近代中国边疆研究的思潮、群体和学者，为推动边疆学科进一步深入发展发掘和整理丰富的学术资源。[⑦]

以上诸多成果表明，近些年来的中国边疆问题研究已取得长足进步。

---

① 马大正总主编"中国边疆通史丛书"（《中国边疆经略史》《东北通史》《北疆通史》《西域通史》《西藏通史》《西南通史》《中国海疆通史》），中州古籍出版社2000—2003年版；林荣贵主编：《中国古代疆域史》，黑龙江教育出版社2006年版；李大龙：《从"天下"到"中国"：多民族国家疆域理论解构》，人民出版社2015年版。

② 马汝珩、马大正主编：《清代边疆开发研究》，中国社会科学出版社1990年版；方铁、方慧：《中国西南边疆开发史》，云南人民出版社1997年版；王双怀：《中国西部开发史研究》，人民出版社2014年版。

③ 田继周等：《中国历代民族政策研究》，青海人民出版社1993年版；余梓东：《清代民族政策研究》，辽宁民族出版社2003年版；龚荫：《中国土司制度史》，四川人民出版社2011年版；熊芳亮：《从大清到民国——中国民族理论政策的历史变迁（1644—1949）》，社会科学文献出版社2016年版。

④ 郑汕、傅元祥主编：《中国近代边防史（1840—1919年）》，西南师范大学出版社1990年版；吕一燃：《中国近代边界史》，四川人民出版社2007年版；齐鹏飞：《大国疆域——当代中国陆地边界问题述论》，中共党史出版社2013年版。

⑤ 周平：《多民族国家的族际政治整合》，中央编译出版社2012年版；周平、李大龙主编：《中国的边疆治理：挑战与创新》，中央编译出版社2014年版；周平主编：《国家的疆域与边疆》，中央编译出版社2017年版。

⑥ 吕一燃主编：《南海诸岛：地理·历史·主权》，黑龙江教育出版社1992年版；安京：《中国古代海疆史纲》，黑龙江教育出版社1999年版；李国强：《南中国海研究：历史与现状》，黑龙江教育出版社2003年版；王日根：《明清海疆政策与中国社会发展》，福建人民出版社2006年版。

⑦ 马大正、刘逖：《二十世纪的中国边疆研究——一门发展中的边缘学科的演进历程》，黑龙江教育出版社1997年版；中国社会科学院科研局组织撰写：《中国近代史与边疆史地学科前沿研究报告（2010—2012）》，中国社会科学出版社2014年版；马大正：《当代中国边疆研究（1949—2014）》，中国社会科学出版社2016年版。

但是，“既有的认识还不能圆满回答现实所提出的问题，一些领域可以说还是研究盲区”①。就边疆史而言，“随着中国边疆史研究的深入”，从更长时段来拓展研究视野，“依托历史、面向当代研究边疆已成大势”，“立足现实进行中国古代边疆治理研究应成为研究者努力的方向”。② 方铁进一步指出：“目前我们研究中国边疆史，比较重视探讨事件、制度等方面的内容，较少关注人物的思想观念与行事动机。进一步深化中国边疆史研究，需要认真探讨后者，这样不仅可以让历史人物走到前台，让展现的历史更加生动鲜活，也有助于了解历史事件、制度的源起及演变。”③

边疆治理离不开人与环境两个重要因素，尤其是在边疆开放开发中，人与环境、经济、资源等问题联系密切。因此，在边疆史地研究深厚学术积淀的土壤上开展中国边疆环境史研究，不仅有助于我们更加准确地呈现边疆治理和生态环境变迁互动的历史图景，而且还可以通过剖析“人物的思想观念与行事动机”，清醒而深刻地认识和关注当代边疆治理中的发展与稳定、边疆多元文化的冲突与协调、边疆民族认同与国家认同、地缘政治与边疆地区的涉外关系等问题，从而发挥新时代边疆治理与史学应用有机契合的积极作用，助力创新边疆民族地区社会治理体系，为维护和促进边疆民族地区社会稳定、打造共建共治共享治理格局出谋划策，最终实现丰富中国边疆史研究和中国环境史研究的学科价值。

二 中国边疆环境史的定义

1972 年，美国学者 R. 纳什在《太平洋历史评论》发表《美国环境史：一个新的教学领域》一文中最早提出环境史名称，标志着环境史研究的兴起。随后，伴随 20 世纪中叶以来日益加剧的全球环境生态危机，环境史快速地进入了国际历史科学主流，并继文化史之后成为西方历史编纂学的新类型。环境史在全球范围内掀起研究高潮，研究者“不仅探讨历史上自然环境与人类的生产、分配、交换和消费活动间的辩证关系，而且着重

① 方铁：《抓住重点问题推进中国边疆史研究》，《人民日报》2016 年 11 月 14 日第 16 版。
② 马大正：《不断深化中国古代边疆治理研究》，《人民日报》2016 年 11 月 14 日第 16 版。
③ 方铁：《抓住重点问题推进中国边疆史研究》，《人民日报》2016 年 11 月 14 日第 16 版。

分析人类的活动对环境的影响乃至这种影响对人类社会的反作用”①。对此，王利华指出：“最近40年来，环境史研究在西方发达国家发展迅速，如今已然独立成‘学’，大批学者介入这一研究。以美国为首的西方学者不仅研究本国、本地区的环境史，而且关注亚洲、非洲和南美的环境史，甚至探讨极地、海洋的环境史，相关研究日益具有全球视野，成果蔚为大观。”②

1987年，侯文蕙发表《美国环境史观的演变》③一文，分三个阶段论述了美国人环境观念的演变历史，是国内史学领域最早关注环境史研究的代表作。进入90年代初期，高岱等学者不仅撰文进一步介绍美国环境史的研究概况和若干学术观点，而且在分析研究现状后指出了当代美国环境史研究进一步深化的方向。④可惜的是，这些文章虽有将环境史引入国内的开启之功，在当时却并未引起国内学者的热烈响应。正如王利华所指出的那样：“客观地说，中国学者明确打出‘环境史’这个学术旗帜是最近10年中的事情，直到1999年‘环境史’才作为一个专门史学术语正式被介绍到我国。”⑤进入21世纪，我国环境史研究成果陆续涌现，其异军突起更是被学界评为“2006年度中国十大学术热点”⑥之一。

可以毫不夸张地说，环境史研究在我国的兴起是30余年来国内史学发展进程中最为耀眼的学术新生领域之一。“环境史在中国的总体面貌已经发生很大变化，其中最突出的，是从引介评论外国学者研究外国环境史，到以中国学者为主体来研究中国环境史。从中国学者默默地国内实证研究，到结合环境史理论方法的国际对话。经过学者们的悉心培育与艰辛耕耘，‘环境史’从不为人知的稚嫩幼苗，成长为群芳争艳的百卉千葩。”⑦

① 梅雪芹：《环境史研究叙论》，中国环境科学出版社2011年版，第13页。

② 田丰、李旭明主编：《环境史：从人与自然的关系叙述历史》，商务印书馆2011年版，“序”，第2页。

③ 侯文蕙：《美国环境史观的演变》，《美国研究》1987年第3期。

④ 高岱：《当代美国环境史研究综述》，《世界史研究动态》1990年第8期；张聪：《美国环境史研究问题》，《世界史研究动态》1992年第1期。

⑤ 田丰、李旭明主编：《环境史：从人与自然的关系叙述历史》，商务印书馆2011年版，“序”，第4页。

⑥ 《光明日报》理论部，《学术月刊》编辑部：《2006年度中国十大学术热点》，《光明日报》2007年1月16日第011版。

⑦ 钞晓鸿主编：《环境史研究的理论与实践》，人民出版社2016年版，“序言”第6页。

因此，用“方兴未艾”来形容当前繁荣的研究现状可谓恰如其分。回顾中国环境史研究的学科发展历程可以看到，有关环境史定义的争论、研究对象与内容的探讨、理论与方法的运用的代表性成果不断问世。目前，已有不少学者展开不同层面和角度的学术梳理，产生了质量和数量均颇为可观的成果，① 为学界多面向地不断理清和剖析环境史的定义、拓展研究对象与内容、探讨理论与方法的运用等提供了肥沃的学术土壤。

自环境史诞生以来，众多的国内外环境史研究学者基于学科背景、研究视角、理论方法的差异，在丰富的研究实践中并未形成学界普遍接受的环境史定义，我们从上述丰硕的研究成果中即可见一窥。对此，美国著名环境史学者唐纳德·沃斯特一言中的：“在环境史领域，有多少学者就有多少环境史的定义。”② 所以，赵九洲等人指出：“多数学者给出的环境史定义是用研究对象来界定的，但具体表述却各有不同。”③ 周琼则在梳理环境史学科的不同理解后进行了总结，“对学科名称的理解不同，研究内涵及对象的理解也就不同。环境史研究对象的探讨是学界迄今最复杂、最难统一的问题”，“国外环境史研究者的观点多种多样，大多认为环境史研究

---

① 张国旺：《近年来中国环境史研究综述》，《中国史研究动态》2003 年第 3 期；佳宏伟：《近十年来生态环境变迁史研究综述》，《史学月刊》2004 年第 6 期；姜立杰：《美国城市环境史研究综述》，《雁北师范学院学报》2005 年第 1 期；汪志国：《20 世纪 80 年代以来生态环境史研究综述》，《古今农业》2005 年第 3 期；苏全有、曹风雷：《河南生态环境变迁史研究综述》，《河南广播电视大学学报》2006 年第 2 期；高凯：《20 世纪以来国内环境史研究的述评》，《历史教学》2006 年第 11 期；陈新立：《中国环境史研究的回顾与展望》，《史学理论研究》2008 年第 2 期；梁治平：《近三十年来中国历史上环境与资源保护研究综述》，《农业考古》2008 年第 6 期；潘明涛：《2010 年中国环境史研究综述》，《中国史研究动态》2012 年第 1 期；苏全有、韩书晓：《中国近代生态环境史研究回顾与反思》，《重庆交通大学学报》（社会科学版）2012 年第 1 期；刘志刚：《近三十年来洞庭湖地区生态环境史研究述评》，《南京农业大学学报》（社会科学版）2012 年第 4 期；谭静怡：《20 世纪 80 年代以来宋代生态环境史研究述评》，《史林》2013 年第 4 期；徐正蓉：《中国环境史史料研究综述》，《保山学院学报》2014 年第 6 期；薛辉：《文献计量学视野下大陆地区环境史研究现状与展望（2000—2013）——基于 CSSCI 的统计和分析》，《保山学院学报》2015 年第 1 期；杨文春：《近年来中国环境史研究的回顾与思考——以若干学理探讨为中心》，《鄱阳湖学刊》2016 年第 2 期；邢哲：《近十年（2004—2013 年）区域环境史研究述评》，《中国史研究动态》2016 年第 1 期；李明奎：《近四十年来中国环境史史料研究的回顾与思考》，《鄱阳湖学刊》2017 年第 4 期；王凛然：《改革开放时期环境史研究刍论》，《中共党史研究》2018 年第 1 期；米善军：《2011 年以来中国环境史研究综述》，《鄱阳湖学刊》2018 年第 2 期；张世定：《一项关于中国环境史研究的回顾与思考》，《山西农业大学学报》（社会科学版）2018 年第 3 期。

② 包茂宏：《唐纳德·沃斯特和美国的环境史研究》，《史学理论研究》2003 年第 4 期。

③ 赵九洲、马斗成：《深入细部：中国微观环境史研究论纲》，《史林》2017 年第 4 期。

的是自然在人类生活中的作用和地位、人类对自然的破坏及环境保护”，“国际环境史学者的定义主要集中在人、自然等两个核心要素上，这些界定及观点经由侯文蕙、包茂宏、梅雪芹、高国荣等学者译介到中国，促进了中国环境史的发展”，“中国环境史学者的各类界定，表述虽各不相同，但大多认为环境史是研究人与自然互动关系的历史。”于是，她在文中强调：“确定环境史研究对象时，应注意两个问题，一是把人看做是自然界的生物个体或一个物种，考察自然界中的所有生物物种及其环境，摆脱人类中心主义有意无意的束缚，才能客观地界定环境史的研究对象。二是要注意自然环境内涵的广泛性特点，既包括生物界，也包括非生物界，无论是人还是自然生物（动植物、微生物）或是非生物，都是环境发展变迁史中必要且不能缺失的要素。”由此，主张从四个层面来思考“环境史研究对象的确定”，包括“一是研究自然环境相互关系史，即各生物要素（动植物、微生物等）及非生物要素的个体和群体（群落）本身及其系统产生、发展、变迁及其相互关系的历史”“二是研究自然界生物及非生物个体及群落与人类个体、群体及其社会相互依赖、相互影响的历史，这就是国内外环境史学家所强调及主张的‘人与自然关系的历史’。严格说来，这一内容包含在第一个内容中”“三是环境史学科的社会责任及使命，需要重点关注并研究环境史学科的理论、方法及范式……这是环境史研究中最具现实意义、最与社会需求贴近的部分，也是环境史学科得以持续发展、保持旺盛生命力的原因之所在”“四是系统研究历史环境社会学及历史环境人类学层域的不同论题及内容”。①

环境史因其自身明显的跨学科特征使众多学者在研究对象的探讨上各抒己见，见仁见智。王利华认为：“环境史运用现代生态学思想理论、并借鉴多学科方法处理史料，考察一定时空条件下人类生态系统产生、成长和演变的过程。”② 笔者窃以为，遵循以上诸多学者的主张，可以界定“中国边疆环境史”如下：中国边疆环境史主要探讨的是我国不同历史时期边疆地区各种生态系统（由生态学视角生发的跨学科研究，如可以将制度、思想等视为一种“另类的生态系统”）产生、成长、演变及其相互影响的

① 周琼：《中国环境史学科名称及起源再探讨——兼论全球环境整体观视野中的边疆环境史研究》，《思想战线》2017 年第 2 期。

② 王利华：《生态环境史的学术界域与学科定位》，《学术研究》2006 年第 9 期。

过程，侧重研究内容在不同视角下时空层面的问题探讨。

三　中国边疆环境史研究的展开

中国边疆环境史作为新兴的中国环境史分支，需有计划、分步骤地开展研究。总体上而言，可以从中国环境史、中国边疆史中汲取营养拓展新方向、研究新问题。具体地说，则要基于中国边疆环境史研究的特殊性，主要从理论与方法、研究对象和内容、研究资料的收集整理和挖掘、研究队伍的构建和完善等方面展开。

（一）尽可能地充分收集整理和挖掘相关资料，抢占创建主题数据库之先机

史料是开展史学研究的基础。史学数字化转向大大提高了史学研究效率，究其原因在于数字化为治史者获取史料创造了便利条件——提升整理、搜集史料的效率，提供快捷的占有史料路径，降低了研究成本。① 梅雪芹“从环境因素对人类历史的影响、人类活动对环境的影响及其反作用以及人类有关环境的思想和态度等方面”提出了中国近现代环境史研究的25个课题领域，认为可以在两个方面先期进行，即“要下大力气整理相关史料，包括进一步挖掘已有资料的内容”，“全面开展相关专题的学术史考察，在此基础上拓展新方向、研究新问题”。② 可见，重视并着手进行相关史料的搜集和整理，构建主题数据库，是大数据时代加强和推进中国环境史研究的必然举措。我国传统文献类型多样，“中国史学经过长期的发展，除了熔炼成四种主要体裁即编年体、纪传体（其实是纪、表、志、传结合而成的综合体）、典志体（旧称政书体）、纪事本末体外，还有学案、史表、图谱、评论等等，也是很重要的体裁”③。此外，官方档案、地方志、文人诗集、笔记小说、碑刻、民间契约文书，以及近代以来的各种报纸杂志、日记、调查（报告）、影视图像、访谈口述等，均大量涉及环境的各

---

① 王鹤：《数字化史料与史学研究效率》，《北方论丛》2016年第2期。

② 梅雪芹：《中国近现代环境史研究刍议》，《郑州大学学报》（哲学社会科学版）2010年第3期。

③ 瞿林东：《中国传统史学的多样性、社会性和时代性》，《中国古代史学十讲》，北京出版社2017年版，第4页。

个要素和众多环境事件。这些资料为创建中国环境史主题数据库提供了丰富的史料来源。所以，“中国从事环境史研究的学者可以在前人研究的基础上，结合环境史的特点，采取与其他学科领域的学者共同合作的方式，研发全新的中国环境史史料数据库，将各种文字、口述、图像等环境史史料分门别类地融为一体而又互相补充，以供相关研究者查阅、下载和研究之需”①。

中国边疆环境史作为后起之秀，理应在创建主题数据库的潮流中抢占先机。以中央电视台栏目为例。2010 年，中央电视台推出大型栏目《远方的家》，对边疆风土人情作了大量的推介。随后，又推出《边疆行》《沿海行》《百山百川行》《江河万里行》《长城内外》等电视专题片，以不同的角度和方式介绍了内地和边疆的自然、社会和人文情况。其中，《边疆行》以新闻纪实的手法，用边走边观察的方式，穿越广西、云南、西藏、新疆、甘肃、内蒙古、黑龙江、吉林、辽宁等辖有陆地边界的 9 省区，深入 130 多个县市，向观众展现了一幅幅真实生动的边疆图景。这些影视作品是对民众向往边疆、渴望了解边疆的期待的积极回应，播出后又激起了民众对边疆的更大热情。毫无疑问，当代中国对环边疆带的“边疆治理”，最根本的依据是国家战略的需求。丰富的史料记载了历史时期边疆治理的理性思维、开展的实践活动和创造的文化成果。我们可以这些视频为切入点，访古探今，由点及面地创建中国边疆环境史主题数据库，然后进一步搜集和整理各种相关历史文献，实现中国传统社会治理文化与现代实践转换，为边疆民族地区形成共建共治共享的社会治理格局提供启示。

（二）进一步加大人才培养力度，重视和壮大结构更为合理的研究队伍

学术人才是学术研究薪火相传的基石，研究队伍的壮大是推动学科向前发展的原动力。对于正在持续发展的中国环境史而言，加大人才培养力度，具有积极的学科建设意义。2007 年，王玉德撰文指出：“环境史是一门尴尬的学科。在国家公布的学科设置中，没有环境史的应有地位。历史学的八个二级学科中根本就没有环境史这个分支。绝大部分高校都没有环

① 李明奎：《近四十年来中国环境史史料研究的回顾与思考》，《鄱阳湖学刊》2017 年第 4 期。

境史这门学科，整个中国从事环境史研究的学者屈指可数。"① 令人欣喜的是，环境史这种"尴尬"局面近年来已有所改观，尤其是在"2008 年 5 月 30 日在南开大学建立的'中国生态环境史研究中心'和'环境史'正式列入南开大学硕士培养二级学科目录"② 之后，"中国环境史作为传统史学下独立、新型分支学科的定位，得到了海内外史学界的认同，在更广泛的层面上，成为了一个公认的历史学分支学科的名称。至此，环境史学科的存在及合法性已不再是问题，它以学科增长点、优势新学科等名义，在各高校的学科设置及建设栏目、在各研究机构发展规划中合法存在。该名称被不同学科及研究者使用，成为史学研究最炙手可热的领域，吸引着越来越多的学科群体、不同年龄段的学者加入到研究阵营中……时至今日，环境史学科已受到国内高校及科研机构的充分重视，专门的环境史研究中心、研究所纷纷成立，学科研究阵营逐渐壮大及发展"③。然而，在这一次发展热潮中，边疆环境史研究却明显滞后。我们从国内主要的环境史研究相关机构即可一见。具体情况如下表所示：

表 1　　国内主要环境史研究相关机构

序号	成立时间	成立机构名称	机构所在单位
1	1986 年 5 月	西北历史环境与经济社会发展研究中心	陕西师范大学
2	1999 年 6 月	历史地理研究中心	复旦大学
3	2008 年 5 月	中国生态环境史研究中心	南开大学
4	2009 年 5 月	西南环境史研究所	云南大学
5	2009 年 9 月	淮河流域环境与经济社会发展研究中心	安徽大学
6	2010 年 4 月	环境史研究中心	北京师范大学
7	2010 年 9 月	中国环境史研究中心	河北师范大学
8	2012 年 1 月	生态环境史研究中心	辽宁大学
9	2012 年 5 月	生态史研究中心	中国人民大学
10	2014 年 5 月	世界环境史研究中心	北京大学

① 王玉德：《试析环境史研究热的缘由与走向——兼论环境史研究的学科属性》，《江西社会科学》2007 年第 7 期。

② 陈志强：《大胆创新　稳步前进——2008 年中国生态环境史研究报告》，高翔主编：《中国社会科学学术前沿（2008—2009）》，社会科学文献出版社 2009 年版，第 588 页。

③ 周琼：《中国环境史学科名称及起源再探讨——兼论全球环境整体观视野中的边疆环境史研究》，《思想战线》2017 年第 2 期。

从表中可以看到，在10个机构中，只有云南大学西南环境史研究所、辽宁大学生态环境史研究中心两个机构地处边疆地区。因此，对于中国边疆环境史研究而言，完善学科建设规划，打造一支具有一定代表性的稳定研究人才队伍，具有极其重要的实践意义。研究队伍的壮大和相对明确的分工构建，不仅是保证史料数据挖掘稳定性、可靠性的重要环节和必然要求，也对进一步推动中国环境史和中国边疆史研究亦不无裨益。

以西南边疆环境史研究为例。云南大学西南环境史周琼教授不仅在国内环境史研究领域占有一席之地，而且还指导和培养多名博硕士研究生开展了有声有色的云南环境史研究，特别是通过申报项目带领学生进行环境史和生态文明建设的田野调查和口述史研究，为云南争当全国生态文明建设排头兵“讲述环境史故事”、贡献“云南方案”，实现了史学研究与边情认知的有效契合。反观目前的广西环境史研究，则多有不尽如人意之处。两地之所以有如此差距的重要原因之一，即在于云南环境史研究既有资深的领军人物和重要领域的学科带头人，又有足够的后备研究生队伍，不仅传承了云南边疆史研究的深厚学养（如方国瑜先生、方铁教授），而且还开辟了边疆环境史研究的新领域（以周琼教授为代表）。由此可见，中国边疆环境史研究学科要长远发展，相关人才培养是关键。对此，王利华的梳理亦为我们提供了一个力证。①

党的十九大报告指出“实施区域协调发展战略”，“加大力度支持革命老区、民族地区、边疆地区、贫困地区加快发展，强化举措推进西部大开发形成新格局”“加快边疆发展，确保边疆巩固、边疆安全”，无疑将推动边疆研究掀起新一轮热潮。中国边疆环境史是年轻的中国环境史的重要分支，其发展壮大根植于中国环境史的丰厚土壤。“因地理位置、地貌及地质结构、气候背景、生物要素、民族构成、宗教文化等区域差异，边疆环境变迁史既具备中国环境变迁史的共性，也具有各区域独特的个性，对其进行研究充满了挑战和魅力。”② 加强中国边疆环境史研究，既是在深刻的社会背景下对新时代呼唤的积极回应，也是在深厚的学术背景下对中

---

① 王利华：《中国环境史教学和人才培养的现状与展望》，刘新成主编：《全球史评论·第4辑》，中国社会科学出版社2011年版，第309—325页。

② 周琼：《中国环境史学科名称及起源再探讨——兼论全球环境整体观视野中的边疆环境史研究》，《思想战线》2017年第2期。

国边疆史和中国环境史的继承、发展和创新。尽管目前相关研究略显滞后，但是，假以时日，在众多学界同人的共同努力耕耘下，定会新论迭出，值得期待。

民国以来长江上游地区水电开发史及环境策略

何　强　文传浩*　邓雪嵩

一　引言

1870 年以后，由此产生的各种新技术和新发明层出不穷，并在各种工业生产领域被广泛地应用，促进全球经济的进一步发展以及第二次工业革命蓬勃发展，人类进入了电气时代，生产力迅速发展。在此国际大背景下，也促使我国水电开始起步发展。位于昆明螳螂川上的石龙坝水电站，是我国最早开始建设的一座水电站，1910 年 7 月开始修建，1912 年 5 月开始发电，其最初的装机容量为 480 千瓦，电源通过 32 公里 23 千伏线路向昆明供电，市内灯火辉煌，石龙坝水电站的建设开创了中国水电发展历史。孙中山先生在 1919 年 6 月发表的《实业计划》中，认为："水电对于一个国家工业的发展具有重要的作用。"1924 年 8 月，孙中山在广州国立高等师范学校发表《民生主义》系列演讲，孙中山指出："要发展农业、增加生产、解决肥料问题，必须解决动力问题，而我国水力资源丰富，可以大力发展水力发电，并明确提出建造三峡水电站的伟大构想。"基于此

---

* 何强（1993—），男，四川成都人，重庆工商大学硕士研究生，研究方向为区域经济与可持续发展；邓雪嵩（1992—），男，重庆万州人，重庆工商大学硕士研究生，研究方向为生态经济研究。

文传浩（1972—），男，重庆万州人，重庆工商大学教授，博士生导师，主要从事流域经济与流域治理、生态经济研究生态文明与生态产业、环境管理与规划等领域研究。本文系 2018 年度教育部人文社会科学重点研究基地重大项目"长江上游地区生态文明建设体系研究"（18JJD790018）阶段性成果。

背景，长江上游地区水电开发拉开了序幕。① 2006 年 12 月，贵州省颁布了《贵州省人民政府办公厅关于调整全省在建大中型水电工程移民补偿投资概算有关问题的通知》②；2007 年 10 月，西藏颁布了《西藏自治区人民政府办公厅关于雅鲁藏布江藏木水电站水库淹没区枢纽工程建设区禁止新增建设项目的通知》③；2007 年 5 月，青海省颁布了《青海省人民政府关于黄河黄丰水电站水库淹没区停止新建项目禁止迁入人口的通告》④；2011 年 9 月，重庆市颁布了《中共重庆市委重庆市人民政府关于进一步加快水利改革发展的决定》⑤；2012 年 8 月，四川省颁布了《关于进一步促进大中型水利水电工程库区和移民安置区经济社会发展的意见》⑥；2016 年 7 月，云南省颁布了《云南省人民政府关于加强中小水电开发利用管理的意见》⑦。长江上游 6 个省（区、市）相继出台了关于水电库区发展的政策文件，从另一方面也凸显了当前水电库区的重要性。

二　民国以来长江上游地区水电开发史

长江上游地区水电开发在近 100 年的发展历程里，经历了 6 个重要的历史阶段：水电起步阶段（1912—1949）、水电中低速发展期（1949—1978）、水电中高速发展期（1978—1992）、水电高速发展期（1992—1999）；水电规模化发展期（1999—2015）；绿色水电期（2015—）。与此

---

① 孙中山《建国方略》生活·读书·新知三联书店 2015 年版，第 272 页。

② 省人民政府办公厅关于调整全省在建大中型水电工程移民补偿投资概算有关问题的通知（黔府办发〔2006〕125 号）［EB/OL］. http：//www. gzgov. gov. cn/xxgk/jbxxgk/fgwj/szfwj_ 8191/qfbf_ 8196/201709/t20170925_ 823123. html.

③ 西藏自治区人民政府办公厅关于雅鲁藏布江藏木水电站水库淹没区枢纽工程建设区禁止新增建设项目的通知—法规库—110 网［EB/OL］. http：//www. 110. com/fagui/law_ 300219. html.

④《青海省人民政府关于黄河黄丰水电站水库淹没区停止新建项目禁止迁入人口的通告》，《青海政报》2007 年第 9 期。

⑤《重庆市人民政府办公厅关于做好农村水电增效扩容改造试点工作的通知》，《中国国情》，中国网（http：//guoqing. china. com. cn/gbbg/2011 – 11/27/content_ 24016690. htm）。

⑥《四川省人民政府办公厅转发省扶贫移民局等部门关于进一步促进大中型水利水电工程库区和移民安置区经济社会发展的意见的通知》，（http：//www. pkulaw. cn/fulltext_ form. aspx？ Db = lar&EncodingName&Gid = 17426275）。

⑦《云南省人民政府关于加强中小水电开发利用管理的意见——云南省政府门户网》，（http：//www. yn. gov. cn/yn_ zwlanmu/qy/wj/yzf/201607/t20160708_ 26037. html）。

同时长江上游地区水电开发由经济水电过渡到政治水电，由政治水电过渡到生态水电，呈现出从大规模无序开发到小规模有序开发的特点。

（一）水电起步期（1912—1949）

民国时期，国内战争连年，社会动荡，民族工业发展极其缓慢。在第一次世界大战期间，由于欧美各国忙于战争，我国的民族工业才能有所发展，而水电事业在这样的困境中才艰难起步。抗日战争期间，电力设备设施在拆迁和战火中损失非常惨重，国民政府在退缩西南后，为解决大后方电力供应的问题，在长江上游地区建设了一些小规模的水电。1923 年开始建设，1925 年建成的洞窝水电站，是四川省第一座水电站、中国第二座水电站。1940 年 6 月，四川五通桥岷江电厂宣布成立大渡河水力发电工程处，虽然名为工程处，但其实是做了马边河、大渡河的水力发电勘测工作。1945 年 5 月，水力发电勘测总队和原龙溪河水力发电工程处两机构在四川长寿合并，成立中国水力发电工程总处，统一管辖全国水力发电事宜。

表 1　　水电起步期部分水电站

水电站名称	地理位置	装机容量/千瓦	开工时间
洞　窝	四川泸州	140	1923 年
洗面桥	四川成都	10	1926 年
成都南门外浆洗街瓦子　堰	岷江南河支流	10	1926 年
成都北门外	岷江南河支流	10	1926 年
华阳冰厂专用	岷江南河支流	15	1930 年
华龙桥	四川蔡家水碾沟	3	1931 年
吕家碾	大渡河青衣江	4	1933 年
玉　虹	四川金堂	40	1933 年
崇义电厂	四川	7	1936 年
龚林口	大渡河青衣江	3	1938 年
牛皮场	大渡河青衣江	3	1945 年
蔡家碾	大渡河青衣江	7.5	1945 年
刘家碾	四川	2.5	1946 年
荀家磨子水电厂	四川	40	1947 年

资料来源：《四川水电建设史略》；陆远兴：《解放前的四川水电》，2005 年 8 月，中国知网，http：//nvsm. cnki. net/kns/brief/default_ result. aspx。

（二）水电中低速发展期（1949—1978）

新中国成立初期，水电事业因为技术和建材等因素制约，水电开发进程缓慢。由于缺乏科学的筑坝技术和现代化的施工机械、建筑材料、修筑材料，大坝修筑主要是依靠人扛肩挑，机械化程度极为有限，制约了长江上游水电的发展。1954 年 8 月 1 日，中国建造的第一座大型堆石坝水电站——长寿龙溪河狮子滩水电站。乌江渡水电站是乌江干流的第一座大型水电站，是我国国内在岩溶典型发育区修建的一座大型水电站，于 1970 年 4 月开始兴建，于 1982 年 12 月 4 日全部完工。1971 年，葛洲坝水电站开始修建，到 1988 年全部完工，它是长江干流上第一座大型水利枢纽，也是世界上最大的径流式、低水头、大流量的水电站。

表 2　水电中低速发展期部分水电站

水电站名称	地理位置	装机容量/千瓦	开工时间
狮子滩	重庆长寿	—	1954 年
红　枫	贵州省清镇市	20000	1958 年
百　花	贵州贵阳市朱昌乡	22000	1960 年
修　文	贵州省修文县乌江支流	20000	1960 年
映秀湾	四川岷江	135000	1965 年
窄巷口	贵州省修文县乌江支流	45000	1965 年
龚　嘴	四川大渡河	770000	1966 年
红　林	贵州省修文县乌栗乡	10200	1966 年
板桥溪	四川岷江	30000	—
乌江渡	贵州省乌江南岸	1250000	1970 年
红　岩	贵州省关岭县	10000	1971 年
葛洲坝水电站	中国湖北省宜昌市长江干流	2715000	1971 年

资料来源：《四川水电建设史略》；《贵州水利发电》1991 年第 1 期；贵州省水库和生态移民局，http：//www. gzsskhstymj. gov. cn。

（三）水电中高速发展期（1978—1992）

改革开放的政策实施后，长江上游水电产业发展迅速。1978 年我国第一次提出建设“十大水电基地的设想”后，于 1989 年“中国十二大水电基地”编制完成，其中就有 5 个涉及了长江上游地区。十二大水电基地的总装机容量为 2.60 亿千瓦，每年的年发电量超过了 1 万亿千瓦时。金沙江水电基地总装机容量为 7174 万千瓦，占总量的 1/4 以上。

表 3　　水电中高速发展期部分水电站

水电站名称	地理位置	装机容量/万千瓦	开工时间
东　风	乌江干流	69.5	1984 年
宝珠寺	嘉陵江支流	70	1984 年
朱老村	贵州绥阳县温泉镇	0.1	1985 年
铜街子	大渡河	70	1985 年
马　回	嘉陵江干流	8.61	1987 年
普　定	贵州省普定县乌江上游	7.5	1988 年
渭　沱	嘉陵江支流涪江	3	1988 年
角　口	贵州省遵义市湄潭县	1.89	1990 年
太平驿	岷江	26	1991 年
二　滩	四川省西南边陲攀枝花市米易与盐边两县交界处雅砻江下游	330	1991 年

资料来源：《乌江水电开发历史》；国家能源局大坝安全监察中心；孙培烈：《大渡河上的又一颗明珠——铜街子水电站简介》[J]．水电站设计，1992（4）：6－9；四川水利，1993（S1），1995（1）；国家能源局大坝安全监察中心；《水力发电》[1995（12），1996（10）]。

（四）水电高速发展期（1992—1999）

三峡工程自最初的愿景、论证、勘察、规划以来已经经历了 75 个年头。在这漫长的梦想、希望、争论、等待相互交织的岁月里，三峡工程几起几落，载浮载沉。1919 年，孙中山先生在《实业计划》中，对如何改良长江上游水路作一下论述："改良此上游一段，当以水闸堰其水，使舟得溯流以行，而又可资其水力。其滩石应行爆开除去，于是水深十尺之航路下起汉口，上达重庆，可得而致。"① 1992 年 4 月 3 日，第七届全国人民代表大会第五次会议根据议案审议结果和代表团表决通过了《关于兴建长江三峡工程的决议》。

① 孙中山：《建国方略》生活·读书·新知三联书店 2015 年版，第 272 页。

表 4　　水电高速发展期部分水电站

水电站名称	地理位置	装机容量（万千瓦）	开工时间
东西关	嘉陵江干流	18	1992 年
三峡大坝	湖北宜昌长江干流	2240	1994 年
二郎坝	嘉陵江支流西流河	1.2	1994 年
城东水	大渡河青衣江	8.4	1997 年
铜钟	岷江	5.7	1998 年
江口	重庆武隆江口镇	30	1999 年

资料来源：国家能源局大坝安全监察中心；水力发电，1996（5）；卢任文、桂勇华，卢敏红：《中小型水电站自动化的发展方向——数字化水电站》[J]．小水电，2014（6）：5－8，11；邹景华：《城东水电站消防设计》[J]；四川工业学院学报；2003（1）；四川水力发电，2001（3）；水电厂自动化，2011（4）。

（五）水电规模化发展期（1999—2015）

1999 年，党中央、国务院做出了一项重大决策——西部大开发，而西部大开发的重要标志又是“西电东输”工程。贵州洪家渡水电站是国家西部输电工程的首批建设项目之一，是 20 世纪初我国国内重点建设的工程项目，该电站于 2000 年 11 月 8 日启动，首批 7 个“西电东送”项目在此地设立，时任国务院总理的朱镕基在贺电中说，洪家渡水电站“西电东送”项目工程的启动，标志着我国西部大开发正式拉开了序幕。而在十三大水电基地规划中，其中就有 5 个位于长江上游地区，即雅砻江水电基地、金沙江水电基地、乌江水电基地、大渡河水电基地和长江上游水电基地①。

1. 金沙江水电基地

长江上游从青海省玉树到四川省宜宾市被称金沙江，河流长度为 2320 公里。水能蕴藏量 5551 万千瓦，拟分 18 个梯级，总装机容量近 5700 万千瓦，其中云南省石鼓到四川省宜宾段，规划装机容量为 84%，是中国最大水电基地。

---

① 《中国十三大水电基地规划》－北极星电力网 http：//news. bjx. com. cn/html/20160913/772323－7. shtml，2016－09－13.

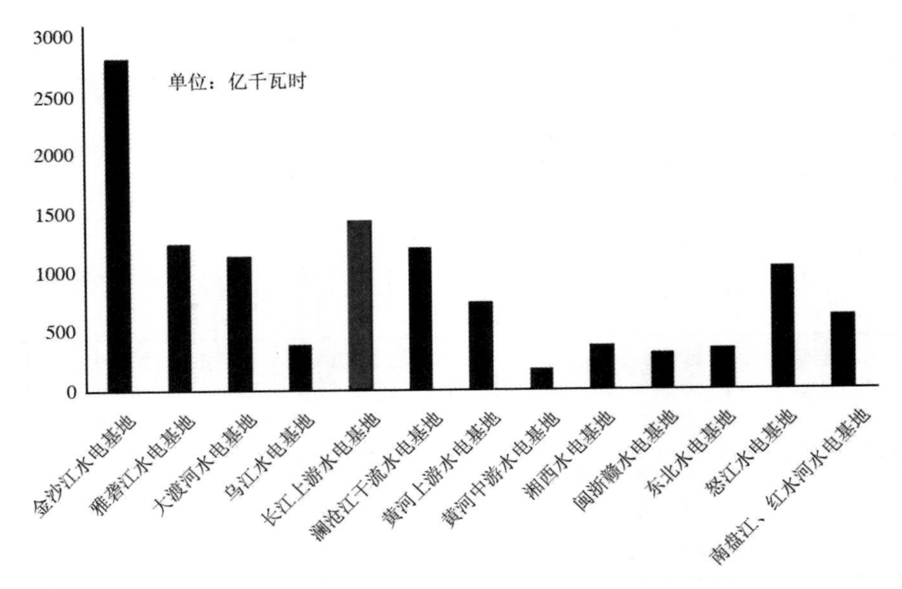

图1　十三大水电基地年发电量

资料来源：周建平、钱钢粮：《十三大水电基地的规划及其开发现状》，《水利水电施工》2011年第1期，第1—7页。

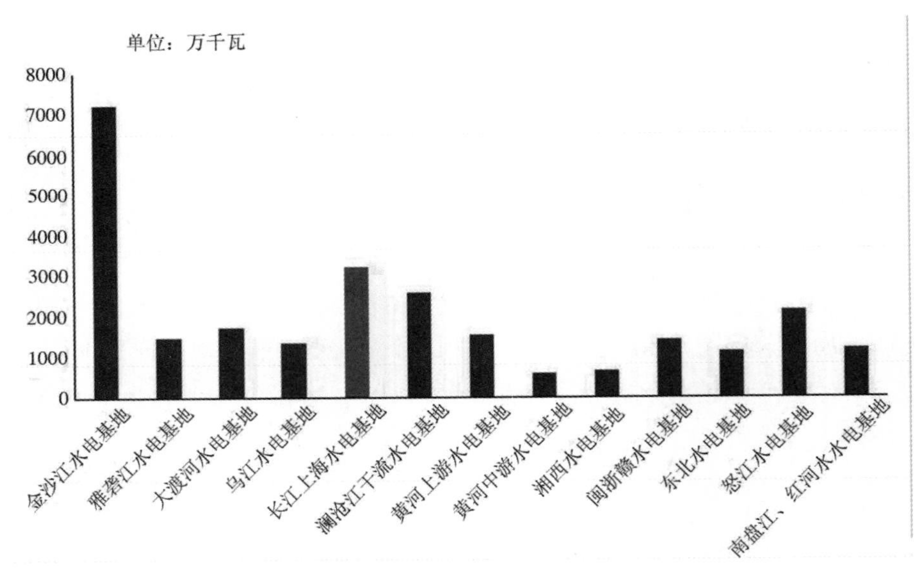

图2　十三大水电基地装机容量

资料来源：周建平、钱钢粮：《十三大水电基地的规划及其开发现状》，《水利水电施工》2011年第1期，第1—7页。

表 5　　金沙江水电基地部分水电站

水电站名称	梯级	装机容量/万千瓦	开工时间
乌东德	下游第一级	870	2015 年
白鹤滩	下游第二级	1305	2010 年
溪洛渡	下游第三级	1400	2005 年
向家坝	下游第四级	640	2006 年
龙盘水	中游第一级	420	—
两家人	中游第二级	300	—
梨　园	中游第三级	240	2013 年
阿　海	中游第四级	200	2011 年
金安桥	中游第五级	240	2005 年
龙开口	中游第六级	180	2007 年
鲁地拉	中游第七级	216	—
观音岩	中游第八级	300	—
岗　托	上游第一级	110	2011 年
岩　比	上游第二级	30	—
波　罗	上游第三级	96	—
叶巴滩	上游第四级	198	2016 年
拉　哇	上游第五级	168	2017 年
巴　塘	上游第六级	74	2016 年
苏　哇	上游第七级	116	2011 年
昌　波	上游第八级	106	—

资料来源：《金沙江中下游将成为我国最大水电基地》，《水电厂自动化》2004 年第 4 期，第 9 页；杨慎勤：《金沙江——我国巨型水电基地展望（英文）》，《Electricity》2004 年第 1 期，第 20—25 页；吴永旭：《积极开发金沙江水电基地　为云电外送提供后续电源》，《云南水力发电》2001 年第 1 期，第 6—10 页；纪实：《金沙江水电基地》，《水力发电》1983 年第 6 期，第 15－46 页。

2. 大渡河水电基地

岷江的最大支流是大渡河，全长 1062 公里，水能资源蕴藏量为 1748 万千瓦。拟 16 级开发，协同运作时保证出力到 723. 8 万千瓦，每年的年发电量为 1009. 6 亿千瓦时。大渡河的干流水电资源是实施“流域、梯级、有序、综合”开发，为西电东送和四川经济发展提供保障。

表6　大渡河水电基地部分水电站

水电站名称	梯级	装机容量/万千瓦	开工时间
巴拉水电站	二	56	—
达维水电站	三	27	—
卜寺沟水电站	四	36	—
双江口水电站	五	200	2018年拟建
金川水电站	六	86	—
巴底水电站	七	78	2009年
丹巴水电站	八	200	2010年
猴子岩水电站	九	170	2005年
长河坝水电站	十	260	2010年
黄金坪水电站	十一	85	2011年
泸定水电站	十二	92	2008年
硬梁包水电站	十三	111.6	2016年
大岗山水电站	十四	260	2009年
龙头石水电站	十五	70	2006年
老鹰岩水电站	十六	64	2015年
瀑布沟水电站	十七	426	2004年
深溪沟水电站	十八	66	2006年
枕头坝水电站	十九	95	2007年
沙坪水电站	二十	16.2	2006年
龚嘴水电站	二十一	77（原70，2002—2012年后改造扩容）	1966年
铜街子水电站	二十二	70（原60，2012—2016年改造扩容）	1985年

资料来源：纪实：《大渡河水电基地（附白龙江下游梯级电站）》，《水力发电》1983年第5期，第7—9页；冯义军、王霞、刘峰钻、卓正昌：《筑起大渡河上的水电丰碑——国电大渡河大岗山水电站开发建设纪实》，《四川水力发电》2016年第35卷第2期，第128—131页；段斌、王春云、严军、陈刚：《大渡河梯级水电开发方式科学优化浅析》，《水电能源科学》2012年第30卷第2期，第155—158页；段斌、王春云、严军、陈刚：《大渡河金川至丹巴河段水电开发方式研究》，《水力发电》2012年第38卷第1期，第7—9页。

3. 雅砻江水电基地

雅砻江位于四川省的西部地区，是金沙江的最大支流。干流长度大约

1500 公里，干支流的中水能资源蕴藏量接近 3400 万千瓦。干流自温波寺以下至河口拟定了 21 个梯级，总装机容量为 2265 万千瓦，保证供给出力 1126 万千瓦，年发电量 1360 亿千瓦时。

表 7　雅砻江水电基地部分水电站

水电站名称	装机容量/万千瓦	水电站名称	装机容量/万千瓦
锦屏一级	360	温波寺	16
锦屏二级	480	仁青岭	31
官　地	240	热　巴	26
桐子林	60	阿达	26
两河口	300	格尼	21
牙　根	150	通哈	21
楞　古	230	英达	51
孟底沟	170	新龙	51
杨房沟	220	共科	41
卡　拉	106	龚坝沟	51

资料来源：陈云华：《雅砻江水电开发与可持续发展》，中国国家发展和改革委员会、联合国经济与社会事务所、世界银行：《联合国水电与可持续发展研讨会文集》，中国国家发展和改革委员会、联合国经济与社会事务所、世界银行：中国水利学会中国水力发电工程学会中国大坝委员会，2004 年，第 10 页；纪实：《雅砻江水电基地》，《水力发电》1983 年第 4 期，第 11—12 页。

4. 乌江水电基地

乌江是长江上游南部的最大支流，水能资源的理论蕴藏量为 1043 万千瓦，有南北两源，从南源至河口全长 1037 公里，拟定了 11 个梯级开发，其年发电量 418. 38 亿千瓦时。

表 8　乌江水电基地部分水电站

水电站名称	装机容量/万千瓦	开工时间
洪家渡	54	2000 年
普　定	7. 5	—
引子渡	36	2000 年
索风营	60	2000 年
构皮滩	300	2003 年

续表

水电站名称	装机容量/万千瓦	开工时间
彭　水	175	2003 年
鱼　塘	7.5	2004 年
银　盘	60	2005 年
彭　水	175	2005 年
思　林	105	2006 年
沙　沱	112	2006 年
白　马	52.5	—
牛　都	2	2010 年
沙　阡	5	2010 年
官　庄	5	2013 年

资料来源：吕巍、王浩、殷峻暹、朱心悦：《贵州境内乌江水电梯级开发联合生态调度》，《水科学进展》2016 年第 27 卷第 6 期，第 918—927 页；黄峰、魏浪、李磊、朱伟：《乌江干流中上游水电梯级开发水温累积效应》，《长江流域资源与环境》2009 年第 18 卷第 4 期，第 337—342 页；贾兰：《乌江梯级水电开发回顾》，湖北省水力发电工程学会：《中国南方十三省（市、区）水电学会联络会暨学术交流研讨会论文集》，湖北省水力发电工程学会：湖北省科学技术协会，2006 年第 2 页。

5. 长江上游水电基地

长江干流宜宾到宜昌段朱杨溪、石硼、小南海、葛洲坝、三峡，拟定 5 个梯级开发，总装机容量为 3200 万千瓦，保证供给出力为 743.8 万千瓦，年发电量为 1275 亿千瓦时。

表 9　　长江上游水电基地部分水电站

水电站名称	装机容量/万千瓦
小南海	176.4
朱杨溪	300
石　硼	213
三峡大坝	2240
葛洲坝	271.5

资料来源：姚磊、陈盼盼、胡利利、李亦秋：《长江上游流域水电开发现状与存在的问题》，《绵阳师范学院学报》2016 年第 35 卷第 2 期，第 91—97 页；张超然、陈先明：《长江上游流域水电开发在我国低碳经济中的地位》，《水力发电学报》2011 年第 30 卷第 5 期，第 1—4 页。

（六）绿色水电期（2015—）

《水电发展“十三五”规划》指导思想：把发展水电作为能源供给侧结构性改革、确保能源安全、促进贫困地区发展和生态文明建设的重要战略举措，加快构建清洁低碳、安全高效的现代能源体系，在保护好生态环境、妥善安置移民的前提下，积极稳妥发展水电，科学有序开发大型水电，严格控制中小水电，加快建设抽水蓄能电站①。长江上游地区水电开发越来越重视生态环境保护工作，为深入贯彻“以共抓大保护、不搞大开发为导向推动长江经济带发展”的指导思想，金沙江上游、大渡河规划过程中均保留了较大规模的天然河段用于生态保护，环保理念已贯穿水电规划的全过程，推动了长江上游地区水电高质量发展，为我国清洁能源发展做出新的更大贡献。

三　长江上游地区水电开发面临的突出问题

（一）生物多样性减少

普通的水利工程对于河流生态系统的胁迫主要表现在两方面②：一是自然河流的非连续化。包括沿水流方向及垂直水流方向的非连续；二是自然河流的渠道化。包括河流平面形态直线化、河道横断面几何形态规则化以及河床和边坡材料的硬质化。自然河流渠道化和非连续化必然会致使当地区域的生物多样性降低。

（二）水土流失严重

在今天的水利水电工程建设中，当地水土流失的发生主要来源于诱发性水土流失，而诱发性水土流失则是因为废弃物堆积在河岸上，使得废弃物得以进入到河流里，造成河流污染的同时必然也同时引发了水土流失。

---

① 《水电发展“十三五规划”》（全文）印发 - 中国储能网 http：//www. escn. com. cn/news/show - 369995. html，2016 - 11 - 30。

② 陈凯麒、葛怀凤、严䴘：《水利水电工程中的生物多样性保护——将生物多样性影响评价纳入水利水电工程环评》，《水利学报》2013 年第 5 期。

（三）水体富营养化严重

库区水体富营养化主要来自两个方面①：一是外源污染。外源污染包括工业污染源、生活污染源以及农村和农业面源；二是内源污染。内源污染主要发生在成库以后，渔业养殖、航运和旅游的发展，尤其是盲目、无序的渔业养殖。

（四）水体温度变化大，泥沙淤积严重

库区的水体内部等温面基本上是呈水平分布，温差主要是发生在水深的地带，即沿水深方向上呈有规律的水温分层的特性。上层水体由于透明度较大，光合作用较为强烈，导致藻类和浮游生物大量繁殖，下层物质沉积腐烂，库区逐步从河流型转向湖沼型。②

（五）地震、泥石流、滑坡频发

库区水利水电工程尤其是大型的水利水电工程，在施工的时候，由于电厂、大坝、道路、弃渣场、料场、引水隧道等在内的工程系统的建造，会使得地表的地形地貌发生极大改变。而对于山体的大规模挖掘，往往会造成山坡的自然休止角发生变化，即山坡前缘呈现高陡临空面，造成边坡失稳。此外，大坝的构建以及大量弃渣的乱堆放，也会使得人工加载引起地基变形。以上这些都极其容易诱发滑坡、崩塌、泥石流等灾害。

四 长江上游地区水电开发环境策略

（一）制定水电库区生态环境保护系统性中长期规划

以主体功能区规划为基础统筹各类空间性规划，推进“多规合一”，促进地方各级土地利用，水电开发与社会发展、环境保护等多规融合。再以延长规划期限、强化空间内容的发展规划纲要为载体，把各领域的“总纲领、总布局、总管控”，有机地统一在“一本总规”和“一张总图”上，形成地区发展的“规划总龙头”。在此基础上和前提下，进一步建立

---

① 唐忠波、朱湖、常理：《贵州省大中型水电工程水库富营养化成因及其防治》，《贵州水力发电》2012 年第 2 期。

② 陈庆伟、刘兰芬、刘昌明．《筑坝对河流生态系统的影响及水库生态调度研究》，《北京师范大学学报》（自然科学版）2007 年第 5 期。

一个定位准确、分工明晰的规划体系，以及一个权威高效、有序运作的规划协调机制，从而对各类规划进行统筹细分和衔接协调，确保实现“多规合一”①。

（二）规范水电开发建设程序，开展梯级水电开发规划环评

流域梯级水电开发，是流域水资源利用的宏伟工程，它既可以造福人类，改造自然，但又会对生态环境保护产生一定程度负面影响。因此，要深入开展水电开发对生态环境影响评价研究。同时单个水电站建设的生态环境影响评价难以反映流域梯级水电开发对生态环境乃至整个生态系统的累积综合影响和效应，因此应尽快开展流域水电梯级开发的环境影响评价研究工作，实现对流域水资源的合理开发、自然环境、生态系统的结构和功能、流域生态环境的承载能力、污染源和污染物排放量控制、污染防止措施等方面进行科学评估和论证，按可持续发展的要求，以流域整体规划作为河段梯级水电开发的根本指导，实现流域水电开发规模、时空的合理化。

（三）强化统筹思维，完善现有管理机制

河流生态环境保护是河流水资源开发者的责任。由于此前河流的水电开发多采用民资进入以及地方政府职能“割据”和忽视流域生态环境整体性保护的行为，造成河流水电站的无序开发，同时河流上游水电站的调度对下游水电站的运行及功效有着直接的影响。因此，必须加强流域水电开发统筹以及归属权的统一管理，做到区域内水资源的优化配置，以保证水电开发带来更大的生态经济效益。

（四）设计水电开发的生态补偿办法

深入开展梯级水电开发对流域生态环境综合影响研究，对水电开发运行对环境影响以及单个水电站在梯级水电站综合效益进行研究。按照谁受益、谁补偿原则，对环境利益受损方直接经济损失及间接经济损失进行补偿；对库区潜在的、不可预测的环境影响形成长期生态补偿机制，坚持对库区实行长期的环境监测。

---

① 中国发展网. 刘亭：《为实现“多规合一”开出三剂“药方”》，[EB/OL]. http://www.china-development.com.cn/zk/yw/2018/10/1375663.shtml.

（五）创新构建水电复合生态系统保护区

水电复合生态系统保护区的建立就是要从整个流域全局出发，统筹安排、综合管理、合理利用和保护水电库区流域内各种水电资源，从而实现全流域综合效益最大和经济社会环境的可持续发展。树立水电库区可持续发展观，从库区环境、资源与发展三个层面考虑，基于库区生态系统、库区经济系统和库区社会系统的复合巨系统是库区生态系统管理的方向①。

---

① 福建日报．吴承祯：《加强流域生态系统管理》［EB/OL］．http：//news. ifeng. com/gundong/detail_ 2012_ 01/31/12202609_ 0. shtml.

综　述

理论、方法与个案：环境史史料研究初探

——“传承与开拓：民国时期西南环境史史料整理与研究”学术研讨会综述

袁晓仙*

2018年5月12日云南大学历史与档案学院西南环境史研究所举办“传承与开拓：民国时期西南环境史史料整理与研究”学术研讨会。会议汇集来自西南大学、复旦大学、厦门大学、四川大学、国家图书馆、云南省文史研究馆、中国环境出版集团、科学出版社等22家高等院校、科研机构、图书出版社等单位的40多位专家参会交流、互动，也得到新华网、云南网、历史地理研究资讯、西南环境史研究网等媒体单位的关注和报道。

本次会议是国家图书馆与西南环境史研究所拟合作出版《民国西南地区环境史资料丛编》的重要工作之一，其核心意义是“传承与开拓”，通过探讨环境史史料的方法和理论，推动环境史史料的保护、出版和多元化研究与利用，深化区域社会与环境变迁个案研究，传承优秀的历史生态文化和灾害文化，开拓历史研究新领域，发挥历史学经世致用的现实功能。民国时期西南环境史史料的系统搜集、整理和研究，涉及历史学、民族学、生态学、文献学、档案学、图书馆学、传播学、信息管理学等众多学科，参会专家围绕相关专题，从不同的专业和视角探讨生态文明建设背景

---

* 袁晓仙（1990—），女，白族，云南大理人，云南大学西南环境史研究所2016级博士研究生，研究方向：环境史、生态文明。本文系国家图书馆和云南大学西南环境史研究所合作项目“民国西南地区环境史资料丛编”（项目编号：K3030284）。

下环境史学科发展的机遇和挑战，以期完善环境史研究的路径与方法，为形成中国环境史学科的话语体系做出学理贡献。

一　环境史史料学的资料、方法和个案研究

环境史史料的搜集和整理工作是环境史学科建设与学术研究的根基，系统全面的史料能够为环境史研究和大数据建设提供信得过、用得上的资料，以便做出科学的认知和研究。

（一）环境史研究对象的多元性反映环境史史料的丰富性和庞杂性

环境史史料学的首要问题是如何挖掘和运用史料。环境作为人类活动的布景或背景，环境要素总是不可避免地出现在文献记载中，其研究对象和史料呈现丰富而庞杂的特征。云南省文史研究馆的徐正蓉在《民国时期云南环境史史料分布研究初探——以图书为中心》中，通过图表分析的形式，分析环境史史料的分布特点，主要介绍了民国时期云南主要的环境史文献、散见的和藏匿的环境史史料。民国时期云南主要的环境史文献包括灾荒类、气象类、水利类、疾病卫生类、自然资源类等文献，如《云南温泉志补》《民国十九年云南地理考察报告》等，这些文献记录了重要的环境信息，能够为相关主题的研究提供思路和构架。大量的环境史史料也散见于有关土壤、森林、植被、造林、垦荒、建筑、采伐、农田、物产、矿产、城池、冲要、险要、灾异、位置、疆界、形势、谚语、生态观念等记载中；藏匿的环境史史料则包括报刊、笔记、文集、诗集、日记、游记、回忆录、报告书等文献史料。

昆明学院的董学荣教授在《普思沿边环境史史料初探》一文中，对民国以来“普思沿边环境史史料”的概念、内容、构成、特征、研究方法等进行阐述，认为民国时期“普思沿边”的环境史史料丰富多样，包括柯树勋《普思沿边志略》《普思沿边各勐土司户口表附记》等府、厅、县地方志22部史学史料；也包括民国时期相关学者的考察报告、开发计划和相关论著，如严德一、姚荷生、江应樑、吴征镒、蔡希陶、侯学煜、寿正璜等；以及民国时期各地的相关档案资料、文物遗迹、考古资料、生产生活方式中体现生态文化和灾害文化的口述、影像和实物资料。

（二）环境史史料的专题整理、保护和利用

当前，关于民国时期史料的抢救、整理、保护和利用工作依旧存在诸多问题。云南大学的周琼教授在《困境与突围：民国环境史文献的搜集与整理》的报告中，分析民国文献的三个特点，并提出民国文献收集与整理面临的五个困境和对策。周琼认为环境史史料学研究是环境史的基础问题，应明确环境史文献的核心特质，对文献反映的时空定位进行考辨校订，做好环境史文献的分类标准。以民国文献数字化文献建设及共享平台建设为例，需要在“大民国文献”数据库建设的趋势下，对涉及环境的各类资料，如经济（农业、矿业、物产、畜牧业）、自然、气候、生物、水利、河湖、交通、教育、法律、管理、医疗卫生、近代科技等进行研究专题的文献搜集、整理。同时，开展文献类型的专题整理，如少数民族文献资料、图像资料、影音资料、口述和访谈资料、实物资料、田野调查资料等。

凯里学院的编辑吴平在《政府与社会力量协同下的清水江文书抢救保护机制与实现路径》中，根据清水江文书的定义、分布特征和保护问题，认为多元主体角色界定不明等问题使得清水江文书的征集和管理工作陷入困境，使当前清水江文书的保护实践尚未达到其应有的目标和成效，由此提出清水江文书抢救保护机制的两大创新诉求和三种抢救保护模式，即学术机构与政府合作、以档案馆为主的迁移收藏、民间分布式抢救保护模式，以形成政府与社会力量协同下的清水江文书抢救保护机制和实现路径，应着力完善抢救保护的政策法规，建立以政府为主导的协调机制和抢救保护管理协调机构，通过界定各类抢救保护主体的职能实现多元抢救保护主体的协同共建。

关于环境史史料的整理，广西省社会科学院的薛辉在《中国边疆环境史研究初探》中提出根据环境史史料的体裁建立环境史主题数据库。环境史资料题材丰富、类型多样，既包括传统文献中的编年体、纪传体、典志体、纪事本末体，还有学案、史表、图谱、评论等。此外，官方档案、地方志、文人诗集、笔记小说、碑刻、民间契约文书，以及近代以来的各种报纸杂志、日记、调查、影视图像、访谈口述等，均大量涉及环境的各个要素和众多环境事件，这些资料为创建中国环境史主题数据库提供丰富的史料来源。昆明学院的徐波教授在《材料、取径与呈现——关于环境史史

料的几个问题》中，认为需要“竭泽而渔”地搜集环境史史料，既注重传统史料学所列各类材料，也关注人地关系相关材料和跨学科研究的资料和成果。同时，对史料的理解、分析和利用要注意视角和方法的创新，掌握一定的学识、见识和胆识，才能在已有的研究基础上发现新材料，形成新研究，开辟新领域。

（三）单一史料为主的环境史史料个案研究

以一种资料为主，结合其他类型的资料作为补充和佐证能支撑环境史个案研究。云南大学的林超民教授在《以翠湖为例看诗文中的环境史史料》中阐述诗文是不可忽略的民国环境史资料。以城中之湖“翠湖”为例，民国时期的《昆明市志》《新纂云南通志》对翠湖的描写不超过300字，但关于翠湖的很多诗文与其环境有关，如李根源的《谒杨襄公祠在翠湖边》、朱守训的《翠湖》、孙佩珊的《翠湖杂咏》、袁婉芝的《翠湖竹枝词》等，这些诗文对当时翠湖周边的生态植被、水质、水源等状况有详细的描述。除诗文以外，一些散文，如方树梅的《翠湖小纪》描绘民国时期的“翠湖八景”。而当时的图画、邮票、音像等也是丰富的环境史史料，如民国三十八年云南省银行发行的五十元钞票，其背景图案就是翠湖。作者通过这些史料研究历史时期翠湖的环境变迁，指出民国是翠湖环境变化最大的时期，从明代建城墙到民国时期，翠湖的自然生态环境逐渐被人文环境所替代，从天然而成的自然景观变成需要花费巨大人力、物力、财力进行人工养护的城市人文景观湖泊。

复旦大学的王建革教授在《土壤志与环境史研究》中，以图表的形式呈现和分析地方志文献中有关土壤的记载，运用多个案例说明如何运土壤资料开展环境史研究。如利用嘉兴地区《土壤志》中地理、水文和沉积方面的资料，梳理该地区百年施肥史、地力改良史和地力破坏史，探讨地域人群的种植习惯与肥力的关系，以及种植技术与土壤环境认知的关系。此外，以苏北地区的垛田为例，认为20世纪50年代以来地方土壤志中关于各类田地的记载为农业景观史研究和农业环境史研究提供了丰富的资料，是值得保护的农业文化遗产。同时，还介绍了云南地方土壤志中的历史信息，认为云南地方土壤志记载的历史较晚，民间的记忆的资料较少，尽管当时官方的组织能力所限，但根据有限的资料可以分析整体变化。如《云南土壤》（1996）中，根据植被资料可以比较不同的植被演替所反映的不同时期农业发展水平；根据土壤分布的差异性可分析不同时空下的土种、植被类型和农业开发水平等。然而，各地土壤志的历史信息丰富度不一样，江南地区较为丰富，边疆地区可能较少，需要补充地方口述史的调查，结合土壤志来分析区域的环境历史状态。

贵州师范大学的严奇岩教授在《清水江流域公山管理与经营的生态价值——以碑刻资料为中心的考察》中，通过石质类（碑刻资料）的清水江文书，探讨清至民国时期清水江流域林业碑刻中关于“公山”“公产”的类型、权属、生态价值等。如锦屏县河口乡文斗寨道光二十八年《本寨后龙界碑》、天柱县高酿镇老海村光绪三十二年《永垂不朽碑》、天柱县社学乡秀楼民国十年《万古千秋碑》等，认为在私有制时代，集体公有的山林所占比重较小，但碑刻中所涉及的公山权属管理与股份经营等充满民间智慧，如“田边地角”的习惯法等，对于推进集体林权制度的改革和生态文明建设具有现实意义。

近代环境史史料还应当考虑相关的法规、章程和管理条例等，并结合历史背景探讨一系列规程对当时生态环境的影响和对当前生态文明建设的意义。云南省社会科学院的尹仑研究员在《唐继尧生态保护法治思想与·修改云南种树章程》中，阐述民国时期云南制定和出台一系列森林法的背景、内容、特点和意义等进行云南森林变迁研究。如《云南森林章程》和《修改云南种树章程》中，对种树的主体、种树权、种树地、树苗选种条件（苗木、土壤、气候、发展需求）、树种保护奖惩等方面的详细规定，以及苗木选择与土壤、气候和地方发展需求的关系，体现了对林业资源“保护优先”和可持续利用的原则，对民国时期云南林业环境史研究和当代林业资源管理提供参考价值。

二　环境史研究中的辩证思维

辩证思维是指认知主体在认知活动中对认知对象进行批判性的考察、分析、质疑、论证和检验的能力和过程。辩证思维作为一种认识和分析框架，具有具体性、系统性和灵活性的特点，运用辩证思维是指从一定的观测维度出发，深入到事物的表象内部，探讨事物或要素间的内在联系及其运动和发展的本质规律，是人类反映客观事物，认识客观事物，改造客观世界的需要。环境史研究需要辩证思维，需要客观地思考和评价人与自然的整体关系，才能在当前生态修复和环境治理工程中科学地重建及人与自然的和谐关系。

（一）谨慎、推敲并多方佐证环境史资料

厦门大学的钞晓鸿教授在《环境史研究中的地方志陷阱》中指出地方志的历史信息可能存在望文生义、牵强附会、删取篡改、偷梁换柱等问题，在使用资料的时候必须加以多方佐证。钞晓鸿以多部西安地方志中记载的一座城楼为例，如康熙《西安县志》、嘉庆《西安县志》、弘治《衢州府志》、嘉靖《衢州府志》、民国《衢县志》，以及《史记》《隋书》《元和郡县志》等资料，旨在弄清楚城楼的名称到底是女楼、古友楼、古女楼还是东武楼。以及记载该信息的作者是崔耿、耿古还是耿自。还运用多部广西地方志考证李白是否到过广西，并留下《紫藤树》一诗。通过具有争议性的资料和研究结论说明，地方志编纂中因参与修志的人才学浅薄等会造成文献记载有明显的地方性特征，且存在过于夸饰的色彩。因此，环境史研究中对地方志中的史料必须多方求证，而不是轻易使用，如此才能得出经得起推敲的结论。

林超民在探讨翠湖环境变迁时也提到应辩证地使用诗文。首先，要注意作者的身份地位、社会经历、思想情感，这些会使诗文反映的环境带着主观色彩而失去真实性。其次，诗文有比喻、夸张、虚构、情感，这些或多或少会影响其历史的真实性、可靠性。对同一景观、同一环境、不同的作者，甚至同一个作者在不同时候，都会有不同心情写出不同的情景，必须对诗文进行多方分析和论证。董学荣在使用“普思沿边”环境史史料的过程中，也提到柯树勋编辑的《普思沿边志略》是“普思沿边”“第一志”，但在其所引史籍尚存完好的情况下，却在编辑梳理过程中对相关资料进行删减取舍，存在一些错谬，引用时还须谨慎。

云南省少数民族古籍整理出版规划办公室的和六花在《论清末、民国年间云南血吸虫病流行及历史叙事》中，大量地使用西方人士和传教士的调查报告、医学日志、游记，以及民国时期的各类疫情调查报告和研究成果等资料，但也提醒部分西方人士的游记、报告等对疾病的历史叙述采用客位的研究方法，缺乏对描述对象的整体的、长时段的调查研究，可能包含心怀猎奇的想法，有些记述资料偶有错漏。新中国成立初期有关血防工作者在云南血吸虫病流行区收集的谚语、歌谣和故事等口述资料，数量很多，是当时当地血吸虫病流行的真实写照，体现了流行区民众对血吸虫病的认知水平。但在运用口述资料时，要考虑时代因素，并细心的剔除夸大、歪曲、失实等加工成分，结合已有的文献资料合理利用。

（二）交叉、综合地运用环境史方法

云南省社会科学院的曹津永研究员在《环境史研究中的田野考察方法》中，介绍田野考察方法对环境史研究的意义和运用，认为田野考察方法能补充环境史研究的材料，更新对已有材料的解读方式。环境史研究中田野考察方法的运用应吸收和组合多学科的方法，如借助生态学、地理学、统计学、人类学等方法，通过计量、制图等呈现田野数据以便达到重现历史情境的作用。以云南为例，在横向上，总体把握云南不同地区不同的人与环境相互作用的关系模式；在纵向上，总体把握云南生态环境要素、以及文化与环境互动的相对稳定性的特征，凸显区域特征的差异性。环境史田野考察方法是一套具体方法的集合，在运用过程中应注意明确时空的差异性和连续性，处理好田野考察所获资料与史料关系，辩证地进行补充、佐证和融合。

在环境史研究中运用 GIS 既能通过跨学科方式吸收生态学、人类学、民族学、地理学等材料、方法和理论，亦能运用既有数据库、软件、教材等作为环境史研究的基础。四川大学的袁上在《环境史史料与 GIS 的运用刍议——以民国长江上游航运与人口数据为例》中，重点探讨了环境史史料“可视化”的方法论运用问题，即如何采用 GIS 地理信息技术和跨学科方式直观、形象地呈现和分析历史地理学和环境史研究中内容、特征和结论。运用 GIS 实现“史料的转化”是将文字性史料与数据性史料相结合，但要保证特定时空范围内各类的文字性史料的“量”能够支撑数据性史料体现范围性的可视化模式。从操作步骤上来看，分为前期准备、史料转化和数据导入。同时，通过叠合和缓冲等方式进行环境史史料的“空间分析”，如民国时期长江下游地区各县县境图层（面）和河流图层（线）二者相交分析后，得到各县境内的河流长度，用这个县的人口数值来除以河流的长度就可以得到该河段每公里“服务人口”数值，对空间维度进行可视化模式的空间分析，则能呈现特定空间维度内的全部信息。

（三）辩证思维能揭示区域环境问题的差异性和复杂性

不同时空背景下的事物发展变迁具有差异性和复杂性，环境史研究需要一种辩证思维，反思既有研究中可能存在哪些问题。吉首大学的杨庭硕教授在《环境史研究的理论与方法亟待创新》中，提出环境史研究中研究对象和人类在环境中的定位问题，认为环境史研究应更关注人造生态系统，以及人类在环境变迁中发挥的作用。杨庭硕指出，事实上，当前在中国大地上能够看到的生态系统本来也还是人建的，而且历史时期很多生态系统也有人建的痕迹。人作为一种物种存在，在生态系统和社会系统中发挥的作用是非常复杂的，既不完全是破坏者，也不是完全的建设者，两者之间有关联性且同时并存，环境史研究的目的就是要弄清楚人如何造成破坏性，以及如何发挥人的建设性作用。例如，在讨论国家政策与环境变迁的关系中，考虑到环境问题的扩散性、滞后性等特征，要运用整体性思维辩证地思考人的双重作用和生态系统的自然属性，在社会系统和生态系统之间建立一种辩证关系，思考好事如何变成坏事，坏事如何变成好事，要辩证地传承和利用传统知识和技术。

确定和如何确定人类在多大程度上引发环境变迁的“度”或者界限，是环境史研究的难点，如果确定了人类对环境和资源的干涉限度，则可以运用辩证思维发挥人类在生态恢复和保护中的合理作用。西南大学的蓝勇教授在《历史时期环境、资源的人类“干涉限度差异”理论建构》中，以“湖广填四川，是否对四川生态环境有破坏”和人类驯化动植物的反思和质疑为引，着重探讨了人类对资源、环境的干涉在何种限度内才能改变，产生破坏性或建设性影响问题，即不同地区人类从改变环境到破坏环境的临界线是何时何地出现，以及这些临界线反映的人类干涉环境限度的差异性问题。蓝勇认为，我们并没有生活在一个纯自然的状态下，中国环境史或者历史环境地理的主要研究对象——环境，并不是一个完全非人化的环境，某个时期的环境和资源的好坏并不是简单地以越原始就越好来论定。在不同的地域，人类历史发展的客观过程和主观诉求都是共性与差异共存。对此，蓝勇提出资源的“匠化体系”概念、人类影响生态环境变化的“动态的临界线”，认为历史时期面对不同的资源类型、品种，人类干涉的程度是有差异的，这是历史上的资源本体属性与人类选择适应形成的客观现象，也是历史上人类的主观选择的过程。所以，历史时期不同的地区人类改变自然环境行为的影响客观上差异明显，应该差别地进行具体分析和认知，需要我们建立一个复杂的体系，从历史的客观过程中去提炼这些差异，正确发挥主观能动性，使当前和未来人类影响生态环境实现从负能量向正能量的转变。

三　环境史研究中的时空场域

时空场域是指特定历史背景下的时空维度中已经生成和正在生成的实践主体存在互动演变和共生关系的场所。这个场所既是自然生成的，也是人为构建的，在这个场域内不同实践主体进行主动的、被动的、差异的、交叉的对话和互动，但由于“场域”是受时空条件限制的具体存在，有一定的界域和规则，这意味着任何因素的实践行动必须遵循一定的规律，具有约束性。中国环境史研究的道路有很多条，把研究的时空范围逐渐往近推是一个很重要的道路。

（一）搜集和使用资料需切合特定时空维度

环境史研究搜集和使用史料一定要注意其反映的环境状况的地域性和时间性，史料所描写的地点不能出现空间错位、混乱，还必须注意史料的时间性，确定史料所表现环境的确切时间。时空错乱，就会失去所有文字的真实性、可信性。董学荣认为，一个地方的环境问题，往往与更大范围乃至全球性的环境因子密切相关，环境问题的普遍联系性决定了搜集环境史史料需扩大时空范围。如民国时期“普思沿边”环境史的文本化的史料十分有限，对“普思沿边”环境史史料的整理与研究必须具有宽广的多维视野。在时间的连续性上，可搜集上承晚清，下启中华人民共和国的相关资料。在空间的广延性上，需关注边疆地区人口大规模流动、全球性的气候变化、火山爆发、物种交流等事件对“普思沿边”环境变迁的影响。

研究生态系统的变迁需要掌握本土知识，进行文献积累、比对，并结合田野调查资料和跨学科研究进行多重论证，使资料切合特定时空领域并反映区域环境变迁。曹津永也提出，田野考察过程是研究者与史料互动的过程，是实现对特定时空内环境史研究的三个层次的需要：第一层次是特定时空下的生态环境、人等基本要素及其概貌；第二层次是特定时空下人群的生计方式、经济行为、生活方式与环境的互动；第三层次是特定时空下特定人群的生态文化体系，即文化与环境互动关系。三个层次暗含着环境史田野考察方法的一种纵向的时限阶梯，随着每一个层次的递增，其需要的各种条件越加苛刻，时限或许也只能越接近当前。

（二）不同时空维度的区域环境史研究

历史学研究的空间范围一般依据特定研究对象的分布来划分，由于分布范围因地理空间等差异，存在宏观和微观的差异，时空维度下的不同空间规模，既可以是国际性的跨国际空间和省级及以上的区域性空间，也可以是根据地理条件的流域、山区、村落的小空间等。

在宏观的跨国际空间中，吉首大学的耿中耀在《主粮政策与环境变迁研究——以桄榔木物种盛衰为例》中，通过对古今中外的桄榔木变迁，及不同地区的人们对桄榔木认知和利用的比较研究，提出桄榔木在古今中外的差异源于不同地区国家主粮政策、主粮结构、民族文化、消费观念等方面的差异，认为当前的环境问题与相关政策息息相关，以桄榔木的保护利用为例，应尊重生态学的协同进化原理，保护生物群落的多样性，才能维持整个生态系统的稳定性。桄榔木作为一种资源，用途极广，但在中国，桄榔木因不符合作为国家主粮政策需要的特征，逐渐从“非主流”主粮变成濒危物种；而在国外，如印度、印度尼西亚、泰国、老挝、柬埔寨等国家和地区，桄榔木依然发挥着主粮功能，甚至形成一整套高效种植、栽培和利用的技术和文化体系，被当地人称为“生命之树”“天堂之树”，在社会经济和生态保护中发挥着重要作用。

英苏村是塔里木河流域罗布泊附近一个小村落，新疆师范大学的崔延虎教授在《英苏村百年环境史简述——兼谈新疆沙漠绿洲环境史研究》中，结合文献资料和常年进行的实地田野调查资料探讨了英苏村环境变迁与河流改道、水利建设、农业政策、移民生计变化等的关系。文章指出，20世纪90年代大规模新疆开采石油和种植棉花造成下游绿色走廊断流，从而引起一系列生态和民族文化问题，认为忽视生态科学的国家政策可能加剧生态环境问题，建议加强新疆环境史研究，尤其是围绕人及其社会与环境的关系、人及其社会与水的关系为主的沙漠绿洲环境史，强调沙漠绿洲“小生境”和微型社会环境史调查研究的重要性。

环境人类学关注人与自然之间协调关系的构建，主要侧重于探讨当地民众与环境之间的互动统一关系，即人们在接受客观自然资源的限制下，如何通过借鉴和改造传统的宗教信仰等文化传统，为经济生活的改变以及自身发展的转型提供新的解释模型与意义阐释。兰州大学的庄虹教授等在《环境、信仰与变迁：环境人类学视域下的新坪藏族苯教山神信仰考察》中，通过人类学的田野调查资料，如口述资料、图像资料等呈现当地人的视角描述中民国以来新坪环境变迁的三个阶段，以及不同阶段藏族苯教山神信仰与环境变迁的认知关系。山神信仰反映了当地环境自然资源与当地人生计需求的关系，当地人生计模式经历了自然经济到统制经济到市场经济不同的阶段。当地人对万物有灵理论的山神信仰的在不同阶段的差异性认知和文化阐释表明，本地生计与山神信仰具有内在的一致性，反映了当地民众的生计方式的变迁，也是当地民众的信仰逻辑与生产实践相互作用的结果，苯教山神信仰作为一种文化资源在不丧失其文化神圣性的同时，实现了它的当代角色转换。

以边疆区域为空间尺度的研究也在出现。如薛辉在《中国边疆环境史研究初探》中，提出边疆治理离不开人与环境两个重要因素，在边疆开放开发中，人与环境、经济、资源等问题联系密切。因地理位置、地貌及地质结构、气候背景、生物要素、民族构成、宗教文化等区域差异，边疆环境变迁史既具备中国环境变迁史的共性，也具有各区域独特的个性，因此，开展中国边疆环境史研究，从史料、理论、方法、研究对象和内容等方面明确中国边疆环境史研究的特殊性，有利于深化中国环境史研究，推动中国环境史学科体系建设和发展。未来应尽可能地充分搜集整理和挖掘各类相关资料，通过建立主题数据库，从史料中挖掘和研究历史时期边疆治理的理性思维，开展各种实践活动，形成文化成果，则中国边疆环境史能对当代中国的“边疆治理”提供可借鉴经验。

当前水域环境史研究则以不同尺度的流域空间为主。重庆工商大学的文传浩教授在《民国以来长江上游地区水电开发史及环境策略》报告中，认为第二次工业革命的电气时代情势和孙中山实业救国的水电开发思想等构成民国以来长江上游地区水电开发的历史背景，民国以来长江上游地区水电开发经历了水电起步期（1912—1949）、水电中低速发展期（1949—1978）、水电中高速发展期（1978—1992）、水电高速发展期（1992—1999）、水电规模化发展期（1999—2015）和绿色水电期（2015—）6个阶段。大规模的水电开发对长江上游地区的生态环境造成严重破坏，如生物多样性减少、水体富营养化严重、水体温度变化大、泥沙淤积严重、地质灾害频发等。对此，提出应加快制定水电库区生态环境保护系统性中长期规划，推进水电库区绿色 GDP 和 GEP 考核制度，完善水电库区河长制制度，探索水电库区市场化多元化生态补偿路径和水电库区生态环境的多元化社会工程治理路径，构建水电复合生态系统保护区等水电库区环境治理对策。

蓝勇强调环境史研究要注意“小生境”，比如说一个村、一个寨的生态环境变化的研究，有利于深化研究。对此，云南大学的尹绍亭教授表示赞同，认为扎实的田野调查工作能推动精细的个案研究，能形成新的思想，当前环境史学界主要是国外的话语体系在发挥主导作用，中国环境史研究要建立自己的话语体系，要从精细入手。

（三）特定时空场域内某一研究对象为主的区域环境史研究

以某一物种为研究对象研究生态系统的演变及相关影响，能客观地呈现人类对生态系统多样性演变的影响。贵州大学的马国君教授在《清至民国沅江流域油桐业拓展与本土知识关联性研究》中，探讨清至民国时期沅江流域油桐业引发的生态环境变迁和原因，以及该流域少数民族的本土知识在其中发挥的作用。有明以降，随着“大木”采办和“改土归流”的推行，在政府林业经济政策推动下，当地各族居民经营的原始常绿林逐渐被杉木、油桐等为主的人工营林代替。油桐系清至民国沅江流域经济营林重要树种之一，流域内各族居民在经营油桐业过程中形成了一整套选种、保种、整地、育苗、管护等本土知识。这样的知识体系是我国重要的林业文化遗产，有力地推进了沅江流域人工营林的规模拓展和山地林业经济的发展，亦能对推进我国当前的生态文明建设有着积极意义。

吉首大学的彭兵在《我国楠木资源告罄的社会原因探析》一文中，主要探讨中国历史时期从“皇木采办”到日常采用对楠木资源的影响，从楠木物种的概况、中华文化对楠木的多元利用、人工管护方式，以及我国楠木资源的萎缩四个方面进行论述，认为在漫长的历史岁月中，中华各民族对楠木资源的管护与利用是基于对楠木的生物属性和生态环境需求的遵循和利用，形成了一整套严密有效的楠木资源管护知识和技术体系，并拥有完备的制度保障，对其实现了真正的可持续利用，形成一套可反映“文化生态整体论”的传统生计模式。

弓（工、公）鱼是洱海流域的一种特有物种。云南大学的耿金在《高原中小流域水环境与鱼类生态系统：清至民国大理弥苴河的工鱼生境研究》报告中，以公鱼的生物属性和生境变迁为主要研究对象，探讨清朝至民国以来洱海北部弥苴河流域鱼类生态系统演变与水环境变迁的关系。20世纪70年代以来洱海流域水电站修建、水资源状况恶化、外来物种入侵和过度捕捞等，使弓鱼从一种高产量的经济鱼种变成濒危珍稀鱼类。文献记载中的龙洞、鱼沟、虚笼、鱼坝等捕捞工具和方式则生动地反映了当地人是如何利用公鱼生态习性进行捕捞的画面，由此，通过对历史时期弓鱼生境的复原思考人在水环境变化发挥了什么样的作用，水环境改变如何影响高原水生动植物的生境变化，以及这一系列变化对当地人群的民生影响等，即通过“人—鱼”关系探索生态系统和社会经济系统的复杂关系。

云南是血吸虫流行的典型山丘型疫区。和六花在《论清末、民国年间云南血吸虫病流行及历史叙事》中，运用民国时期外国人来华的考察资料、官方的各类疾病调查资料、云南各医院的病理报告资料和口述资料（谚语、歌谣和故事）等，系统梳理清末、民国以来云南血吸虫病的发现、流行过程和原因，探讨了不同立场、不同区域和不同人群对清末、民国年间云南血吸虫病疫情记录、认知及历史叙事的差异性及原因，基于国内的零稀记载、外国医生对云南血吸虫病的忽略，如俄国作家顾彼得的《被遗忘的王国》，认为民国时期云南的血吸虫病流行造成的直接经济影响和人群创伤相对较小，容易被遗忘。

四　“国家在场”的边疆民族地区环境史研究

历史语境中的时空场域是事物发展的实践方式和知识体系在时间方向和空间方向的传播、作用和影响。而事物发展变化的信息会经过选取、加工和再造，使得理论与实践相结合的程度在不同的时空场域内呈现不同的差异性。在特定的时空背景下，始终有一些主要因素“在场”，并有一些新的因素“入场”，在客观上，同一时空场域中同一实践活动是常“在场”因素及实践主体与新“入场”因素及实践主体的竞争和统一关系的发展。边疆民族地区“国家在场”的因素始终是影响历史时期环境变迁的主要原因。

（一）边疆开发政策、地方知识与环境变迁

“国家在场”的开发政策是改变边疆民族地区人及其社会与环境的主导因素，在环境文本资料相对缺乏的限制条件下，通过口述访谈和实地调查关注本土环境经验与知识对边疆民族地区的环境史研究十分重要。权力支配社会，也在支配资源，权力支配下的国家政策，如移民、土地利用、资源利用等会不可避免地对生态环境造成破坏，对区域性的社会群体造成不公等影响，这种情况在边疆民族地区十分突出。杨庭硕提出，历史时期的生态变迁能反映国家政策和社会需求是否科学、合理、公平等，环境史研究能够体现正义感很重要。以历史时期桄榔木和楠木演变为例，国家主粮政策、税收政策、伐木政策等都在一定程度上改变了边疆民族地区的环境资源结构，也催生具有适应政策的本土知识体系的诞生。青海师范大学的李健胜教授在《汉族移民与明清民国时期河湟地区的人文环境变迁》一文中，探讨明清至民国时期政策支持下汉族移民实行屯田和儒学等汉文化教育等活动对当地人文、生态环境变迁的影响。认为国家权力支持下的政策性移民是影响河湟地区人文环境变迁的重要因素，在这个过程中，河湟地区的少数民族被同化，其农业发展模式、宗教信仰和习俗也随之发生变化，可以说，汉族移民引进中原农耕文化在一定程度上改变了河湟地区东西走向的地理格局及农牧分界的地理特征。

生态系统的稳定和平稳需要人类负责任。庄虹教授等探讨苯教与生态变迁的过程就是探讨宗教的存在如何对人类行为形成规范作用，从而在人类改造生态环境的过程动用人力的办法形成生态稳定；尹伦关于民国时期云南森林法的研究，倡导生态法的研究、制定和完善要将历史过程中需考虑人的因素和生态系统的性质，思考人怎么在利用当中完成保护，人在利用当中如何投入治理。崔延虎的《英苏村百年环境史简述——兼谈新疆沙漠绿洲环境史研究》，为解决地方资料缺乏的问题，坚持15年的连续田野调查，充满激情地呈现沙漠绿洲中一个小村落周边水域环境变迁史，指出国家主导的棉业政策和水利政策对沙漠环境的破坏。类似地，在生态环境脆弱的少数民族聚居地区，“国家在场”引发生态问题和社会问题的情况并不少见。环境问题是一个复杂的社会问题，尤其是在边疆民族地区，环境问题与政治正确需要进一步深入探讨，其中可能牵引出一些敏感问题，如国家政策与环境问题的关系、生计需求与生态变迁的关系。环境史研究

应该是一种具有担当精神和体现责任感的研究，关注敏感性的环境问题时需要道德伦理的综合评议；并结合扎实的史料和调查数据，发挥区域少数民族传统的本土知识在环境保护中的作用，着眼于解决现实问题而不是激化矛盾。

（二）环境史研究的责任意识与现实关怀

环境史研究中的对象、主题等都是回应现实中的环境问题和社会问题，通过系统研究，总结经验教训，完善相关对策，为现实服务。环境史研究的价值在于对当代的环境治理产生意义，如2018年翠湖的整治工作，由林超民等一批学者写提案，旨在重建、修缮翠湖周边的文化遗迹和生态景观，并提交到相关部门才有了翠湖的重建，是历史学研究能对当代产生积极意义和价值的案例之一。杨庭硕提出，以某一物种盛衰历史探讨历史时期国家政策与环境问题的复杂关系，尽管其研究和讨论极具争议性却具有很强烈的前沿性和正义感。尹仑的《唐继尧生态保护法治思想与·修改云南种树章程》中指出近代林木章程在制度层面和实际操作可能会有出入，但蓝勇建议，如果结合民国生态的章程和碑刻资料，并考虑资料中反映的林业政策和实施成效的操作性和应用性，通过比较研究能完善当前的生态法。

边疆民族地区的环境治理和疾病防疫需要国家担当责任，推行科学、合理的政策。云南大学的王彤在《民国时期的红地区疟疾的概况研究》中，阐述疾病防治与环境、政治、社会与文化等各方面的交互关系，提出权力博弈中国家政策推行与地方执行政策之间存在的复杂关系不利于卫生政策和措施的施行。边疆地区作为连接中国与世界的互动场所，其医疗卫生体系、边民医疗观念和行为的改变需要借助整体性的国家政策的强力推行，也需要借鉴外来医疗科学知识和吸收本土民族传统医疗经验，方能形成有序社会和内生性稳固的权力政策体系。可见，“国家在场”因素在不同时空场域中会发生或好或坏的作用，只有运用辩证思维分析“国家在场”因素在边疆民族地区环境变迁中的复杂作用，才能正确发挥“国家在场”的作用，避免试图改善环境和人类生活状况的工程走向失败。

结 语

环境史的资料非常零散，需要从报纸、期刊、图书等进行摘录，再分门别类的进行编排，执行难度很大，通过对文献的深度加工，才能突出学术含量，更好地推动相关理论研究。因此，如何挖掘、搜集、整理和利用环境史史料，挖掘什么内容，运用什么手段，并开展具体的实践性研究是此次会议的核心议题。将环境史研究的时限延长，不仅往上追溯，亦需要不断向后推，从历史时期延至近代、现当代才能深刻地理解生态环境变迁与人类社会的关系，在研究的过程中不仅关注人的作用，将历史进程中人的因素考虑进去，还要考虑生态系统的自然性和区域差异性，不能一概而论。

“新”是此次会议的最大特色。正如林超民所总结的：新人、新材料、新观点、新创造、新学风。新人体现为不同地区、不同学科背景、不同年龄段的专家学者在环境史等相关领域不断呈现各自独立的思考和研究；新材料是学者们通过不同的实践方式挖掘、搜集和考证使用各种类型的资料，如诗文、图像、碑刻、口述、规章、地方志等成为支撑环境史研究的重要材料；新观点体现了不同学者对环境史史料理论和方法的多元视角和宏阔思维，如辩证思维、时空切合、跨学科方法、研究对象和主体再论、时空延后等新思考，为完善环境史研究理论提供新视角；新创造为历史时期人与环境的关系研究提出新路径，如蓝勇提出“干涉限度差异”“资源匠化体系”“动态的临界线”，崔延虎提出“国家在场”的影响，杨庭硕强调辩证思维的运用等；新学风强调环境史研究不仅需要激情，更需要现实关怀，勇于关注和回应现实中的敏感问题，使研究成果发挥现实价值，体现正义感和责任感，继续加强环境史研究学界在跨区域、跨学科、跨年龄段的真诚交流与互动合作，推动环境史文献的整理和保护工作，开启未来环境史的联合研究。此次会议关于环境史研究思维、方法和理论的探讨，为从事相关研究的学者提供了可参考的重要经验和方法。